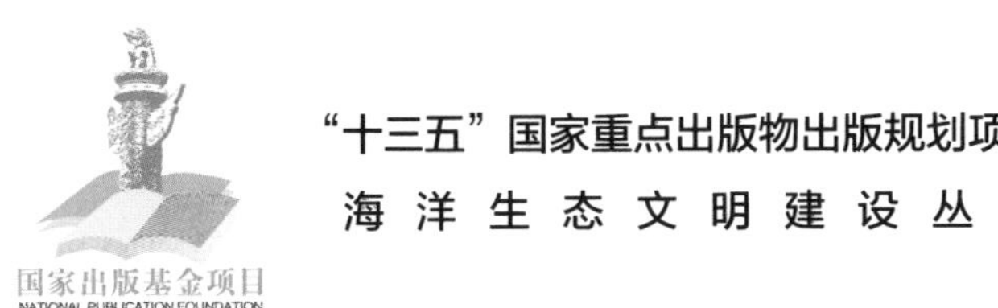

“十三五”国家重点出版物出版规划项目

海洋生态文明建设丛书

我国北方典型海岛生态系统固碳生物资源调查与承载力评估

石洪华　郑　伟　王晓丽　霍元子　池　源　等 著

海洋出版社

2017年·北京

图书在版编目（CIP）数据

我国北方典型海岛生态系统固碳生物资源调查与承载力评估/石洪华等著. —北京：海洋出版社，2017.12

ISBN 978-7-5027-9994-6

Ⅰ.①我… Ⅱ.①石… Ⅲ.①岛-生态系-海洋生物资源-资源调查-研究-中国②岛-生态系-环境承载力-研究-中国 Ⅳ.①P745②X321.2

中国版本图书馆 CIP 数据核字（2017）第 314218 号

责任编辑：王 倩 高 英

责任印制：赵麟苏

海洋出版社 **出版发行**

http：//www.oceanpress.com.cn

北京市海淀区大慧寺路 8 号 邮编：100081

北京朝阳印刷厂有限责任公司印刷 新华书店发行所经销

2017 年 12 月第 1 版 2017 年 12 月北京第 1 次印刷

开本：889mm×1194mm 1/16 印张：20

字数：528 千字 定价：118.00 元

发行部：62132549 邮购部：68038093 总编室：62114335

序

海岛生态系统作为海洋生态系统的一种重要类型，是指海岛及周边海域内生物群落与周围环境相互作用构成的自然系统，具有相对稳定功能并能自我调控的生态单元，一般包括海岛陆地子系统、潮间带子系统、周边海域子系统。海岛生态系统既有陆地生态系统的特征，又受到海洋气候、水文等海洋因素的影响；既不同于一般的陆地生态系统，又不同于以海水为基质的一般的海洋生态系统；既对全球气候变化、海平面上升等自然干扰的响应敏感，又受到邻近大陆和海岛人类活动的影响，是典型的海岸带复合生态系统。海岛具有很高的生物多样性保护价值，是人类居住生活的重要载体，也是保护与利用海洋的重要支点，有些海岛还是维护国家权益的重要平台。海岛生态系统同时具备森林植被固碳、浮游生物固碳、养殖生物固碳、碳沉积和埋藏等多种固碳方式，因此也是开展海洋碳汇研究最具代表性的区域。

本书以岛屿生物地理学和海岸带复合生态系统理论为指导，以我国北方典型海岛——庙岛群岛南部岛群及周边海域作为研究区，通过海岛陆地乔木、灌木和草本植物多样性与土壤环境综合调查，以及岛群邻近海域浮游生物、有机碳的沉积与埋藏情况及其影响因素综合调查，围绕海岛生态系统生物多样性、固碳能力及其影响机制等海岛生态学的基础科学问题和基于生态系统的海岛管理需求开展了系统探索性研究。本书的主要贡献和创新点有：

（1）构建了海岛生态系统主要生物资源及其固碳能力的调查、影响分析和评估方法，为发展并完善海岛生态调查技术体系和评估理论与方法提供了重要技术支撑。基于海岛生态系统的陆海双重特征，较为系统地构建了包含岛陆和周边海域两个子系统的生物资源及其固碳能力的调查、影响分析和评估方法体系。

（2）建立了包括生态系统基础承载力、现实承载力评价方法及其相互影响的海岛生态系统承载力分析、评价技术体系框架，为开展基于生态系统的海岛综合管理与调控提供了科学基础。从生态支持能力、资源供给能力、生态调节能力和社会支持能力四个方面评价了庙岛群岛南部岛群的生态系统承载力特征，用以指导海岛资源环境承载力监测预警以及岛群可持续发展。建立了岛群近岸海域生态系统健康的空间异质性和情景模拟研究方法，可为开展“生态岛礁”工程提供重要技术参考。

（3）揭示了我国北方典型岛群——庙岛群岛南部岛群陆生植物、邻近海域浮游生物固碳能力和生物多样性的特征，研究甄选了庙岛群岛南部岛群生态系统固碳能力和生物多样性的主要影响因素，研究结果可为合理提升海岛固碳能力和生态系统承载力、开展海岛生态文明建设提供技术支撑。

本书是我国海岛生态学研究领域少见的紧跟世界科技前沿、紧密围绕海岛管理需求、理论研究与案例分析相结合的专著，相信会对我国海岛生态学和碳汇研究的发展起到积极推动作用。我见证了石洪华博士十余年来在海岛生态学领域学习和研究过程，特对作者取得的成果和本书的出版表示祝贺，并推荐给广大读者。

中国工程院院士

2017 年 12 月 2 日

前　言

当前，气候变化正对世界各国产生日益重大而深远的影响，受到国际社会的普遍关注。应对气候变化的主要措施，除了CO_2减排措施外，通过各种途径固碳也成了热点。以往对生态系统固碳能力的研究多集中于陆域森林、农田、浮游藻类等领域，而对海岛生态系统的研究鲜见报道。海岛作为一种特殊的生态系统，兼具陆、海双重特征，同时具备森林植被固碳、浮游生物固碳、碳沉积和埋藏等多种固碳方式，是海洋固碳研究典型的实验场。与此同时，海岛生态系统具有明显的脆弱性特征，更容易受到外界干扰的影响，且受到影响后难以恢复或向良性发展，固碳能力作为生态系统服务功能的重要组成，对维系海岛生态系统稳定性具有重要意义。开展海岛生态系统固碳生物资源调查和承载力评估，对于研究海洋固碳能力、维护海岛生态平衡具有显著的参考价值和示范作用。

我国海岛数量众多，拥有面积大于500 m^2的海岛7 300多个；分布广泛，广布于温带、亚热带和热带海域；类型多样，具有丰富的自然资源和重要的生态价值。同时，海岛是维护国家权益的重要平台，是人类居住生活的重要载体，也是开发与利用海洋的重要支点。由于人们对海岛生态系统功能和承载力认识不清，随着海岛开发利用类型的增加、范围的扩大和强度的加大，海岛生态系统保护压力日渐突出，部分海岛生态系统服务功能受损。“十三五”期间，我国将“生态岛礁”工程列为国家海洋重点建设工程之一，积极推进海洋生态建设。科学有效的保护应建立在对海岛生态系统进行全面调查和评估的基础上，开展典型海岛生态系统调查和评估具有明显的必要性和紧迫性，这不但能够阐明海岛生态系统资源环境现状，还能够为合理保护和利用海岛、开展“生态岛礁”工程提供切实依据。

本研究受到科技基础性工作专项项目（No. 2012FY112500）资助。项目选择的研究区——庙岛群岛南部岛群，位于长岛国家自然保护区和庙岛群岛斑海豹海洋特别保护区范围内，主要由南长山岛、北长山岛、大黑山岛、小黑山岛、庙岛等组成。庙岛群岛南部岛群均为基岩岛，以剥蚀丘陵为主要地貌特征，地形起伏明显，四季变化显著，原生植物发育完整，森林覆盖率高，是候鸟的重要迁徙中转站，周边海域基础生产力较高，是渤海渔业生物的重要繁殖场所和重要的海水养殖区。人类活动以城乡建设、养殖捕捞、人工林建设、旅游为主，是我国北方海岛的典型代表。该区域自“第一次全国海岛资源综合调查”以后，近 20 余年来未开展过系统的调查。庙岛群岛的保护与开发战略急需海洋科技支撑，庙岛群岛南部岛群及邻近海域生态环境调查资料亟待更新。开展海岛及邻近海域固碳能力调查与分析，评估海岛生态系统的承载力及健康状况的时空分布特征，不仅对研究海洋固碳能力具有重要的理论意义，也是应对全球气候变化的重要技术支撑，项目研究成果还可为海岛开发与保护规划和战略制定提供重要科学依据。

本项目开展了一些创新性探索。较为系统地构建了海岛生态系统生物资源及其固碳能力的调查、分析和评估方法，为海岛生态系统调查和评估提供了重要参考。建立了海岛生态系统基础承载力、现实承载力评价方法及其相互影响分析技术框架，为实现海岛可持续利用、提高海岛生态系统承载力提供依据。构建了岛群近岸海域生态系统健康的空间异质性及其对压力的灵敏度分析模型，可为开展“生态岛礁”工程提供技术参考。

同时，本项目以庙岛群岛南部岛群及周边海域为主要调查研究区，取得了一些重要发现。(1) 揭示了庙岛群岛南部岛群陆地植被固碳能力和生物多样性的时空特征。对庙岛群岛南部岛群开展了较为全面、详尽的植物群落现场调查和取样工作，结合遥感技术和数学模型等方法，研究了庙岛群岛南部岛群岛陆自然环境和人类活动特征，阐明了其生物多样性和固碳能力的时间变化规律和空间分布特征。(2) 揭示庙岛群岛南部岛群周边海域生态系统固碳能力和生物多样性的时空特征。通过庙岛群岛南部岛群周边海域不同季节 4 个航次的调查工作，基于岛群对周边海域的阻隔效应，探讨了该海域固碳生物资源分布状况，揭示了我国北方典型岛群周边海域生物多样性和固碳能力的季节变化规律和空间分布特征。(3) 阐明了庙岛群岛南部岛群周边海域有机碳沉积速率。根据庙岛群岛南部岛群邻近海域的柱状沉积物采样数据，基于^{210}Pb 的垂向变化获取沉积物埋藏速率，再结合沉积物的总有机碳（TOC）含量和沉积物的干密度，测算出庙岛群岛南部海域有机碳埋藏通量。(4) 阐释了庙岛群岛南部岛群生态系统固碳能力的主要影响因素。根据现场调查数据、遥感影像、社会经济资料等，筛选海岛生态系统固碳能力时空特征的潜在自然影响因子和人文影响因子，通过统计分析和数学建模，分别辨识岛陆和周边海域固碳能力时空特征的关键影响因子，对其影响权重和影响过程进行判断，阐释了我国北方典型海岛生态系统固碳能力的主要影响因素，为合理提升海岛固碳能力和生态系统承载力提供了有力的技术支持。

本书由项目组成员合作完成。各章主要执笔人分别是，第 1 章石洪华、沈程程、池源、郑伟，第2、3章郑伟、石洪华、王晓丽、沈程程、覃雪波，第4~9章王晓丽、石洪华、王媛、彭士涛、池源、覃雪波、乔明阳、高莉媛，第10章池源、石洪华、郭振，第11章乔明阳、沈程程，第12章池源、郭振、沈程程、刘永志、石洪华，第13~14章石洪华、郑伟、霍元子、李芬、乔明阳、沈程程、王媛媛、韦章良、李艳、李捷、覃雪波、黄风洪、高莉媛，第15章刘晓收、徐兆东、赵瑞、李乃成、石洪华，第16章王晓丽、石洪华、王媛，第17章王媛媛、霍元子、李捷，第18、19章沈程程、郑伟、石洪华、李芬，第20、21章石洪华、郑伟、王晓丽，第22章沈程程、郑伟。石洪华、郑伟、王晓丽负责总体研究方案和本书章节设计。石洪华、郑伟、王晓丽、霍元子、池源负责全书的统稿。

本项目研究工作由国家海洋局第一海洋研究所负责总体实施。国家海洋局第一海洋研究所海岛海岸带研究中心、海洋生态环境科学与工程国家海洋局重点实验室承担了主要的调查和研究工作。青岛海洋科学与技术国家实验室海洋地质过程与环境功能实验室对本项目研究以及本书的编辑和出版工作给予了支持。天津理工大学参加了项目野外调查、样品测试和部分研究工作。在野外调查研究过程中得到了长岛县海洋与渔业局、科技局、海洋水产研究所和海洋环境监测中心的支持，项目的样品测试分析和研究过程中得到了中国海洋大学、上海海洋大学、国家海洋局第三海洋研究所、交通部天津水运工程科学研究院、中国科学院海洋研究所、山东师范大学和天津自然博物馆等单位的支持。感谢科技部基础司、国家海洋局科技司、国家海洋局法制与岛屿司对本研究的支持。本项目研究过程中得到了丁德文院士的悉心指导，丁院士多次听取项目研究进展并提出了许多宝贵的咨询建议。丁院士甘当人梯，提携后学。特别是在本书完稿后，他欣然为本书题序，对全体作者给予鞭策和鼓励。《海洋学报》编辑部陈茂廷编审、高英主任、王倩女士为本书的编辑倾注了大量心血。在此，一并深表谢意！

值此本书即将付梓之际，再次感谢所有为本研究做出贡献、提供支持和帮助的单位和个人。特别是项目在研究过程中参考了大量国内外学者已有研究成果和项目组已发表的部分论文以及完成的学位论文，这些研究成果是开展本研究的重要基础，特对这些成果的完成者和完成单位表示感谢。我们尽量将这些参考文献都在文后予以标注，但难免挂一漏万，敬请广大读者予以谅解和批评指正。

作者

2017年12月2日

目　次

第一篇　总论 …………………………………………………………………… (1)

第1章　海岛生态系统概况 …………………………………………………… (1)

1.1　海岛生态系统概念与特征 ……………………………………………… (1)

1.2　全国海岛基本情况 ……………………………………………………… (12)

1.3　庙岛群岛基本情况 ……………………………………………………… (13)

第2章　海岛生态系统固碳能力研究进展 ………………………………… (29)

2.1　海岛生态系统固碳方式 ………………………………………………… (29)

2.2　海岛陆地生态系统固碳能力研究进展 ………………………………… (30)

2.3　海岛周边海域生态系统固碳能力研究进展 …………………………… (34)

第3章　海岛生态系统固碳能力评估方法 ………………………………… (42)

3.1　海岛陆地生态系统固碳能力分析与评估方法 ………………………… (42)

3.2　海岛周边海域生态系统固碳能力评估方法 …………………………… (48)

3.3　海岛生态系统固碳能力影响因素分析方法 …………………………… (48)

第二篇　海岛陆地生态系统固碳能力调查与分析 ……………………… (50)

第4章　庙岛群岛南部岛群岛陆生态系统植被群落调查 ………………… (50)

4.1　植物调查样地与方法 …………………………………………………… (50)

4.2　植物区系 ………………………………………………………………… (54)

4.3　海岛森林植物群落类型 ………………………………………………… (56)

附表　庙岛群岛南部岛群陆地植物名录 ………………………………… (69)

第5章　森林植物群落数量分类、排序及其物种多样性 ………………… (75)

5.1　森林植物群落数量分类 ………………………………………………… (75)

5.2　森林植物群落生态梯度 ………………………………………………… (81)

5.3　森林植物物种多样性 …………………………………………………… (87)

第 6 章　庙岛群岛南部岛群森林乔木层碳储量及影响因素 ……………………… (99)
6.1　样方设置 ……………………………………………………………………… (99)
6.2　数据处理与计算 …………………………………………………………… (101)
6.3　乔木层各器官含碳率 ……………………………………………………… (102)
6.4　乔木层碳储量 ……………………………………………………………… (103)
6.5　森林乔木层碳储量影响因素 ……………………………………………… (104)
第 7 章　庙岛群岛南部岛群森林草本层碳储量 …………………………………… (110)
7.1　样方设置与样品采集 ……………………………………………………… (110)
7.2　数据处理与计算 …………………………………………………………… (110)
7.3　草本层含碳率 ……………………………………………………………… (110)
7.4　草本层碳储量 ……………………………………………………………… (113)
7.5　森林草本层碳储量空间分异特征 ………………………………………… (113)
第 8 章　庙岛群岛南部岛群不同森林植物群落土壤特性 ………………………… (116)
8.1　森林植物群落土壤物理特性 ……………………………………………… (116)
8.2　森林植物群落土壤养分特征 ……………………………………………… (121)
第 9 章　庙岛群岛南部岛群土壤固碳能力及影响因子…………………………… (124)
9.1　海岛土壤表层有机碳密度 ………………………………………………… (124)
9.2　不同土地利用方式土壤有机碳密度 ……………………………………… (125)
9.3　森林土壤层碳储量影响因素 ……………………………………………… (126)
9.4　森林土壤 CO_2 通量日动态变化特征………………………………………… (132)
第 10 章　基于遥感的海岛陆地生态系统净初级生产力时空特征分析 …… (135)
10.1　NPP 估算过程………………………………………………………………… (135)
10.2　NPP 估算结果………………………………………………………………… (137)
10.3　NPP 估算结果分析…………………………………………………………… (146)
第 11 章　海岛陆地生态系统固碳能力数学模型构建和优化………………… (149)
11.1　考虑环境限制因子的黑松生长 Logistic 模型 ………………………… (149)
11.2　基于非线性回归方法的土壤碳通量模型参数估计 ……………………… (159)
第 12 章　海岛森林健康状况及影响因子 …………………………………………… (163)
12.1　数据来源与处理……………………………………………………………… (163)
12.2　人工林健康状况……………………………………………………………… (165)
12.3　人工林健康状况影响因子 ………………………………………………… (167)

第三篇　海岛周边海域生态系统固碳能力调查与分析 ……………… (171)

第 13 章　叶绿素分布特征与浮游植物多样性……………………………………… (171)
13.1　数据来源与处理 …………………………………………………………… (171)

13.2 叶绿素分布特征与浮游植物多样性调查结果 ……………………………… (173)
13.3 叶绿素、浮游植物多样性和环境因子相互关系分析 ……………………… (178)
13.4 叶绿素分布特征与浮游植物多样性探讨 …………………………………… (182)
附表 庙岛群岛南部海域表层浮游植物名录 …………………………………… (187)

第14章 浮游动物多样性及其影响因素 ………………………………………… (191)

14.1 数据来源与处理 …………………………………………………………… (191)
14.2 浮游动物分布特征 ………………………………………………………… (192)
14.3 浮游动物多样性影响因素 ………………………………………………… (195)
14.4 浮游动物分布特征与多样性讨论 ………………………………………… (201)
附表 庙岛群岛南部海域浮游动物物种名录 …………………………………… (202)

第15章 大型底栖动物群落特征 ………………………………………………… (204)

15.1 数据来源与处理 …………………………………………………………… (204)
15.2 潮间带海域大型底栖动物结果与讨论 …………………………………… (207)
15.3 潮下带海域大型底栖动物结果与讨论 …………………………………… (216)
附表 庙岛群岛南部海域大型底栖动物物种名录 ……………………………… (231)

第16章 有机碳沉积与埋藏分析 ………………………………………………… (237)

16.1 沉积物调查站位与方法 …………………………………………………… (237)
16.2 沉积物有机碳的地球化学特征及其埋藏记录 …………………………… (239)

第17章 海水溶解碳分布特征及影响因子 ……………………………………… (244)

17.1 材料与方法 ………………………………………………………………… (244)
17.2 溶解碳分布特征 …………………………………………………………… (244)
17.3 影响溶解碳分布的环境因子 ……………………………………………… (247)

第四篇 海岛及周边海域生态系统承载力和健康评估 ……………… (250)

第18章 海岛生态系统承载力评估及发展可持续性分析 ……………………… (250)

18.1 承载力理论及评估方法研究进展 ………………………………………… (250)
18.2 海岛生态系统承载力评估模型 …………………………………………… (252)
18.3 海岛生态系统承载力评估结果及其不确定性分析 ……………………… (255)
18.4 庙岛群岛南部岛群生态系统承载力特征分析 …………………………… (256)

第19章 海岛周边海域生态系统健康空间异质性评价 ………………………… (259)

19.1 生态系统健康理论及评估方法研究进展 ………………………………… (259)
19.2 海岛周边海域生态系统健康空间异质性评估模型 ……………………… (260)
19.3 庙岛群岛南部岛群海域生态系统健康空间异质性分析 ………………… (263)
19.4 庙岛群岛南部岛群海域生态系统健康对压力的灵敏度分析 …………… (268)

第五篇　主要结论与发现 …………………………………………………… (271)
第 20 章　海岛生态系统生物资源调查主要结论与发现 ……………………… (271)
20.1　海岛陆地生物资源调查主要结论与发现 ……………………………… (271)
20.2　海岛周边海域生物资源调查主要结论与发现 ………………………… (275)
20.3　海岛及周边海域生态系统承载力和健康评估主要结论与发现 ……… (277)
第 21 章　海岛生态系统固碳能力和承载力提升对策 ………………………… (279)
21.1　基于陆海统筹,加强生态保护与修复 ………………………………… (279)
21.2　合理规划,促进岛群协同优化 ………………………………………… (279)
21.3　提升海岛资源环境承载力 ……………………………………………… (280)
第 22 章　庙岛群岛南部岛群可持续发展形势与对策 ………………………… (281)
22.1　庙岛群岛南部岛群可持续发展形势 …………………………………… (281)
22.2　庙岛群岛南部岛群可持续发展对策 …………………………………… (283)
参考文献 ……………………………………………………………………… (284)

第一篇　总　论

第1章　海岛生态系统概况

1.1　海岛生态系统概念与特征

1.1.1　海岛生态系统基本概念

海岛是指散布在海洋中，四面环水、高潮时露出水面、自然形成的陆地，或指四周被海水包围，高潮时露出海面的陆地。海岛在地域上可界定为陆域、潮间带和海域3种地貌类型。这些环境介质内的生物群落与周围环境相互作用，构成了一个独立又完整的生态单元，从而形成了具有相对稳定功能并能自我调控的海岛生态系统。海岛生态系统一般可分为为3个子系统，分别为海岛陆地生态系统（岛陆生态系统）、潮间带生态系统和周边海域生态系统。海岛生态系统的这3个子系统相互作用、相互依赖，共同构成海岛生态系统这个整体。

以海岛生态系统高潮线为基准，以上的陆地部分为海岛陆地生态系统，由于其长期暴露于海水之上，具有陆地生态系统特点（Santamarta Cerezal et al.，2012；Särkinen et al.，2012）。一般情况下，受到人类活动影响较小的海岛地区通常具有较高的植被覆盖度，这些海岛植被群落在长期的生态演替过程中往往会形成一些较为特殊的生态环境缀块，其中生长有一定数量的陆生生物，并在一定区域内与陆地环境共同构成了一个相对完整的海岛陆地生态系统（Bustamante Súnchez et al.，2012；Qie et al.，2011；Shimizu，2005）。岛陆部分作为海岛陆地生态系统的主体，除去生态结构相对简单之外，其环境条件和生物群落与大陆基本相似，具有陆地生态系统特征（Lagerström et al.，2013；Nogué et al.，2013）。海岛陆地面积较为狭小，其四周被海水包围，海洋水文特征、海岛地形地貌等因素对岛陆生态因子的影响较大（Steinbauer et al.，2013；Halas et al.，2005；Steinbauer and Beierkuhnkein，2010；Laurance et al.，2011），海岛陆地生态系统同时受海洋气候、水文等因素影响。

对于海岛周边海域来说，相较于一般大陆近岸海域，岛群将原本连续的海域分隔为彼此相连又相对独立的若干海域，海洋生境破碎化程度较高。岛群邻近海域生境破碎对海域生态系统产生较大影响，使得在气候环境基本相同且面积相对较小的海域内，其水交换、营养盐浓度、初级生产力以及包括浮游生物、底栖生物和鱼类在内的生物群落均可能存在显著的空间异质性（Blain et al.，2001；Gilmartin and Revelante，1974；Harwell et al.，2011；Medina et al.，2007）。已有研究将该现象被称为岛群效应（Blain et al.，2001；Gilmartin and Revelante，1974）。另外，岛群邻近海域遭受多种人为压力，除了岛陆自身及其周边海域之外，在区域来源上还包括邻近大陆及其近岸海域，在人类活动类型上主要包括基础设施建设、海岛旅游、海水养殖、海上交通等（Mueller-Dombois，1981；Potter et al.，1993；Wang and Zhang，2007）。

1.1.2 海岛生态系统一般特征

1.1.2.1 独立完整性

海岛四面环水、远离大陆的环境特征导致海岛生态系统与外界物种之间的交流受到了极大的限制，加之其区域范围通常较为狭小，地域结构相对简单，森林与土地面积都比较有限，自身的自然容水量小，海岛淡水资源较为匮乏（Särkinen et al.，2012；Nogue et al.，2013；Inagaki et al.，2010）。这些海岛地域特有的环境条件造成了海岛生物物种类型有限，生物多样性丰富度较低（Shimizu，2005；Katovai et al.，2012；Paulay，1994）。然而，海岛生态系统结构的简单并没有影响其生态服务功能的正常发挥，在结构和功能上具有独立完整性。海岛与其周围的近海区域共同构成了一个相对独立的小生境，在生态演替的作用下进而发展成为了相对完整的生态系统（Steinbauer et al.，2010；Donato，2012）。

1.1.2.2 独特多样性

海岛地理环境特殊，成因多种多样，与大陆相比，海岛地貌、地质构造具有一定的独特性（Steinbauer et al.，2013；Laurance et al.，2011；Neris et al.，2012）。例如，经火山喷发后熔岩冷凝形成火山岛，其地质、地貌构造与陆域陆地相比有所不同，具有自身的独特性（Neris et al.，2012）。海岛与大陆间的物质、信息交流并不方便，在其独立的生境内，往往存在着特殊的生物群落，具有一批独特的珍稀物种（Shimizu，2005；Lagerström et al.，2013；Paulay et al.，1994）。海岛特有的珍稀物种对维持海岛景观生态系统及科学研究具有极高的实用价值。海岛陆地生态系统是全球各类生态环境类型的缩影，具有海域、海陆过渡带与陆域3种地貌特征类型，拥有陆地、水域与湿地3种生态景观类别（Katovai et al.，2012；Laurance et al.，2012），岛陆物种种群分布呈现出较为明显的多样性。与其他地域相比，海岛陆地生态系统涵盖了全球多种生态类型和多元化的生物资源，形成了结构完整、相对独立的生态系统。因此，海岛陆地生态系统具有典型的独特多样性特征（Yang et al. , 2012）。

1.1.2.3 脆弱变化性

由于海岛地区立地条件差、其自然植被生长受限及海岛本身土壤较为贫瘠等原因，导致海岛陆地生态系统具有一定的脆弱性与不稳定性，在遭到一系列的干扰后极易产生严重的生态环境问题。研究发现，引发海岛生态环境问题的最大干扰主要是来自外部的因素（Lagerström et al. , 2013；Katovai et al. , 2012；Lomba et al. , 2013）。首先，海岛较之大陆其受到的自然灾害强度大、次数多，台风、风暴潮、干旱等频发性自然灾害和海啸、地震等突发性灾害都严重威胁着海岛陆地生态系统的稳定性，使得海岛抵御自然灾害的能力大幅度减弱（Bustamante et al. , 2012；Katovai et al. , 2012）。其次，随着海岛旅游业和其他经济的快速发展，海岛生态环境更易受到人为活动的干扰，海岛陆地原生植被大量减少、陆源污染逐渐加重、潮间带侵蚀退化明显、近海湿地环境质量下降等生态问题日益突出（Shimizu, 2005；Neris et al. , 2012；Aretano et al. , 2013）。由于受到这些外来因素的影响与干扰，海岛陆地原有生态系统稳定性有所降低，给原就脆弱的海岛生态环境带来了新的威胁与挑战，从而严重影响了海岛陆地生态系统服务功能的有效发挥，降低了海岛生态系统服务价值和承载能力。

1.1.3 海岛生态脆弱性内涵、特征及成因辨析

1.1.3.1 海岛生态脆弱性内涵

参考相关研究，基于海岛生态系统的特殊性，将海岛生态脆弱性定义为“海岛生态系统由于独特的自身条件和复杂的系统干扰而长期形成的、时空分异的、可调控的易受损性和难恢复性”。

1）易受损性

易受损性表现在海岛生态系统更容易受到干扰，且面对干扰时其生态结构和功能更容易遭到损害。以山东长岛县为例，其人工林近年来深受松材线虫 *Bursaphelenchus xylophilus* 病的干扰。松材线虫生长繁殖最适宜温度为25℃，在年平均气温高于14℃的地区普遍发生，年平均气温在10~12℃地区能够侵染寄主但不造成危害（宋玉双和臧秀强，1989）；长岛年平均气温约为12℃，理论上处于松材线虫能够发生但不致明显危害区域，但却成为山东乃至我国北方松材线虫病的首个疫区。这正是由于海岛位置特殊且规模有限，人工林树种单一，干旱和大风使得人工林生长环境恶劣，抵抗能力较差（石洪华等，2013），且干旱使树木更容易受到病虫害的危害（van Stephenson, 2007）。在这样的条件下，松材线虫具有侵入途径和传播空间以及抵抗力较差的寄主植物，能够对人工林及海岛生态系统造成损害。案例中，位置特殊和规模有限是自身条件，干旱和大风是系统干扰，共同造成海岛人工林对病虫害的易受损性；病虫害对海岛生态系统同样是一种干扰，使得海岛人工林木死亡严重，生物大量丧失，其防风固土、涵养水源、维持生物多样性等生态系统服务功能随之受到损害，进而增加了海岛生

态系统对干旱和大风的易受损性，导致海岛土壤更加瘠薄，淡水更加缺乏，生物多样性进一步降低。海岛生态系统的易受损性由此产生并不断加深。

2）难恢复性

难恢复性表现在海岛生态系统在受到损害后，难以通过系统的自我调节能力与自组织能力恢复至受损前的状态或向良性的方向发展，这一方面是由于海岛地域结构简单且具有明显的独立性，自我调节能力有限；另一方面，海岛生态系统的干扰难以完全消除，即使一定时期内主要干扰停止或基本停止，但由于其他干扰的作用，系统不能得到良好的恢复。同时，海岛位置特殊且空间隔离，可达性差，自然灾害频发，生态恢复过程中人工措施的实施难度较大，成本较高，这也是海岛生态系统难恢复性的重要表现。同样以山东省长岛县为例，20世纪90年代松材线虫病侵入之后迅速蔓延，长岛县对松材线虫病防治投入了大量的精力，在潜伏树诊断、媒介昆虫捕杀、病原树清理等方面进行了一系列的工作（汪来发等，2004；赵博光等，2012），一度使松材线虫病得到控制，海岛生态系统得到一定恢复；然而，近年来该病再次蔓延，系统恢复受到阻碍。案例中，病虫害是海岛人工林的主要干扰因子，干旱和大风是其他干扰因子，海岛较差的可达性和明显的地势起伏为人类调控构成难度；病虫害侵入后，仅仅依靠系统自我调节能力无法实现系统恢复和人工林健康，人类措施的实施使得主要干扰因子得到控制，生态系统也得到一定的恢复，但由于其他干扰因子的难控制性以及人类措施的高成本和高难度，生态恢复难以保持稳定，一旦主要干扰因子脱离控制，生态系统便再次遭到重大损害，生态恢复工作又回到起点。

1.1.3.2 海岛生态脆弱性的特征

1）长期存在性

海岛生态系统受到自然扰动和人为干扰的影响而受到损害或发生变化，同时，其自身条件孕育和促进了不同自然灾害的形成和发生，吸引了人类活动但又对人类活动的类型、范围和强度构成限制。海岛生态脆弱性的形成和增强是其生态系统自身条件和系统干扰长期相互作用的结果；同样的，海岛脆弱性的减弱或消除也是一个长期的过程。

2）时空分异性

海岛生态脆弱性的分异性包括时间分异性和空间分异性。时间分异性表明海岛生态脆弱性不是静态的，是随着自身特征和系统干扰的相互作用而不断变化的，也是生态脆弱性长期性的实际表现状态。海岛生态系统属于典型的边界系统，内外和内部能量流较高，状态多变，具有多个稳定态（丁德文等，2009）。同时，由于物质、能量、生物流动强度、规模、方式与类型的非均衡，海岛生态脆弱性具有明显的空间异质性。一方面，不同海岛物质构成、面积大小、自然环境、区域特征的差异，使得其自身条件和系统干扰存在明显不同，从而带来生态脆弱性的差异；另一方面，同一海岛内部不同位置的地表覆盖、地形、土壤特征以及人类干扰程度的差异也会造成海岛内部生态脆弱性的空间分异。

3）可调控性

海岛生态脆弱性是可以通过人为调控进行减弱或消除的。生态过程虽然不可逆，但允许在一定程度上采取外力调控系统的能量和物质流动，促使生态系统结构和功能趋向正效应，达到最佳的动态平衡点，提升生态系统的稳定性（丁德文等，2009；石洪华等，2012），这也是提出并研究海岛生态脆弱性的前提和目的。人类活动调控海岛生态脆弱性的途径和方法有很多种，一方面是采取调控措施减少开发建设的负面影响，如城镇污水和垃圾收集设施的兴建能够约束废水和垃圾的无序排放，削减海岛生态系统的污染压力；另一方面则是主动开展生态保护工程和管理，增强生态系统的稳定性，如海岛防护林建设、环岛海堤修建和人工鱼礁布设等。

海岛生态脆弱性调控应建立在对脆弱性清楚认识和准确把握的基础上，特别需要注意的是海岛生态脆弱性的长期存在性和时空分异性特征。长期存在性表明海岛生态脆弱性的调控并非一蹴而就，应当付出不懈的努力和持续的投入；时空分异性要求脆弱性的调控应当因岛制宜、因地制宜、因时制宜，只有根据不同区域的实际情况制定针对性的调控措施，才能在减少不必要投入的同时，有效控制海岛生态脆弱性。

1.1.3.3 海岛生态脆弱性的成因探析

海岛生态系统独特的自身条件即固有脆弱性，体现了一般海岛的共性；系统干扰则代表特殊脆弱性，不同海岛由于不同的干扰类型和程度拥有着不同的特殊脆弱性。自身条件和系统干扰长期相互作用形成并加剧海岛生态脆弱性。

1）自身条件

特殊的地理位置、有限的规模大小和明显的空间隔离是海岛生态系统最直观的特点，也是最基本的自身条件（池源等，2015a）。

特殊的地理位置使得海岛生态系统具有海陆二相性特征。岛陆生态系统具有陆地生态系统的一般特征，其生物群落和生境与大陆基本相似（Lagerström et al.，2013；Nogué et al.，2013），环岛近海拥有海洋生态系统的一般特征，岛滩则为岛陆和环岛近海的过渡地带，岛陆、岛滩、环岛近海并非各自独立，而是相互联系、相互作用共同构成综合的海岛生态系统。海岛生态系统实际上是海岸带生态系统的一种典型类型，位于海洋、陆地、大气、生物等圈层强烈交互作用的过渡带，边缘效应明显（吴平生等，1992），环境变化梯度大，自组织能力和自我恢复能力较弱（丁德文等，2009）。

有限的规模造成海岛生态系统的资源稀缺性。区域范围的狭小使得海岛地域结构简单，土地和淡水资源缺乏，土壤贫瘠（池源等，2015a；Särkinen et al.，2012）。经典的岛屿生物地理学理论表明，物种数量与面积大小呈正相关，海岛有限的规模限制了物种多样性（MacArchur and Wilson，1963；1967）；同时有研究发现，海岛面积限制是物种灭绝最主要的影响因子（Karels et al.，2008）。因此，海岛生物多样性偏低，生物资源稀缺（Paulay，1994；Shimizu，2005；Katovai et al.，2012）。

明显的空间隔离使得海岛生态系统具有独立完整性。海岛生态系统与大陆隔离，物种交流受到限制，形成了独立的生态小单元（Steinbauer and Beierkuhnlein，2010；Donato et al.，2012），具有明显的独立性，进而降低了新物种迁入的几率，加剧了物种灭绝的可能；此外，空间隔离也造成了海岛对外交通不便，对海岛的开发利用和生态脆弱性调控构成制约。海岛生态系统结构完整，拥有生态系统应具备的各类生物和非生物组分。同时，海岛周边海域由于岛陆的物理阻隔，相比开阔海域破碎化程度高，部分海域水交换能力相对较差。

2）自然扰动

海岛生态系统是岛陆-岛滩-环岛近海综合生态系统，位于海陆交互地带，受到各种自然因子的干扰，这种干扰往往以自然灾害的形式出现。气候变化和海平面上升是海岛生态系统面临的重要自然背景和趋势，不但可能直接导致海岛消失和面积萎缩，更多的是通过引发或加剧其他自然灾害作用于海岛生态系统，如气候变化带来极端天气现象的增多，海平面上升可能带来海水入侵的加剧和风暴潮频率的增加（李艳丽，2004）。另外，海岛开发利用活动的日益频繁也使得自然灾害的发生频率和强度不断增大（高伟等，2014）。自然灾害不仅是海岛生态脆弱性的重要驱动因子，也是系统受损的表征；海岛生态系统一方面可能为自然灾害提供孕灾环境，另一方面也是自然灾害的承灾体。

（1）气象灾害

大风和干旱是我国海岛普遍的自然扰动因子。由于我国的季风性气候、频繁的气旋天气系统、海陆热力性质差异和海上风力阻隔小等因素，海岛大风天气频繁。山东长岛地区年均大风日数为59~110 d，江苏连云港前三岛岛群年均大风日数约134 d，福建东山岛年均大风日数达122 d（《中国海岛志》编纂委员会，2013a，b；《中国海岛志》编纂委员会，2014a）。虽然我国海岛所在区域降雨量并不贫乏，但降水季节变化明显，且海岛汇水区域有限，蓄水能力较差，可利用的淡水资源较缺乏，干旱或季节性干旱成为我国海岛典型的自然特征。山东长岛1953—1983年间发生干旱灾害的年份占近60%；广西廉州湾内的七星岛、渔江岛等冬旱发生频率达100%，春旱的频率也达66%（《中国海岛志》编纂委员会，2013d，2014b）。大风和干旱不仅对海岛社会经济活动带来制约，也对海岛自然实体造成影响，主要表现为对岛陆地形地貌的塑造和对岛陆植物的胁迫。岛陆特别是以基岩为物质构成的岛陆，在大风的作用下，往往形成以剥蚀丘陵为主的地貌类型，再加上长期缺水，海岛土层较薄，土壤贫瘠，岛陆原生植被也受到大风和干旱的影响而发育不良，植被的缺失又造成海岛防风和蓄水能力减弱，进而加剧了大风和干旱对海岛的影响。

在部分海岛上，寒潮、暴雨、浓雾等气象灾害也对海岛生态系统构成威胁。1993年辽宁长海县广鹿乡遭寒潮袭击，通信设施受到严重破坏，共损失广播线杆38根，广播线9 300 m（《中国海岛志》编纂委员会，2013c）；1980—2008年，江苏连云港东西连岛所在区域共发生灾害性暴雨16次，对海岛岛体和设施均造成了严重的损害（《中国海岛志》编纂委员会，2013b）。

（2）海洋灾害

风暴潮和灾害性海浪是我国海岛最主要的海洋灾害，其直接作用于海岛岸线和陆地，淹没沿岸农田，破坏植被和港口、海堤、房屋等生产生活设施，危及人类生命安全，还能引发海岸侵蚀和海水入侵等其他灾害。1983 年浙江台州海域由台风引起的风暴潮和灾害性海浪，直接冲毁大陈岛海堤 90 m，造成严重经济损失（羊天柱和应仁方，1997）；2007 年 3 月，辽宁长海县各岛遭遇特大风暴潮，全县农渔业生产、交通运输和基础设施遭到严重影响（《中国海岛志》编纂委员会，2013d）。在地质活动不稳定地区，海岛周边海域海底地震、火山爆发以及大规模滑坡引起的海啸会对海岛生态系统带来巨大冲击。此外，上述的海洋灾害和气象灾害也会影响海岛的对外交通和交流，使得海岛停航现象普遍，一些海岛可能完全丧失对外交通能力，甚至与外界失去联系，加剧了海岛的隔离性和独立性。

一些靠近大陆的海岛，周边海域存在富营养化风险。赤潮同时是海岛生态脆弱性的驱动因子和表征因子，不仅破坏海洋生态平衡，还对海洋渔业和水产资源构成严重威胁。2007 年 2 月广东南澳岛附近海域发生赤潮，面积达 308 km^2，直接导致损失贝类 20 t，龙须藻 5 t（《中国海岛志》编纂委员会，2013a）。

（3）地质灾害

由于海岛的物质构成和地形地貌特征、强烈的海陆交互作用、大区域的地质活动活跃性以及日益频繁的人类活动，海岛容易遭到地质灾害的干扰（杜军和李培英，2010；李拴虎等，2013）。海岛地质灾害可分为突发性地质灾害和渐变性地质灾害两大类。

突发性地质灾害主要包括崩塌、滑坡、泥石流等，这在占我国海岛数量中绝大部分的基岩岛上较常发生，这类海岛往往地势起伏明显，岩石坚硬，提供了崩塌、滑坡等地质灾害的孕灾环境，如海南万宁大洲岛由于长期的地质构造和外力作用，岛体布满滚石，约 4 km^2 的海岛上存在 13 处崩塌危险区（高伟等，2014）。突发性地质灾害直接破坏海岛地形地貌、植被覆盖以及各类设施，短时间内造成强烈的危害。同时，我国部分海岛处于火山、地震频发区，火山爆发、地震本身也是一种突发性自然灾害。1918 年 2 月，广东南澳岛东北约 10 km 海域发生 7.3 级地震，南澳岛绝大部分房屋倒塌，部分山体崩塌，植被遭到极大破坏（《中国海岛志》编纂委员会，2013a）。

渐变性地质灾害包括海岸侵蚀、海水入侵、地面沉降等，这在泥沙岛和部分基岩岛较为常见。泥沙岛物质构成以冲积物为主，地势低平，为海水入侵等渐变性地质灾害提供孕灾环境，如上海崇明岛，其北部垦区和东部垦区潜水层氯度值达 1 000 mg/L 以上（《中国海岛志》编纂委员会，2013b）。部分基岩岛也存在渐变性地质灾害，主要是砂质岸线的侵蚀，如福建东山岛东部 21.5 km 长的岸线从 1990 年到 2010 年间平均后退了 54.5 m（刘乐军，2015）。渐变性自然灾害长期且缓慢地影响着海岛生态系统，造成海岛岸线后退、淡水水质恶化、土壤盐渍化等后果。部分灾害如海水入侵、地面沉降等一方面是海岛生态脆弱性的重要驱动因子，同时也是地下水开采、海岸工程兴建等人类活动作用的结果（刘杜鹃，2004）。

（4）其他自然扰动

除了上述自然灾害外，还有众多自然扰动因子可对海岛生态系统构成影响。其中，影响较大的有外来生物入侵、森林火灾等。外来生物通过自然传入和人类传入（有意或无意）的方式进入海岛生态系统，由于海岛原生物种结构简单且空间资源有限，外来生物对原生物种的生长发育构成严重制约，破坏海岛生物多样性。病虫害作为生物入侵的特殊形式，与森林火灾同为海岛森林的重要威胁。我国北方海岛森林多为20世纪50年代以来持续种植的人工林，具有重要的生态功能，但树种较为单一且生长条件恶劣，一旦发生病虫害或火灾，会对海岛生态系统稳定性造成重大影响。

3）人类干扰

海岛生态系统是典型的海岸带复合生态系统，随着人类活动类型的增加、范围的增大和强度的增强，海岛生态系统受到的人类干扰日渐增多，进而加剧海岛生态脆弱性。

（1）城乡建设

海岛城乡建设是指以岛陆为基底进行的城乡住宅、交通、市政、商业、工业、仓储以及其他各类设施的建设，在全部有居民海岛和部分无居民海岛具有普遍性。城乡建设直接改变海岛地表形态，侵占原生生物栖息地，造成生物量和生产力的损失，割裂自然景观。浙江嵊泗县东端的嵊山岛，距离大陆最近距离81.1 km，第二次国土资源调查资料显示其建设用地达109.52 hm^2，占岛陆总面积25%以上（《中国海岛志》编纂委员会，2014c）；上海崇明岛2013年建设用地占全岛面积不到13%，但在海岛各区域以居民点和道路的形式普遍分布，使得海岛景观破碎化强烈，生物多样性遭到损害（池源等，2015b）。同时，城乡建设间接带来不同类型和程度的污染物排放，可能会对大气环境、水环境、声环境、土壤环境等造成影响，如上海崇明岛陈海和北沿公路两侧土壤重金属含量明显较高，Cd污染严重，道路交通是其土壤重金属的主要来源（王初等，2008）。

（2）海洋和海岸工程

以岛滩和环岛近海为基底开展的海洋和海岸工程包括港口码头建设、海岸防护工程、填海造陆、跨海桥梁、海底隧道等，开发利用程度较高的海岛往往涉及该类工程。海洋和海岸工程直接改变海岛岸线和海底地形，占用生物栖息地，显著影响环岛近海的水动力和泥沙冲淤环境，并可能带来生态服务价值的丧失。浙江洞头县海岛2004—2010年围填海面积约10 km^2，造成环岛近海海洋生态服务价值损失达1.36亿元/a（隋玉正等，2013）。某些项目如仓储码头在运营期由于污染物排放或泄露还会产生持续的影响。不过，部分海洋和海岸工程的兴建对巩固生态系统稳定性具有重要作用，如泥沙岛环岛海堤能够有效提升海岛防灾减灾能力，减少海岸侵蚀；人工鱼礁能够显著提升环岛近海的生物多样性等。

海岛与大陆之间跨海桥梁或海底隧道的兴建直接改变了海岛生态系统空间隔离性的典型特征，显著提升了海岛对外物质、能量和信息流通能力，同时也影响环岛近海的水动力条件、海水水质和生物资源（冷悦山等，2008）。

（3）农田开垦

农田开垦是我国海岛重要的岛陆空间利用类型，在有居民海岛和部分无居民海岛上或多或少均有农田开垦或其痕迹，在特定海岛上，农田占有重要地位。上海崇明岛作为中国最大的泥沙岛，地势平坦，农田面积约840 km^2，占海岛总面积的60%（池源等，2015b）；山东长岛县的北长山岛为基岩岛，地势较为起伏，仍有20%以上的岛陆开垦为农田（池源等，2015a）。农田开垦直接改变海岛地表形态和生物栖息地，影响海岛生物群落结构和生物多样性，也可能间接导致水土流失，引发农业污染，对岛陆土壤及环岛近海造成影响。上海崇明岛农田土壤重金属含量总体高于上海市背景值，且菜地的污染最为严重，这与农药使用密切相关（孙超等，2009）。

（4）旅游

海岛独特的自然风光和人文气息成为全球重要的旅游地。海岛旅游涉及岛陆、岛滩和环岛近海各部分，在推动海岛社会经济发展的同时也对海岛生态系统带来影响。首先，游客在旅游过程中可能通过破坏生境、排放废弃物等行为对环境产生影响（李军玲等，2012）。此外，海岛各类旅游设施的兴建直接改变海岛地表形态，侵占生物栖息地。旅游与城镇化之间是相互促进和相互协调的（王新越，2014），海岛旅游的快速发展能够推动城乡建设、海洋和海岸工程兴建等。同时，旅游业带来的外来人口进入、旅游设施的建设以及海岛产业结构的变化也会对海岛社会文化带来冲击，海岛居民价值观受到影响，传统文化特色变味或丧失，人居环境趋于复杂。

（5）养殖与捕捞

海岛养殖以岛滩和环岛近海为基底开展，是海岛最主要的开发利用活动之一。根据方式、种类、规模和强度的不同，养殖对环境的影响也具有差异（崔毅等，2005）。围海养殖直接改变海岛岸线和海底地形，占用生物栖息地并排放污染物，影响海洋水动力环境和泥沙冲淤环境。一些距离大陆较近的海岛，海岛周边大规模的养殖池将其直接与大陆相连，对海岛生态属性带来了深刻的影响。开放式养殖的环境影响主要表现在改变群落结构和排放部分污染物，影响与围海养殖相比较小，如山东长岛的大钦岛，环岛近海开展了大规模的海带开放式养殖，但其环境影响总体不大。

海洋捕捞同样是海岛渔民的重要收入来源，其直接改变环岛近海生物群落结构，对海洋生物资源可持续利用造成威胁。过度捕捞是破坏海洋生态平衡、损害海洋资源的重要因素。我国最大的渔场——舟山渔场，位于舟山群岛附近，由于长期过度捕捞使得渔获率大大降低，渔业资源不断衰退，鱼类群落结构发生显著变化（卢占晖等，2008）。

（6）其他人类干扰

影响海岛生态脆弱性的其他人类干扰主要包括航运、矿产与能源开发等。航运是海岛与外界沟通的重要方式，航运过程中产生的污染物如不加以适当处理会带来负面影响，同时航运也是外来生物入侵的主要途径之一。海岛矿产与能源开发包括岛陆、岛滩和环岛近海范围内的金属矿、非金属矿、可燃有机等各类矿产以及太阳能、风能、海洋能等新能源的开发。其中，矿产开发不仅占用空间资源，直接破坏生境，还可能排放污染物对周边环境带来影响。矿产开发和运输过程中的突发事故（如溢油）会对海岛生态系统造成严重破坏。2006—2008年，山东长岛县海域连接发生4起溢油污染事件，严重影响了海洋环境质量和渔业资源（《中国海岛志》编纂委员会，2013d）。我国海岛风能资源丰富，近年来风电在我国海岛得到了广泛建设，山东长岛，上海崇明岛，浙江玉环岛、大陈岛、洞头岛和舟山各岛，福建平潭岛和东山岛，以及广东南澳岛和上、下川岛等海岛上均建有较大规模风电场，在其他众多海岛上也建有各类风力发电设施（俞凯耀等，2014）。风电被誉为绿色能源，但有研究发现，风电运行过程中产生的噪声、光影闪动和空间阻隔实际上具有一定环境影响，特别是对鸟类的栖息、觅食、迁移、存活和繁殖可能带来干扰（王明哲和刘钊，2011；Erickson et al.，

2001），我国海岛大都位于重要的鸟类迁徙通道，因此海岛风电的生态影响不容忽视。

海岛周边大陆地区社会经济活动也会对海岛生态系统造成压力。由于海水的流动性和连通性，大陆地区的围填海、污染物排放等行为可能影响到海岛生态系统的水动力条件和环境质量，大陆滨海旅游的蓬勃也能带动海岛旅游事业的发展，若旅游开发强度过大会对海岛生态系统带来不可逆的改变。

表 1-1 给出了海岛生态系统干扰的分类及其主要影响，图 1-1 给出了海岛生态脆弱性概念体系。

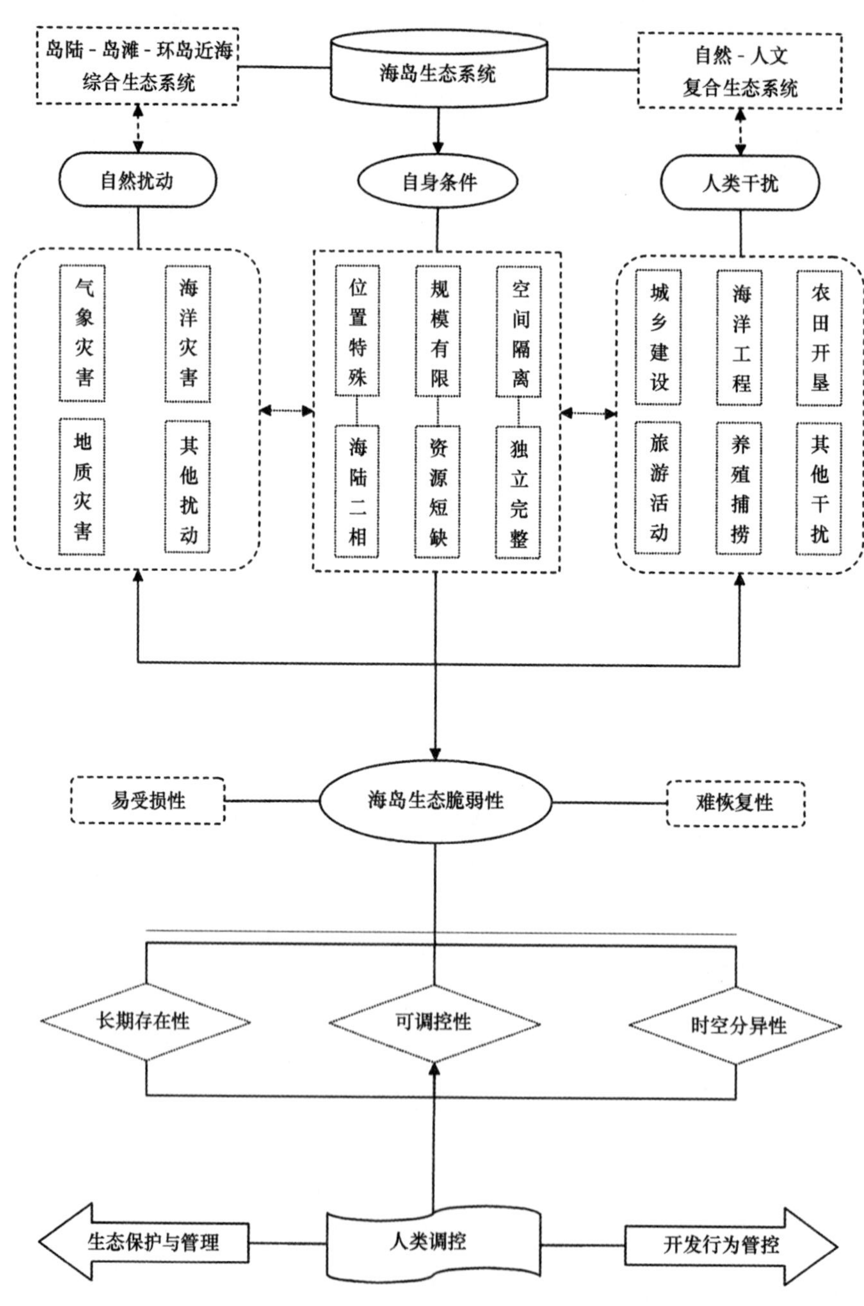

图 1-1　海岛生态脆弱性概念体系

表 1-1 海岛生态系统干扰的分类及其主要影响

一级	二级	具体内容	主要影响
自然扰动	气象灾害	大风、干旱、暴雨、寒潮等	改造地形地貌，侵蚀土壤，胁迫植物；破坏各类设施；制约海岛对外交通
	海洋灾害	风暴潮、灾害性海浪、海啸、赤潮等	破坏农田、植被和各类设施；引发海岸侵蚀、海水入侵等其他自然灾害；危害社会经济；制约海岛对外交通；降低海洋环境质量，破坏渔业资源（赤潮）
	地质灾害	突发性：崩塌、滑坡、泥石流、地震等 渐变性：海岸侵蚀、海水入侵、地面沉降等	突发性：短期、剧烈的影响，破坏地形地貌、植被和各类设施 渐变性：长期、缓慢的影响，导致海岛岸线后退、淡水水质恶化、土壤盐渍化等
	其他自然扰动	生物入侵（含病虫害）、林火等	威胁原生植物群落，破坏生物多样性；毁坏森林
人类干扰	城乡建设	城乡住宅、交通、市政、商业、工业、仓储以及其他各类设施的建设	直接影响：改变地表形态，侵占生物栖息地，割裂自然景观 间接影响：排放污染物
	海洋和海岸工程	港口码头、海岸防护工程、填海造陆、跨海桥梁、海底隧道等	直接影响：改变岸线和海底地形，侵占生物栖息地，影响环岛近海的水动力环境和泥沙冲淤环境 间接影响：排放或泄露污染物
	农田开垦	耕地、菜地、园地等	直接影响：改变地表形态，侵占生物栖息地，影响生物群落结构和生物多样性 间接影响：水土流失，农业污染
	旅游	旅游设施建设、游客行为等	改变地表形态，侵占生物栖息地，促进城乡建设和海洋海岸工程兴建；破坏生境、排放污染物；对海岛传统社会文化带来冲击
	养殖与捕捞	围海养殖、开放式养殖；捕捞	围海养殖：改变岸线和海底地形，占用生物栖息地，排放污染物，影响环岛近海的水动力环境和泥沙冲淤环境 开放式养殖：改变环岛近海的群落结构，排放污染物 捕捞：改变环岛近海生物群落结构，过度捕捞造成渔业资源衰退
	其他人类干扰	航运、矿产能源开发、大陆地区社会经济活动等	航运：排放污染物，引发生物入侵 矿产能源开发：占用空间资源，破坏生境，排放污染物；引发溢油等突发事故；可能影响鸟类迁徙（风电场） 大陆地区社会经济活动：排放污染物、改变水动力条件；间接促进海岛开发利用活动

1.2 全国海岛基本情况

1.2.1 全国海岛自然概况

我国海岛数量众多，分布广泛。全国海岛地名普查结果显示，我国共有海岛 11 000 个，海岛总面积约占我国陆地面积的 0.8%。浙江省、福建省和广东省海岛数量位居前三位。我国海岛分布不均，呈现南方多、北方少，近岸多、远岸少的特点。按区域划分，东海海岛数量约占我国海岛总数的 59%，南海海岛约占 30%，渤海和黄海海岛约占 11%；按离岸距离统计，距大陆岸线 10 km 之内的海岛数量占总数的 57%，10~100 km 的占 39%，100 km 之外的占 4%。我国海岛广布温带、亚热带和热带海域，生物种类繁多，不同区域海岛的岛体、海岸线、沙滩、植被、淡水和周边海域的各种生物群落和非生物环境共同形成了各具特色、相对独立的海岛生态系统，一些海岛还具有红树林、珊瑚礁等特殊生境；海岛及其周边海域自然资源丰富，有港口、渔业、旅游、油气、生物、海水、海洋能等优势资源和潜在资源。

1.2.2 全国海岛保护与利用现状

1.2.2.1 全国海岛保护现状

我国海岛保护工作起步较晚，但发展迅速。截至 2015 年底，我国已经建立涉及海岛的自然保护区和特别保护区 180 个，含 2 300 个海岛，约占海岛总数的 20%。按照保护区等级划分，包括国家级保护区 64 个，省级保护区 54 个，市级保护区 30 个，县级保护区 32 个。按照保护区类型划分，包括自然保护区 84 个，特别保护区（含海洋公园 69 个，水产种质自然保护区 13 个，湿地公园 5 个，地质公园 2 个，其他类型保护区 7 个。海岛生态整治修复是海岛生态保护的重要手段，自 2010 年起，国家持续推进受损海岛生态整治修复工作，海岛生态保护成效显著。

1.2.2.2 全国海岛利用现状

我国有居民海岛分布在 9 个沿海省（自治区、直辖市）。有居民海岛数量位居前三位的依次为浙江省、福建省和广东省；岛上户籍人口数量位居前三位的依次为福建省、浙江省和上海市。其中户籍人口数量超过 10 万的海岛有厦门岛、崇明岛、舟山岛、海坛岛、玉环岛、东山岛、东海岛、达壕岛和岱山岛。据《2015 年海岛统计调查公报》（国家海洋局，2016），2015 年 12 个主要海岛县（区）年末常住总人口为 351 万人，财政总收入 327 亿元，财政总支出 551 亿元，固定资产投资总额 2 086 亿元，海洋产业总产值为 3 048 亿元。其中，海洋产业以海洋渔业资源、海洋船舶工业、海洋水产品加工业和海洋旅游业为主。海洋渔业总产值 612 亿元，海洋和船舶工业总产值 883 亿元，海洋水产品加工业总产值 467 亿元，海洋旅游业总产值 466 亿元，年度接待旅游人数约 6 278 万人次。

截至2015年底，依据《中华人民共和国海岛保护法》共批准开发利用无居民海岛16个，用岛总面积约1 666 hm^2。其中，旦门山岛是我国首个依法确权发证的无居民海岛，大羊屿是首个以市场化配置方式出让的无居民海岛，扁鳗屿是首个依法确权的公益性海岛。

1.2.2.3 当前海岛发展存在的问题

海岛是我国经济社会发展中一个非常特殊的区域，在国家经济、权益、安全、资源、生态等方面具有十分重要的地位。我国的海岛保护与管理工作虽然取得了重要进展，但也存在一些问题，与全面深化改革、生态文明建设、海岛治理体系和治理能力现代化的要求尚有一定差距。海岛生态保护尚需加强，生态破坏事件仍有发生，部分海岛典型生态系统退化严重；海岛对经济发展的促进作用尚需提升，海岛开发利用约束和引导不够，高品质、精细化海岛开发利用方式尚未形成；海岛利用保护尚未有效建立在资源环境承载力评估基础之上，一些海岛生态系统压力剧增甚至呈现退化趋势，海岛可持续发展面临严峻挑战。

本节资料来源：《2015年海岛统计调查公报》，2016年11月由国家海洋局公布；《全国海岛保护工作“十三五”规划》，2016年12月由国家海洋局公布（国海岛字［2016］691号）。

1.3 庙岛群岛基本情况

1.3.1 庙岛群岛自然概况

我国海岛多成群分布，海岛生态环境受其所处气候带影响显著，我国北方海岛主要位于温带季风气候区，其生态环境和自然资源均具有明显的自身特征。庙岛群岛是我国北方海岛的典型代表区域，本书以庙岛群岛为例开展调查研究，以期揭示我国北方典型海岛生态系统特征。

1.3.1.1 地理位置

庙岛群岛地处胶东半岛和辽东半岛之间，黄、渤海交汇处（图1-2），又称长山列岛。因与山东省长岛县所辖地理范围一致，也习称长岛。列岛南北长72.2 km，北与辽宁老铁山对峙，相距42.24 km，南与蓬莱高角相望，相距6.6 km。长岛县系渤海咽喉、京津门户，32个较大的岛屿南北纵列于渤海海峡，是进出渤海必经的“黄金水道”。长岛县地处环渤海经济圈的连接带，东与日本、韩国隔海相望。

1.3.1.2 地质地貌

1）地质

庙岛群岛诸岛北邻辽东隆起，南连胶东隆起，处于胶辽隆起的接合部位，西邻渤海坳陷。出露的地层为上元古界“蓬莱群”，出露岩性多为石英岩和泥质岩层的千枚岩、板岩和石英

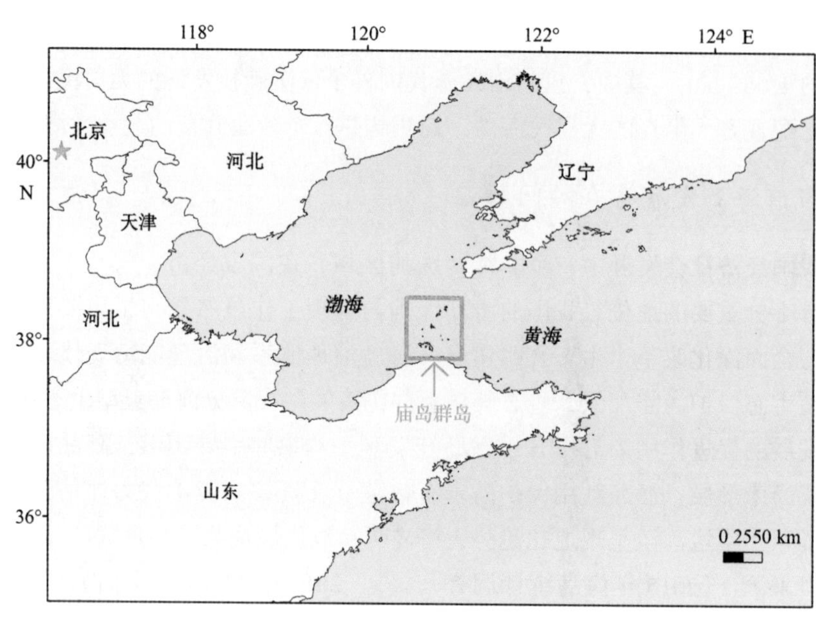

图 1-2　庙岛群岛地理位置

岩，表层风化较强烈。岛陆构造简单，地层多呈单斜，断层规模较小，岩浆活动较微弱。

诸岛除基底长期隆起外，主要受北东向沂沭断裂带和北西向威海—蓬莱断裂带所控制，这两组断裂为长期继承性活动断裂。新构造运动时期也有明显活动，推测诸岛为断块上升部分。岛陆上的构造线方向同区域一致，但不发育，规模亦小。

2）地貌

在地质构造、地层岩性、水文、气象等因素的综合影响和作用下，区内展现了多种地貌形态。根据其形态特征，可分为剥蚀丘陵、黄土地貌、海岸地貌 3 种类型。

剥蚀丘陵：分布于区内各岛，海拔高度一般小于 200 m，切割深度一般小于 100 m。主要由蓬莱群石英岩、板岩、千枚状板岩及中生代侵入岩和新生界玄武岩组成。经长期风化剥蚀，丘陵顶部平缓。其上残存有厚薄不一的红土风化壳。地形坡度较大，沟谷发育，多呈“V”字型，部分地区发育风化坡积作用形成的红土角砾石，厚度小于 3 m。

黄土地貌：黄土分布于各大岛屿的沟谷和低平地，集中分布在海拔 10～70 m 的范围内，总厚度 20 m 左右。它以披盖形式掩埋了各种古老地形，并在流水及重力作用下，发育成多种形态类型。主要有黄土台地、黄土坡地、黄土冲沟、黄土陡崖等。为中更新统离石黄土和上更新统马兰黄土。

海岸地貌：受地质构造、地层产状、岩性、海流及波浪等因素控制，在各岛沿岸有规律地发育了海蚀、海积地貌。海蚀地貌的主要类型有海蚀崖、海蚀阶地、海蚀平台、海蚀柱、海蚀拱桥等，比较著名的为“九丈崖”。海积地貌的主要类型有砾石滩、连岛砂石洲、砾石嘴及砾石堤等。

庙岛群岛的石球资源十分丰富，不仅有光滑圆润的形体，还有五颜六色的纹理及栩栩如生的貌相，是珍贵的观赏品。该区时代古老的石英岩在波浪的长期磨圆作用下，经铁锰质浸染、形成了纹理各异、不同色彩相间、图案千姿百态、形状奇特的第四纪地质球石。色彩斑斓的彩石岸是海洋作用的产物，是十分珍贵的地质遗迹。

1.3.1.3 天气气候

1）气温

庙岛群岛属亚洲东部季风区大陆性气候，因受冷暖空气交替的影响，加之海水的调温作用，四季特点是：春季风大回暖晚，夏季雨多气候凉，秋季干燥降温慢，冬季寒潮多。

该区多年平均气温为 12.1℃，最高年为 13.2℃（1994 年），最低年为 10.7℃（1969 年）。极端最高气温 36.5℃（1959 年 7 月 30—31 日），极端最低气温-13.3℃（1970 年 1 月 4 日）。1 月份平均气温最低，为-1.6℃，8 月份平均气温最高，为 24.5℃。

2）风况

庙岛群岛季风显著，夏半年多偏南风，冬半年多偏北风，由于处风道，年均大风日 67.8 d。强风向为东北偏北及西北向，常风向为东北偏北，频率 10%。4—5 月份以南风为主，频率 11%~12%；6—8 月份以东南东向风为主，频率 12%~17%；11 月至翌年 1 月以北西北向风为主，频率 11%~15%，年平均风速 5.9 m/s。全年大风日数冬季最多，夏季最小，最大风速为 40 m/s（1985 年）。

3）降水

庙岛群岛多年年平均降水量为 537.1 mm。其中，春季占 14%，夏季占 59%，秋季占 22%，冬季占 5%。最大年降水量为 881.4 mm（1973 年），最小年降水量为 204.7 mm（1986 年）。县境之内的降水由南向北呈递减趋势，年度相差在 100 mm 以上。

4）雾况

庙岛群岛年平均雾日数为 27.0 d，最多年份 41 d（1990 年），最少年份为 15 d（1986、1989 年）。春、夏两季雾日较多，多集中在 4—7 月份。雾一般在夜间至早晨形成和发展，日出后减弱或消散。南隍城最多，北长山最少。

5）湿度

本区年相对湿度为 67%~69%。其年变化 7、8 月因雨水多、气温高、湿度也高；12、1 月降水少、气温低，湿度也低。

6）蒸发量

本区的年均蒸发量为 1 988.1 mm。年变化显著，4—6 月蒸发快，其中 5 月份的蒸发量最大，月均值为 250.4 mm。12—翌年 2 月蒸发慢，月均值为 68.4~90.2 mm。年及各月的蒸发量是降水量的 1.4~10.3 倍。

7）日照

全年日照总时数历年平均为2 612 h，年日照率为59.6%。一年中，5月份日照时数最多，为269.7 h，12月份日照时数最少，为151.1 h。

1.3.1.4 海洋水文

海洋水文特征不仅受季风气候影响，而且与陆上河川入海径流及近邻海域的水文条件关系密切。该海区水文具有如下主要特点。

1）表层温度

庙岛群岛海域历年海水表层温度年平均为11.5℃，月平均温度8月份最高，为22.1℃；2月份最低，为2.5℃，极端最高温度为27.3℃（1963年8月28日），极端最低温度为-1.2℃（1969年2月28日和3月1日）。

2）表层盐度

因该海域为黄海高盐水与渤海低盐水的交换通道，故高、低盐水的强弱变化对其影响很大。冬季，表层盐度范围为30.3~31.9，总的分布趋势是北高南低。春季表层盐度为29.90~31.55，分布趋势同冬季；夏季表层盐度为29.1~31.0，秋季表层盐度为30.0~31.2，分布趋势是中部高于南部和北部。

盐度的垂直变化除了夏季上层明显低于下层外，其他季节上下层差异不大，基本处于垂直均匀状态。

3）波浪

庙岛群岛海域的浪型，主要为“风浪”。秋季和冬季偏北风浪，夏季偏南风浪，浪高的四季变化是：冬季（10月—翌年1月）月均浪高1.1 m，春季（2—4月）月均浪高0.47 m，夏季（5—7月）月均浪高0.5 m，秋季（8—9月）月均浪高0.8 m。历年年大浪高平均为8.6 m，极端最大浪高10 m。

4）潮汐与潮流

潮汐：庙岛群岛海域的潮汐性质属正规半日潮，其规律是一昼夜两涨两退，俗称“四架潮”，潮高地理分布北部高，南部低。8月份平均高潮高：砣矶岛为212 cm，南长山岛为143 cm。

潮流：庙岛群岛海域的潮流，主要水道多为东西流，港湾多为回湾流，北部水道为西流，南部水道为东流。夏季海流流速，南部海区一般在0.6~1.03 m/s之间，大黑山岛海区最小，为0.6 m/s；北部海区一般在1.2 m/s左右，港湾回湾流的流速更小。

5）海水透明度

庙岛群岛海域海水透明度北部海区一般在3.7~9.5 m之间，南部海区一般在1.7~3 m之间，一般冬季透明度较小，夏季透明度较大。

1.3.1.5 海洋生态环境

1）水环境状况与风险

庙岛群岛位于渤海海峡，是黄海、渤海的天然分界线。群岛海域开阔，水交换能力强，水质总体良好。但由于环渤海地区经济发达，人口密集，沿岸社会经济活动产生的大量入海污染物也对庙岛群岛海域产生环境压力。渤海海峡繁忙的海上交通，也易产生溢油等环境污染事件，是该海域主要的环境胁迫。

2）沉积物

沉积物类型有粉砂质砂、黏土砂质粉砂、砂质粉砂、粉砂质黏土、砂黏土质粉砂等5种类型，其中主要的沉积物类型为粉砂质砂、黏土砂质粉砂，各占总站位的42.9%和21.4%。海区沉积物评价结果满足二类沉积物质量标准，部分符合一类沉积物质量标准。庙岛群岛海区沉积物总体环境较好。

3）海洋生物

庙岛群岛海域出现的浮游植物由硅藻、甲藻和金藻组成，硅藻在种类数量和细胞数量上均占绝对优势。具槽直链藻、透明辐杆藻、远距角毛藻、小角角藻、三角角藻及旋链角毛藻为优势种，通过多样性指数分析，海域浮游植物群落基本正常。在该海域出现的浮游动物主要由桡足类、腔肠类和浮游幼虫幼体等组成，桡足类在种类数量上占绝对优势。中华哲水蚤 *Calanus sinicus*、细长脚蛾 *Parathemisto gracilipes* 和强壮箭虫 *Sagitta crassa* 等为优势种，海域浮游动物群落基本正常。庙岛群岛海域底栖生物以小个体的种类占优势，表现较低的生物量，较高的栖息密度。调查海域底栖生物群落结构较好，生物赖以生存的底栖环境正常。菲律宾蛤、紫贻贝及栉孔扇贝中各项评价因子的含量均未超标，且标准指数值均较低，说明该海域内的生物质量良好。

1.3.1.6 自然资源

1）水土资源

庙岛群岛岛陆面积约56 km^2，周边海域面积约8 700 km^2，海岸线长约146 km，包括有居民海岛10个，分别为包括南长山岛、北长山岛，大黑山、小黑山岛、庙岛的南五岛和包括砣矶岛、大钦岛、小钦岛、南隍城岛、北隍城岛的北五岛，其余包括高山岛、大竹山岛等岛屿为无居民岛。

庙岛群岛各岛均为基岩岛，地表淡水资源较为缺乏。长岛县多年平均径流量为198万 m^3，占烟台市地表水资源量的0.08%，径流模数为3.72万 m^3/km^2，为烟台市地表径流模数19.6万 m^3/km^2的18.9%。保证率为20%、50%、75%时的地表水资源量分别为390.43万、

151.81 万、37.99 万 m^3；保证率为 95%时，年降水量只有 300 mm 左右，地表径流很少，可忽略不计。地表径流量与降水量一样，具有年际变化大、年内分配不均匀的特点。全县多年平均地下水资源量为 169.6 万 m^3，保证率为 20%、50%、75%时的地下水资源量分别为 176.07 万、142.59 万、116.41 万 m^3。长岛县多年平均淡水资源总量为 367.9 万 m^3，保证率为 20%、50%、75%时的水资源总量分别为 566.5 万、294.4 万、154.4 万 m^3。

2）渔业资源

长岛地处黄、渤海交汇带，海洋生态环境优良，是多种海洋生物的天然栖息地，孕育出了丰富的海洋生物资源。丰富的海洋生物资源使得长岛成为洄游性鱼类和大型无脊椎动物进入渤海产卵或游离渤海南下的必经之路。底层鱼类有：小黄鱼、牙鲆、鲈、黄盖鲽、鱿鱼、鳙、马面鲀、六线鱼、白姑、绿鳍鱼、条鳎、半滑舌鳎、绵鳚、方氏云鳚、黄姑、小带鱼、黑鲪、黑鳃梅童、红鳍东方鲀、弓斑东方鲀、蛇鲻、星鲽、真鲷、孔鳐、尖尾虾虎、丝虾虎等；中上层鱼类有：鲸、蓝点鲅、鳀、银鲳、黄鲫、青鳞等。优质鱼类占鱼类产量的 25%，季节性渔业捕捞量较大。长岛也盛产海参、光棘球海胆、栉孔扇贝、皱纹盘鲍等海珍品。因此，渔业捕捞和水产养殖构成了长岛县的支柱产业，在国民生产总值中占居主要地位，渔业产值约占农业总产值的 95%。长岛被称为中国“鲍鱼之乡”、“扇贝之乡”和“海带之乡”。

3）旅游资源

长岛是渤海最重要的生态屏障，素有“海上仙山、候鸟驿站”之美誉。长岛冬暖夏凉、气候宜人，是国家级风景名胜区、自然保护区和森林公园，也是中国唯一的海岛型国家地质公园，被誉为“北方最美的群岛”，“中国十大最美海岛”之一。长岛著名的景点有：黄、渤海分界线、九丈崖、月牙湾、庙岛、龙爪山、望夫礁、珍珠门、万鸟岛等。长岛独特的地质地貌还孕育了丰富的矿产资源，如砣矶盆景石、砚台、五彩球石等，均具有很高的艺术欣赏价值和收藏价值。近年来，庙岛群岛北部海岛风情游也日渐盛行。

长岛具有深厚的文化底蕴，是中华文明的重要发祥地和多元文化交汇地。长岛具有百年的渔俗文化、千年的妈祖文化、万年的史前文化和亿年的地质文化，特色明显，底蕴深厚。丰富的历史文化遗产与现代海洋文化交汇交融，形成了中国北方海洋文化中心的地位，是长岛旅游业特色化、品牌化发展的有力支撑。

海鲜餐饮、海珍品购物、海上垂钓、渔家乐、观赏海豹海鸟等是当地极富特色的娱乐活动。海滋、海市蜃楼、平流雾等海上奇观，也令人大开眼界。目前，长岛已开辟长岛至高山岛、砣矶岛等多条海上旅游航线。2013 年全县旅游总收入 27.1 亿元，比上年增长 33.5%。全年接待海内外旅游者 262 万人次。

4）风能资源

长岛地处西伯利亚和内蒙古季风南下通道，是全国三大风场之一，年均风速 6.86 m/s，有效风速 8 279 h，风能密度比陆地高 20%~40%。长岛是典型的山地风能，岛上风机安装充足，陆上风源利用已经基本饱和。

5）航运资源

周边有14条水道，其中有3条国际航道，每个岛屿都是天然深水良港建设地和天然避风港，日过往大型客货船舶300余艘，是环渤海渔商船只的避风锚地。

1.3.2 庙岛群岛社会经济概况

庙岛群岛生态系统支撑了当地的社会经济发展，社会经济的发展结构和规模也对海岛生态环境产生重要影响。本节主要参考2015年长岛县国民经济和社会经济发展公报（长岛县人民政府，2016）的资料，简要介绍庙岛群岛社会经济发展情况。

1.3.2.1 历史沿革

庙岛群岛古为莱夷之地，秦朝属黄县，唐神龙三年（公元707年）归蓬莱县管辖。1929年设长山岛行政区，隶属山东省府。1945年8月，成立长山岛特区，隶属北海专属。1949年8月长岛解放后，仍设长山岛特区。1956年5日，长岛县隶属莱阳专区，后隶属烟台专区。1963年10月恢复长岛县，隶属烟台专区。1983年11月隶属烟台市。

1.3.2.2 人口区划

全县辖8个乡（镇、街道），2个开发管理处，40个行政村（居委会）。2015年末全市（县、区）总人口4.22万人，其中城镇人口占比51.34%。

1.3.2.3 经济发展

2015年全县实现地区生产总值624 306万元，比上年增长6.5%。第一产业增加值361 040万元，增长2.9%，第二产业增加值36 817万元，增长16.6%，第三产业增加值226 449万元，增长11.2%。其中，全县实现旅游总收入35亿元，增长15.5%。共接待国内外游客350万人次，增长15.4%。三次产业的比例调整为57.8∶5.9∶36.3。单位地区生产总值能耗达0.201 8吨标准煤/万元。

1.3.2.4 特色文化

建于北宋宣和四年（公元1122年）的庙岛妈祖显应宫是我国北方最有影响的妈祖官庙，与福建湄洲妈祖庙并称为“南北祖庭”；距今6 500多年的北庄史前遗址是中国渔猎文明的代表，与农耕文明代表西半坡有等同的历史价值，被考古学家称为东半坡；距今约19亿年的海蚀、海积、火山等地质资源组合具有极高的欣赏价值和科研价值，是全国唯一的海岛型国家级地质公园。

1.3.3 庙岛群岛南部岛群及其分岛概况

庙岛群岛南部岛群是本书研究的重点区域。为此，对岛群及主要海岛情况予以简单介绍。本节主要资料来源：《中国海岛志》编纂委员会．2013．中国海岛志（山东卷第一册）．北京：

海洋出版社。

1.3.3.1 南部岛群概况

庙岛群岛各岛在空间上具有成群分布的特点，可分为南、中、北 3 个岛群（图 1-3）。其中，南部和北部岛群的海岛分布相对集中，中部岛群海岛的分布较零散，3 个岛群由北砣矶水道（北部岛群—中部岛群）和长山水道（中部岛群—南部岛群）隔开，同时整个庙岛群岛分别以登州水道和老铁山水道与蓬莱和老铁山角隔开。

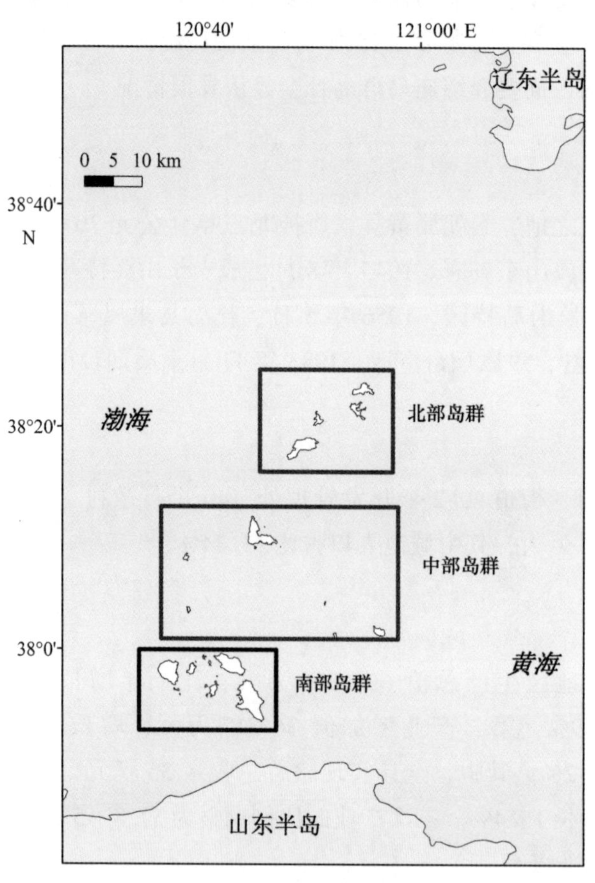

图 1-3 庙岛群岛岛群分区概况

南部岛群由南长山岛、北长山岛、庙岛、大黑山岛和小黑山岛 5 个有居民海岛及其周边无居民海岛共同构成（俗称南五岛）。此外，大于 500 m^{2}的海岛还包括螳螂岛、南砣子岛、挡浪岛、羊砣子岛、牛砣子岛、烧饼岛、犁犋把岛、鱼鳞岛、蝎岛和马枪石岛 10 个，为 5 个有居民海岛的附属岛屿。南部岛群是 3 个岛群中距离大陆最近的岛群，也是海岛分布最为集中的区域。周边海底地形总趋势向东北倾斜，岛群东部水深大于 15 m，西部水深小于 10 m，中部庙岛湾水深小于 5 m。

南五岛地貌多为低丘陵、平地，坡度较缓，海拔 200 m 以下，土壤有棕壤、褐土、潮土。海岸地貌类型多样，海蚀平台、海蚀崖、海蚀洞及海蚀穴发育，构成许多岸源自然景观。南部岛群的植被主要为温带、暖温带的一些种属。低丘陵中，林木是以黑松、刺槐为主的纯林或针阔混交林，林下分布各种灌木主要有荆条、扁担木、酸枣，草本主要以禾木科、菊科、豆科为主。岛陆上分布有人工栽陪的果树，主要有苹果、梨、桃、枣和杏树，农作物主要是小麦、玉米、黄豆、地瓜。

1.3.3.2 南长山岛自然概况

1）地理概况

南长山岛位于渤海海峡南端，37°55′00″N，120°44′30″E，南隔登州水道与蓬莱县高角相望，北以人工堤与北长山岛相连（图1-4）。岛的长轴方向呈NNW展布，长7.35 km，宽3.85 km，面积为13.596 3 km^2，岸线长21.60 km，为山东第一大岛。南长山岛为长岛县人民政府驻地，是全县的政治、经济、文化的中心。

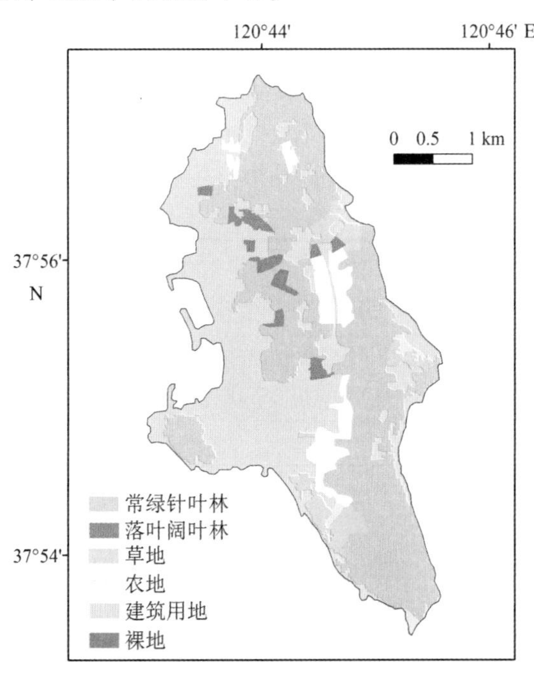

图1-4 南长山岛植被覆盖图

2）地质地貌

南长山岛大地构造位置，属于新华夏系第二隆起带，次级构造为胶辽隆起区。岛上地层为上远古界蓬莱群辅子夼组，相当于辽南的震旦系，为滨海相泥砂碎屑岩建造。经轻微变质，岩石类型为石英岩和板岩。板岩富含微古植物化石。坡麓及广谷区堆积着较厚的新、老黄土堆积物，为风积、坡洪积产物。

南、北长山岛为大型向斜构造，南长山岛为向斜的东翼，岩层一般向西倾斜，倾角15°~30°岛上断裂构造发育，主要断裂为NE、SN、NW、NNE向。

南长山岛地貌类型为低丘陵，岛上地形东高西低，最高点为中部黄山，高程为156.1 m，西部和中部地形较为平缓。岛上堆积地貌均较发育，从黄土坡开始向下依次为黄土台地、海积洪积平原、砾石滩等。海岸地貌类型多样，海蚀平台、海蚀崖、海蚀洞及海蚀穴发育，构成许多岸源自然景观。堆积地貌砾石滩、砾石嘴分布普遍。

3）土壤植被

土壤有棕壤、褐土两大类。棕壤土主要分布在低丘陵和基岩斜坡上，土层厚度一般 30 cm 左右，质地粗、多砂砾，蓄水能力差，养分含量少，约占全岛面积的 2/5。褐土土类主要分布在黄土台地及黄土坡，约占全岛面积的 3/5。成土母质为黄土状堆积物，为主要耕种地。

本岛植被主要是暖温带一些种属。目前，多数是人工栽培的植被。林木覆盖率为 44.8%，低丘陵中，下部是松树（黑赤松）和以松、槐为主的针阔混交林，黄山、峰山顶部有稀疏松林分布，在黄土坡及沟谷内是以槐树为主的阔叶针叶混交林，林下分布有各种灌木。黄土台地及黄土坡是各种草木繁盛地带，还有少量果林和农作物分布。蔬菜及四旁树种则分布在洪海积平原区。

1.3.3.3 北长山岛自然概况

1）地理概况

北长山岛位于渤海海峡南部，37°58′30″N，120°42′30″E，北为长山水道，南与南长山岛相连（图 1-5）。岛的长轴方向呈北西向展布，面积为 8.082 9 km^2，岸线长 15.68 km，海拔为 195.7 m，为长岛县第二大岛。

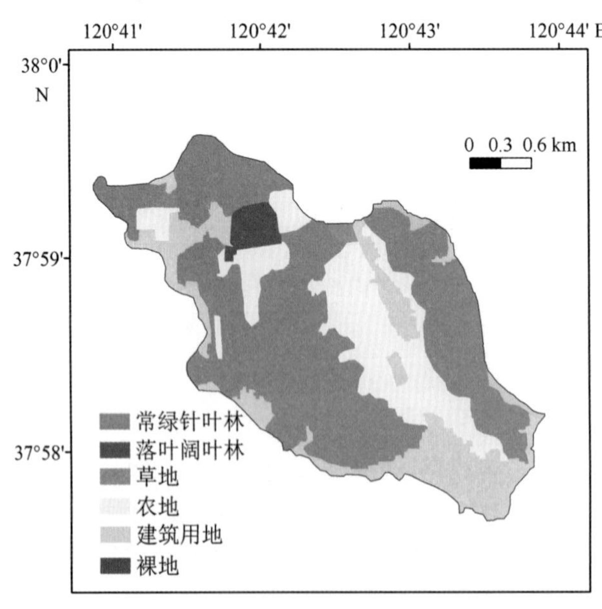

图 1-5 北长山岛植被覆盖图

2）地质地貌

位于新华夏系第二隆起带胶辽隆起区胶北台凸北部。岛上地层为上远古界蓬莱群辅子夼组，为滨海相泥砂碎屑岩建造。经轻微变质，岩石类型为石英岩为主，主要分布于低丘陵区。低洼的沟谷区多为易风化的杂色板岩，沟谷区广泛覆盖着较厚的新、老黄土状堆积物。

岛上地貌为低丘陵，山势西北—东南走向，最高峰为中部的嵩山，海拔为 195.7 m。低丘之间为凹地。岛上黄土坡、黄土台地地貌格外发育，岛周沿岸海蚀崖发育，其间夹有 4 个海湾。

3）土壤植被

该岛土壤可分为三大类：棕壤土、褐土、潮土，以棕壤土分布面积最大，约占该岛面积 50%，主要分布低丘陵和基岩斜坡上，土层薄、砂砾多、土质差。褐土主要分布在黄土台地和黄土坡上，土体深厚，耕作性好，面积约占 40%，为该岛主要耕作层。潮土主要分布在半月湾及北城沿海低平地区，成土母质为海积等松散沉积物。半月湾土质属于盐化潮土亚类，北城地区为滨海砾石土亚类。

该岛植被从组成来看，主要是松树及槐树林，以松树为主，该岛松林面积为庙岛群岛之首。灌木主要是酸枣、荆条、紫穗槐等，草本有禾本科、豆科、菊科、十字花科。从植被分布来看，低丘陵中，下部主要是松树和以松、槐为主的针阔混交林。黄土坡及沟谷内，以槐树为主的阔叶针叶混交林，林下分布有各种灌木，黄土台地是各种草木繁茂地带，除少量松、槐混交林外，尚有果林和农作物分布，在沿海低平潟湖区，生长有一些耐碱草木植物，如柽柳、盐蓬等。林木覆盖率约为 42%。

1.3.3.4 庙岛自然概况

1）地理概况

庙岛地处 37°56′18″N，120°40′48″E，在庙岛群岛南部，被南部岛群环绕（图 1-6）。南距大陆最近点蓬莱头 6.6 n mile，北距北长山岛 1.2 n mile，东距南长山岛 1.6 n mile，西距大黑山岛 2.4 n mile。岛体北北东向展布，两端突出成岬角，中部近长方形，东侧较平直，西侧伸出两尖角并有沙坝分别连接羊砣子岛和牛砣子岛，中间形成月牙形海湾。长 2.6 km，宽处 1.1 km，面积 1.556 1 km^2，最高峰凤凰山海拔 98.3 m，岛岸线长 7.33 km。岛南部东侧多山，西侧为狭长平坦地带；北部四周平坦，中间有一孤立山丘。东、西海岸多为卵石和砾石滩，南北两端有部分岸礁。

2）地质地貌

庙岛地质和大、小黑山岛相似，亦属新华夏系第二隆起带，次级构造为胶辽隆起，为断裂构造形成的基岩岛。岛上地层属于上元古界蓬莱群辅子夼组上亚组。岩性以厚层—中厚层石英岩为主，夹紫红色和青灰色板岩。地层底部为灰白色石英岩和黄褐色、青灰色板岩；上

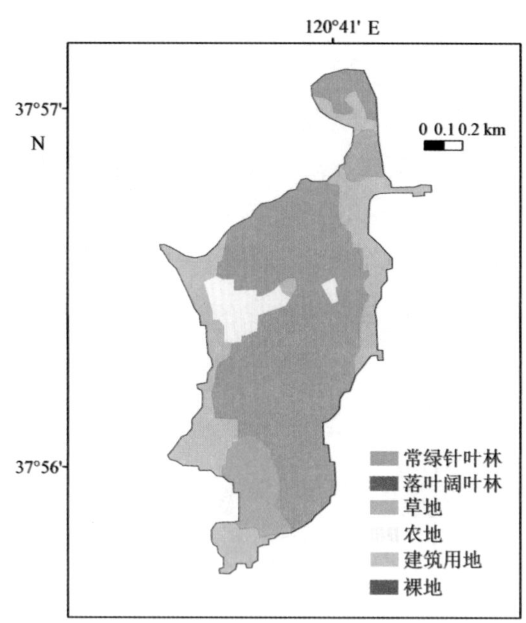

图 1-6　庙岛植被覆盖图

部为紫红色、灰白色石英岩夹少量紫红色、青灰色板岩。板岩层厚薄不一，薄者 0.2~0.5 m，厚层超过 8 m。

该岛为一单斜构造，岩层倾向 NE，倾角 15°~35°。断裂构造主要有两组：一组为 NNE 向断层，共有 3 条，规模不大，以破碎挤压带为其重要特征，宽 2~12 m；另一组断层为 NW 向断层，其规模及发育程度均不及 NEE 断层，其特征以红棕色断层泥、石英角砾岩带产出。

庙岛陆区侵蚀、堆积地貌均较发育，庙岛中部为低丘陵，有玉皇顶、庙岛山等，低丘除个别地点基岩出露外，均有约 20 cm 土壤层覆盖，上有人工栽种黑松和刺槐等；基岩缓坡主要分布在玉皇顶、庙岛的东部及 72.6 m 高程点周围，宜开发为林地；黄土坡约占该岛面积 1/3，主要分布在基岩坡和低丘周围，表层为约 3.5 m 厚的较纯黄土，下面有约 1.2 m 的古土壤层；倒石堆主要分布在庙岛山的东南及 59.7 m 高地的南部；另外还有黄土冲沟地貌类型。海岸地貌类型较多，海积地貌更暂发育，海蚀平台分布在 72.6 m 高程点北部和羊砣子南部，在庙岛山东南侧及北山，羊砣子、牛砣子周围现代海蚀崖，72 .6 m 高程点以北还有古代海蚀崖；砾石滩只分布在庙岛村东；砾石堤在庙岛极为发育，是本岛地貌特点之一，连结北山与马头嘴的砾石堤时代古老，宽 4.0 m 左右，连结羊砣子和牛砣子的砾石堤为现代产物。

3）土壤植被

庙岛的土壤主要是棕壤系列中的棕壤土类和褐土土类。棕壤土类分布在玉皇顶、庙岛山等低丘陵及基岩坡地，土层较薄，一般只有 30 cm 左右。成土母质为基岩风化壳。土壤之下为风化的碎石，质地粗，多砾石，蓄水能力低，养分少。该类土壤宜于人工造林，目前人工栽培树木年龄不长，经常有枯死现象。褐土土类主要分布在黄土坡和黄土台地上，是本岛主要土类，约占土壤总面积的 2/3。成土母质为黄土状堆积物，上质较厚，土壤层次明显，通体都有碳酸盐反应，土壤呈中性，氮、磷含量较低。土壤质地较重，但不太黏。此类土壤肥性好，是庙岛的主要耕种地，也是居民主要驻地。

由于人类活动历史悠久，天然植被群落已不存在，目前，本岛有松林 64.7 hm^2，人造幼林地 14.1 hm^2，尚未植林的荒地 17.8 hm^2，林木覆盖率可达 53.0%，好于南、北长山岛。从植被组成来看，与南、北长山岛无多大差别，乔木群落主要是黑松和刺槐等，有少量泡桐、榆、臭椿、秋桃等，灌木有紫穗槐、荆条、酸枣、黄叶榴等，草本主要是禾木科、菊科、豆科、鸢尾科，车前科和蔷薇科中的一些温带、暖温带种属。人工栽培的果林有苹果、梨、桃、柿、栗、杏树等，集中在房前屋后，农作物主要是小麦、玉米、地瓜和豆类、蔬菜。低丘陵、基岩坡和沟谷内是林区，黄土坡是成片松林地，在大后宫庙院内及附近地区有少量的无花果、龙柏和冬青等。

1.3.3.5 大黑山岛自然概况

1）地理概况

大黑山岛地处 37°58′00″N，120°36′30″E，庙岛群岛南五岛的西侧（图 1-7）。大黑山岛面积为 7.694 1 km^2，南北长 4.22 km，东西宽 2.7 km，岸线长 13.14 km。岛上有大小低丘峰 18 个，最高的老黑山，海拔高度 189 m。东距小黑山 0.7 n mile，东南距庙岛 2.4 n mile，距大陆最近点为 8.7 n mile。

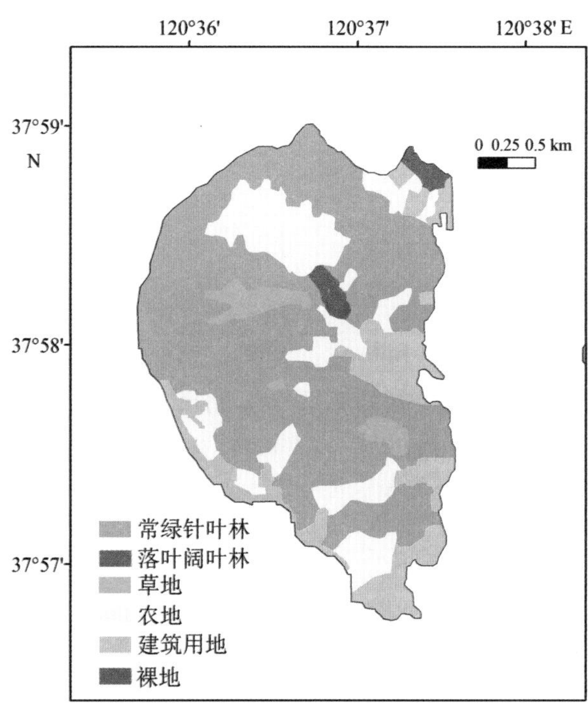

图 1-7 大黑山岛植被覆盖图

2）地质地貌

岛上地层属于上元古界蓬莱群辅子夼组，主要岩石类型为石英岩和板岩。第三纪晚期有玄武岩喷溢，全岛为一岩层倾角较缓大型向斜构造，向斜轴向 NNW，贯穿全岛。小断裂比较发育。

大黑山岛呈西高东低的地势，高程在 20~50 m 之间的低丘遍布全岛。主要有庙山、西大山、安桥山、大黑山、峰台山、孤山和北台山等。各低丘掩盖了大片黄土和残坡积物，植被茂密。大黑山岛的黄土冲沟非常发育，深度为 5~15 m，崖壁陡立而带有崩塌现象；船望、大濠和土岛还有小面积潟湖平原，其海拔高程一般在 5 m 以下，另外，大黑山附近有倒石堆重力堆积地貌。

3）土壤植被

大黑山岛的土壤主要是棕壤土类和褐土土类，后者主要分布在该岛南部南庄、北庄、船望和小濠等地区，土质较厚，占全岛总面积 2/3 左右，成土母质为黄土母质，土壤质地较重，肥性较好，是大黑山岛耕种地。棕壤土类主要分布在该岛中西部老黑山和东北部峰台山一带，薄质硬石底石洼土，质地粗，多砾石，蓄水能力低，目前是林区。

大黑山岛林木覆盖率达 43.7%以上，植被覆盖率 80%左右，植被组群与南、北长山岛类似，主要是黑松和刺槐等，有少量泡桐、榆、臭椿、秋桃等。灌木有紫穗槐、荆条、酸枣、黄叶榴等，草本以禾本科、菊科、豆科、车前科和蔷薇科为主。还有人工种植果园 30.5 hm^2，主要是苹果、梨、桃、柿、枣和杏树等。主要农作物是玉米、小麦、地瓜、豆类和蔬菜。

1.3.3.6 小黑山岛自然概况

1）地理概况

小黑山岛地处 37°58′14″N，120°38′46″E，大黑山岛东部（图 1-8）。南距大陆最近点蓬莱头 9.0 n mile，北距猴矶岛 4.4 n mile，东隔螳螂岛距北长山岛 1.6 n mile，西距大黑山岛 0.7 n mile。岛近似长方形，北北东向展布，东侧较平直，西南端突出一岬角，在西侧南部形成一港湾。岛长 1.9 km，宽 0.8 km，岛岸线长 5.92 km，面积 1.322 1 km^2，是南部岛群面积最小的有居民岛。

2）地质地貌

大地构造属于新华夏系第二隆起带，次级均造为胶辽隆起，系断裂构造形成的基岩岛。岛上地层属于上元古界蓬莱群辅子夼组，岩性主要是厚层—中厚层石英岩，夹有少量中薄层石英岩和紫红色、青灰色板岩。

地质构造比较复杂，全岛为走向近 SN 地层倾角较缓的向斜构造，断裂构造比较发育，主要由 NE 向和 WNW 向断裂构成，发育的 WNW 向断裂使向斜东翼南部构造复杂化。该岛主

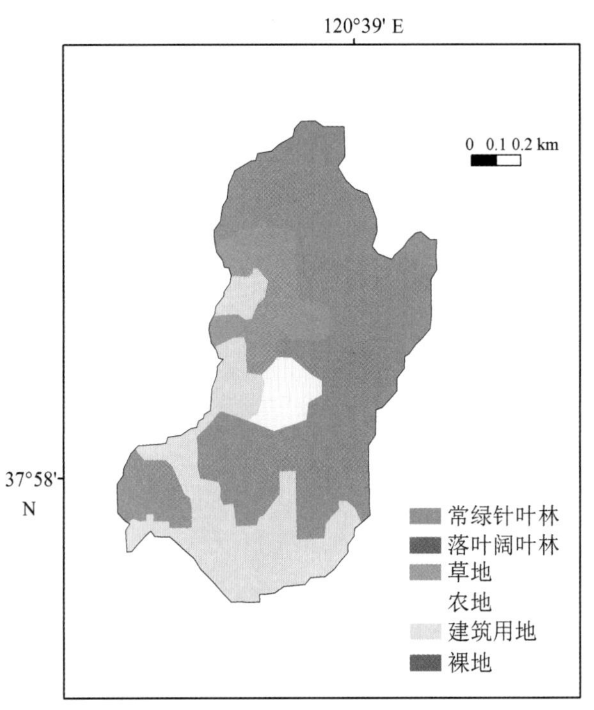

图 1-8　小黑山岛植被覆盖图

要断层是 NE 向断层，次一级小断层在鹦鹉山多处可见，宽度多在 2~3 m 左右，大山城高地以南有 3 条较大互相平行的断层，宽度约 20 m，通板桥断裂和东山南部断裂，角砾岩带宽度有 10 m 左右，在海狗礁岸边自然剖面中有 3 条小断裂分布，厚 1 m 左右紫红色和青灰色板岩被 3 条断层切断错开。

东部为低丘陵，自北向南有北大山、大山城和东山，最高峰大山城海拔为 95.1 m，地势东高西低，南端和西侧南部有两片较大的平坦地带。除丘顶有基岩出露外，均有薄层的残坡积覆盖。西部以黄土台地为主，黄土台地组成主要是黄土堆积，由粉砂或黏土质粉砂组成，厚度一般 2~4 m，最厚可达 10 m，是该岛耕作区。小黑山村附近有高程 5 m 之下的洪积和海积平原，地表以下 1~2 m 是黑色淤泥，含有贝壳碎片。另外还有基岩坡、黄土冲沟和黄土坡等地貌发育。

海岸地貌，西南岸和东岸以侵蚀地形为主，为侵蚀平台、海蚀崖和海蚀洞等，西岸和南岸以堆积地形为主，如砂砾滩等。

3）土壤植被

小黑山岛土壤、植被和大黑山岛基本一样，岛上土壤主要是棕壤土类和褐土土类。棕壤土类主要分布在岛的东半部大山城和东山一带，约占该岛总面积的 1/5 左右，目前是林区，是今后人工造林的地区。褐土土类主要分布在岛的南端和岛的西半部，土层较厚，肥性较好，是小黑山岛的耕种区，面积约占总面积的 1/5 左右。

由于人类活动历史悠久，该岛天然植被群落已不存在。林木群落主要是黑松和刺槐等，还有少量泡桐、榆、臭椿、秋桃等，林木覆盖率约 57.4%；草本以禾本科中的温带及暖温带种属为主；灌木有紫穗槐、荆条、酸枣和黄叶榴等。人工栽培的果树很少，主要在房前屋后，有苹果、梨、桃、柿、枣和杏树等。农作物主要是小麦、玉米、地瓜和豆类等。

第2章 海岛生态系统固碳能力研究进展

2.1 海岛生态系统固碳方式

海岛生态系统固碳方式从区域角度分，一般可分为海岛陆地生态系统固碳和海岛周边海域生态系统（含潮间带）固碳；从固碳过程或载体角度分，包括基于生物的固碳和基于界面的固碳。

基于生物的固碳方式主要通过3类固碳生物达到固碳效果。一是海岛陆地及其周边海域具有光合作用的植物，主要包括岛陆的乔木、灌木、草本植物和周边海域的浮游植物、大型藻类和海草等。这类植物通过光合作用吸收和储存大气或海水中大量的CO_2，提高生态系统的碳吸收与储存能力，是地球上最重要的固碳方式，是生态系统固碳的主体（Hopkin，2004；Lal，2008；高亚平等，2013）。同时，这类植物又是生态系统的初级生产者，食物链的基础环节，是许多生物的食物来源（Froneman，2004）。二是自养型微生物，主要包括岛陆土壤及其周边海域的光能自养微生物和化能自养微生物。这类微生物以CO_2作为主要或唯一的碳源，以光或化学能为能源，通过光合作用或化能作用将无机物合成为有机物。三是动物有机体，主要包括周边海域的浮游动物、底栖动物以及贝类软组织、鱼类等。其中，底栖动物移动能力弱，基本是长期栖息于一个生境中（Pelletier et al.，2010；Carvalho et al.，2011），其体内的碳储量可以被认为是该区域的碳储量；而其他移动能力较强的生物，如鱼类或海洋哺乳动物，其碳储量可能是来源其他区域，并不能代表本区域。这类生物是生物碳循环的重要组成部分，虽然具有较大的碳储量，但由于这些有机体的碳储量通过食物链转移，存储时间相对较短。这些动物有机体的固碳能力主要体现在通过代谢和死亡形成颗粒碳沉积并被埋藏在深海，因而通过考虑有机碳沉积和埋藏这类方式来体现，不直接考虑这些动物有机体的碳储量。

基于界面的固碳主要通过3个方面体现。一是基于土壤固碳，主要包括森林土壤、农田土壤。植物和土壤共同调节着大气中CO_2的含量。在光合作用下，植物吸收空气中的CO_2然后将其转化为糖和其他碳分子，通过根系和凋落物等将碳传递给土壤；然后，土壤通过根系、微生物、土壤动物的呼吸作用以及含碳物质的化学氧化作用，产生CO_2，返还给大气。这一过程的平衡保证了大气中温室气体含量的稳定。二是基于海-气界面固碳。大气中的CO_2进入海洋后，在海洋-大气界面通常存在一个CO_2浓度梯度，在大气和洋流的综合作用下在界面上进行大量CO_2交换。CO_2从大气中溶入海水的过程称为“溶解度泵”。海-气界面CO_2的源和汇主要是由表层海水CO_2分压（pCO_2）的分布变化引起的，间接地受到海水温度、生物活动和海水运动等因素的影响（Da lapaz et al.，2011）。三是基于海水-沉积物界面，主要通过有机碳沉积和埋藏固碳。CO_2从大气进入海洋后，在生物泵作用下形成颗粒有机碳并从上层水体输出到深层水体，大部分通过细菌分解作用转化为无机碳而可能重新返回大气层，只有很少一部分被埋藏在深海沉积物中长期封存，并在一定时间尺度上形成海洋碳汇作用的最终净效应。

考虑到庙岛群岛南部岛群特征以及调查的可操作性，本项目主要调查研究了海岛陆地乔木和草本固碳、周边海域浮游植物、海岛土壤固碳、周边海域有机碳沉积和埋藏及其影响因素。

2.2 海岛陆地生态系统固碳能力研究进展

2.2.1 岛陆森林生态系统固碳估算方法

森林生态系统是陆地生态系统中最大的储碳库，其碳储量占陆地生态系统碳库的 50%（Lorenz and Lal, 2010）。根据研究对象的时空尺度和研究手段，大体将森林生态系统的碳储量评估方法分为 3 类：样地清查法、模型模拟法和遥感估算法（杨洪晓等，2005）。样地清查法是最基本、最可靠的方法，但只能应用于小尺度的研究；要解决大尺度上森林固碳评估的问题，必须借助模型模拟法和遥感估算法。

样地清查法是通过典型样地研究植被、枯落物或土壤等碳库的碳储量和碳通量（Nogueira et al.，2008；张林等，2009）。设立典型样地，通过收获法精确测定森林生态系统中生物量、枯落物和土壤等碳库的碳储量，在连续测定的基础上可以分析森林生态系统各部分碳库之间的交换通量，如输入系统的净生态系统生产能力（NEP，net ecosystem productivity）和离开系统的枯落物与土壤的碳排放速率。

模型模拟法是通过数学模型估算森林生态系统的生产力和碳储量，模型是研究大尺度森林生态系统碳循环的必要手段。Thornthwaite Memorial 模型（Zhao and Zhou，2004）和 Miami 模型（Evrendilek et al.，2007）等经验模型是较早地用于利用环境变量进行估算全球净初级生产力的数学模型。Miami 模型是 1971 年 Lieth 在 Miami 提出该估算模型，为计算净第一性生产力（NPP，net primary productivity）提供了新的思路方法，但该经验模型仅考虑了温度和降水量对植被产量的影响，实际上植被的净第一性生产力除受温度和降水量影响外，还要受其他气候因子的影响。因而用 Miami 模型计算的结果，其可靠性只有 60%～75%（Evrendilek et al.，2007）。BIOME-BGC（BGC，Biogeochemical Cycles）模型（Prentice et al.，1992）是研究模拟陆地生态系统植被、土壤中的能量、碳等生物地球化学循环模型。它是由模拟森林林地碳水循环过程的模型 Forest-BGC 演变而来的。以气候、土壤和植被参数作为输入变量，所有的植被参数是通过常规生态生理方法测得，在大量观测数据的基础上，模拟生态系统的光合、呼吸作用，计算植物、土壤、大气之间碳的通量。CENTURY 模型（Parton et al.，1993）起初用于模拟草地生态系统的碳元素的长期演变过程，后加以改进，将其应用扩展到模拟森林生态系统地上和地下部分生物量的动态。该模型的参数变量主要包括月平均最高与最低气温、月降水量、植物木质素的含量、土壤质地等。CASA 模型（DeFries et al.，1999）是一个充分考虑环境条件和植被本身特征的光能利用率模型，该模型通过植被吸收的光合有效辐射（APAR）和光能利用率（ε）来计算植被的净第一性生产力。CASA 模型将环境变量和遥感数据、植被生理参量联系起来，实现了植被 NPP 的时空动态模拟（李世华等，2005）。Holdridge 和 Chikugo 等半经验半机制模型（Yates et al.，2000）是通过对植物的生理生态学和统计法得到的模型，考虑了许多气候因子的影响。此类模型包含了植物生长的生理生态学机理，具有一定的理论基础，是估算自然植被净第一性生产力的一种较为合理的方法，对 NPP 的估算效果较好。但是所需的气候因子变量较多，不适合全球的森林生态系统的净第一性生产力变化的估计与预测。近年来，利用相关模式模拟在大尺度碳循环问题的研究中得到广泛应用，模拟方法开始由原来的静态统计模型向生态系统机制性模型转变（Wang et al.，2011；Huang et al.，2012）。基于生态系统的生态过程和机制，机制性模型综合模拟植被的光合作用和呼吸作用以及它们与环境的相互关系，并估算森林生态系统的净初级生产力和碳储量（Donmez et al.，2011；Wang et al.，2011）。

模型模拟法特别适于估算一个地区在理想条件下的碳储量和碳通量，但在估算土地利用和土地覆盖变化对碳储量的影响时存在很大困难。近些年来，遥感及相关技术（GIS、GPS等）的发展和应用为解决这一问题提供了有效方法。利用遥感手段获得各种植被状态参数，结合地面调查，完成植被的空间分类和时间序列分析，随后可分析森林生态系统碳的时空分布及动态，并且能够估算大面积森林生态系统的碳储量以及土地利用变化对碳储量的影响（Wijaya et al.，2010；Härkönen et al.，2011）。

岛陆森林生态系统的结构简单，树种种类相对较少，特别是对于小型海岛，其主要树种只有 2~3 种，如山东省南长山岛的森林主要为黑松和刺槐（王晓丽等，2013）。对于岛陆森林固碳估算，可采用样地清查和模型估算相结合的方法。根据岛陆的地形、地貌、土地利用现状和岛陆面积，设置具有代表性的典型样地，对每一样地的森林、灌木、草本、土壤、坡度、坡向、海拔等资料进行现场调查，并采集相应的植物和土壤样品。通过样品实验室分析，结合生物量估算模型，估算出岛陆森林生态系统的碳储量。与大陆相比，海岛受到台风、风暴潮、海冰、干旱等频发性自然灾害的强度大、频次高，对岛陆森林生态系统的稳定性影响较为明显（Inagaki et al.，2010；Qie et al.，2011；Bustamante et al.，2012；Katovai et al.，2012），可采用 BIOME-BGC 模型（Prentice et al.，1992）估算岛陆森林生态系统碳循环。该模型以岛陆的气候条件、土壤和植被参数作为输入变量，模拟岛陆生态系统的光合、呼吸作用，计算出岛陆的植物、土壤、大气之间碳的通量。

2.2.2 岛陆草地生态系统固碳估算方法

草地是地球上广泛分布的陆地生态系统类型之一，在全球碳循环中起着重要作用（Piao et al.，2009）。准确评估草地生态系统碳库及其动态变化，将有助于预测全球气候变化与草地生态系统之间的反馈关系以及草地资源的可持续利用（Kang et al.，2007；Yang et al.，2008）。近年来，在草地碳循环方面的研究主要通过定位监测（Bai et al.，2004；乔春连等，2012）、样带观测（Fan et al.，2008；Yang et al.，2009）及国家尺度上进行分析（安尼瓦尔·买买提等，2006；Xie et al.，2007）。

为了评估草地生态系统碳库及其动态变化，需要对草地生物量进行评估和测算。然而不同研究给出的估算值存在很大差异。以中国草地为例，草地生态系统的生物量碳库的估算范围在 0.56~4.67 PgC 之间（1 Pg=1×10^{15}g），相差约 8 倍生物量；碳密度平均值范围也存在较大差异（215.8~1 148.2 g/m^2），相差约 5 倍（方精云等，2010）。导致草地生物量估算差异的原因之一是采用估算方法的不同。Fan 等（2008）采用平均生物量碳密度乘以草地面积的方法，利用 1980s 中国草地资源调查数据和 2003—2004 年野外调查补充数据估算的中国草地生物量碳库为 3.3 PgC，平均生物量密度（以碳计）为 1 002 g/m^2，远高于 Fang 等（2010）和朴世龙等（2004）基于草地资源清查数据和遥感信息的估算值（分别为 346 和 315 g/m^2）。尽管野外调查获得实测的生物量数据比较可靠，但很难在整个研究区内进行大范围比较均匀地实地调查取样。由于草地生物量分布的空间异质性较大，如果简单地利用有限的实地调查所获得的平均生物量数据来推算整个区域的生物量则可能产生较大误差。

此外，草地植被的根冠比（R：S）是估算草地地下生物量的最常见方法之一（Wang et al.，2011）。然而由于草地根冠比数据十分缺乏，基于有限的根冠比数据估算的地下生物量可能会产生较大误差。Fan 等（2008）报道的中国北方草地的根冠比范围在 2.4~52.3，平均为 24.6；而方精云等（安尼瓦尔·买买提等，2006）根据文献得到的根冠比范围在 5.3~10.1，平均为 7.7，二者估算的地下生物量相差 3 倍以上。显然，使用不同研究得出的根冠比，会产生显著不同的地下生物量估算值，由此影响了草地生态系统的固碳能力的评估（Ma et al.，2011）。

海岛地形地貌相对简单，土壤贫瘠，植被多样性低，结构单一，缺乏乔灌草复层结构，以致海岛植被生态系统本身脆弱性明显（Laurancea et al.，2011；Neris et al.，2012），特别在海岛迎风坡，风蚀严重，植物生长困难，植被稀疏；在海岛阳坡，却光照足，蒸发量大，土壤水分少，也不利植物生长（Inagaki et al.，2010；Laurancea et al.，2011；Steinbauer et al.，2013）。草地类型划分系统将直接导致草地面积的不同以及单位面积碳密度的不同，从而影响草地生物量估值的准确性（方精云等，2010）。因此，对于海岛的草地生态系统的碳库评估，首先利用定位观测和样带观测方法，完善不同类型海岛的草地分类系统，根据草地类型和草地面积，结合 CENTURY 模型（Parton et al.，1993），估算岛陆的草地生态系统碳储量。其次，在地下生物量估算中，由于岛陆的特殊生态环境，不同草种的个体水平和群落水平之间差异巨大，需要通过小尺度实验来进一步阐明其机理，建立不同草地类型的根冠比范围。此外，遥感数据的应用在很大程度上可以弥补地面调查取样的不足（DeFries et al.，1999），特别是结合地面实测数据和遥感信息所建立的遥感统计模型可以解决无人岛的草地生物量估算，从而提高岛陆草地生态区域生物量的估算。

2.2.3 岛陆土壤生态系统固碳估算方法

土壤是陆地生态系统最大的碳库，土壤碳储存与释放的平衡发生微小变化即会对温室气体产生很大影响。世界的土壤储备的碳（1 500 Pg）多于植物生物量（560 Pg）和大气储备的碳（760 Pg）的总和（Jobbágy and Jackson，2000）。土壤固碳主要受几大主要碳过程变化的控制，如凋落物输入，凋落物分解，细根周转和土壤呼吸（Marschner and Rengel，2007）。

土壤碳储量和其动态变化的科学估算的准确性受限于土壤呼吸过程的理解程度和土壤与全球二氧化碳变化之间相互作用关系。因此，研究者需要清楚掌握控制土壤有机碳化学性质、形成过程和稳定固持的关键机制，并且包括增加土壤固碳潜力和持续固碳能力的技术和方法（Smith，2005）。

当前土壤固碳的计量方法主要有长期定位实验结果外推法、历史观测数据比较法、土地利用方式对比法和土壤有机碳（SOC）周转模型法等 4 种方法，其中长期定位实验结果外推法是土壤固碳评估研究中应用最多的方法（孙文娟等，2008）。国外由于对土壤碳保护及土壤碳循环等科学问题的研究历史较长，积累了大量较系统的历史资料，Simth（2008）利用欧洲国家已有的长期实验结果建立了混合效应模型，并进行土壤固碳潜力评估，推测到 2030 年全球农业减排的自然总潜力（以 CO_2 计）高达 5 500~6 000 Mt/a，其中 93%来自固定土壤碳。Lal（2004）对不同利用类型土壤的固碳能力进行定量划分，结果表明土壤固碳潜力较高的生态系统是农田生态系统，其次分别是草地生态系统、退化生态系统和灌溉土壤生态系统。在森林土壤固碳潜力方面，许多研究表明森林土壤是一个具有相当大潜力的碳汇。Liski 等（2002）利用模型模拟的结果表明，欧洲森林土壤碳吸存量为 26 Tg/a，相当于生物固碳的 30%~50%。Piao 等（2009）利用土壤有机碳与植被碳及气候因子的多元回归方程，估计 1982—1999 年中国森林土壤有机碳库年均增加（4.0±4.1）Tg。而 Xie 等（2007）采用欧洲森林土壤固碳速率估计中国森林土壤有机碳库年均增加 11.7 Tg。郭然等（2008）以国内长期定位试验的数据为基础，估算我国退化草地完全恢复的土壤固碳潜力。在内蒙古、西藏和新疆等地区通过减少畜牧承载量，使过度放牧的退化草地得以恢复，可以增加土壤有机碳储存 4 561.6 Tg；人工种草、退耕还草和围栏封育的固碳潜力分别是 25.6、1.5 和 12.0 Tg/a，总计达到 39.1 Tg/a。Díaz-Hernández（2010）评估了地中海半干旱地区土壤固碳能力，在该地区深度为 2 m 以内土壤的总固碳能力为 141.3 kg/m^2，而表层土壤的长期定位试验结果为 36.1 kg/m^2，由于采样深度不同全球土壤的固碳能力评估偏差较大。

根据海岛土地利用不同，岛陆土壤生态系统包括森林土壤、草地土壤、荒漠土壤、农田土壤和园林土壤（Donato et al.，2012）。岛陆的土壤本身比较贫瘠，大多是低产的氧化土；且土壤水土流失严重，使一些肥沃的土地表层被侵蚀，受海风侵蚀和人工干扰远比陆域土地严重得多（De，2013）。因此，岛陆土壤生态系统的固碳能力估算可采用定位实验结果外推和土地利用方式对比等方法估算岛陆土壤碳储量，结合岛陆的海拔、坡度、坡向、温度、湿度、岛陆面积、生物多样性、土地利用类型等相关参数，建立岛陆土壤碳储量潜力估算模型。

2.2.4 问题与展望

与大陆相比，岛陆面积相对较小，地域结构简单，生态系统结构较为单一，生物多样性较低、稳定性差，是一个相对独立、脆弱的的地理区域。而海岛的开发和利用、自然灾害（热带风暴、台风等）、有害物种入侵等干扰对其固碳的生态服务功能产生严重影响。

岛陆森林植被种属相对较少，且不同纬度的海岛森林植被有明显差异，可采用典型样地清查和生物量模型估算相结合的方法估算岛陆森林碳储量。采用模型估算岛陆森林生态系统固碳潜力时，根据海岛生态环境的特殊性，可综合考虑岛陆面积、林分密度、林龄、季节、风向、坡度、坡向、海拔、平均温度、降雨量、土壤理化性质等参数对其碳储量估算的影响。

岛陆草地生态系统包括林下灌草和草地（包括人工草地）。岛陆草地生态系统碳储量估算涉及草本植物的种属、盖度、多度、根冠比以及不同种属间草本生物量等参数；而对于林下草地碳储量估算，考虑森林郁闭度对草本植物生长的影响。在岛陆草本植物根冠比研究中，可以根据海岛的坡度、坡向、海拔等因素选择典型样地，参考陆地草本植物根冠比测算方法，建立不同海岛类型的草本植物根冠比区间，提高岛陆草本生态系统碳储量估算准确度。

海岛为海洋性气候，四季降雨分布不均（Laurancea et al.，2011）；海岛土壤多为砂质土壤、土层薄、砂砾多，土壤持水力差（Neris et al.，2012）。干旱地区植物物种丰富度与生态服务功能相关性研究表明，生物多样性对土壤碳储存、生产力和积累养分库有重要影响，与物种丰富度显著相关（Maestre et al.，2012）。但岛陆植物生物多样性与土壤固碳功能的关系从未被评估。可利用普通最小二乘法和多元统计分析方法，建立岛陆植物物种丰度与土壤碳储量的空间回归模型，分析岛陆植被多样性与土壤固碳功能间相关性，明确植物多样性的改变对岛陆土壤固碳能力的影响。

2.3 海岛周边海域生态系统固碳能力研究进展

CO_2对全球气温升高的贡献高达70%，居各种温室气体之首（Solomon et al.，2007）。从生物地球化学的角度看，海洋在全球碳循环中发挥着重要作用（Baliño et al.，2001）。海洋占地球总面积的71%，其CO_2贮存量是大气的50倍，是大气CO_2的调节器。各种模式和实测结果表明，全球海洋对CO_2的净吸收能力（以碳计）为1.5~2.0 Pg/a，约占人为释放CO_2年总量的25%~50%（Jacobson et al.，2007；Sarmiento et al.，2000；Gloor et al.，2003；Quay et al.，2003；Mikaloff-Fletcher et al.，2006）。对海洋碳循环及其固碳能力的评估方法的研究已成为当今海洋学的重要课题。

海洋中的碳主要以碳酸盐离子的形式存在，如溶解无机碳（DIC）、溶解有机碳（DOC）、颗粒有机碳（POC）以及生物有机碳（BOC）（Committee on Global Change，1988）。海洋碳循环中最重要的两个过程是物理泵和生物泵（刘慧和唐启升，2011）。物理泵指发生在海-气界面的CO_2气体交换过程和将CO_2从海洋表面向深海输送的物理过程，生物泵指浮游生物通过光合作用吸收碳并向深海和海底沉积输送的过程。因而，海洋碳循环的碳通量的估算过程如图2-1所示（余雯，2010）。

海-气界面的CO_2气体交换，是海洋碳循环中与人类影响密切相关的重要一环，且直接影响大气CO_2的含量（殷建平等，2006）。通过气体交换从大气进入海洋的CO_2的多少主要取决于风速和海-气界面两侧的CO_2分压差，同时，由于海水对CO_2的溶解度与温度有关，因此海水对CO_2的吸收量也是温度的函数（Liss and Merlivat，1986；Jacobson et al.，1988；Committee on Global Change，1988）。海-气界面CO_2交换通量代表海洋吸收或放出CO_2的能力。准确估算海-气界面CO_2交换通量对深入理解海洋碳循环及预测大气CO_2变化具有重要意义。

CO_2进入海水后，在真光层内通过浮游生物的光合作用转化成有机碳，其中大部分有机碳停留在上层海洋中通过食物链进行循环，小部分以POC沉降颗粒物的形式从真光层输出而

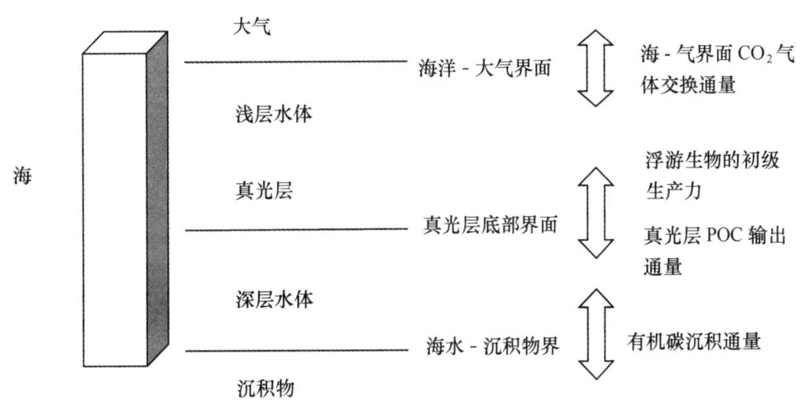

图 2-1 海洋中各界面碳通量示意图（改自余雯，2010）

进入海洋深层水体（Quay et al.，2003；Mikaloff-Fletcher et al.，2006）。这部分通过生物泵向深海输送的碳，由于其与大气隔绝，可在百年乃至更长的时间尺度上影响大气 CO_2 含量。而真光层内浮游生物的初级生产力既能影响海-气界面 CO_2 交换通量，也能影响真光层内 POC 输出通量。因此，浮游生物的初级生产力估算、真光层的 POC 输出通量也是海洋碳迁移研究的重点，POC 输出通量与初级生产力的比值可用于衡量生物泵的运转效率（刘慧和唐启升，2011）。从真光层输送到深海的有机碳中，一部分被微生物分解还原为 CO_2，只有很小一部分被埋藏在海底沉积物中长期封存。在一定时间尺度内，海洋"生物泵"引起的沉积有机碳埋藏可以认为是海洋碳元素的最终归宿（Berger et al.，1989），因而海洋有机碳的沉积通量可认为是海洋碳汇作用的最终效应。海-气界面 CO_2 气体交换通量、浮游生物的初级生产力、真光层 POC 输出通量以及有机碳沉积通量是海洋碳循环过程中的重要评估参数，准确估算它们的大小及其比例关系，能有效的说明海洋的生物泵运转效率和海洋在不同时间尺度上的碳汇效应。

2.3.1 海-气界面 CO_2 气体交换通量估算方法研究

大气中的 CO_2 进入海洋后，在海洋-大气界面通常存在一个 CO_2 浓度梯度，在大气和洋流的综合作用下，界面上进行着大量 CO_2 交换。CO_2 从大气中溶入海水的过程称为"溶解度泵"，其固碳能力估算常采用测算海-气界面 CO_2 通量的方法（陈立奇等，2008）。海-气界面 CO_2 的源和汇主要是由表层海水 CO_2 分压（pCO_2）的分布变化引起的，间接地受到海水温度、生物活动和海水运动等因素的影响（da la et al.，2011）。

海-气界面 CO_2 气体交换通量（李宁等，2005）指的是单位时间单位面积上 CO_2 在大气和海洋界面的净交换量。该气体交换通量是评估海洋在全球变化中作用的前提和基础。估算海-气界面 CO_2 交换通量方法一般分为两类，一类为包括放射性同位素 ^{14}C 示踪法（Matthews，1999）、碳的稳定同位素比例法（陈中笑和赵琦，2011）、通过测量大气 O_2 的镜像法（McKinley et al.，2003）等基于物质守恒原理在全球尺度上估算海-气 CO_2 交换通量的方法；另一类分别测量海水和海表大气中的 CO_2 分压，结合 CO_2 海-气交换速率来实测海-气 CO_2 交换通量。表层海水 CO_2分压的测量手段包括船载走航测定的水气平衡的非色散红外法、浮标原位时间序列观测的化学传感器法及大时间空间尺度观测的遥感法（Boutin et al.，2008；D′Ortenzio et al.，2008；Shadwick et al.，2010；胡玉斌等，2010；Chen et al.，2011；Jouandet et al.，2011；Sejr et al.，2011；黄艳松等，2011；Lévy et al.，2012；Bozec et al.，2012）。测量不同海域的海水和海水表层大气中的 CO_2分压需要建立海-气 CO_2通量的立体观测平台，该观测平台包括岸基、船基、航空、卫星和浮标等系统，主要技术包括走航大气和海水观测技术、浮标海-气 CO_2通量观测技术、极区海洋-大气 CO_2通量的观测技术和遥感海洋-大气 CO_2通量观测和评估技术，海-气 CO_2通量观测技术方法比较如表 2-1 所示。

表 2-1　海-气界面 CO_2交换通量观测方法比较

海-气 CO_2通量观测方法	工具	系统组成	测定主要参数	空间尺度	使用范围
走航（Lévy et al.，2012；Bozec et al.，2012；胡玉斌等，2010）	科研调查船、志愿船	水-汽平衡器 物化参数传感器 气象数字观测系统 卫星定位系统 数据采集与控制	表层海水-气界面 CO_2分压 温度、盐度、溶解氧和叶绿素等传感器 气压、风速、风向等气象参数 连续走航观测的实时定位测量 控制自动观测、测量数据采集和处理	海-气界面小尺度	某一海域
浮标（Boutin et al.，2008；黄艳松等，2011）	锚系、漂流浮标	水-汽平衡器 物化参数传感器 气象数字观测系统 卫星定位系统 数据采集与控制 太阳能电池	表层海水-气界面 CO_2分压 温度、盐度、溶解氧和叶绿素等传感器 气压、风速、风向等气象参数 连续走航观测的实时定位测量 控制自动观测、测量数据采集和处理 浮标等支撑能源体系	海-气界面小尺度	某一海域
遥感（Jouandet et al.，2011；Chen et al.，2011；Shadwick et al.，2010；D′Ortenzio et al.，2008）	卫星	气象数字观测系统 卫星定位系统 数据采集和分析 能源电池	海面风场和海面高度 观测的实时定位测量 叶绿素浓度、初级生产力、海表温度等 支撑能源体系	大尺度	某一海域或全球
走航-浮标-遥感（Sejr et al.，2011）	科研调查船、锚系和浮标、卫星	水-汽平衡器 物化参数传感器 气象数字观测系统 卫星定位系统 数据采集与控制 能源电池	表层海水-气界面 CO_2分压 温度、盐度、溶解氧和叶绿素等传感器 气压、风速、风向等气象参数 连续走航观测的实时定位测量 控制自动观测、测量数据采集和处理 浮标等支撑能源体系	空间尺度	极区或全球

采用海-气界面的 CO_2 分压差法估算海-气界面 CO_2 交换通量时，大气和海水的 CO_2 分压都有相对成熟可靠的方法，关键在于气体交换系数的确定，即 CO_2 在海-气界面的传输速率 k，这涉及到 CO_2 在海-气界面迁移交换这个非常复杂的动力学过程，如近表层水温周日变化、盐度变化、碎浪作用、气泡作用、上升流变动、生物活动、表面温度效应、海表风速、大气边界层性质等都对其有重要影响，而且 CO_2 在海-气界面迁移交换的各种控制机制和过程有显著的时空变化（Boutin et al.，2008；D'Ortenzio et al.，2008；Shadwick et al.，2010；胡玉斌等，2010；Jouandet et al.，2011；Sejr et al.，2011；Chen et al.，2011；黄艳松等，2011；Lévy et al.，2012；Bozec et al.，2012）。目前的研究大多假定 k 主要为风速的函数，但要准确测定某一区域气体交换系数的难度很大，因此，现有研究中多数 CO_2 海-气交换通量估算都是直接引用经典文献给出的风速函数关系（Wanninkhof，1992；Nightingale et al.，2000）。可见，k 值一方面缺乏足够精确的现场实测数据，另一方面，不同研究者之间的结果差异巨大，尤其是在高风速区间（Lévy et al.，2012），因为在高风速条件下现场环境恶劣，难以开展实验，而且高风速持续时间一般很短，满足不了开展非直接通量测量方法的需要。为了准确估算全球不同海域的海-气界面 CO_2 交换通量，减少实地测量的局限性和模型预测的不确定性，根据有记载的不同海域的气候气象资料，利用数学模型模拟和实地测量值不断修正相结合的方法，建立不同海域不同季节的气体交换系数 k 的动态数据库，以提高海-气界面 CO_2 交换通量估算的准确性。

2.3.2 浮游生物的初级生产力估算方法研究

海洋的“溶解度泵”只是实现了 CO_2 从大气碳库向海洋碳库的迁移，存在很强的时空异质性。进入海洋的 CO_2 被浮游植物和光合细菌通过光合作用固定转变为有机碳从而进入海洋生态系统，碳在海洋生态系统食物网中经过层层摄食最终以生物碎屑的形式输送到海底，从而实现了碳的封存，封存的碳在几万甚至上百万年时间内不会再进入地球化学循环，这一过程被称为生物泵（Riebesell et al.，2000）。生物泵是海洋碳循环中最复杂的，浮游植物和好氧光合细菌通过光合作用固定无机碳，每年大约有 45 Gt 的碳被固定转化为有机碳（González et al.，2008；Fasham et al.，2001）。固定的碳被浮游动物所摄食成为次级生产力，然后部分被更高营养级生物所摄食，部分通过呼吸和死亡分解再次变成无机碳返回环境，部分被垂直输送到海底，其生产力则占海洋初级生产力的 95%以上，其中每年有 35 Gt 有机碳通过生物异养呼吸的途径变成 DIC，这部分碳占海洋表面光合作用所固定碳的 80%左右（Suttle，2007；Bishop and Wood，2009；Evans et al.，2011）。真光层异养细菌是这个过程的主要贡献者，据估计，大约 50%~90%的呼吸作用是由异养细菌来完成的（Rivkin and Legendre，2001）。甚至在某些海区，细菌的呼吸作用要强于该地区的初级生产力（Williams，1998）。未被呼吸作用氧化的有机碳以生物碎屑和排泄物（POC）以及 DOC 的形式向弱光层、深海无光层输送，每年大约有 10 Gt 有机碳最终进入深海（Suttle，2007），但其中绝大部分经过再矿化再次成为 DIC，最终能够进入洋底沉积物的不足 5%（Seiter et al.，2005）。

海洋生态系统的碳循环过程主要是通过海洋生物泵完成，而浮游生物的初级生产力是这一过程的起始环节和关键部分（刘慧和唐启升，2011）。浮游生物固碳强度与潜力可用初级生产力来表征（宋金明等，2008）。叶绿素是浮游生物进行光合作用的主要色素，也是海洋中主要初级生产者（浮游生物）现存量的一个良好指标。利用海洋叶绿素浓度测算海洋初级生产力的方法可分为两种模式，即经验统计模型和生态学数理模型。在一定的环境条件下，叶绿素浓度和初级生产力是对应的，存在一定的统计关系。一些研究者在分析海洋叶绿素和初级生产力之间关系的问题时，建立了一系列的经验统计模型，大都为简单的线性关系（李宝华等，1998）。经验统计模型的主要局限性是一般只对同一海域适用，精度不高，且随着时间的推移，各参数间的相关性会发生变化。因此，近年来已经很少使用。

从 20 世纪中期，Ryther 和 Yentsch 开始利用海水中的叶绿素含量建立生态学数理模型来估算海洋浮游植物的初级生产力，为大面积的海洋调查带来了方便（Ryther and Yentsch，1957）。该模型中饱和光条件下浮游植物的光合作用速率是叶绿素浓度的函数，即：

$$P = C \times Q \times R/K, \tag{2.1}$$

式中，P 为浮游植物光合作用速率（以碳计）［mg/（m^3·h）］；C 为叶绿素浓度（mg/m^3）；Q 为同化系数，是单位质量叶绿素在单位时间内同化的碳量；R 为决定于海面光强的相对光合作用率；K 为海水消光系数（m^{-1}）。Ryther 和 Yentsch 的研究指出，在上述模式中，标志海洋浮游植物光合作用能力大小的重要参数“同化系数”受各理化因子的影响而具有可变性，这就导致了叶绿素浓度与初级生产力之间的关系不是恒定的（李宝华等，1998）。因此，在应用中必须正确地测定调查水域的同化系数。Cadée 和 Hegeman（1974）改进了初级生产力计算模式，其计算公式为：

$$P = \frac{1}{2} P_S \times Z_{eu} \times D, \tag{2.2}$$

式中，P_S为潜在生产力（以碳计）［mg/（m^3·h）］，由表层叶绿素浓度和同化系数得到；Z_{eu}为真光层深度（m）；D 为日照时数（h/d）（Yentsch and Lee，1965）。潜在生产力 P_S是表层海水中的叶绿素浓度和同化系数的函数，即为：

$$P_S = \mathrm{Chl}\ a \times Q, \tag{2.3}$$

式中，Chl a 为表层叶绿素 a 的含量（mg/m^3），Q 为同化系数［mg/（mg·h）］。同化系数（Q）是指单位叶绿素 a 在单位时间内合成的有机碳量，是用来表征浮游生物光合作用强度的量值。浮游生物的同化系数在不同的海域、不同季节差异较大，影响因素除了与不同浮游生物的适应性有关外，还与环境营养盐、光照条件和温度等因素有关，同化系数 Q 值一般也利用经验关系式估算（Platt et al.，1982；Harrison and Plam，1986；Yoshikawa and Furuya，2008；Grant et al.，2008）。

生态学数理模型通过海洋环境因子及海洋叶绿素浓度来估算海洋初级生产力，这种算法模式考虑了光照、水温、营养盐等对海洋初级生产力的直接或间接影响，同时考虑了叶绿素浓度、光照等在垂直剖面上的差异，因而估算得到的海洋初级生产力精度要比经验算法高，且有较强的生物学意义（Platt et al.，1982；Harrison and Plam，1986；Yoshikawa and Furuya，2008）。目前国内海洋浮游植物固碳能力的估算方法一般都采用生态学数理模型（郑国侠等，2006；傅明珠等，2009；夏斌等，2010）。

随着空间探测技术的进步，卫星技术的发展十分迅速。高空间分辨率、高时间分辨率和高光谱分辨率的卫星不断涌现。卫星遥感具有及时、准确、动态和大面积覆盖的特点，因而已逐渐成为研究大时空尺度海洋现象的有效手段。自从 Clarke 等（1970）开创利用遥感技术测定海面浮游植物叶绿素浓度以来，海洋初级生产力遥感已成为生物海洋学研究的一个重要课题。依据浮游生物的遥感数据，Platt 和 Herman（1983）认为可用表层叶绿素估算水体叶绿素和初级生产力。随着海洋调查规模的不断扩大和测定技术的多元化，简化海洋初级生产力数据的获取方法成为必须和可能。近年来荧光技术和遥测、遥感技术的发展使叶绿素的测定远比初级生产力的直接测定方便得多，通过测定叶绿素的含量来估算海洋初级生产力既简便又快速，特别适用于大范围的海洋调查。把生态学数理模型中的某些参数以遥感手段来获取，进行相应处理后用来估算海洋初级生产力，这是海洋初级生产力模型的主要形式，也是目前研究的热点。这类模型结合了浮游植物光合作用的生理学过程与经验关系，比较有代表性的模型有 BPM（Bedford Productivity Model）模型（Longhurst et al.，1995；Kampel et al.，2009）、LPCM（Laboratoire de Physique et Chimie Marines）模型（Antoine et al.，1996）、VGPM（Vertically Generalized Production Model）模型（Behenfeld and Falkowski，1997；Tripathy et al.，2012）等。

由上述研究可知，利用海水中叶绿素的含量估算海洋初级生产力时，首先要确定它们之间的换算系数，即同化系数。同化系数反映了植物光合色素的光合作用效率，是浮游植物光合作用能力的指标。在不同地区、不同季节、不同条件下，浮游植物的光合作用能力（同化系数）的变化很大，一般冬季的同化系数较低，夏末秋初较高。因此，无论是现场航测还是遥感数据分析，利用同化系数的年平均值或各海区的平均值来估算初级生产力，势必高估冬季的初级生产力，低估夏季和秋季的初级生产力。所以，在利用叶绿素估算海域初级生产力时，即使利用遥感技术测算海洋叶绿素含量，也需要现场同步测定调查海区的浮游植物的光合作用能力——同化系数。

2.3.3 真光层颗粒有机碳（POC）输出通量的估算方法研究

真光层是海洋浮游生物活动最为活跃的区域，是海-气 CO_2交换的界面，是生源物质产生、再循环以及迁出到深海的一个重要水层，其向下输出的颗粒有机碳（POC）通量是衡量生物泵的运转效率的关键指标，并且决定着海洋颗粒活性元素和化学组分的生物地球化学循环速率。

海洋颗粒物质的传统采样方式是采集大量的海水过滤，要得到足够用于分析的颗粒物质样品，往往需要耗费大的工作量（陈彬等，2011）。同时，由于海洋中颗粒物质的时空分布是不均匀的，因而无法取到反映海洋实况的样品。若要采集高分辨率的连续样品，需要科考船来回不断地奔波。另外，采用这种方法获得的样品包括了非自然沉降的颗粒，因而无法估计物质的净通量。20 多年前，沉积物捕获器的发明，对于海洋现代生物地球化学过程研究具有划时代的意义。海洋沉积物捕获器大致有自由漂浮式（free floating）、锚碇式（mooring）和中性浮力（Neutrally Buoyant）漂浮式沉积物捕获器等 3 类（Buesseler，1991；Valdes and Price，2000；Miquel et al.，2011；Sampei et al.，2012）。

目前，海洋 POC 输出通量的研究主要基于两种方法：沉积物捕集器法和放射性同位素方法。利用沉积物捕获器通过单位时间、单位面积上收集到的颗粒物来定量 POC 输出通量。沉积物捕集器已被广泛用于测定深海的 POC 输出通量，方法可靠，结果准确。但在真光层中，由于水动力学、浮游动物等诸多因素的影响，以及沉降颗粒在捕集器内的溶解，由此方法获得的真光层 POC 输出通量一直备受海洋学家的质疑（Buesseler, 1991）。而中性浮动沉积物捕集器（Neutrally Buoyant Sediment Trap）的问世和发展改善了水动力对捕集器的干扰问题，使得沉积物捕集器可以用来测定上层海洋的 POC 输出通量（Valdes and Price, 2000；Miquel et al. , 2011；Sampei et al. , 2012）。但这种捕集器设备造价昂贵，很难密集地布放于待研究海域，从而限制了这类沉积物捕集器的广泛应用。

天然放射性同位素示踪方法是测定 POC 输出通量的另一重要手段，应用最为广泛的是 $^{234}Th-^{238}U$ 不平衡方法。^{234}Th 是一种天然的放射性核素，其半衰期为 24.1 d。海水中的 ^{234}Th 是由 ^{238}U（半衰期为 4.5×10^9 a）不断进行 α 衰变产生的，它具有很强的颗粒活性，容易吸附在生源颗粒物上并随之沉降到深海，从而使它与母体 ^{238}Th 之间的放射性活度长期平衡被打破。通过测量真光层中 ^{234}Th 相对于 ^{238}U 的放射性活度比值，可得到 ^{234}Th 的输出通量，结合真光层底层颗粒物上有机碳与 ^{234}Th 的比值，可以得到从真光层底部输出的 POC 通量。用 ^{234}Th 法测量 POC 通量的优点在于可以得到颗粒物输出通量在几天到几周时间尺度上的平均值，且没有沉积物捕集器得到通量的明显偏差（Moran et al. , 2003）。近几年来，随着海水 ^{234}Th 分析技术的不断发展，$^{234}Th-^{238}U$ 不平衡法在南大洋普里兹湾区（He et al. , 2008）、太平洋的阿蒙森海区（Amiel and Cochran, 2008；Zhou et al. , 2012）、大西洋威德尔海区冰架（Baena et al. , 2008）、南海（Chen et al. , 2008；Ma et al. , 2008；Wei et al. , 2011；Ma et al. , 2011）、台湾海峡（Weiet al. , 2009；Wei et al. , 2010）、太平洋西北海域（Buesseler et al. , 2009；Maiti et al. , 2010）、大西洋地中海西北部（Szlosek et al. , 2009；Evangeliou et al. , 2011）、北冰洋中部和西部海区（Cai et al. , 2010 ；Yu et al. , 2010）等大洋和边缘海域的 POC 输出通量和颗粒动力学的研究中得到了广泛的应用，已被证明是研究上层海洋 POC 输出通量的可靠方法。

在应用 $^{234}Th-^{238}U$ 不平衡法研究海洋真光层 POC 输出通量时，颗粒物上的 POC/^{234}Th 是制约 POC 输出通量估算准确性的一个重要因素。POC/^{234}Th 随采样地点和时间、浮游生物群落结构、颗粒粒径等变化而变化，其可以出现几个数量级的差别，这给 POC 输出通量的估算带来很大的误差（Baena et al. , 2008；Buesseler et al. , 2009；Cochran et al. , 2009；Evangeliou et al. , 2011）。

2.3.4 海洋有机碳沉积通量的估算方法研究

CO_2 从大气进入海洋后，在生物泵作用下形成颗粒有机碳并从上层水体输出到深层水体，大部分通过细菌分解作用转化为无机碳而可能重新返回大气层，只有很小一部分被埋藏在深海沉积物中长期封存，并在一定时间尺度上形成海洋碳汇作用的最终净效应，因此海洋有机碳沉积通量在碳循环研究中具有重要意义（Golderg and Koid, 1963）。

海洋有机碳沉积（SOC）通量测定需要先确定柱状沉积物的年龄，再结合表层沉积物的 TOC 得到有机碳沉积通量。放射性测年法是依据放射性元素蜕变等方法来测定地层年龄的方法。利用大气沉降到水及沉积物中的放射性核素（如 ^{210}Pb、^{137}Cs、^{14}C 等）的衰变定律，通过测量其放射性活度随深度的变化来计算沉积物的沉积速率，其适用的测年范围与所使用的放射性核素的半衰期有关（万国江，1997）。在海底地层沉积物中应用较广的是^{230}Th和^{210}Pb法（半衰期分别为75 200 a和22.3 a），其中深海沉积速率和锰结核的生长速率主要用^{230}Th法测定，浅海或近海松散沉积物多用^{210}Pb法测定（刘伟等，2011）。^{210}Pb是^{238}U系列中^{226}Ra衰变中间产物^{222}Rn的α衰变子体，半衰期为22.3 a，属短寿命放射性同位素，被广泛用于百年时间尺度上的沉积物计年及沉积速率的测定，是研究近代江、河、湖、近海等沉积过程的重要手段。自然界中^{210}Pb主要来源于地壳中^{238}U的衰变和大气中^{210}Pb的沉降，此外人工核反应也可产生^{210}Pb。其中通过沉降并积蓄在沉积物中的^{210}Pb因不与其母体共存和平衡，称为过剩^{210}Pb（$^{210}Pb_{ex}$）。^{210}Pb测年法基于以下几点假设：（1）沉积体系为封闭系统，具备稳态条件；（2）沉降的^{210}Pb能有效地转移到沉积物中，且不发生沉积后迁移作用；（3）沉积物中的非过剩^{210}Pb与其母体^{226}Ra保持平衡状态。虽然^{210}Pb的沉降通量具有纬度效应，但同一地点^{210}Pb的放射性通量在近百年的时间范围内可认为基本恒定（刘伟等，2011；孙丽等，2007），沉积物中$^{210}Pb_{ex}$的比活度将随沉积物质量深度呈指数衰减，因此对沉积物样品的$^{210}Pb_{ex}$比活度分析，便可计算其沉积年龄（Zaborska et al.，2008；Carroll et al.，2008）。

应用^{210}Pb法进行海洋沉积物测年的过程中，根据沉积物的压实深度、沉积物的孔隙率、干沉积物的密度等参数确定沉积物中的$^{210}Pb_{ex}$比活度衰变规律，算出某一深度的沉积物的年龄，结合$^{210}Pb_{ex}$比活度随沉积物质量深度呈指数衰减的趋势，得到沉积物的沉积速率。根据沉积物中的有机碳含量即可得到有机碳沉积通量。

2.3.5 问题与展望

海洋碳循环中海-气界面CO_2交换通量、浮游生物的初级生产力、真光层POC输出通量和有机碳沉积通量间既有联系又相互区别。目前的研究多限于单一过程中碳通量的研究，对上述过程的相互作用关系尚不明确。今后需加强碳在大气-海水-沉积物3种介质间交换通量之间相互影响的研究，提出海洋中碳垂直传输过程的主要影响因素和关键控制因子，并建立多元化的动态海洋碳通量分析系统，评估海洋不同时间尺度的碳汇效应，并与全球碳汇总量作比较，为研究海洋碳循环在全球碳循环中的作用提供客观参考依据。

第3章　海岛生态系统固碳能力评估方法

3.1　海岛陆地生态系统固碳能力分析与评估方法

3.1.1　评估方法

3.1.1.1　基于群落调查的海岛陆地生态系统固碳能力评估方法

该方法是海岛陆地生态系统固碳能力评估的主要手段，能够准确地分析与评估海岛陆地生态系统的碳储量及其分布特征。

1）乔木固碳能力评估方法

（1）生物量计算

海岛地区可达性差，地势起伏明显，海岛植物群落现场调查和采样的难度大，要求高。鉴于此，结合必要的现场调查数据（胸径和树高）和生物量相对生长方程（Allometric growth equation）计算乔木生物量。生物量相对生长方程是森林生态系统生物量估算的常用方法，建议采用环境状况相似区域且应用成熟的方程对树木各组分生物量进行估算（表3-1），进而得到乔木生物量。

表3-1　推荐的生物量相对生长方程（适用长岛地区）

树种	器官	方程	参考文献
黑松 *Pinus thunbergii*	树干	$W=0.0702D^{1.5703}H^{1.1795}$	许景伟等，2004
	树枝	$W=1.0395+0.014D^2H$	
	树叶	$W=0.4234+0.01224D^2H$	
	树根	$W=0.0152(D^2H)^{1.0199}$	
刺槐 *Robinia pseudoacacia*	树干	$W=\exp[-2.895531+0.86764\ln(D^2H)]$	毕君等，1993
	树枝	$W=\exp[-3.71916+0.79079\ln(D^2H)]$	
	树叶	$W=\exp[-2.90872+0.45739\ln(D^2H)]$	
	树根	$W=\exp[-2.16746+0.63276\ln(D^2H)]$	

续表

树种		器官	方程	参考文献
麻栎 *Quercus acutissima*		树干	$W=0.069\ 59\ (D^2H)^{0.860\ 61}$	安和平等，1991
		树枝	$W=0.067\ 16\ (D^2H)^{0.668\ 63}$	
		树叶	$W=0.044\ 71\ (D^2H)^{0.590\ 99}$	
		树根	$W=0.019\ 77\ (D^2H)^{0.882\ 33}$	
其他	$D\geqslant10$ cm	树干	$W=0.021\ (D^2H)^{1.015}$	刘蔚秋等，2002
		树枝	$W=0.01\ (D^2H)^{0.921}$	
		树叶	$W=2.588+0.001\ 254\ (D^2H)$	
		树根	$W=0.009\ (D^2H)^{0.992}$	
	$D<10$ cm	树干	$W=0.031\ (D^2H)^{0.977}$	
		树枝	$W=0.006\ (D^2H)^{0.977}$	
		树叶	$W=0.01\ (D^2H)^{0.807}$	
		树根	$W=0.022\ (D^2H)^{0.831}$	

（2）含碳率计算

含碳率可由以下两种方法获取。

标准木取样测定：通过采集足够数量的标准木，计算不同乔木、不同器官的含碳率。

经验系数：采用相似区域、相同树种的含碳率经验系数。

（3）碳储量计算

根据乔木生物量和生物量含碳率，计算得出海岛乔木的碳储量。

2）灌木和草本固碳能力评估方法

（1）生物量测定

灌木生物量测定可采用取样测量和生物量模型两种方法，草本生物量建议采用取样测量的方式。

取样测量：取样后测量鲜重和干重，计算样品含水率，进而得到各器官和整株的生物量。

生物量模型：调查测定灌木生长信息（胸径、树高、冠幅等），采用合适的生物量模型进行计算。

（2）含碳率计算

采用样本测定的方法，计算灌木和草本的含碳率。

（3）碳储量计算

根据生物量和生物量含碳率，计算得出海岛灌木和草本的碳储量。

3.1.1.2 基于遥感的海岛陆地生态系统固碳能力评估方法

该方法主要数据来自于遥感影像和相关气象资料，具有便利、快捷且区域适用性强的优点。该方法可得到海岛陆地生态系统净初级生产力（NPP）及其时空特征。

该方法计算公式如下：

$$NPP(x, t) = APAR(x, t) \times \xi(x, t), \tag{3.1}$$

$$APAR(x, t) = PAR(x, t) \times FPAR(x, t), \tag{3.2}$$

$$\xi(x, t) = f_t(t) \times f_w(t) \times \xi_{max}, \tag{3.3}$$

式中，NPP（x, t）为 x 点 t 月净初级生产力；APAR（x, t）为 x 点 t 月吸收的光合有效辐射［MJ/（m^2 · month）］；ξ（x, t）为 x 点 t 月的实际光能利用率（以碳计）（g/MJ）；PAR（x, t）为 x 点 t 月的光合有效辐射［MJ/（m^2 · month）］；FPAR（x, t）为 x 点 t 月光合有效辐射吸收比例（%）；f_t（t）和 f_w（t）分别为研究区 t 月的气温胁迫因子和水分胁迫因子（%）；ξ_{max} 为植被最大光能利用率（以碳计）（g/MJ）。

1）PAR 计算

考虑到海岛高程起伏明显，地形遮蔽对于不同位置能够接受到的太阳辐射量有着直接影响，将地形作为 PAR 计算的重要因子，构建公式如下：

$$PAR(x, t) = SOL(t) \times 50\% \times [0.4 + 0.6 \times d(x, t)], \tag{3.4}$$

式中，SOL(t) 为 t 月太阳总辐射量，单位为 MJ/（m^2 · month）；50%表示植被能利用的太阳有效辐射占太阳总辐射的比例；0.4 和 0.6 分别为区域太阳散射辐射和直接辐射占太阳总辐射的多年平均比例；d（x, t）为 x 点 t 月的太阳辐射地形影响因子，由下式计算得出：

$$d(x, t) = \frac{1}{\cos\left(\frac{\pi}{2} - \theta(t)\right)} \times \frac{Hillshade(x, t) - Hillshade(min, t)}{Hillshade(max, t) - Hillshade(min, t)}, \tag{3.5}$$

式中，θ（t）为 t 月遥感影像获得当天海岛所在纬度的正午太阳高度角，Hillshade（x, t）为 x 点 t 月的遮蔽度，无量纲，Hillshade（max, t）和 Hillshade（min, t）分别为 t 月遮蔽度的最大值和最小值。Hillshade（x, t）由下式求得：

$$Hillshade(x, t) = [\cos(\frac{\pi}{2} - \theta(t)) \times \cos(Slope(x))] + [\sin(\frac{\pi}{2} - \theta(t)) \times \sin(Slope(x)) \times \cos(Azimuth - Aspect(x))], \tag{3.6}$$

式中，Slope（x）为点 x 的坡度，Azimuth 为太阳方位角，可取 180°，Aspect（x）为 x 点的坡向。

2）FPAR 计算

FPAR 与 NDVI（Normal Difference Vegetation Index，归一化植被指数）存在明显的线性关系，可由下式得出：

$$FPAR(x, t)1 = (NDVI(x, t) - NDVI_{min})/(NDVI_{max} - NDVI_{min}) \times (FPAR_{max} - FRAR_{min}) + FPAR_{min}, \tag{3.7}$$

式中，NDVI（x, t）为 x 点 t 月的 NDVI 值；为了剔除异常值，削弱极值的影响，$NDVI_{max}$ 和 $NDVI_{min}$ 分别取全部月份 NDVI 值的 95% 和 5% 百分位值，$FPAR_{max}$ 和 $FPAR_{min}$ 分别取 0.95 和 0.001。

同时，研究发现 FPAR 与比植被系数（SR）也具有明显的线性相关，可由下式得出：

$$\mathrm{FPAR}(x,t)2=(SR(x,t)-SR_{\min})/(SR_{\max}-SR_{\min})\times(\mathrm{FPAR}_{\max}-\mathrm{FPAR}_{\min})+\mathrm{FPAR}_{\min},\tag{3.8}$$

式中，$SR(x,t)$ 为 x 点 t 月的比植被系数，由式（3.9）得出。SR_{max}和SR_{min}分别取 SR 值的95%和5%百分位值。

$$SR(x,t)=\frac{1+\mathrm{NDVI}(x,t)}{1-\mathrm{NDVI}(x,t)}.\tag{3.9}$$

式（3.7）和式（3.8）是基于遥感影像像元 NDVI 值的线性公式，具有跨尺度的特点，能够运用到本次的研究中。同时，由于式（3.7）的计算值往往比 FPAR 实测值高，而式（3.8）计算值比实测值低，本研究同时结合两种方法进行计算：

$$\mathrm{FPAR}(x,t)=[\mathrm{FPAR}(x,t)1+\mathrm{FPAR}(x,t)2]/2.\tag{3.10}$$

3）f_t 和 f_w 计算

f_t 由以下方法得出：

$$f_t(t)=f_t(t)1\times f_t(t)2,\tag{3.11}$$

式中，$f_t(t)1$ 反映在不同的最适气温情况下植物内在的生化作用对光合的限制从而带来的对光能利用率的影响，由下式求得：

$$f_t(t)1=0.8+0.02\times T_{opt}-0.0005\times T_{opt}^2,\tag{3.12}$$

式中，T_{opt}为最适气温，取 NDVI 平均值最高月份的月平均气温。当月平均气温小于或等于-10℃时，$f_t(t)1$ 取 0。

$f_t(t)2$ 表示气温与最适气温偏离时光能利用率减小的趋势，由下式求得：

$$f_t(t)2=\frac{1.184}{1+\exp[0.2\times(T_{opt}-10-T)]}\times\frac{1}{1+\exp[0.3\times(T-T_{opt}-10)]},\tag{3.13}$$

式中，T 为当月平均气温。当某月平均气温 T 比最适气温 T_{opt}高 10℃或低 13℃时，该月的 $f_t(t)2$ 值等于月平均气温 T 为最适气温 T_{opt}时 $f_t(t)2$ 值的一半。

f_w 反映了植物所能利用的有效水分条件对光能利用率的影响，由以下公式计算：

$$f_w(t)=0.5+0.5\times E/E_p,\tag{3.14}$$

式中，E 为区域实际蒸散量，E_p为区域潜在蒸散量。

E 根据区域实际蒸散模型求取：

$$E=\frac{r\times R_n\times(r^2+R_n^2+r\times R_n)}{(r+R_n)\times(r^2+R_n^2)},\tag{3.15}$$

式中，r 为降水量，R_n为净辐射量。

R_n参考《喷灌工程设计手册》（《喷灌工程设计手册》编写组，1989），由下式求得：

$$R_n=R_{n1}-R_{n2},\tag{3.16}$$

$$R_{n1}=(1-a)(0.25+0.5n/N)R_a,\tag{3.17}$$

$$R_{n2}=\sigma T_k^4\times(0.34-0.044\sqrt{ed})\times(0.1+0.9n/N),\tag{3.18}$$

式中，R_n为净辐射，单位：MJ/（$m^2\cdot d$）；a 为反射率，取 23%；n 为实际日照实数，N 为该纬度最大日照时数；R_a为大气顶层的太阳辐射，可查表获得；σ 为斯蒂芬-玻尔兹曼常数，取

2×10^{-9} mm/（d·K^4）；T_k为绝对温度表示的该月平均温度，单位：K；e_d为水汽压，可由相对湿度求得。

E_p由E_p-R_n关系式求得：

$$E_p = \left(\sqrt{\frac{Rn}{0.598} + \frac{r \times 0.369^2}{4 \times 0.598^2}} - \frac{\sqrt{r} \times 0.369}{2 \times 0.598}\right)^2. \tag{3.19}$$

4）ξ_{max}的获取

最大光能利用率（ξ_{max}）的取值对 NPP 结果有着直接的影响，其具体的取值根据不同植被类型而有所差异（表 3-2）（池源等，2015）。

表 3-2　最大光能利用率取值

针叶林	阔叶林	草地	农地	建设用地	裸地
0.698	0.868	0.573	0.573	0.389	0.389

3.1.2　数据获取方法

3.1.2.1　群落调查和取样方法

1）样地选择

以均匀性和代表性为原则，根据海岛面积大小、群落类型、地形状况、可到达性等因素确定调查样地的数量和位置。同时注意：群落内部的物种组成、群落结构和生境相对均匀；群落面积适度，使样方四周能够有 10~20 m 以上的缓冲区。

样地大小一般为森林群落 20 m×20 m，灌草群落 10 m×10 m。

2）样地基本信息

记录样地基本信息，包括：

（1）样地号、群落类型；
（2）调查时间、地点；
（3）经纬度；
（4）地形信息：海拔、坡度、坡向、坡位等；
（5）森林起源：按原始林、次生林和人工林记录；
（6）地表覆盖特征；
（7）植物群落盖度：总盖度、乔木层盖度、灌木层盖度、草本层盖度；
（8）干扰程度：无干扰、轻微、中度、强度干扰，主要干扰类型，周边环境等；
（9）调查人、记录人等信息。

3）群落清查

（1）乔木层：记录样方内出现的全部乔木种，测量所有胸径（Diameter at Breast Height，DBH）≥3 cm 的植株基径、胸径、树高、枝下高、冠幅，记录其存活状态。选取不同树种的标准木，测量其生物量和含碳率。

（2）灌木层：记录样方内出现的全部灌木种。选择面积为 10 m×10 m 的两个对角小样方进行调查，对其中的全部灌木分种计数，并测量基径、高度、冠幅等。在其中一个样格内收获灌木层地上生物量、称取鲜质量，并取样带回实验室烘干称质量，测量含碳率。

（3）草本层：记录样方内出现的全部草本种类。测量和记录样方四角和中心点上共 5 个 1 m×1 m 的草本层小样方中，每种草本植物物种、多度、高度、盖度等。在其中两个 1 m×1 m 小样方内收获草本层地上生物量和地表枯落物、称取鲜质量，并取样带回实验室烘干称质量，测量含碳率。

（4）层间植物：记录出现的全部寄生、附生植物和攀援植物种类，并估计其多度和盖度。

4）土壤调查、取样和分析

在样方附近挖土壤剖面 1~2 个，记录土壤剖面特征，并以 100 cm^3的土壤环刀，可按 0~10 cm、10~20 cm、20~30 cm、30~50 cm、50~70 cm、70~100 cm 的土壤深度分层取样，称取鲜质量并编号，用于实验室理化性质和碳储量分析。

3.1.2.2 遥感影像和相关资料获取方法

1）遥感影像数据来源

海岛面积有限，位置特殊，需要的遥感影像应当具有稳定的成像质量和较高的空间分辨率；同时，海岛生态环境脆弱性，时间分异明显，遥感影像应当能够提供持续的数据支持。对于面积 10 km^2以上的海岛，应选择空间分辨率不低于 30 m 的遥感影像，推荐 LANDSAT 卫星影像，该卫星影像分辨率为 30 m，获取便利、质量稳定、波段丰富且成像周期较短，可作为海岛陆地生态系统分析的重要数据来源；对于面积较小的海岛，应尽量选择空间分辨率更高的遥感影像，如 SPOT、Quickbird、Worldview 等，这些卫星影像具有较高的质量和分辨率，但价格较昂贵，可在必要时选择这些影像。

对于海岛地形数据，在较大海岛上可采用获取便利、覆盖面广的 Aster GDEM 数据，垂直分辨率 20 m，水平分辨率 30 m；在面积较小海岛，则应尽量采取更高分辨率的地形数据。

2）相关资料

基于遥感影像的海岛陆地净初级生产力模拟需要研究区的气象数据，可利用研究区内部或附近的气象监测站，获得模型所需的降雨量、气温、日照时数、相对湿度、太阳辐射等数据。

3.2 海岛周边海域生态系统固碳能力评估方法

3.2.1 评估方法

周边海域浮游植物固碳能力采用海域初级生产力计算，具体见式（3.20）~（3.22）。

$$C_1 = MPP \times 365 \times 10^{-3}, \quad (3.20)$$

式中，C_1表示周边海域浮游植物固碳量（t/a）；MPP 表示单位时间海域初级生产力（以碳计）（单位：t/d）。

$$MPP = uMPP \times A_{waters} \times 10^{-3}, \quad (3.21)$$

式中，$uMPP$ 表示单位时间单位面积海域初级生产力［mg/（m^2 · d）］，或根据公式（3.22）估算，注意数据要具备可靠的代表性；A_{waters}表示海岛周边海域面积（km^2）。

$$uMPP = (Chl\ a \times Q \times E \times D)/2, \quad (3.23)$$

式中，$Chl\ a$ 表示表层叶绿素 a 浓度（mg/m^3）；Q 表示同化系数，数据来源实验结果或参考相关研究成果；E 表示真光层的深度（m），一般可取为透明度的 3 倍，透明度数据来源实验调查结果；D 表示白昼时间长短（h）。

3.2.2 数据获取方法

浮游植物相关数据采用抽样调查法，具体参考相关海洋调查规范（GB 12763.6-2007-T）。调查站位设置应基本覆盖海岛周边海域范围，样品采集时间一般为一周年连续的 4 个季节，春季、夏季、秋季和冬季各调查一次。采用萃取荧光法、分光光度法等测定叶绿素 a 浓度；浮游植物样品分析按 Utermöhl 方法进行。

3.3 海岛生态系统固碳能力影响因素分析方法

3.3.1 初步筛选可能影响因素

根据已有研究结果以及采样调查可行性，初步分析并筛选可能影响海岛生态系统固碳能力的环境因素。

海岛陆地植物固碳能力可能影响因素包括坡度、坡向和海拔等立地条件以及土壤质地与理化性质。其中，土壤的理化性质包括含水量、pH 值、有效磷、速效钾、含盐量、全钾、全磷、全氮、全碳、有机质等。

海岛周边海域浮游植物固碳能力可能影响因素主要包括水温、盐度、悬浮物、石油类、pH、DO、COD、NO_3-N、NO_2-N、NH_4-N、PO_4-P、SiO_3-Si 等海水环境因子。

3.3.2 确定主要影响因素

海岛陆地植被或浮游植物固碳能力与环境因子的分析一般可在影响机理分析的基础上采用运用多元统计分析技术，可在 Canoco for Windows 4.5 软件包上进行。进入排序的浮游植物需要经过筛选，只有至少在一个站位的数量占该站位总数量 5% 以上的种类才可以进入排序。

首先，把固碳生物数量和环境因子均转换成 log（x+1）形式。然后，对固碳生物数量进行降趋对应分析（DCA），以确定其属于线性分布或单峰型分布。若 DCA 结果表明，所有轴中最长梯度小于 3，则适合基于线性模型的主成分分析（PCA）和冗余分析（RDA），PCA 用来分析固碳生物分布特征，RDA 用来分析固碳生物与环境因子的关系，相关显著性检验用 Monte Carlo 法。为剔除环境因子之间可能存在的较高相关性，对于偏相关系数大于 0.8 和变异波动指数大于 20 的环境因子都不进入 RDA。若 DCA 结果表明，所有轴中最长梯度大于 3，则运用典范对应分析（CCA）进行固碳生物与环境因子之间关系分析，采用向前引入法逐步筛选出显著的环境变量，每一步都采用 Monte Carlo 置换检验。

第二篇　海岛陆地生态系统固碳能力调查与分析

第 4 章　庙岛群岛南部岛群岛陆生态系统植被群落调查

4.1　植物调查样地与方法

4.1.1　样地布设

根据对典型海岛陆地固碳资源调查的要求，选择庙岛群岛的南长山岛、北长山岛、庙岛、大黑山岛、小黑山岛等岛屿陆地植被资源进行全面调查。调查区域内，庙岛土地面积为 155.61 hm^2，南长山岛土地面积为 1 359.63 hm^2，北长山岛土地面积为 808.29 hm^2，大黑山岛土地面积为 769.41 hm^2，小黑山岛土地面积为 132.21 hm^2。本次调查的土地总面积为 31.25 km^2。野外调查是根据庙岛、南长山岛、北长山岛、大黑山岛、小黑山岛的土地利用情况和植被类型分布设立一定的典型样地进行调查，典型样地的选取要求包含整个调查范围内的各种植物资源和生境类型，见图 4-1。共设置样地 60 个，样地位置由 GPS 定位。

4.1.2　调查方法

4.1.2.1　样方面积的确定

根据森林植物群落乔、灌、草 3 个不同植物层次的组成，对乔木植物的样方设定面积为

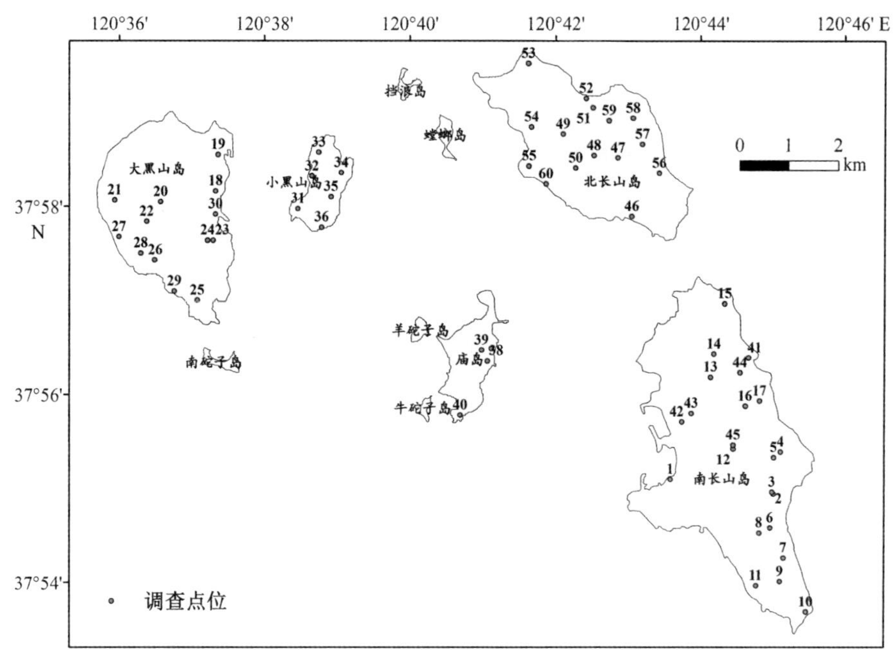

图 4-1 庙岛群岛南部岛群陆地固碳资源调查站位示意图

400 m^2（20 m×20 m）（注：树高≥5 m）；对灌木植物的样方面积根据灌木的平均高度不同，采用不同的样方面积，灌木植物的平均高度≥3 m 时样方面积为 16 m^2（4 m×4 m），灌木植物的平均高度在 1~3 m 之间的样方面积为 4 m^2（2 m×2 m），灌木植物的平均高度 1 m 的样方面积为 1 m^2（1 m×1 m）；草本（或蕨类）植物的平均高度≥2 m 时样方面积为 4 m^2（2 m×2 m），草本（或蕨类）植物的平均高度在 1~2 m 范围的样方面积为 1 m^2（1 m×1 m），草本（或蕨类）植物的平均高度小于 1 m 的样方面积为 0. 25 m^2（0. 5 m×0. 5 m）；苔藓植物的样方面积为 0. 25 m^2（0. 5 m×0. 5 m）或者 0. 04 m^2（0. 2 m×0. 2 m）。

4. 1. 2. 2 植被样地环境调查

根据庙岛、南长山岛、北长山岛、大黑山岛、小黑山岛的的土地使用情况，调查典型样地的群落生境和群落特点，主要包括地形、海拔、坡度、坡向、地表覆盖特征、植被覆盖总盖度、附生情况等。

4. 1. 2. 3 植被调查

植物群落垂直结构分为乔木层、灌木层、草本层进行测量统计。对典型样地的乔木进行调查时，凡是胸径等于或大于 5 cm 的树木都用记号笔编号，进行每木调查。调查内容包括种名、高度、胸径、株数、枝下高、冠幅，树龄等。灌木层植被指未进入乔木层的下木、乔木种类的幼苗、幼树，通常指胸径小于 5 cm 或高度低于 5 m 木本植物。灌木样方的调查内容包括种名、高度、株数、盖度等。调查样地的草本植物主要指直立草本和匍匐草本植物，不包括草质藤本。调查内容与灌木调查基本相同。草本样方的调查内容包括藤本幼株和蕨类植物在内的草本种名、高度、盖度、株数等。

4.1.2.4　土壤调查与取样

在同一样地内，以“S”形路线选取7个采样点，取0~30 cm表层土样进行多点表层土均匀混合，以四分法取1 kg土样作为该样地的土壤样品，带回实验室，自然风干，除去其中粗根、瓦砾等杂质，过2 mm钢筛，磨细待测。将采回的土壤样品分别过2 mm、1 mm、0.25 mm土壤筛，采用pH计测定土壤浸提液pH，质量差法测定土壤全盐量。土壤各养分特征指标按照中国土壤学会编写的土壤农业化学分析方法进行（鲁如坤，2000），有机质含量采用稀释热-重铬酸钾容量法测定；全氮含量采用凯式定氮法测定；碱解氮含量采用碱解扩散法测定；全磷、有效磷含量采用钼抵抗比色法测定；全钾、速效钾含量采用火焰光度计法进行测定。同时测定大于2 mm的石砾含量（体积分数），并采用标准土壤筛进行筛分，得到所研究的森林植物群落表层土壤颗粒组成状况。各样品测定均设置3次重复，并取平均值作为最终结果。

4.1.3　数据处理方法

4.1.3.1　植物种重要值计算

植物种的特征值有多度（或密度）、盖度、高度、质量、体积、频度、显著度、重要值等，是反映植物种在群落中作用大小的重要指标（宋永昌，2001），物种重要值是反映物种在森林群落中作用和地位的综合数量指标（Curtis，1951），是相对多度、相对显著度、相对频度三者之和，采用物种重要值代替物种个体数分析确定群落优势种，同一群落内重要值最大者即为该群落优势种。乔木层的相对显著度用胸高断面积计算，重要值的计算如式（4.1）~（4.4）（袁艺和蔡永元，1996）所示：

$$IV = (RD + RF + RP)/3, \tag{4.1}$$

式中，IV为乔木重要值（%）；RD为相对密度（%）；RF为相对频度（%）；RP为相对显著度（%）。

$$RD = n/\sum n \times 100\%, \tag{4.2}$$

式中，RD为相对密度（%）；n为某个种的个体数。

$$RP = n_p/\sum n_p \times 100\%, \tag{4.3}$$

式中，RP为相对显著度（%）；n_p为某个种的显著度。

$$RF = n_F/\sum n_F \times 100\%, \tag{4.4}$$

式中，RF为相对频度（%）；n_F为某个种的频度。

对于灌木层和草本层植物，株数往往不易统计，相对显著度以植株的覆盖面积计算，重要值的计算采用式（4.5）和式（4.6）：

$$IV' = (RC + RF)/2, \tag{4.5}$$

式中，IV'为灌草重要值（%）；RC为相对盖度（%）；RF为相对频度（%）。

$$RC = n_C/\sum n_C \times 100\%, \tag{4.6}$$

式中，RC 为相对盖度；n_C 为某个种的盖度。

4.1.3.2 科属种的统计方法

根据野外调查收集的资料和鉴定的植物标本，经整理后，得到庙岛群岛南部岛群的植物种。裸子植物采用郑万钧系统（郑万钧等，1975），被子植物采用《中国高等植物图鉴》（中国科学院植物研究所，1983）修改后的恩格勒系统，科属分布区类型根据吴征镒（1980）划分类型的原则进行统计。

4.1.3.3 土壤含水率计算

土壤的含水量由下式给出：

$$含水量(\%) = \frac{m_1 - m_2}{m_2 - m_0} \times 100\%, \tag{4.7}$$

式中，m_0为烘干空铝盒质量，单位：g；m_1为烘干前铝盒及土样质量，单位：g；m_2为烘干后铝盒及土样质量，单位：g。

4.1.3.4 土壤颗粒级配状况

土壤颗粒级配状况一般采用土壤颗粒不均匀系数（uniformity coefficient，C_u）和曲率系数（coefficient of curvature，C_s）表示。依据称量出各粒级之间的土粒质量，用表格法和累积曲线法表示土壤的机械组成并绘制出土壤颗粒累积曲线图，读出土壤颗粒累积百分含量为10%、30%、60%所对应的粒径，表示为 d_{10}、d_{30}、d_{60}。土壤颗粒的级配指标，即不均匀系数和曲率系数的计算为（刘霞等，2006）：

$$C_u = d_{60}/d_{10}, \tag{4.8}$$

$$C_s = (d_{30})^2/(d_{60} \cdot d_{10}), \tag{4.9}$$

式（4.8）中，C_u为不均匀系数；d_{10}、d_{60}为土壤颗粒累积百分含量为10%、60%所对应的粒径。式（4.9）中，C_s为曲率系数；d_{30}为土壤颗粒累积百分含量为30%所对应的粒径。

4.1.3.5 土壤颗粒群体特性

土壤颗粒的群体特性也说明了土壤颗粒组成状况的优劣。一般长采用土壤颗粒分散度（soil particles dispersion，S_e）、土壤颗粒偏度（soil particles skewness，S_{rk}）和峰态（kurtosis，S_k）来分析不同植被条件下土壤颗粒群体的分散程度、对称性和集中程度（Friedman，1962）。土壤颗粒的分散程度一般用土壤颗粒分散度（S_e）表示，其计算方法为：

$$S_e = \sqrt{D_{75}/D_{25}}, \tag{4.10}$$

式中，S_e为土壤颗粒分散度；D_{75}为土壤颗粒组成中以质量计有75%的土壤颗粒较之为小的粒径（mm）；D_{25}为土壤颗粒组成中以质量计有25%的土壤颗粒较之为小的粒径（mm）。

土壤颗粒分布的对称性及对称程度采用土壤颗粒偏度（S_{rk}）来反映，其计算方法为：

$$S_{rk} = (D_{75} \cdot D_{25})/(D_{50})^2, \tag{4.11}$$

式中，S_{rk}为土壤颗粒偏度；D_{50}为土壤颗粒组成中以质量计有50%的土壤颗粒较之为小的粒径

(mm)。

土壤颗粒的集中程度常用峰态（S_k）来表示，其计算方法为：

$$S_k = (D_{75} \cdot D_{25}) / [2(D_{90} \cdot D_{10})], \quad (4.12)$$

式中，S_k为土壤颗粒粒径的峰态；D_{90}为土壤颗粒组成中以质量计有90%的土壤颗粒较之为小的粒径（mm）；D_{10}为土壤颗粒组成中以质量计有10%的土壤颗粒较之为小的粒径（mm）。

4.2 植物区系

庙岛南部岛群位于东亚暖温带，属暖温带东亚季风大陆性气候，气候特征为四季分明，夏季炎热多雨较湿润，冬季寒冷干燥风较多，春、秋时间短促。种子植物科的的区系以温带、暖温带性质为主。

4.2.1 植物物种概况

经过野外调查研究，庙岛群岛南五岛已鉴定定名的维管束植物有58科122属147种。其中裸子植物2科2属2种；被子植物中单子叶植物6科21属21种，双子叶植物50科99属124种（表4-1）。据有关资料，庙岛群岛种子植物种类较丰富，有野生种子植物81科288属504种（马成亮和朱桂全，2012），相比较而言，我们调查到的植物种较少，分析原因可能为：一是本次研究只调查了庙岛群岛的南五岛，调查区域相对较小；二是近几年人类活动对环境影响较大，破坏了原始结构；三是野外调查时，可能遗漏了部分植物种。

表4-1 维管束植物统计表

植物类型	科数	属数	种数
裸子植物	2	2	2
被子植物-单子叶	6	21	21
被子植物-双子叶	50	99	124
总计	58	122	147

4.2.2 植物生活型

生活型是植物对环境条件适应后在其生理、结构、尤其是在外部形态上的一种具体反映（Mueller-Dombois and Ellenberg，1974；Whittaker，1970），是群落学研究中植物生态功能群或生态种组的划分基础 。相同的生活型反映的是植物对环境具有相同或相似的要求或适应能力（高贤明和陈灵芝，1998）以植物的形态、外貌和生活方式为基础，陆生植物分为乔木、灌木、草本、藤本、附生、地表植物，可以直接反映在不同生态环境中植物的形态外貌及其在生态系统中的作用。从表4.2可以看出，乔木植物10种占6.80%，灌木植物20种占13.61%，草本植物117种占79.59%。其中，草本种类丰富，是森林植被的主要组成成分。

表 4-2 维管束植物生活型统计表

生活型	科数	属数	植物种数	占当地植物种数%
乔木	8	10	10	6.80
灌木	13	18	20	13.61
草本	37	94	117	79.59
总计	58	122	147	100

4.2.3 植物科属种组成

4.2.3.1 裸子植物

表 4-1 所列出的南五岛裸子植物有 2 科 2 属 2 种，分别为侧柏和黑松，都为常绿乔木。侧柏属温带阳性树种，为中国特产种，因其耐寒、耐旱、抗盐碱，在全国大多数地区都有分布。黑松适生于温暖湿润的海洋性气候区域，这与海岛的气候条件相一致，加之其耐干旱瘠薄，耐海雾，抗海风，也在海滩盐土地方生长，所以海岛陆地乔木植被以黑松为主。

4.2.3.2 被子植物

被子植物是南五岛森林植物群落的主要组成部分，如表 4-3 所示，被子植物共有 56 科 120 属 145 种，占当地植物种的 98.64%。植物种数在 10 种以上的科有菊科 19 属 28 种、豆科 11 属 11 种，豆科和菊科为研究区广布植物种，只含有 1 种的科在海岛植物组成中也占有很大比例，共有 28 科。

4.2.4 植物分布区类型

庙岛群岛森林群落属泛北极植物区的中国-日本森林植物亚区，但由于海岛地理位置的特殊性，物种相对贫乏，共有维管束植物 58 科 122 属 147 种。根据吴征镒（1991）关于中国种子植物属的分布区类型的划分原则和依据，可将南五岛 122 属划分为 15 个分布区类型、6 个亚型（表 4-3）。

如表 4-3 所示，南五岛种子植物属在 15 个分布区类型均有分布。该地区温带性质属（8~11）最多，共 49 属占总属数的 40.16%，其中北温带最多。这种特点与其环境条件是相一致的，庙岛群岛位于东亚暖温带，属暖温带东亚季风大陆性气候。木本植物的温带属较少，但它们是组成该区森林植被的主要成分，重要的属有松属 、栎属、榆属、桑属、椴树属、胡枝子属。草本植物温带属丰富，许多是林下草本层的重要成分，如蒿属、茜草属、地肤属、龙牙草属、委陵菜属等。

除温带属外，也有许多热带性植物属（2~7），占总属数的 32.79%，这些热带分布型属中以泛热带分布属占主导，如合欢属、朴属、柘属、扁担杆属、枣属、牡荆属、卫矛属、大戟属、狗尾草属、营草属等占较大优势，这又说明该区系具有一定的热带亲缘。

世界广布属在该区系中有20属，如蓼属、苋属、藜属、苍耳属、旋花属、酸模属、碱蓬属、堇菜属、黄芩属、车前属、鬼针草属等具有重要的价值。中国特有类型仅有 1 属，即地构叶属，无地区特有属。

表 4-3　南五岛被子植物属的分布区类型

分布区类型及其变型	属数	占总属数的比例/%
1. 世界分布	20	16. 39
2. 泛热带分布	23	18. 85
2-2. 热带亚洲、非洲和中、南美洲间断	1	0. 82
3. 热带亚洲和热带美洲间断分布	2	1. 64
4. 旧世界热带分布	3	2. 46
5. 热带亚洲至热带大洋洲分布	3	2. 46
6. 热带亚洲至热带非洲分布	4	3. 28
7. 热带亚洲分布	4	3. 28
8. 北温带分布	18	14. 25
8-4. 北温带和南温带（全温带）间断	7	5. 74
9. 东亚和北美洲间断	7	5. 74
10. 旧世界温带	10	8. 20
10-1. 地中海区、西亚和东亚间断	1	0. 82
10-3. 欧亚和南非洲间断	2	1. 64
11. 温带亚洲分布	4	3. 28
12. 地中海区、西亚至中亚	1	0. 82
13. 中亚分布	1	0. 82
14. 东亚分布	4	3. 28
14-1. 中国-喜马拉雅（SH）	3	2. 46
14-2. 中国-日本（SJ）	3	2. 46
15. 中国特有分布	1	0. 82
总计	122	100

4. 3　海岛森林植物群落类型

4. 3. 1　植物群落及划分方法

4. 3. 1. 1　植物群落

植物群落既是植被的组成单位，也是植被生态学研究的基本对象。植物群落学研究的目的与任务在于深入揭示植物群落的结构、生态、动态、分类及其在地球上的分布等基本规律，从而掌握和运用这些规律，充分发挥人类的主观能动性来控制、利用、模拟、改造或创造植物群落，进而保护、改造自然环境，防治环境污染，维护生态平衡，创造优异的生态环境，提高植物的生产力，以期适应人类的需求。海岛作为一种特殊的生态系统，生物群落和环境与大陆基本相似，但也有其特殊性。因此研究海岛森林植物群落，能为进一步揭示海岛植被分布特征及其生态服务功能提供依据。

在19世纪的植被研究中，把物种群体作为植被成分的思想非常流行，但是对于什么是"植物群落"却有不同的表述。Flahault 和 Schroter 在第三届布鲁塞尔国际植物学会上对植物群落所下的定义是："群落是有一定区系组成、一致生境条件和一致外貌的植物组合"。该定义是把"植物群落"看作是植物共同生活的一般表现，它适用于一定环境条件的、具有一定外貌的各种植物组合。苏卡切夫（1955）给植物群落下的定义是："植物群落是在一定地段上的植物组合，它具有均匀的种类组成和垒结，在植物之间，以及植物与环境之间存在着一致的相互关系"。该定义除了确认植物群落是一定地段上的植物组合外，着重指出它们具有一定的结构特征，特别强调群落内植物与植物之间，植物与环境之间存在着的一定相互关系。

根据前人对植物群落的研究和定义，宋永昌（2001）将植物群落本质特征归纳为：植物群落是某一地段上全部植物的综合，它具有一定的种类组成和种间的数量比例，一定的结构和外貌，一定的生境条件，执行着一定的功能，其中植物与植物、植物与环境间存在着一定的相互关系，它们是环境选择的结果，在空间上占有一定的分布区域，在时间上是整个植被发育过程中的某一阶段。

4.3.1.2 植物群落类型划分方法

1）分类原则

在《中国植被》（吴征镒，1980）一书中，明确提出中国植被分类原则是："植物群落学原则，或植物群落学-生态学原则，即主要以植物群落本身特征作为分类的依据，但又十分注意群落的生态关系，力求利用所有能够利用的全部特征。当然，对不同等级的单位，所采用的具体指标是不同的，如高级分类单位偏重于生态外貌，而中、低级单位则着重种类组成和群落结构"。归纳为以下方面指标：种类组成、外貌和结构、生态地理特征和动态特征。

我们在进行海岛森林植被分类时遵循上述原则，把握群落外貌和群类种类组成这两个主要特征，高级单位采用生态外貌，中、低级单位采用种类组成。在种类组成中兼顾优势种和特征种的作用，因为它们能够更好地反映群落的固有特征和种间的固有关系。

2）分类系统和单位

在《中国植被》（吴征镒，1980）一书的中国植被分类系统中有3个主要等级，即植被型、群系和群丛。在这3个分类单位之上，各设有一个辅助级，此外根据需要在每一主要分类单位之下，再设亚级以做补充。

"群丛"是这个植被分类系统的基本单位，《中国植被》（吴征镒，1980）中定义群丛为：

"层片结构相同，各层片的优势种或共优种（南方某些类型中则为标志种）相同的植物群落联合为群丛。"如果按照这一标准划分出来的"群丛"不仅难以与法瑞学派的"群丛"相比较，而且南方某些类型中的群丛与北方某些植被类型中的群丛也是不等值的。因此宋永昌（2001）把群丛定义修订为"外貌相同，层片结构相同，种类组成及种间比例大体一致，并具有相同特征种或特征种组、或标志种的群落联合。"这里把原定义中的"各层片的优势种或共优种（南方某些类型中则为标志种）相同"明确地规定为群丛必须具有一致的特征种或标志种，这样，对于那些优势种不明显的群落可以根据种类组成及种间比例的相似性以及具有共同的标志种划分群丛，对那些优势种明显的群落更不会发生划分群丛的困难，由于强调特征种或标志种的一致，可使划分出来的每一群丛必然具有相同的生态特征、生境条件和动态特点，从而防止出现无限的群丛数目。

"群丛"以上的一级为"群系"，是整个分类系统中最重要的中级分类单位。它是建群种或共建种相同（在热带或亚热带有时是标志种相同）的植物群丛的联合。群系上的一个辅助单位是"群系组"，它是"优势层片中优势种的生活型一致、生态习性相似、并具有相应的特征种或优势种的群系联合。一般具有一定的分布区，或占有特殊的生境。"群系下的一个补充单位是亚群系，是在群系范围内，根据次优势层片及其所反映的生境条件的差异而划分的辅助单位。

植被型是这个分类系统中的最重要的高级单位，是把建群种生活型（一或二级）相同或近似、对水热条件生态关系一致的"群系"联合为植被型，划分这一级的主要依据是外貌或生态外貌。植被型上面还有一级，叫植被型组，即：建群种生活型相近，群落外貌基本相似的植被型的联合，如针叶林、阔叶林、荒漠、沼泽等，"植被型"下级还可分为植被亚型，主要是根据优势层片的结构差异，一般是由气候亚带的差异或一定的地貌、基质条件的差异引起的。

3）分类命名

群落名称应尽可能表征群落单位的特性，同时简单明了易于掌握。但由于植被分类在分类系统和单位上存在意见分歧，因此在群落命名上也未取得一致意见。尽管如此，群落命名应按一定规则进行。

由于中国大多数植被学工作者认为"群丛"是层片结构相同，各层优势种或共优种相同的植物群落联合，对于群丛的命名多采用列出各层优势种的学名，中间用连接号联结，作为群丛的名称，例如：马尾松-映山红-芒萁群丛，这是一种按乔木层、灌木层、草本层从高到低，或者说从优势层片到从属层片的排列方式，如果某层有 1 个以上的优势种，则在列举它们时用"+"连接。群系命名一般多采用优势种命名法，如马尾松群系、落叶松群系等，如果是多优势种群落，则按优势度大小依次列出最主要的优势种，并在种名之间用"+"号联结，如华拷+厚壳桂群系。

4.3.1.3 森林植物群落类型

根据植被群落划分的外貌-生态原则及群落优势种原则，依据《植被生态学》（宋永昌，

2001）中的分类方案，采用群系为分类等级，以植物种的重要值为测量指标，将庙岛群岛南五岛森林植被初步划分为 3 群系，分别为黑松林、刺槐林、黑松+刺槐混交林。

4. 3. 2 森林植物群落组成及其结构特征

种群结构对阐明种群生态特性、更新对策乃至群落的形成及其稳定性与演替规律等都具有重要意义（Nanami et al.，2004；Da et al.，2004）。研究海岛森林的种群结构，对于指导海岸防护林的经营与更新具有重要的理论和现实意义。另外，海岸防护林处在海陆相互作用活跃的过渡地带，在垂直于海岸线的方向上，海风、土壤盐分、地下水等环境因子具有一定的空间异质性（李杨帆等，2005；王海梅等，2006；李加林等，2007）。环境异质化过程中，植被的组成和结构也相应地发生波动与变化（何兴东等，2004），进而对植物种群分布格局产生影响（李哈滨等，1998）。种群空间分布格局及其变化的趋势是影响种群数量发展的主要因素（徐坤等，2006），明确种群的分布格局有助于对该种的生态学特性进一步了解，正确描述种群的空间分布模式对判定植物分布规律、掌握其过程演化及预测其变化趋势具有重要意义（王晓春等，2002）。

依据《中国植被》（吴征镒，1980）一书中对植物种生活型的定义，树高 25 m 以上的乔木种为大乔木，8~25 m 的为中乔木，8 m 以下的为小乔木。由于南部岛群森林部分为人工林，林龄大约 30 a 左右，所以无大乔木出现，乔木都是小乔木和中乔木，群落在垂直结构上常分为 3 个层次：乔木层、灌木层和草本层。由于野外调查设计将胸径小于 5 cm 的乔木种计入灌木层统计，因此灌木层常由灌木植物种和乔木种的下木和幼树组成。

4. 3. 2. 1 黑松林

温性针叶林主要分布于暖温带地区的平原、丘陵、低山地区及亚热带的中山地区，暂分为温性常绿针叶林一个植被型。与暖性针叶林相比，温性针叶林的种类组成相对贫乏，其建群种主要是松属、侧柏属、柳杉属。这类针叶林群落的种类组成简单，分层明显。南五岛地区温性针叶林主要为黑松林。黑松原产日本及朝鲜半岛东部沿海地区，是在海洋性气候条件下形成的温性松林，我国山东、江苏、安徽、浙江、福建等沿海诸省普遍栽培。

黑松具有喜海洋气候，适应性强，抗海风，耐瘠薄，在中性或微碱性砂滩、海岸能良好生长等特点（朱教君等，2002），是抵御风暴潮、海蚀和风沙等自然灾害的一道有效防线，已成为我国北方沙质海岸基干林带的主要造林树种之一。山东省沿海黑松防护林面积约 7 万 hm^2，占防护林总面积的 70% 以上，是沿海防护林体系建设的重要组成部分（许景伟等，2005）。多年来的生产实践和研究表明，黑松是山东省沿海防护林不可替代的防护树种（许景伟等，2005），在防风、防潮和固沙方面起到了重要作用（Kataoka et al.，2009）。研究海岛黑松的种群结构，能够阐明海陆相互作用对黑松种群的影响，为黑松防护林的保育和更新提供理论依据。

黑松林在南五岛分布广泛，几乎出现在所有调查样方内，并成为多数样方的建群种，分为滨海砂滩黑松林和低山丘陵黑松林。该植物群落林冠茂密，针叶浓绿，四季常青，伴生乔木树种有少量刺槐、麻栎，近于单层林。灌木层主要有荆条、扁担木、酸枣、胡枝子、柘树等生长；草本植物以隐子草、荻，披针叶苔草、艾蒿为主，另有黄花蒿、芨芨草生长。

4.3.2.2 刺槐林

落叶阔叶林或称夏绿乔木群落，通常是指具有明显季相变化的夏季具叶、冬季落叶的阔叶林。现存落叶阔叶林是地带性植被类型与当地气候和土壤相适应的结果（谢晋阳和陈灵芝，1994）。构成群落的上层乔木大多是冬季落叶的阳性阔叶树种，林下的灌木也多是冬季落叶的种类，冬季草本植物枯死或以种子越冬。群落层次结构明显，乔木层多为一层，间或两层，林相整齐。南五岛落叶阔叶林主要为人工刺槐林。

刺槐原产于北美，属于蝶形花科刺槐属落叶乔木。刺槐具有固氮、改良土壤的作用，能够耐干旱贫瘠，更新萌芽能力强，生长迅速。1897 年，作为造林树种引入我国山东青岛，现在全国 27 个省、市区有栽培，以黄河中下游、淮河流域为主要栽培区。我国每年营造近百万亩刺槐林，山东、河南等省刺槐林占阔叶林面积的 50%左右（曹帮华等，2005）。作为主要退耕造林树种之一，现已在华北低丘地区形成了多龄级人工林（赵娜等，2014），对改善该地区的生态环境、防止水土流失起到了重要作用。

刺槐为南五岛除黑松以外的次优建群种，多分布在南长山岛，形成刺槐林；在北长山岛、大黑山岛与黑松一起形成黑松-刺槐混交林。在小黑山岛、庙岛上零星分布，构不成林型。

4.3.2.3 南长山岛群落结构及物种组成

根据植被群落划分的外貌及群落优势种原则，南长山岛主要分为黑松林和刺槐林，多数为人工林，林龄多为 30 a 左右。黑松林乔木层植物种主要为黑松，伴有少量刺槐生长，侧柏、小叶朴偶有出现。灌木层优势种为扁担木，荆条是常见种，一些乔木种的幼树也经常出现，如酸枣、刺槐。草本层植物物种丰富多样，优势种为隐子草，其他常见草本有狭叶珍珠菜、黄花蒿、大花金鸡菊、艾蒿等。详细植物物种组成如表 4-4、表 4-5 所示。

表 4-4 南长山岛黑松林乔木层物种组成

植物种	重要值	树高平均值/m	胸径平均值/cm
黑松	81.22	7.72	15.59
刺槐	14.15	6.16	12.31
侧柏	2.40	4.95	5.5
小叶朴	2.24	4.4	12

表 4-5 南长山岛黑松林灌草层物种组成

灌木层							
植物种	重要值	高度平均值/m	盖度平均值/%	植物种	重要值	高度平均值/m	盖度平均值/%
扁担木	23.11	0.96	6.92	桑	6.54	1.97	1.9

续表

灌木层							
植物种	重要值	高度平均值/m	盖度平均值/%	植物种	重要值	高度平均值/m	盖度平均值/%
荆条	20.01	0.80	4.52	柘树	5.21	0.25	0.35
酸枣	8.90	0.27	0.51	合欢	5.04	2	1.78
刺槐	7.14	1.53	2.22	紫穗槐	4.58	1	1.06
草本层							
植物种	重要值	高度平均值/cm	盖度平均值/%	植物种	重要值	高度平均值/cm	盖度平均值/%
隐子草	16.44	25	26.78	芨芨草	4.58	26.67	7.22
狭叶珍珠菜	6.88	17.13	9.4	金盏银盘	3.53	11.5	5.23
黄花蒿	6.63	19.09	7.48	荻	3.11	53.75	4.44
大花金鸡菊	5.17	25	8.33	野菊	4.41	16.88	3.99
艾蒿	2.59	50	3.44	茜草	2.05	17.86	0.24
绵枣儿	3.22	21.36	0.27	鹅绒藤	2.58	16.11	1.24

南长山岛刺槐林多为人工林，群落在垂直结构上分为乔木、灌木、草本3层，灌草层的植物种组成与黑松林相似。乔木层优势种为刺槐，也有少量黑松生长。灌木优势种为扁担木，荆条、酸枣为常见种，另有榔榆和桑出现。不同于黑松林，刺槐林的林下草本层优势种主要为披针叶苔草、艾蒿，常见的伴生草种为隐子草、早开堇菜、酢浆草、大麻、茜草等。详细植物物种组成如表4-6、表4-7所示。

表4-6 南长山岛刺槐林乔木层物种组成

植物种	重要值	树高平均值/m	胸径平均值/cm
刺槐	80.64	10.86	16.35
黑松	5.48	3.5	6.5
小叶朴	8.66	5	31
桑	5.22	3	5

表4-7 南长山岛刺槐林灌草层物种组成

灌木层							
植物种	重要值	高度平均值/m	盖度平均值/%	植物种	重要值	高度平均值/m	盖度平均值/%
扁担木	50.21	1.27	11.25	酸枣	5.46	1.3	0.15

续表

灌木层							
植物种	重要值	高度平均值/m	盖度平均值/%	植物种	重要值	高度平均值/m	盖度平均值/%
荆条	27. 83	1. 08	4. 1	小叶朴	5. 44	0. 8	0. 14
榔榆	5. 79	1. 1	4. 3	桑	5. 25	1. 7	0. 32
草本层							
植物种	重要值	高度平均值/cm	盖度平均值/%	植物种	重要值	高度平均值/cm	盖度平均值/%
披针叶苔草	19. 11	15. 83	73. 75	小飞蓬	3. 97	35	10. 03
艾蒿	11. 75	74. 29	37. 03	猪毛蒿	3. 72	50	5. 05
早开堇菜	6. 26	13	16. 4	藜	3. 18	21	2. 65
隐子草	5. 70	32	13. 88	茜草	3. 17	11	2. 63
大麻	5. 68	86. 25	17. 65	棉枣儿	3. 15	23. 33	2. 55
酢浆草	4. 86	11. 25	14	小花山桃草	3. 13	35	6. 28
隐子草	4. 53	21. 67	12. 5				

虽然生长在同一海岛，但黑松林和刺槐林的林下灌草植被组成不尽相同。南长山岛的黑松林和刺槐林的灌木层有相同的优势种扁担木和荆条，有相同的伴生种酸枣和桑；但南长山岛还分布有合欢、刺槐、柘树和紫穗槐，而北长山岛上只分布榔榆和小叶朴。草本层黑松林的优势种为隐子草，而隐子草在刺槐林中的重要值小为伴生草种；刺槐林的优势草种为披针叶苔草，而这种草在黑松林中很少出现。

4. 3. 2. 4 北长山岛群落结构及物种组成

北长山岛主要是黑松林和以黑松、刺槐为主的针阔混交林。该岛松林面积为庙岛群岛之首，黑松林面积较大，主要位于北长山岛山坡的中上部。黑松林乔木层除黑松外，还生长有刺槐和构树。灌木层种类丰富多样，优势种为刺槐、荆条、紫穗槐等，其他常见灌木还有扁担木、酸枣、榆。草本层植物也较丰富，优势种为披针叶苔草，盖度平均值为 64. 17%，其他草种也为常见种，但个体盖度不大，如黄花蒿、鹅绒藤、荻等。详细植物物种组成如表 4-8、表 4-9 所示。

表 4-8 北长山岛黑松林乔木层物种组成

植物种	重要值	树高平均值/m	胸径平均值/cm
黑松	84. 76	7. 76	15. 32
刺槐	11. 53	6. 83	11
构树	3. 72	9. 3	19

表 4-9 北长山岛黑松林灌草层物种组成

灌木层							
植物种	重要值	高度平均值/m	盖度平均值/%	植物种	重要值	高度平均值/m	盖度平均值/%
刺槐	30. 13	1. 5	8. 8	榆	4. 64	0. 3	0. 67
荆条	23. 24	0. 83	3. 48	雀儿舌头	3. 00	1	0. 08
紫穗槐	12. 09	1	3. 33	榔榆	2. 18	0. 3	0. 03
扁担木	9. 76	1. 1	2. 5	二色胡枝子	2. 85	0. 7	0. 03
酸枣	8. 58	0. 4	0. 09	构树	2. 83	0. 25	0. 02
草本层							
植物种	重要值	高度平均值/cm	盖度平均值/%	植物种	重要值	高度平均值/cm	盖度平均值/%
披针叶苔草	31. 10	20	64. 17	鹅绒藤	3. 89	13. 25	2. 88
荻	9. 40	34	14. 17	酢浆草	3. 64	12	4. 58
隐子草	6. 78	25	10. 03	黄花蒿	3. 46	14. 5	1. 43
野菊	4. 07	18. 75	6				

北长山岛除分布黑松林外，还有部分由黑松与刺槐组成的针阔混交林。针阔混交林的乔木层只由黑松和刺槐组成，无其他的伴生种，由植物种的重要值看，针阔混交林中黑松和刺槐各占一半。不同于黑松林，混交林林下灌木种单一，只有荆条和扁担木分布，其中荆条为优势种，扁担木为次优种。林下草本相对灌木来说丰富多样，披针叶苔草分布最广，个体平均盖度也最大为 56. 25%，隐子草、猪毛蒿、野菊也是群落中的常见种。详细植物物种组成如表 4-10、表 4-11 所示。

表 4-10 北长山岛黑松-刺槐混交林乔木层物种组成

植物种	重要值	树高平均值/m	胸径平均值/cm
黑松	53. 30	5. 83	11. 91
刺槐	46. 70	6. 15	9. 38

表 4-11 北长山岛黑松-刺槐混交林灌草层物种组成

灌木层							
植物种	重要值	高度平均值/m	盖度平均值/%	植物种	重要值	高度平均值/m	盖度平均值/%
荆条	63. 91	0. 73	4. 09	扁担木	36. 09	1	2. 6

续表

草本层							
植物种	重要值	高度平均值/cm	盖度平均值/%	植物种	重要值	高度平均值/cm	盖度平均值/%
披针叶苔草	27.29	20	75	鹅绒藤	3.48	18.33	1.5
隐子草	9.50	30	22.33	荻	3.12	30	3.43
猪毛蒿	9.91	20	0.3	黄背草	2.67	25	5
野菊	8.57	19	16.67	毛胡枝子	2.52	15	1
黄花蒿	4.55	32.5	7.67	绵枣儿	2.06	18.33	0.3

北长山岛的黑松林与混交林的林下灌木组成有很大不同。黑松林的灌木种类丰富，除刺槐为优势种外，还有荆条、紫穗槐、扁担木、酸枣、榆、雀儿舌头、榔榆、二色胡枝子、构树；而混交林的灌木组成单一，只有荆条和扁担木，其中荆条为优势种，扁担木为次优种。黑松林与混交林的草本层植被种类相似且优势种均为披针叶苔草。

4.3.2.5 大黑山岛群落结构及物种组成

与北长山岛林型类似，大黑山岛山地森林也分为黑松林和黑松-刺槐针阔混交林。但黑松林乔木层与北长山岛黑松林乔木层不同，为纯黑松林，无其他乔木分布。林下灌草植物种也有差异，大黑山岛黑松林下灌木优势种为扁担木，另有鸡桑、荆条、雀儿舌头、酸枣、柘树等伴生灌木出现。草本层植物种以隐子草为优势种，伴生草本还有披针叶苔草、黄花蒿、野菊等。详细植物物种组成如表4-12、表4-13所示。

表4-12　大黑山岛黑松林乔木层物种组成

植物种	重要值	树高平均值/m	胸径平均值/cm
黑松	100	6.16	15.31

表4-13　大黑山岛黑松林灌草层物种组成

灌木层							
植物种	重要值	高度平均值/m	盖度平均值/%	植物种/m	重要值	高度平均值	盖度平均值/%
扁担木	40.81	1.2	19.33	酸枣	10.27	0.63	0.18
鸡桑	13.26	1.65	3.19	柘树	5.09	0.3	0.05
荆条	13.19	0.73	2	毛掌叶锦鸡	5.09	0.25	0.05
雀儿舌头	12.31	0.45	4.59				

续表

草本层							
植物种	重要值	高度平均值/cm	盖度平均值/%	植物种	重要值	高度平均值/cm	盖度平均值/%
隐子草	23.30	20	91.67	猪毛蒿	3.19	38.33	5.37
披针叶苔草	9.12	17.5	36.67	细叶婆婆纳	2.85	17.5	8.33
黄花蒿	8.54	23.33	25	鹅绒藤	2.78	32.5	3.5
野菊	6.43	25	20	地榆	2.52	17.5	2.33
南牡蒿	3.51	16.67	6.83	茜草	2.38	20	1.7
委陵菜	3.20	21.25	5.43				

大黑山岛黑松-刺槐林中，黑松的个体数居多，但平均树高和平均胸径都不及刺槐，除黑松和刺槐外，无其他伴生乔木出现。大黑山岛的混交林下灌木物种丰富度比北长山岛的大，灌木除扁担木和荆条外，还生长着紫穗槐、酸枣、柘树和刺槐，其中扁担木为优势种，紫穗槐、酸枣、柘树的重要值比荆条大，成为次伴生灌木种。混交林下草本层物种丰富，隐子草为群落优势种，其他草种还有披针叶苔草、芨芨草、狗尾草、酢浆草 、棉枣儿、早开堇菜、金盏银盘、细叶婆婆纳、茜草、射干 、桃叶鸦葱、半夏、麦冬。详细植物物种组成如表 4-14、表 4-15 所示。

表 4-14 大黑山岛黑松-刺槐混交林乔木层物种组成

植物种	重要值	树高平均值/m	胸径平均值/cm
黑松	60.89	8.48	17.76
刺槐	39.11	9.76	18.33

表 4-15 大黑山岛黑松-刺槐混交林灌草层物种组成

灌木层							
植物种	重要值	高度平均值/m	盖度平均值/%	植物种	重要值	高度平均值/m	盖度平均值/%
扁担木	37.81	1.1	7.52	柘树	13.77	0.7	0.85
紫穗槐	15.55	1.05	2.33	荆条	10.31	0.83	0.88
酸枣	14.54	0.8	2.05	刺槐	8.01	0.9	5.57

续表

草本层							
植物种	重要值	高度平均值/cm	盖度平均值/%	植物种	重要值	高度平均值/cm	盖度平均值/%
隐子草	22.45	23.75	66.67	细叶婆婆纳	2.87	15	6
披针叶苔草	11.76	20	31.67	麦冬	2.57	20	5
芨芨草	9.21	28.33	23.33	狗尾草	2.57	15	5
早开堇菜	4.19	5.8	3.5	金盏银盘	2.49	9.33	1.33
酢浆草	4.12	10	6.67	茜草	2.34	3.5	0.83
棉枣儿	3.29	18	0.53	射干	2.20	25	0.34
半夏	3.12	7	3.4	桃叶鸦葱	2.12	8.5	0.13

大黑山岛黑松林和混交林的灌木层优势种均为扁担木，扁担木在大黑山岛分布广泛。草本层除优势草种均为隐子草、次优种为披针叶苔草外，其他草种种类不同。黑松林草种以菊科植物为主，如黄花蒿、野菊、南牡蒿、猪毛蒿等；而混交林中多为禾本科植物如芨芨草、狗尾草等。

4.3.2.6 小黑山岛群落结构及物种组成

小黑山岛为南五岛中面积最小的海岛，由于人类活动，该岛天然群落植被很少，岛上山地森林为人工黑松林，分布在小黑山岛山坡的中海拔、坡度较缓地区。灌木有扁担木、酸枣、柘树、荆条等。草本层以温带和暖温带的种属为主，分布有隐子草、黄花蒿、艾蒿、黄花菜、野菊、荻等。详细植物物种组成如表 4-16、表 4-17 所示。

表 4-16 小黑山岛黑松林乔木层物种组成

植物种	重要值	树高平均值/m	胸径平均值/cm
黑松	93.13	6.16	15.31
臭椿	6.87	5.4	6

表 4-17 小黑山岛黑松林灌草层物种组成

灌木层							
植物种	重要值	高度平均值/m	盖度平均值/%	植物种	重要值	高度平均值/m	盖度平均值/%
扁担木	27.16	1.6	10.56	柘树	19.30	0.59	6.05
酸枣	24.47	0.9	6.15	荆条	5.98	1.4	1.44

续表

草本层							
植物种	重要值	高度平均值/cm	盖度平均值/%	植物种/cm	重要值	高度平均值	盖度平均值/%
隐子草	21.22	22.14	62.5	绵枣儿	3.33	18.13	0.52
黄花蒿	7.36	13.33	14.5	鸭跖草	2.96	20	7.5
艾蒿	5.27	58.33	12.75	茇茇草	2.96	25	7.5
黄花菜	5.09	25	6.63	酢浆草	2.89	7.67	4.5
野菊	4.91	16.67	8.75	射干	2.81	20	1.5
荻	4.76	62.5	13.75				

4.3.2.7 庙岛群落结构及物种组成

南五岛中大部分岛屿上均为人工再生林，而庙岛从林木的组成来看，更像天然林。乔木层中乔木树种较其他四岛丰富，构树为优势种，其他乔木有黑松、侧柏、刺槐、臭椿和麻栎。林下灌木植物种相对较少，有柘树和荆条，其中刺槐、臭椿、构树为乔木的下木或乔木幼树。草本层的优势种为隐子草、艾蒿和披针叶苔草，其中艾蒿生长旺盛，个体平均盖度达81.67%；鹅观草、茜草、早开堇菜在群落中也零星分布。详细植物物种组成如表4-18、表4-19所示。

表4-18 庙岛森林乔木层物种组成

植物种	重要值	树高平均值/m	胸径平均值/cm
构树	41.24	5.8	14.17
黑松	16.40	7.5	17
侧柏	13.70	5.93	14.67
刺槐	12.68	8.9	22.5
臭椿	8.83	8.15	23
麻栎	7.15	9	26

表4-19 庙岛森林灌木层物种组成

灌木层							
植物种	重要值	高度平均值/m	盖度平均值/%	植物种/m	重要值	高度平均值	盖度平均值/%
柘树	37.17	1.25	1.55	臭椿	11.26	1	0.07

续表

灌木层							
植物种	重要值	高度平均值/m	盖度平均值/%	植物种/m	重要值	高度平均值	盖度平均值/%
荆条	27.93	0.8	1.02	构树	10.14	1	0.01
刺槐	13.50	0.7	0.2				
草本层							
植物种	重要值	高度平均值/cm	盖度平均值/%	植物种值	重要	高度平均值/cm	盖度平均值/%
隐子草	16.37	32.5	50	黄花蒿	3.85	33.33	1
艾蒿	16.09	120	49	玉米	3.70	110	9
披针叶苔草	11.97	17.5	30	茜草	3.66	25	0.32
南牡蒿	5.19	32.17	10	鹅观草	3.22	27.5	3
花生	4.27	30	11	早开堇菜	3.22	4	3

4.3.2.8 南五岛森林群落结构的区别及联系

南五岛上有长住居民，因为人类的长期活动，导致岛上的森林由天然林改为人工林。人工林的林型种类简单，分为黑松林、刺槐林和由黑松、刺槐组成的针阔混交林。除庙岛外，其余四岛均分布有黑松林，北长山岛和大黑山岛除黑松林外还有混交林，其中北长山岛黑松林的面积大于混交林，大黑山岛黑松林与混交林的面积相当；而南长山岛除黑松林外还有刺槐林，黑松林的面积大于刺槐林的面积。除大黑山岛的黑松林为纯林外，其余岛上的黑松林均有伴生种出现，如侧柏、小叶朴、臭椿等。庙岛山地森林优势种为构树。

南五岛灌木层的植被种类有20种，较乔木层植被种类丰富。群岛上的黑松林有相同的灌木种，如扁担木、荆条、酸枣和柘树。北长山岛的灌木种类最为丰富，除相同的灌木种外，还有刺槐、紫穗槐、榆、雀儿舌头、榔榆、二色胡枝子、构树。北长山岛和大黑山岛都分布着黑松-刺槐混交林，大黑山岛黑松-刺槐混交林下灌木有扁担木、荆条、紫穗槐、刺槐、酸枣、柘树，北长山岛黑松-刺槐林下灌木只有荆条、扁担木，组成结构单一。

与乔木层和灌木层相比，南五岛草本层植被种类最丰富，达117种。岛上黑松林下草本种类多样，隐子草为多数黑松林的优势草种或次优草种，林下生长的共同常见草种还有黄花蒿、野菊、鹅绒藤和荻等。岛上黑松-刺槐混交林的草本层植物种类不尽相同，北长山岛混交林下的优势草种为披针叶苔草，次优种为隐子草和猪毛蒿；大黑山岛混交林下的优势草种为隐子草，次优种为披针叶苔草。除优势种外，两个岛上的混交林的草本植物有很大不同，北长山岛混交林草本植物有野菊、黄花蒿、鹅绒藤、荻、黄背草、毛胡枝子；大黑山岛混交林草本植物有茇茇草、狗尾草、酢浆草、绵枣儿、早开堇菜、金盏银盘、细叶婆婆纳、半夏、麦冬等。

附表 庙岛群岛南部岛群森林植物种明细表

附表 4-1 乔木植物种明细表

中文科名	拉丁科名	中文属名	拉丁属名	中文种名	拉丁种名
柏科	Cupressaceae	侧柏属	*Platycladus*	侧柏	*Platycladus orientalis*
豆科	Leguminosae	刺槐属	*Robinia*	刺槐	*Robinia pseudoacacia*
壳斗科	Fagaceae	栎属	*Quercus*	麻栎	*Quercus acutissima*
松科	Pinaceae	松属	*Pinus*	黑松	*Pinus thunbergii*
蔷薇科	Rosaceae	杏属	*Armeniaca*	杏	*Armeniaca vulgaris*
		梨属	*Pyrus*	梨	*Pyrus spp*
榆科	Ulmaceae	朴属	*Celtis*	小叶朴	*Celtis bungeana*
桑科	Moraceae	桑属	*Morus*	桑	*Morus alba*
		构属	*Broussonetia*	构树	*Broussonetia papyrifera*
苦木科	Simaroubaceae	臭椿属	*Ailanthus*	臭椿	*Ailanthus altissima*

附表 4-2 灌木植物种明细表

中文科名	拉丁科名	中文属名	拉丁属名	中文种名	拉丁种名
马鞭草科	Verbenaceae	牡荆属	*Vitex*	荆条	*Vitex negundo var. heterophylla*
		紫穗槐属	*Amorpha*	紫穗槐	*Amorpha fruticosa*
		合欢属	*Albizia*	合欢	*Albizia julibrissin*
豆科	Leguminosae	胡枝子属	*Lespedeza*	二色胡枝子	*Lespedeza bicolor*
		锦鸡儿属	*Caragana*	毛掌叶锦鸡儿	*Caragana leveillei*
		紫荆属	*Cercis*	紫荆	*Cercis chinensis*
鼠李科	Rhamnaceae	枣属	*Ziziphus*	酸枣	*Ziziphus jujuba var. spinosa*
				枣	*Ziziphus jujuba*
榆科	Ulmaceae	榆属	*Ulmus*	榔榆	*Ulmus parvifolia*
椴树科	Tiliaceae	扁担杆属	*Grewia*	扁担木	*Grewia biloba var. parviflora*
壳斗科	Fagaceae	栎属	*Quercus*	蒙古栎	*Quercus mongolica*
樟科	Lauraceae	山胡椒属	*Lindera*	山胡椒	*Lindera glauca*
		柘属	*Cudrania*	柘树	*Cudrania tricuspidata*
桑科	Moraceae	桑属	*Morus*	桑	*Morus alba*
				鸡桑	*Morus australis*

续附表

中文科名	拉丁科名	中文属名	拉丁属名	中文种名	拉丁种名
虎耳草科	Saxifragaceae	溲疏属	*Deutzia*	大花溲疏	*Deutzia grandiflora*
芸香科	Rutaceae	花椒属	*Zanthoxylum*	花椒	*Zanthoxylum bungeanum*
木犀科	Oleaceae	素馨属	*Jasminum*	迎春	*Jasminum nudiflorum*
大戟科	Euphorbiaceae	雀儿舌头属	*Leptopus*	雀儿舌头	*Andrachne chinensis*
柽柳科	Tamaricaceae	柽柳属	*Tamarix*	柽树	*Tamarix chinensis*

附表 4-3 草本植物种明细表

中文科名	拉丁科名	中文属名	拉丁属名	中文种名	拉丁种名
		苜蓿属	*Medicago*	紫苜蓿	*Medicago sativa*
		鸡眼草属	*Kummerowia*	鸡眼草	*Kummerowia striata*
豆科	Leguminosae	葛属	*Pueraria*	葛	*Pueraria lobata*
		野豌豆属	*Vicia*	山野豌豆	*Vicia amoena*
		大豆属	*Glycine*	野大豆	*Glycine soja*
		决明属	*Cassia*	豆茶决明	*Cassia nomame*
				猪毛蒿	*Arternisia scoparia*
				黄花蒿	*Artemisia annua*
				艾	*Artemisia argyi*
		嵩属	*Artemisia*	白莲蒿	*Artemisia gmelinii*
				牡嵩	*Artemisia japonica*
				南牡嵩	*Artemisia eriopoda*
				狭叶牡蒿	*Artemisia angustissima*
		白酒草属	*Conyza*	小蓬草	*Conyza canadensis*
		蓟属	*Cirsium*	刺儿菜	*Cephalanoplos segetum*
		紫菀属	*Aster*	紫菀	*Aster tataricus*
		鸦葱属	*Scorzonera*	桃叶鸦葱	*Scorzonera sinensis*
				华北鸦葱	*Scorzonera albicaulis*
		旋覆花属	*Inula*	旋覆花	*Inula japonica*
菊科	Compositae	小苦荬属	*Ixeridium*	抱茎小苦荬	*Ixeris sonchifolia*
		蝟菊属	*Olgaea*	刺疙瘩	*Olgaea tangutica*
		蓝刺头属	*Echinops*	蓝刺头	*Echinops latifolius*

续附表

中文科名	拉丁科名	中文属名	拉丁属名	中文种名	拉丁种名
		菊属	*Dendranthema*	野菊	*Dendranthema indicum*
		飞蓬属	*Erigeron*	一年蓬	*Erigeron annuus*
		翅果菊属	*Pterocypsela*	多裂翅果菊	*Pterocypsela laciniata*
				翅果菊	*Pterocypsela indica*
		金鸡菊属	*Coreopsis*	大花金鸡菊	*Coreopsis grandiflora*
		鬼针草属	*Bidens*	狼把草	*Bidens tripartita*
				金盏银盘	*Bidens biternata*
		大丁草属	*Gerbera*	大丁草	*Leibnitzia anandria*
		苍耳属	*Xanthium*	苍耳	*Xanthium sibiricum*
		白酒草属	*Conyza*	香丝草	*Conyza bonariensis*
		苦苣菜属	*Sonchus*	花叶滇苦菜	*Sonchus asper*
		马兰属	*Kalimeris*	马兰	*Kalimeris indices*
		隐子草属	*Cleistogenes*	隐子草	*Cleistogenes chinensis*
禾本科	Gramineae	鹅观草属	*Roegneria*	鹅观草	*Roegneria kamoji*
		狗尾草属	*Setaria*	狗尾草	*Setaria viridis*
		穇属	*Eleusine*	牛筋草	*Eleusine indica*
		臭草属	*Melica*	臭草	*Melica scabrosa*
		芨芨草属	*Achnatherum*	芨芨草	*Achnatherum splendens*
		荻属	*Triarrhena*	荻	*Triarrhena sacchariflora*
禾本科	Gramineae	芒属	*Miscanthus*	芒	*Miscanthus sinensis*
		燕麦草属	*Arrhenatherum*	雀麦	*Bromus japonicus*
		稗属	*Echinochloa*	稗	*Echinochloa crusgalli*
		菅属	Themeda	黄背草	Themeda triandra Forsk. var. japonica
鸭跖草科	Commelinaceae	鸭跖草属	*Commelina*	鸭跖草	*Commelina communis*
蝶形花科	Papilionaceae	草木樨属	*Melilotus*	黄花草木樨	*Melilotus officinalis*
马齿苋科	Portulacaceae	马齿苋属	*Portulaca*	马齿苋	*Portulaca oleracea*
透骨草科	Phrymaceae	透骨草属	Phryma	透骨草	Phryma leptostachya
大麻科	Cannabaceae	葎草属	*Humulus*	葎草	*Humulus scandens*
		大麻属	*Cannabis*	大麻	*Cannabis sativa*
灯芯草科	Juncaceae	灯芯草属	*Juncus*	龙须草	*Juncus effusus*

续附表

中文科名	拉丁科名	中文属名	拉丁属名	中文种名	拉丁种名
		地构叶属	*Speranskia*	地构叶	*Speranskia tuberculata*
大戟科	Euphorbiaceae	铁苋菜属	*Acalypha*	铁苋菜	*Acalypha australis*
		大戟属	*Euphorbia*	大戟	*Euphorbia pelunensis*
				乳浆大戟	*Euphorbia esula*
毛茛科	Ranunculaceae	铁线莲属	*Clematis*	长冬草	*Clematis hexapetala var. tchefouensis*
				大叶铁线莲	*Clematis heracleifolia*
酢浆草科	Oxalidaceae	酢浆草属	*Oxalis*	酢浆草	*Oxalis corniculata*
		茜草属	*Rubia*	茜草	*Rubia cordifolia*
茜草科	Rubiaceae			卵叶茜草	*Rubia ovatifolia*
		拉拉藤属	*Galium*	蓬子菜	*Galium verum*
莎草科	Cyperaceae	苔草属	*Carex*	披针叶苔草	*Carex lanceolata*
锦葵科	Malvaceae	苘麻属	*Abutilon*	苘麻	*Abutilon theophrasti*
苋科	Amaranthaceae	苋属	*Amaranthus*	反枝苋	*Amaranthus retroflexus*
		地肤属	*Kochia*	地肤	*Kochia scoparia*
		藜属	*Chenopodium*	小藜	*Chenopodium serotinum*
藜科	Chenopodiaceae			灰绿藜	*Chenopodium glaucum*
				藜	*Chenopodium album*
		碱蓬属	*Suaeda*	碱蓬	*Suaeda glauca*
百合科	Liliaceae	绵枣儿属	*Scilla*	绵枣儿	*Scilla scilloides*
		百合属	*Lilium*	山丹	*Lilium pumilum*
		天门冬属	*Asparagus*	龙须菜	*Asparagus schoberioides*
		沿阶草属	*Ophiopogon*	麦冬	*Ophiopogon japonicus*
百合科	Liliaceae	萱草属	*Hemerocallis*	黄花菜	*Hemerocallis citrina*
		葱属	*Allium*	薤白	*Allium macrostemon*
		山桃草属	*Gaura*	小花山桃草	*Gaura parviflora*
柳叶菜科	Onagraceae			鹅绒藤	*Cynanchurn chinense*
		萝藦属	*Metaplexis*	萝藦	*Metaplexis japonica*
天南星科	Araceae	半夏属	*Pinellia*	半夏	*Pinellia ternata*
紫草科	Boraginaceae	斑种草属	*Bothriospermum*	多苞斑种草	*Bothriospermum secundum*
鸢尾科	Iridaceae	射干属	*Belamcanda*	射干	*Belamcanda chinensis*

续附表

中文科名	拉丁科名	中文属名	拉丁属名	中文种名	拉丁种名
		龙牙草属	*Agrimonia*	龙牙草	*Agrimonia pilosa*
蔷薇科	Rosaceae	委陵菜属	*Potentilla*	翻白草	*Potentilla discolor*
				委陵菜	*Potentilla chinensis*
		地榆属	*Sanguisorba*	地榆	*Sanguisorba officinalis*
堇菜科	Violaceae	堇菜属	*Viola*	早开堇菜	*Viola prionantha*
				紫花地丁	*Viola philippica*
夹竹桃科	Apocynaceae	罗布麻属	*Apocynum*	罗布麻	*Apocynum venetum*
				珍珠菜	*Lysimachia clethroides*
报春花科	Primulaceae	珍珠菜属	*Lysimachia*	狭叶珍珠菜	*Lysimachia pentapetala*
				虎尾草	*Lysimachia barystachys*
玄参科	Scrophulariaceae	地黄属	*Rehmannia*	地黄	*Rehmannia glutinosa*
		婆婆纳属	*Veronica*	细叶婆婆纳	*Veronica linariifolia*
		牵牛属	*Pharbitis*	牵牛	*Pharbitis nil*
旋花科	Convolvulaceae			圆叶牵牛	*Pharbitis purpurea*
		旋花属	*Convolvulus*	田旋花	*Convolvulus arvensis*
		打碗花属	*Calystegia*	藤长苗	*Calystegia pellita*
车前科	Plantaginaceae	车前属	*Plantago*	车前	*Plantago asiatica*
				大车前	*Plantago major*
		神香草属	*Hyssopus*	牛膝草	*Hyssopus officinalis*
		百里香属	*Thymus*	地椒	*Thymus mongolicus*
唇形科	Lamiaceae	益母草属	*Leonurus*	益母草	*Leonurus heterophyllus*
		鼠尾草属	*Salvia*	荔枝草	*Salvia plebeia*
		黄芩属	*Scutellaria*	黄芩	*Scutellaria baicalensis*
		荆芥属	*Nepeta*	荆芥	*Nepeta cataria*
石竹科	Caryophyllaceae	石竹属	*Dianthus*	石竹	*Dianthus chinensis*
景天科	Crassulaceae	景天属	*Sedum*	景天	*Sedum erythrostictum*
葫芦科	Cucurbitaceae	栝楼属	*Trichosanthes*	栝楼	*Trichosanthes kirilowii*
茄科	Solanaceae	曼陀罗属	*Datura*	曼陀罗	*Datura stramonium*
列当科	Orobanchaceae	列当属	*Orobanche*	列当	*Orobanche coerulescens*
桔梗科	Campanulaceae	沙参属	*Adenophora*	杏叶沙参	*Adenophora hunanensis*

续附表

中文科名	拉丁科名	中文属名	拉丁属名	中文种名	拉丁种名
		桔梗属	*Platycodon*	桔梗	*Platycodon grandiflorus*
		酸模属	*Rumex*	皱叶酸模	*Rumex crispus*
蓼科	Polygonaceae			巴天酸模	*Rumex patientia*
		蓼属	*Polygonum*	萹蓄	*Polygonum aviculare*
				叉分蓼	*Polygonum divaricatum*

第5章 森林植物群落数量分类、排序及其物种多样性

5.1 森林植物群落数量分类

植被数量分类是以有相当发展的传统分类为基础发展起来的。分类是人们认识自然的一种手段，在各个学科中均有重要意义。植被分类的重要性早在20世纪初就被人们所认识，从那时起，许多传统的分类方法和分类系统逐渐建立，由此也形成了许多的植物学派。对植物群落进行分类，不是为分类而分类，而是为了揭示生态关系，即分类的结果要反映一定的生态规律。群落类型的形成、发展与其周围的环境有较密切的关系，分类就是要在一定程度上揭示这些关系，从而为植被的管理、利用和改造以及农林牧的发展提供科学依据（张金屯，2004）。数量分类是为研究植被的间断性而设计的方法，它与传统定性分类方法的目的是一致的。群落分布的间断性，往往是由于环境因子的突然变化而引起。所以，分类的结果在一定程度上反映了群落类型的生态意义。分类研究的范围与排序一致，以群落或群落组合为单位，其样方在种类组成和环境因子组成上要能够代表它所在的群落（张金屯，2004）。

5.1.1 数量分类方法

植被数量分类是植被分类的分支学科，它是用数学方法来完成分类的过程。数量分类可以处理大量数据，获得的信息量大，分类的精度较高，速度也快。数量分类是基于实体或属性间的相似关系之上的，因此，大部分分类方法首先要求计算出实体间或属性间的相似（相异）系数，再以此为基础把实体或属性归并为组，使得组内成员尽量相似，而不同组的成员则尽量相异。不同的分类方法只是进行此项工作的不同实现过程。

数量分类和排序一样在过去的几十年中也产生了大量的方法，主要的和常用的方法有以下四大类：等级聚合方法、等级分划法、非等级分类法和模糊数学分类法（张金屯，2004）。TWINSPAN是当今应用最广泛的数量分类方法，属于等级划分法中的多元分划法。

5.1.2 数据分析

调查区域内森林类型被划分为黑松林、刺槐林和黑松-刺槐混交林，林型结构简单。黑松林包括样方3、5、7~10、14、15、17、20~22、32~35、37、43、49、50、53~55；刺槐林包括样方4、6、13、16、40、48；混交林包括19、23、24、31、52、56、57，这里不再对

乔木层进行数量分类，只对灌木层和草本层进行数量分类。

对于灌木层，44 个样地共记录了 27 个灌木种，形成 44×27 的原始数据矩阵，计算 27 个灌木种的重要值，剔除样方中重要值小于 5 的偶见种，整理后形成 44×20 的重要值矩阵。采用 PC-ORD4 软件包中 Hill 设计的 TWINSPAN 进行群落分类（张金屯，2004）。

对于草本层，60 个样地共记录了 117 个草本种，计算每个样方内草本种的重要值，剔除样方中重要值小于 1 和出现样方数小于 3 的偶见种，整理后形成 60×36 的重要值矩阵，进行 TWINSPAN 群落分类。

表 5-1　60 个样地主要生境因子

样地号	海拔/m	坡度/（°）	坡向
1	56	18	SW22°
2	52	7	NW45°
3	53	26	NE50°
4	48	24	E
5	68	13	ES31°
6	69	45	ES40°
7	86	24	SW38°
8	142	8	ES26°
9	37	33	SE23°
10	62	46	WS17°
11	26	8	NE21°
12	51	3	S
13	46	3	SW10°
14	94	53	EN30°
15	96	65	SW23°
16	56	11	SW37°
17	79	4	ES37°
18	28	21	WS60°
19	23	21	SW20°
20	83	14	E
21	123	22	SW45°
22	123	22	SW45°
23	41	3	SW10°

续表

样地号	海拔/m	坡度/（°）	坡向
24	41	8	NW21°
25	16	0	S
26	20	0	WN20°
27	11	0	EN35°
28	27	6	EN26°
29	8	16	N
30	6	0	S
31	40	18	NE15°
32	23	3	WN30°
33	57	26	EN35°
34	53	24	NW20°
35	58	51	NW54°
36	3	0	NW10°
37	13	67	WN25°
38	20	14	NW45°
39	32	0	EN45°
40	18	20	SW22°
41	22	0	E
42	25	0	S
43	46	29	SE40°
44	20	16	NW10°
45	59	11	NW32°
46	3	0	NE20°
47	13	0	NW18°
48	49	16	NW30°
49	131	57	SW3°
50	165	40	SW40°
51	19	0	SW30°
52	9	25	W
53	87	28	ES13°

续表

样地号	海拔/m	坡度/（°）	坡向
54	48	17	S
55	24	21	SW23°
56	70	37	SW21°
57	50	46	SE21°
58	56	48	WS17°
59	18	0	E
60	5	0	EN40°

5.1.3 森林灌木层群丛类型

TWINSPAN 等级分类方法将南五岛森林植被 44 个样地划分为 7 个组，但结合实际生态意义，最终将其归并为 6 组。依据《中国植被》（吴征镒，1980）的分类和命名原则，结合群落生境特征和指示种及其组合划分为 6 个组，分别代表 6 个灌木群丛。图 5-1 为 TWINSPAN 分类结果树状图。图中 N 代表每一分组的样方数；D 代表分类水平，$D=1$，$D=2$，…，$D=5$ 分别为第 1，2，…，5 次划分；方框中的数字为每一群落类型所含样方的序号；Ⅰ，Ⅱ，…，Ⅵ分别代表 6 个植物群丛，选择的最多水平为 5；切割水平为 0、2、5、10、20。

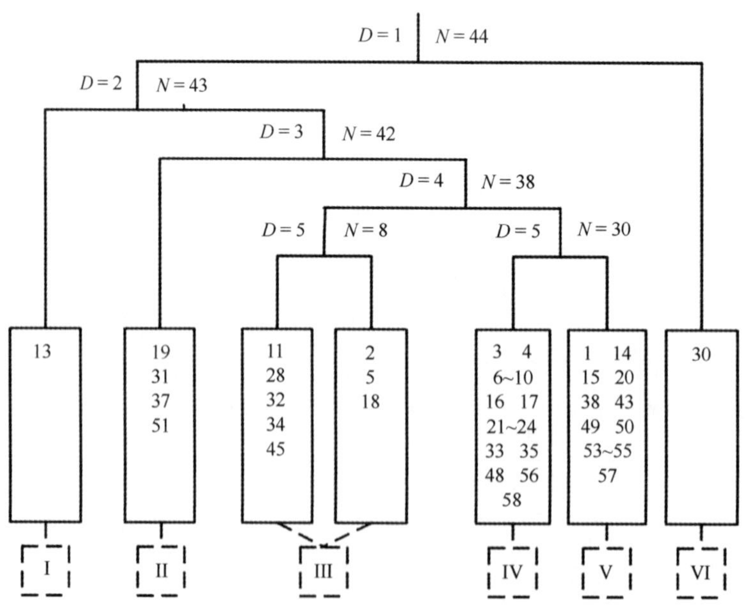

图 5-1　南五岛森林灌木层植物群落的 TWINSPAN 分类树状图

6 个群丛名称及其主要特征如下：

（1）桑群丛，包括样地 13。位于南长山岛海拔 46 m 处的刺槐林，坡向为南坡，属阳坡。

乔木层总盖度为75%，灌木层总盖度为5%，草本层总盖度为100%，灌木分布稀疏，只分布有桑，为桑单优势群丛。

（2）刺槐-柘树群丛，包括样地19、31、37、51。位于13~40 m的中低海拔处，坡度0°~67°，坡向为半阳坡或半阴坡，主要分布在黑松-刺槐混交林下或黑松林下，乔木层总盖度57%~88%，草本层总盖度为90%~98%，灌木层盖度1%~8%，灌木稀少，主要以刺槐幼苗为优势种，柘树为次优势种，草本茂盛。

（3）酸枣群丛，包括样地2、5、11、18、28、32、34、45。位于23~68 m处的中低海拔处，坡度3°~24°，多数样方位于缓地和斜坡处，坡向主要为半阴坡，位于黑松或混交林下，乔木层总盖度为45%~68%，草本层总盖度为50%~99%，灌木层总盖度35%~88%。灌木以酸枣为优势种，另有柘树、扁担木、荆条等植被生长。

（4）扁担木群丛，包括样地3、4、6~10、16、17、21~24、33、35、48、56、58。样方分布的海拔范围为37~142 m，坡度3°~51°，坡向主要为半阳坡，部分样方分布在半阴坡。在黑松、刺槐和混交林下均有分布，乔木层总盖度为35%~95%，草本层总盖度为20%~95%，灌木层生长疏密不一，扁担木为优势种，伴生种为荆条、酸枣、柘树、紫穗槐等。

（5）荆条群丛，包括样地1、14、15、20、38、43、49、50、53~55、57。位于海拔20~165 m处，坡度14°~65°，坡向为阳坡、半阳坡或半阴坡。分布在黑松林下，乔木层总盖度为40%~85%，草本层总盖度为43%~95%，个别样方草本层盖度非常小，如样方1和样方53，草本盖度小于10%，灌木层35%~88%，荆条为群丛优势种，伴生种有桑、扁担木、刺槐等。

（6）紫穗槐群丛，包括样地30。位于海拔6 m的平地处，坡向属阳坡。植被较少，无乔木生长，草本层总盖度为95%，灌木层总盖度30%。灌木以紫穗槐为单一优势种。

5.1.4　森林草本层群丛类型

TWINSPAN等级分类方法将南五岛森林植被60个样地划分为11个组，但结合实际生态意义，最终将其归并为7组。依据《中国植被》（吴征镒，1980）的分类和命名原则，结合群落生境特征和指示种及其组合划分为7个组，分别代表7个草本群丛。图5-2为TWINSPAN分类结果树状图。图中N代表每一分组的样方数；D代表分类水平，$D=1$，$D=2$，…，$D=5$分别为第1，2，…，5次划分；方框中的数字为每一群落类型所含样方的序号；Ⅰ，Ⅱ，…，Ⅶ分别代表7个植物群丛，选择的最多水平为5；切割水平为0、2、5、10、20。7个群丛名称及其主要特征如下：

（1）蓬子菜群丛，包括样方29。该样方位于大黑山岛海拔为8 m处的平地，坡向为正北，属阴坡。该样方无乔木和灌木植被生长，草本层总盖度为100%，蓬子菜是该群丛的优势种，其他伴生草本有葎草、狗尾草、地肤和碱蓬等。

（2）狗尾草群丛，包括样方36、42、46、60。该群落位于海拔3~25 m处的平地处，坡向为阴坡或阳坡，其中多数样方位于阴坡处。该群落内无乔木和灌木植被生长，草本层总盖度为45%~100%，狗尾草为该群丛的优势种，其他草本植被有稗、苘麻、藜等。

（3）艾蒿群丛，包括样方1、15、30、39、40、44、51。样方分布海拔范围6~56 m，坡度为0°~20°，坡向为南坡，属阳坡。群丛内草本层总盖度为6%~100%，样方1内草本盖度低仅为6%，艾蒿为该群丛的优势种，其他草本植被有隐子草、披针叶苔草、金盏银盘、猪毛蒿等。

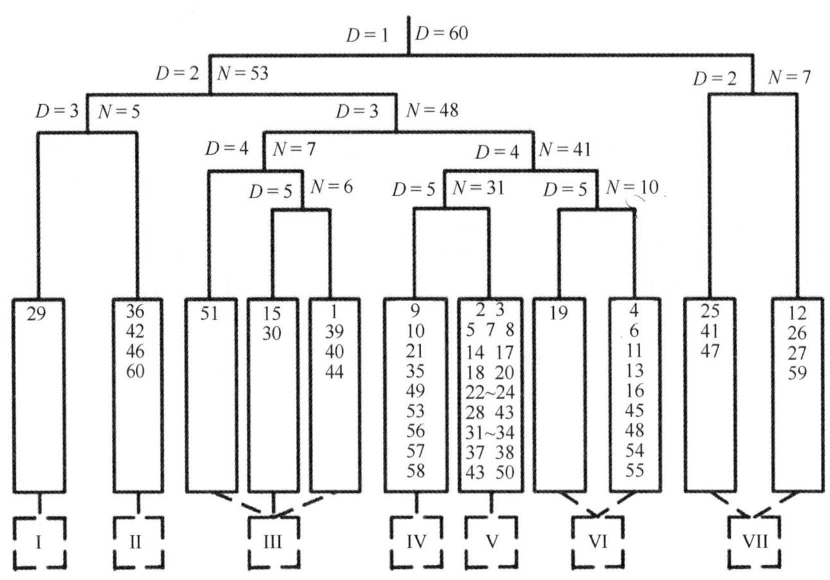

图5-2　南五岛森林草本层植物群落的TWINSPAN分类树状图

（4）荻-披针叶苔草群丛，包括样方9、10、21、35、49、53、56、57、58。位于海拔37~131 m的中高山坡，坡度22°~57°，属陡坡和急陡坡，坡向主要为阳坡、半阳坡。该群落主要位于黑松林下，林下草本总盖度为35%~75%，群落主要优势种为荻、次优势种为披针叶苔草，其他草本植物有野菊、鹅绒藤、隐子草、黄花蒿等。

（5）隐子草群丛，该群丛为草本层最大群丛，包括2、3、5~8、14、17、18、20、22~24、28、31~34、37、38、43、50、52共22个样方。位于海拔9~165 m的山坡处，坡度3°~67°，坡向为半阴坡、阴坡、阳坡、半阳坡，该群丛海拔、坡度、坡向范围跨度较大，说明隐子草群丛在南五岛分布广泛。隐子草群丛在黑松、刺槐和混交林下均有分布，草本总盖度为6%~98%，个别样方草本盖度低如样方3、8、17、23、52草本层总盖度不到50%，群丛的优势种为隐子草，其他伴生草种有黄花蒿、披针叶苔草、狗尾草、酢浆草、早开堇菜等。

（6）披针叶苔草群丛，包括样方4、6、11、13、16、19、45、48、54、55。位于海拔24~69 m的中高山地或山坡处，除样方6位于坡度45°的急陡山坡处，坡度多数在3°~24°之间，坡向为阳坡、阴坡、半阴坡。该群落在刺槐林下分布较多，除样方11和样方55的草本盖度低外，其他样方草本总盖度为65%~100%，该群丛的优势种为披针叶苔草，其他草本植物有早开堇菜、酢浆草、艾蒿、茜草、隐子草等。

（7）农作物群丛，包括样方12、25、26、27、41、47、59。位于海拔11~51 m处的平地，坡度几乎为0，坡向为阳坡、阴坡、半阴坡、半阳坡。该群落内无乔木和灌木生长，草本总盖度为60%~100%，该群从的优势种为玉米，其他伴生草种有花生、大豆、地瓜。

采用 TWINSPAN 等级分类方法，将南五岛森林灌木植被划分为 6 个群丛，草本植被划分为 7 个群丛，分类的结果比较全面地概括了海岛森林灌木、草本的植被类型。采用数量分类方法的优点关键在于能够根据植被组成反映环境特点的生态原理，快速提取指示种，使复杂的植被分类变得简洁化（关文斌等，2000）。TWINSPAN 的划分过程充分利用了能够反映群丛生境特征的指示种及其组合，得到了比较客观、合理的分类结果。

5.2 森林植物群落生态梯度

排序的过程是将样方或植物种排列在一定的空间，使得排序轴能够反映一定的生态梯度，从而解释植被或植物种的分布与环境因子的关系，即排序是为了揭示植被-环境间的生态关系，也称梯度分析（gradient analysis）。简单的梯度分析是研究植物种和植物群落在某一环境梯度或群落线（coenocline）上的变化，也就是一维排序。复杂的梯度分析是揭示植物种和群落在某些环境梯度（群落面 coenoplane 或群落体 coenocube）上的变化关系，这相当于二维或多维排序。只使用植物种的组成数据的排序称为间接梯度分析（indirect gradient analysis），同时使用植物种的组成数据和环境因子组成数据的排序称为直接梯度分析（direct gradient analysis）。间接梯度分析完成后，研究者需要通过再分析找出排序轴的生态意义，再用其解释植物群落或植物种在排序图上的分布。而直接梯度分析因为使用了环境因子组成数据，排序轴的生态意义往往是一目了然的，在结果解释上比较容易。

由于排序的结果能够客观地反映群落间的关系，因此它可以与分类方法结合使用，而检验分类的结果，就是先用某一分类方法对样方进行分类。比如用传统的定性方法或某一数量方法进行分类，然后再在排序图上圈定群落的界限，这样可以直观地看出各植被类型间的关系，以检验分类的合理性，并且可以用排序轴所含的生态意义来帮助解释分类的结果（张金屯，2004）。

5.2.1 排序方法

所有排序方法都基于一定的模型之上，这种模型反映植物种和环境之间的关系以及在某一环境梯度上的种间关系。最常用的关系模型有两种：一种是线性模型（linear model）；另一种是非线性模型（non-linear model）。基于线性模型上所建立起来的排序方法称为线性排序（linear ordination），而基于单峰模型上的排序称为非线性排序（nonlinear ordination）。非线性排序结果好于线性排序，因为它能更好地反映种-环境间及种-种间的关系。在现代的排序中，依其模型可分为两大类：一类是以主分量分析（principal components analysis，PCA）为主的线性排序方法；另一类是以对应分析（correspondence analysis，CA）为基础发展起来的非线性排序方法。

在 CA 家族中，有的方法如除趋势对应分析（detrended correspondence analysis，DCA）基于高斯模型，生态学者和统计学者都比较满意，因此，它成为 20 世纪 80 年代以来使用最广泛的排序方法。PCA、CA/RA 系列和典范指示种分类法 CCA（canonical correspondence analysis）系列是常用的排序方法，同时进行环境数据和植被数据分析的 CCA 系列，能清楚地得出植物种与环境间的关系。

5.2.2 数据分析

样方 29、36、58 因石块较多，故没有进行土壤养分测定，灌木排序时剔除样方 58，草本排序时剔除样方 29、36、58。对于灌木层来说，剔除样方中重要值小于 5 的偶见种，整理后形成 43×20 的重要值矩阵，对于草本层来说，剔除样方中重要值小于 1 和出现样方数小于 3 的偶见种，整理后形成 57×36 的重要值矩阵。

环境因子有海拔、坡向、坡位、盖度、有机质、含水量、pH 值、有效磷、速效钾和碱解氮 10 个因子。为便于建立环境数据矩阵，将坡向和坡度数据以等级制表示，其他环境因子以具体实测的数值表示。坡向数据具体的转换方法如下：将坡向按照 45°的夹角，以北为 0°，顺时针方向旋转分为 8 个坡向等级，以数字表示各等级：1 表示北坡，2 表示东北坡，3 表示西北坡，4 表示东坡，5 表示西坡，6 表示东南坡，7 表示西南坡，8 表示南坡，数字越大，表示坡向越向阳。采用等差坡度分级方法，将坡度按照极差 5 依次分级，所调查区域的坡度范围为 3°~67°，共将坡度划为 14 个等级。王磊研究了垂直结构上群落盖度的关系，表明灌木层盖度受乔木层盖度影响大，草本层盖度受灌木层盖度影响大，而与乔木层盖度的关系不大（王磊等，2004），因此，灌木层排序中环境因子中的盖度指乔木层盖度，草本层排序中环境因子中的盖度指灌木层盖度。灌木层建立 43×10 的环境因子矩阵，草本层建立 57×10 的环境因子矩阵，均采用 Break 设计的 CANOCO4.5 软件包进行排序。

5.2.3 生态梯度

5.2.3.1 灌木层的生态梯度

首先对灌木植物重要值进行除趋势对应分析（detrended correspondenceanalysis，DCA），以确定其属于单峰型分布或线型分布（Lep and Milauer，2003）。DCA 结果表明，所有轴中梯度最长的为 4.533，大于 3，适合用于基于单峰模型的典型对应分析（canonical correspondence analysis，CCA）。相关显著性用 Monte Carlo 法进行检验。

采用 CCA 对南五岛森林灌木群落做了排序分析，得到 4 个排序轴的计算结果，4 个轴的特征值分别为 0.614、0.341、0.303、0.226。由于第一轴的特征值最大（0.614），第二轴次之（0.341），前两轴包含的生态信息较大，显示出重要的生态意义，因此采用第一轴、第二轴数据作 CCA 二维排序图（图 5-3）。箭头表示环境因子，箭头连线的长短表示植物群落的分布与该环境因子相关性的大小，连线越长，相关性越高，反之越小。箭头所处的象限表示环境因子与排序轴之间相关性的正负。箭头连线和排序轴的夹角代表着某个环境因子与排序轴相关性的大小，夹角越小，相关性越高，反之越低。

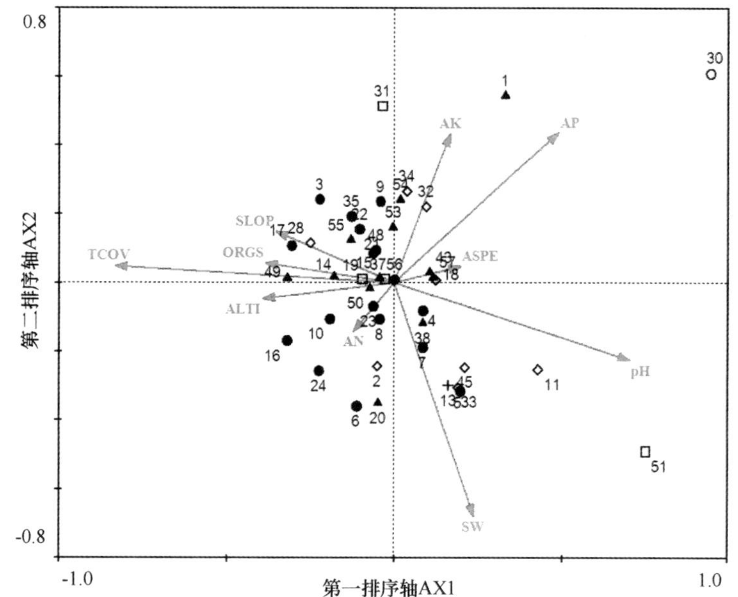

图 5-3 南五岛 43 个灌木样地的 CCA 二维排序图

+桑群丛；□刺槐-柘树群丛；◇酸枣群丛；●扁担木群丛；▲荆条群丛；○紫穗槐群丛

表 5-2 CCA 排序各环境因子与前 4 个排序轴的相关系数

环境因子	AX1	AX2	AX3	AX4
海拔	-0.326 0*	-0.031 2	-0.420 8**	-0.067 4
坡度	-0.293 2	0.098 9	-0.100 7	0.021 1
坡向	0.165 6	0.031 8	-0.541 8**	0.040 8
总盖度	-0.695 2**	0.032 4	-0.019 0	0.194 6
土壤水分	0.199 4	-0.453 2**	0.148 4	-0.194 7
酸碱度 pH	0.589 4**	-0.150 4	0.052 4	0.214 9
有机质	-0.319 5*	0.037 9	0.070 0	-0.075 1
碱解氮	-0.100 5	-0.094 7	0.407 3**	-0.012 3
速效钾	0.139 9	0.288 2	0.307 1*	-0.095 3
速效磷	0.408 9**	0.290 2	-0.083 0	-0.130 3

* 表示在 $p=0.05$ 水平下显著；** 表示在 $p=0.01$ 水平下极显著。

图 5-3 结合表 5-2，可以看出，第一轴基本反映了植物群落所在环境的总盖度、酸碱度和速效磷，总盖度与 CCA 第一排序轴的相关系数为-0.695 2，pH 与 CCA 第一排序轴的相关系数为 0.589 4，速效磷与 CCA 第一排序轴的相关系数为 0.408 9。第二轴基本反映了植物群落所在环境的土壤水分梯度，土壤水分与 CCA 第二排序轴的相关系数为-0.453 2。即沿着 CCA 第一排序轴从左到右盖度逐渐降低，pH 逐渐增加，速效磷含量逐渐增加；沿着 CCA 第二排序轴从上到下土壤含水率逐渐增加。从表 5-2 可以看出，第一轴 AX1 与总盖度呈极显著

负相关，与海拔、有机质呈显著负相关，与 pH 和速效磷呈极显著正相关；第二排序轴与土壤水分呈极显著负相关。

因此，在海岛地区，对于灌木植被来说，盖度、pH、速效磷与土壤水分是所有环境因子中对植物群落分布起关键作用的环境因子；海拔与有机质对植物群落的分布也起作用；坡度、坡向、速效钾、碱解氮对植物群落分布影响不大。

从灌木植物群丛在 CCA 排序图上的分布情况来看，沿着 CCA 排序轴从左到右，随着样方乔木层盖度的降低，pH、速效磷的增高，扁担木群丛集中分布在排序图的左半部分，荆条群丛集中分布在排序图的中部，桑、酸枣、紫穗槐群丛主要分布在排序图的右半部分，而刺槐-柘树群丛分布比较广泛。

从植物群落的环境梯度来看，扁担木群丛分布在个体样方盖度为 35%~95%的区域，该群丛的平均盖度为 66%；荆条群丛分布在样方盖度为 43%~85%的区域，群丛的平均盖度为 59.3%；酸枣群丛主要分布在样方盖度为 8.3%~68%的区域，群丛平均盖度为 49.5%；桑群丛与紫穗槐群丛只分布在个别样方，样方内乔木层盖度分别为 75%和 0%。刺槐-柘树群丛分布广泛，样方盖度最小为 0%，最大为 88%。乔木层盖度即成树树冠的遮蔽程度反映了林下光照的变化状况，排序结果指出乔木盖度对灌木群落分布起关键作用，说明在海岛地区光照是影响群落分布的主要因素。乔木盖度大的群落，林下光照不足，林内环境比较潮湿荫蔽，适合耐阴灌木生长；相反乔木盖度小的群落，林下光线充足，环境适合阳性物种生长。荆条、扁担木属中性灌木种，适应环境能力强，在干、湿环境均能生长；酸枣、紫穗槐适合生长在温暖干燥的环境下，要求光线充足，这与排序结果一致。

根据中国第二次土壤普查制定的养分分级标准，其中 pH 分级标准为：pH≤4.5 为强酸性土壤；pH 为 4.6~5.5 时为中强酸性土壤；pH 为 5.6~6.5 时为弱酸性土壤；pH 为 6.6~7.5 时为中性土壤；pH 为 7.6~8.5 时为碱性土壤；pH>8.5 为强碱性土壤。扁担木群丛的土壤 pH 为 5.7，属弱酸性土壤，分布在沿 pH 轴靠左区域；荆条群丛的土壤 pH 为 6.1，也属弱酸性土壤，分布在沿 pH 轴靠中间区域；酸枣群丛的土壤 pH 为 6.8，属中性土壤，分布在沿 pH 轴靠右区域；桑群丛和紫穗槐群丛的土壤 pH 分别为 7.6、8.0，均属碱性土壤；刺槐-柘树群丛土壤 pH 最低为 5.5，最高为 7.94，这与该群落分布不集中的排序结果相一致。群落分布与土壤有效磷也呈极显著正相关（$p<0.01$），随着土壤有效磷含量逐渐增大梯度，依次分布着扁担木群丛、荆条群丛、酸枣群丛、桑和紫穗槐群丛。

灌木群丛的分布还与土壤水分呈极显著负相关（$r=-0.4532$，$p<0.01$）。沿第二排序轴从上往下，土壤水分逐渐升高，群丛分布的生境大致表现出从干旱到湿润的生态梯度，即群丛的耐旱性。由图 5-3 可知，沿第二排序轴从上往下，各个灌木群丛均有分布，说明海岛灌木种多为中性种，既能在干旱的环境下生长，也能在潮湿的环境下生长；还可能是因为海岛陆地森林土壤含水量本身的差别不大，导致各个群落在土壤水分梯度的分布没有明显的界限。

5.2.3.2 草本层的生态梯度

首先对草本植物重要值进行除趋势对应分析（detrended correspondenceanalysis，DCA），以确定其属于单峰型分布或线型分布。DCA 结果表明，所有轴中梯度最长的为 5.377，大于

3，适合用于基于单峰模型的典型对应分析（canonical correspondence analysis，CCA）。相关显著性用 Monte Carlo 法进行检验。

采用 CCA 对南五岛森林灌木群落做了排序分析，得到 4 个排序轴的计算结果，4 个轴的特征值分别为 0. 562、0. 236、0. 201、0. 157，由于第一排序轴与第二排序轴的特征值占总排序轴特征值的 70%，前两轴包含的生态信息较大，显示出重要的生态意义，因此采用第一轴、第二轴数据作 CCA 二维排序图（图 5-4）。

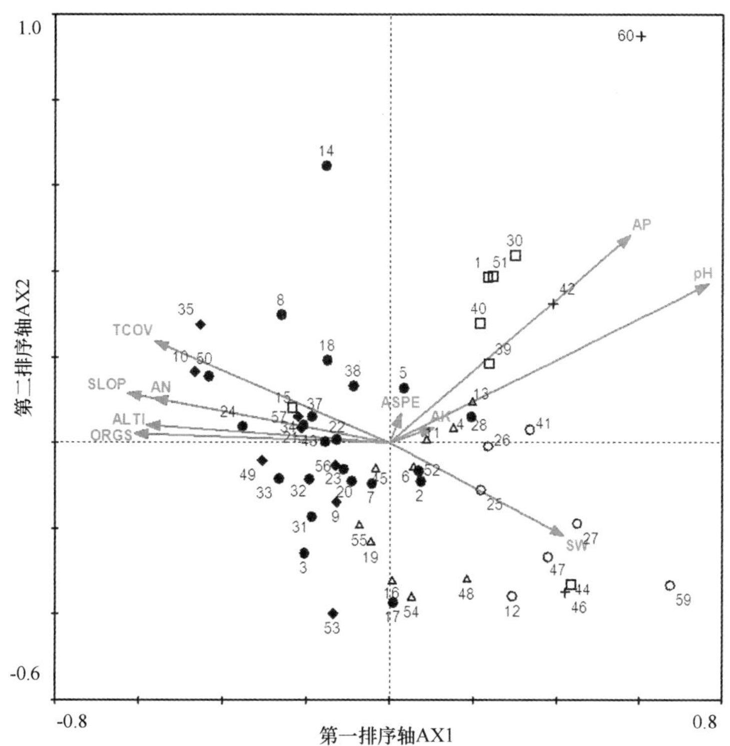

图 5-4　南五岛 57 个草本样地的 CCA 二维排序图

+狗尾草群丛；□艾蒿群丛；◆荻-披针叶苔草群丛；●隐子草群丛；

▲披针叶苔草群丛；○玉米群丛

表 5-3　CCA 排序各环境因子与前 4 个排序轴的相关系数

环境因子	AX1	AX2	AX3	AX4
海拔	-0. 497 8**	0. 028 7	-0. 068 9	-0. 007 5
坡度	-0. 537 6**	0. 078 8	-0. 168 4	-0. 337 0
坡向	0. 023 7	0. 046 8	-0. 465 3	-0. 114 7
总盖度	-0. 481 1**	0. 161 0	0. 068 6	0. 000 7
土壤水分	0. 356 4**	-0. 147 1	0. 071 4	-0. 341 7
酸碱度 pH	0. 658 7**	0. 251 8	0. 111 3	-0. 087 8
有机质	-0. 522 9**	0. 015 3	-0. 196 3	0. 250 2

续表

环境因子	AX1	AX2	AX3	AX4
碱解氮	-0.482 9**	0.070 8	0.186 5	0.061 6
速效钾	0.089 9	0.023 6	-0.234 0	0.216 7
速效磷	0.495 4**	0.328 8*	-0.137 6	0.280 1

*表示在 $p=0.05$ 水平下显著；**表示在 $p=0.01$ 水平下极显著。

图 5-4 结合表 5-3 可以看出，CCA 第一排序轴与土壤 pH、土壤有机质、坡度的相关性较高，与海拔、速效磷、碱解氮、灌木盖度和土壤水分也有一定的相关性，主要刻画了微地形和土壤养分的影响这样一个综合的生态梯度。第一排序轴与土壤 pH、速效磷、土壤水分呈极显著正相关，即沿 CCA 第一排序轴从左往右，土壤 pH、速效磷、土壤含水率逐渐增大。第一排序轴与坡度、有机质、海拔、碱解氮、灌木层盖度呈极显著负相关，即沿 CCA 第一排序轴从左往右，坡度、有机质、海拔、碱解氮、灌木层盖度逐渐减小。说明海岛地区森林草本层植被的分布是微地形、土壤养分、水分综合作用的结果。

从草本植物群丛在 CCA 排序图上的分布情况来看，沿着 CCA 排序轴从左到右，随着土壤 pH、速效磷、土壤含水率逐渐增大，坡度、有机质、海拔、碱解氮、灌木层盖度逐渐减小，隐子草群丛、荻-披针叶苔草群丛集中分布在排序图的左半部分，披针叶苔草群丛分布在排序图的中部，排序图的左半部分依次分布着艾蒿群丛、玉米群丛、狗尾草群丛。

从植物群落的环境梯度来看，影响草本层植物群丛的关键生态梯度为 pH、坡度、有机质。隐子草群丛土壤 pH 为 6.1，荻-披针叶苔草群丛土壤 pH 为 5.6，披针叶苔草群丛土壤 pH 为 6.5，说明隐子草、荻、披针叶苔草适合在弱酸性土壤下生长。艾蒿群丛土壤 pH 为 7.4，玉米群丛土壤 pH 为 7.3，pH 在 6.6~7.5 属中性土壤，艾蒿、玉米适合在中性土壤下生长，狗尾草群丛土壤 pH 为 8.0，在碱性土壤下分布。

排序图第一排序轴从左往右，坡度由陡到缓，依次分布着隐子草、荻-披针叶苔草、披针叶苔草、艾蒿、玉米、狗尾草群丛。坡度是水平方向上水分和土壤养分流的驱动力，对土壤厚度、理化性质等有显著的影响（张昌顺等，2012）。一般而言，在相同降雨强度下，陡坡水土流失伴随土壤养分流失严重，土壤贫瘠；缓坡土层较厚，有机质和土壤养分含量高，土壤肥沃。随着坡度增加，降水就地入渗量降低，而径流量增加，致使在相同的蒸散潜力下，土壤水分含量不断减小（何福红等，2002）。对坡度和土壤养分关系研究表明，坡度不仅会影响土壤有机质、全氮、全磷含量（翟红娟等，2006），还会显著影响微量元素含量（宋丰骥等，2012），最终影响地表功能性状及其分布格局（沈泽昊等，2000；Marini et al.，2007；丁佳等，2011）。排序结果显示，坡度较陡的地区分布隐子草、荻、披针叶苔草，表明这些草本抗旱、耐贫瘠，能适应土层薄的环境，可用于坡体维护。

图 5-4 所示，沿第一排序轴从左往右，土壤有机质含量由大到小，依次分布着隐子草、荻-披针叶苔草、披针叶苔草、艾蒿、玉米、狗尾草群丛。这可能是因为隐子草、荻-披针叶苔草、披针叶苔草、艾蒿、玉米、狗尾草群丛盖度由大到小，地面凋落物由多变少，由于凋

落物的分解是土壤有机质的主要来源（张勇等，2005），因此会导致盖度大的隐子草、荻-披针叶苔草、披针叶苔草群丛分布在有机质高的区域，艾蒿、玉米、狗尾草群丛分布在有机质较低的区域。这说明植物群落生长的过程，也是植物对土壤不断适应不断改造的过程，植被与土壤之间是一种相互依赖和制约的关系（曲国辉和郭继勋，2003）。

由灌木与草本的排序图与分类图可知，DCCA 二维排序结果与 TWINSPAN 分类结果较为一致，而且表明南部岛群森林植物群落在空间地理分布上具有一定的规律性。DCCA 排序结果结合 TWINSPAN 等级分类结果，可以看出，TWINSPAN 分类得到的灌木群丛与草本群丛在对应的 DCCA 二维排序图上均有其相应的分布范围，但不同的植物群丛间没有显著的分界界限。DCCA 排序可通过环境数据和群落数据相结合，直接定量判识诸多环境因子中对群落分布格局起主导作用的因子。对于灌木层来说，群丛盖度、土壤酸碱度、土壤水分与土壤速效磷对植物群落的分布产生一定的影响。对于草本层来说，影响群丛分布的环境因子较多，其中土壤酸碱度、坡度、土壤有机质起关键作用。

5.3 森林植物物种多样性

物种多样性（species diversity）是指物种水平上的生物多样性。它是用一定空间范围内的物种数量和分布特征来衡量的。一般来说，一个种的种群越大，它的遗传多样性就越大。但是一些种的种群增加可能导致其他一些种的衰退，而使一定区域内物种多样性减少。物种多样性主要是从分类学、系统学和生物地理学角度对一定区域内物种的状况进行研究。物种多样性的现状，物种多样性的形成、演化及维持机制等是物种多样性的主要研究内容。物种多样性是一个群落结构和功能复杂性的度量，表征着生物群落和生态系统的结构复杂性，体现了群落的结构类型、组织水平、发展阶段、稳定程度和生境差异等，是揭示植被组织水平的生态学基础（谢晋阳和陈灵芝，1994）。

研究海岛森林植被物种多样性，在岛陆的水土保持、促进森林生态系统的物质循环、维护群落的生物多样性和稳定性以及揭示海岛植物演替特征等方面具有独特的功能和作用。

5.3.1 多样性指数的选择

关于物种多样性测度，很多学者提出了各有特色的测度方法（马克平和刘玉明，1994a，b；马克平，1995；方精云等，2004），采用应用广泛的丰富度指数、Shannon-Wiener 指数、Simpson 指数和 Pielou 均匀度指数（肖文发等，2001；马晓勇和上官铁梁，2004）。由于植物的个体数，特别是草本植物的个体数计数难度较大，而且由于不同植物的个体，即使是同一种植物不同发育阶段的个体，它们所占据的空间也有很大的差异，所以若以个体数作为多样性指数的测度指标，将会导致误差。Pielou 和 Whittaker 等学者建议采用相对盖度、重要值或生物量等作为多样性指数的测度指标。

在计算多样性指数时，用物种的重要值作为测度指标（Pitlou，1975；Whittaker，1997；马克平，1995；高贤明等，2001），因为重要值是以综合数值来表示群落中不同植物的相对重要性，用它作为多样性测度指标可以避免因植物个体大小、数目多少差异悬殊而导致过分夸大个体小但数目多的植物种类在群落中的作用。另外，由于组成成分在群落中所占的空间不同，对群落的结构、功能、动态等方面所起的作用也不同，特别是个体大小差异显著时。所以在测度群落中物种多样性时，采用对不同生长型即不同层次分别进行测度。多样性指数计算公式分别为：

物种丰富度指数（S）：

$$S = \text{样方内所有物种数目}, \tag{5.1}$$

Shannon-Wiener 多样性指数（H）：

$$H = -\sum_{i=1}^{S} p_i \ln p_i, \tag{5.2}$$

Simpson 多样性指数（D）：

$$D = 1 - \sum_{i=1}^{s} {p_i}^2, \tag{5.3}$$

Pielou 均匀度指数（J）：

$$J = (-\sum_{i=1}^{s} p_i \ln p_i)/\ln s. \tag{5.4}$$

式（5.1）~（5.4）中，p_i 为种 i 的相对重要值；S 为种 i 所在样方的物种数目。

群落中所有乔木层、灌木层、草本层各物种一起参与多样性的计算，结合加权参数进行群落的多样性测度，计算公式如下：

$$D = W_1D_1 + W_2D_2 + W_3D_3, \tag{5.5}$$

式中，D 为群落总体多样性指数；D_1，D_2，D_3 分别为乔木层、灌木层、草本层的多样性指数；W_1，W_2，W_3 分别为给定乔木层、灌木层、草本层的权重系数，大小分别为 0.5、0.3、0.2。

根据分类结果，在每一个群落类型中对所含的各样方的多样性指数求平均值，即得到每一个群落的多样性指数（李军玲和张金屯，2006）。

5.3.2 南部岛群森林群落物种多样性

从群落结构的角度来研究生物群落的多样性是很有意义的。因为森林群落的结构是群落中植物与植物之间、植物与环境之间相互关系的可见标志，同时也是群落其他特征的基础。共选取 36 个典型人工林调查样方，分别以乔木层（林木层）、灌木层（下木层）和草本层作为物种多样性的研究对象，从空间意义上来揭示庙岛群岛南部岛群森林植物群落多样性的构成特征及其变化规律（表 5-4）。

表 5-4 各样方森林乔木层、灌木层和草本层多样性指数状况

样方号	生长型	丰富度指数 S	Shannon-Wiener 多样性指数 H	Simpson 多样性指数 D	Pielou 均匀度指数 J
3	乔木层	2	0.414 6	0.248 5	0.598 2
	灌木层	6	1.564 4	0.737 7	0.873 1
	草本层	10	1.035 9	0.409 5	0.449 9

续表

样方号	生长型	丰富度指数 S	Shannon-Wiener 多样性指数 H	Simpson 多样性指数 D	Pielou 均匀度指数 J
4	乔木层	2	0. 523 8	0. 340 5	0. 755 7
	灌木层	4	1. 087 7	0. 613 0	0. 784 6
	草本层	19	2. 205 1	0. 857 8	0. 748 9
5	乔木层	2	0. 481 1	0. 303 4	0. 694 0
	灌木层	5	1. 353 8	0. 714 1	0. 841 2
	草本层	15	1. 777 7	0. 741 0	0. 656 5
6	乔木层	3	0. 564 3	0. 314 5	0. 513 7
	灌木层	3	0. 712 4	0. 448 2	0. 648 4
	草本层	15	1. 802 5	0. 748 1	0. 665 6
7	乔木层	1	0. 000 0	0. 000 0	0. 000 0
	灌木层	4	0. 762 1	0. 396 1	0. 549 7
	草本层	6	0. 887 9	0. 441 7	0. 495 6
8	乔木层	1	0. 000 0	0. 000 0	0. 000 0
	灌木层	2	0. 495 1	0. 315 4	0. 714 2
	草本层	13	1. 963 0	0. 799 8	0. 765 3
9	乔木层	1	0. 000 0	0. 000 0	0. 000 0
	灌木层	4	1. 000 0	0. 521 0	0. 721 3
	草本层	18	2. 144 8	0. 810 4	0. 742 1
10	乔木层	2	0. 422 4	0. 254 8	0. 609 4
	灌木层	5	1. 474 9	0. 751 6	0. 916 4
	草本层	17	2. 095 8	0. 835 7	0. 739 7
13	乔木层	1	0. 000 0	0. 000 0	0. 000 0
	灌木层	1	0. 000 0	0. 000 0	0. 000 0
	草本层	11	1. 523 5	0. 713 3	0. 635 4
14	乔木层	2	0. 488 9	0. 310 1	0. 705 3
	灌木层	6	1. 541 4	0. 761 6	0. 860 3
	草本层	17	2. 111 1	0. 809 4	0. 745 1
15	乔木层	1	0. 000 0	0. 000 0	0. 000 0
	灌木层	6	1. 748 1	0. 818 9	0. 975 6
	草本层	21	2. 419 8	0. 883 5	0. 794 8
16	乔木层	1	0. 000 0	0. 000 0	0. 000 0
	灌木层	2	0. 631 2	0. 439 3	0. 910 6
	草本层	13	1. 831 9	0. 760 1	0. 714 2
17	乔木层	2	0. 687 1	0. 494 0	0. 991 3
	灌木层	3	0. 893 8	0. 559 4	0. 813 6
	草本层	8	1. 251 0	0. 611 8	0. 601 6

续表

样方号	生长型	丰富度指数 S	Shannon-Wiener 多样性指数 H	Simpson 多样性指数 D	Pielou 均匀度指数 J
19	乔木层	2	0.692 9	0.499 8	0.999 7
	灌木层	3	0.917 6	0.569 2	0.835 2
	草本层	15	1.649 5	0.716 7	0.609 1
20	乔木层	1	0.000 0	0.000 0	0.000 0
	灌木层	2	0.482 4	0.304 5	0.696 0
	草本层	18	1.756 3	0.656 3	0.607 6
21	乔木层	1	0.000 0	0.000 0	0.000 0
	灌木层	2	0.282 0	0.149 5	0.406 9
	草本层	18	2.202 2	0.827 0	0.761 9
22	乔木层	1	0.000 0	0.000 0	0.000 0
	灌木层	6	1.541 0	0.759 1	0.860 0
	草本层	13	1.923 8	0.791 0	0.750 0
23	乔木层	2	0.535 9	0.351 2	0.773 1
	灌木层	6	1.779 6	0.829 3	0.993 2
	草本层	18	2.049 8	0.755 4	0.709 2
24	乔木层	2	0.684 7	0.491 6	0.987 8
	灌木层	5	1.560 5	0.782 6	0.969 6
	草本层	17	1.746 3	0.655 8	0.616 4
31	乔木层	2	0.655 6	0.462 9	0.945 8
	灌木层	2	0.188 0	0.088 6	0.271 2
	草本层	15	2.039 1	0.796 1	0.753 0
32	乔木层	1	0.000 0	0.000 0	0.000 0
	灌木层	2	0.654 4	0.461 8	0.944 2
	草本层	18	2.125 7	0.829 7	0.735 5
33	乔木层	1	0.000 0	0.000 0	0.000 0
	灌木层	5	1.496 8	0.756 0	0.930 0
	草本层	17	2.461 4	0.887 5	0.868 8
34	乔木层	2	0.085 9	0.033 3	0.123 9
	灌木层	4	1.245 4	0.676 1	0.898 4
	草本层	16	1.524 8	0.595 8	0.550 0
35	乔木层	1	0.000 0	0.000 0	0.000 0
	灌木层	2	0.440 9	0.269 7	0.636 0
	草本层	14	2.345 3	0.885 0	0.888 7
37	乔木层	3	0.880 0	0.514 0	0.801 0
	灌木层	2	0.417 9	0.251 2	0.603 0
	草本层	10	1.725 5	0.762 9	0.749 4

续表

样方号	生长型	丰富度指数 S	Shannon-Wiener 多样性指数 H	Simpson 多样性指数 D	Pielou 均匀度指数 J
40	乔木层	1	0.000 0	0.000 0	0.000 0
	草本层	8	1.382 4	0.663 3	0.664 8
43	乔木层	4	0.798 4	0.439 6	0.575 9
	灌木层	7	1.638 8	0.786 4	0.842 2
	草本层	13	1.523 0	0.661 1	0.593 8
48	乔木层	1	0.000 0	0.000 0	0.000 0
	灌木层	3	0.995 0	0.592 7	0.905 7
	草本层	10	1.414 8	0.614 2	0.614 4
49	乔木层	2	0.398 6	0.235 7	0.575 0
	灌木层	3	1.085 9	0.658 6	0.988 5
	草本层	11	1.242 4	0.548 1	0.518 1
50	乔木层	1	0.000 0	0.000 0	0.000 0
	灌木层	3	0.557 6	0.301 8	0.507 6
	草本层	5	0.591 3	0.288 1	0.367 4
52	乔木层	2	0.505 0	0.324 0	0.728 6
	草本层	12	1.729 1	0.744 5	0.695 8
53	乔木层	1	0.000 0	0.000 0	0.000 0
	灌木层	1	0.000 0	0.000 0	0.000 0
	草本层	10	1.866 6	0.817 8	0.810 7
54	乔木层	3	0.573 3	0.317 4	0.521 8
	灌木层	3	0.733 4	0.475 0	0.667 6
	草本层	16	1.544 8	0.573 0	0.557 2
55	乔木层	2	0.419 8	0.252 6	0.605 6
	灌木层	3	0.796 2	0.450 3	0.724 8
	草本层	17	1.568 6	0.594 4	0.553 6
56	乔木层	2	0.570 1	0.382 1	0.822 5
	灌木层	2	0.692 1	0.499 0	0.998 4
	草本层	14	2.049 8	0.816 5	0.776 7
57	乔木层	2	0.668 3	0.475 4	0.964 2
	灌木层	1	0.000 0	0.000 0	0.000 0
	草本层	17	1.537 3	0.580 4	0.542 6
平均	乔木层	1.694 4	0.3070	0.195 7	0.397 0
	灌木层	3.470 6	0.9050	0.492 3	0.714 3
	草本层	14.027 8	1.7514	0.707 9	0.668 0

5.3.2.1 乔木层物种多样性

乔木层物种多样性见表5-4，南部群岛森林所有样方内乔木层的物种丰富度都较低，最多不超过4个物种。Shannon-Wiener多样性指数 H 在0~0.880 0，均值为0.307 0。Shannon-Wiener指数是物种多样性的集中反映，各样地有一定的差异，其中样地7~9、13、15、16、21、22、33、40、48、50、53内只有单一树种，故 H 值为0；样地37的 H 值最大，为0.880 0，该样方内乔木种有黑松、臭椿、麻栎。Pielou均匀度 J 值较大的样方有17、19、24、31、57，以上样方均为混交林、样方内黑松、刺槐几乎各半分布。由图5-5可知，丰富度指数 S、Pielou均匀度指数 J、Simpson多样性指数 D 与Shannon-Wiener多样性指 H 的变化趋势基本一致，呈正相关，这是因为物种越丰富，分布越均匀，则群落的多样性指数越高。物种丰富度相同、优势种不显著的样方，其 H、D、J 指数的值比单优树种群落大。这说明物种丰富度大、群落结构复杂的样方，其物种多样性程度较高，如样方17、19、24、31、57为混交林，其多样性指数较高。

5.3.2.2 灌木层物种多样性

灌木层物种丰富度大于乔木层，由表5-4可知，灌木层Shannon-Wiener指数在0~1.779 6之间，均值为0.905 0，大于乔木层的 H 值。其中，样方3、15、22、23、24、33、43的 H 值较高，对比乔木层的多样性指数，这些样方内乔木层的 H 值或大或小。如样方33，乔木层的 H 值为0而灌木层的 H 值较高，这可能是因为乔木树种单一，物种的生态位一致，种间竞争导致林下灌木层得以良好的生长；样方24、43，乔木层和灌木层的 H 值都很高，这可能是因为样方的生境条件好，利于植被的生长发育，导致各层的植被物种多样性程度高。样方13、21、53的 H 值低或为0，是因为样方内石块较多，土壤条件差不适合乔、灌木的生长。与乔木层类似，丰富度指数 S、Pielou均匀度指数 J、Simpson多样性指数 D 与Shannon-Wiener多样性指 H 的变化趋势基本一致。

图5-6南部岛群灌木层丰富度指数 S、Shannon-Wiener多样性指数 H、Simpson多样性指数 D、Pielou均匀度指数 J 的变化曲线。

5.3.2.3 草本层物种多样性

森林群落在乔木层和灌木层的种数上差别不大，反映了群落基本框架的稳定性。但草本层植物种数差别较大，如样方15、样方4，其物种丰富度指数分别为21、19；而样方50、样方7的丰富度指数仅为5、6，这说明森林群落的物种丰富度的差别主要体现在草本层植物上。草本层Shannon-Wiener指数在0.591 3~2.461 4之间，均值为1.751 4，各样地之间的差异较大，差异较大的是样地3、7、50与15、33之间，最大差1.870 1，可能是因为样方3、50的地形较陡，陡坡土壤有机质和养分等流失，坡向为半阴坡或半阳坡，样方7在山谷内，光照条件差，导致草本生长不良，多样性指数低。样方15、33内因石块较多，土层较薄，乔木层和灌木层植被较少，光照条件充足，利于阳性草本层的生长，所以Shannon-Wiener指数大。样方Pielou均匀度指数 J 在0.367 4~0.888 7之间，均值为

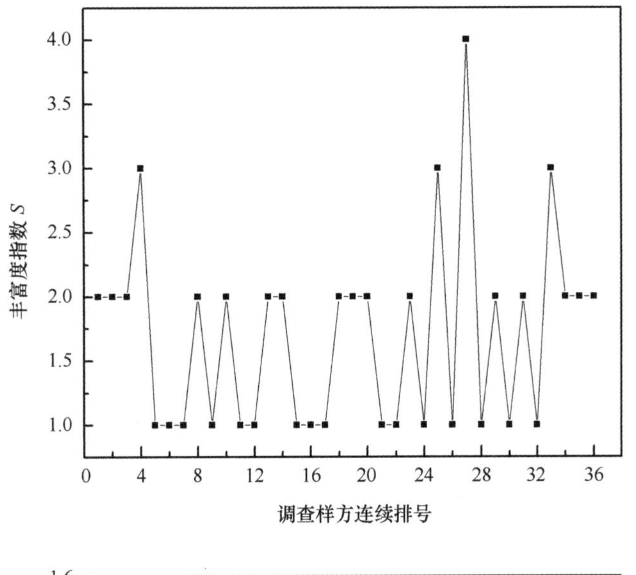

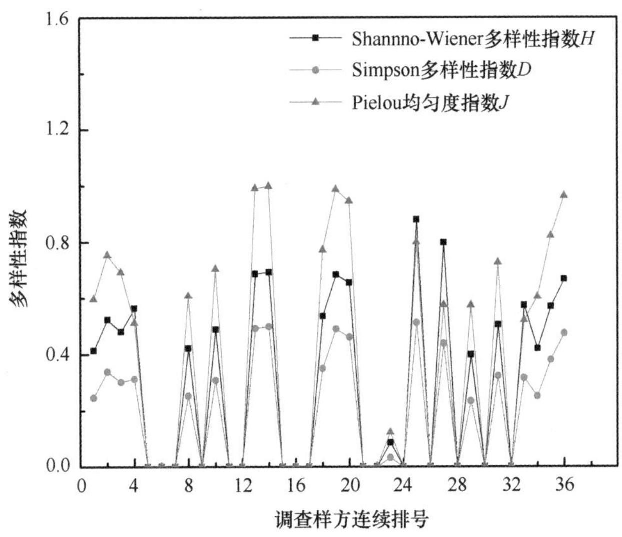

图 5-5 乔木层物种多样性

0.668 0。草本层由于受人类活动影响较小，多是自然竞争形成的格局，均匀度在群落中差别不大，样地间乔木层、灌木层均匀度的差异大于草本层。同乔木层与灌木层，丰富度指数 S、Pielou 均匀度指数 J、Simpson 多样性指数 D 与 Shannon-Wiener 多样性指 H 的变化趋势基本一致（图 5-7）。

5.3.2.4 森林群落各层次物种多样性的比较

植物生长型是表征群落外貌特征和垂直结构的重要指标。作为群落结构的一个指标，不同生长型植物与物种多样性指数的关系表现为：多数人工林群落草本层的物种丰富度指数和 Shannon-Wiener 指数较灌木层和乔木层高，而乔木层与灌木层相近。这说明草本层对群落多样性的贡献大（卢炜丽，2009）。

庙岛南部群岛森林群落的物种丰富度指数 S、Shannon-Wiener 多样性指数 H、Simpson 优

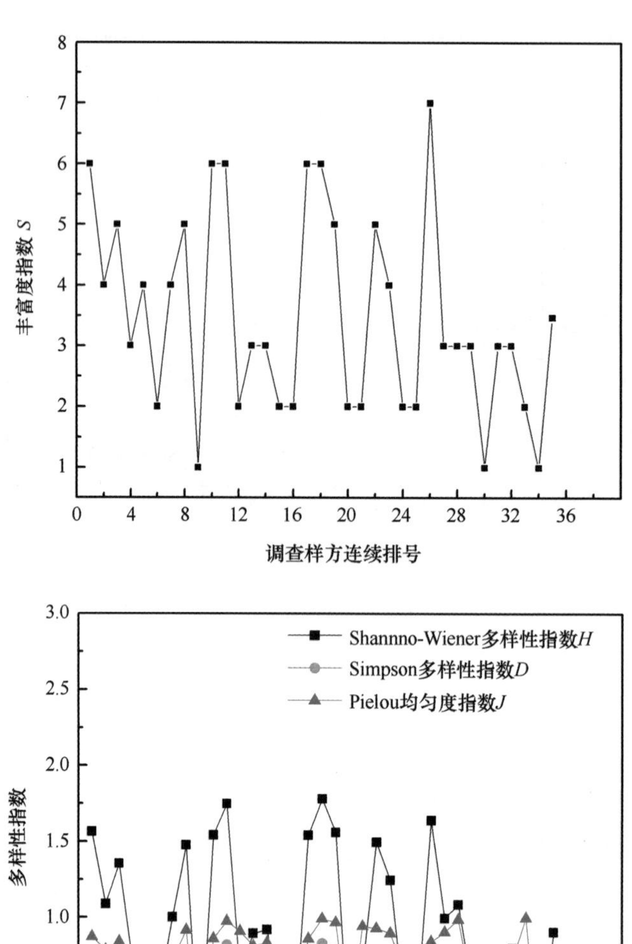

图 5-6　灌木层物种多样性

势度指数 D 值的大小顺序为草本层>灌木层>乔木层，这与亚热带的其他人工林植物生长型规律一致（汪殿蓓等，2007；吴晓莆等，2004），与曹伟等（2007）研究的东北阔叶红松林各生长型物种多样性、郭峰等（2013）研究的北沟林天然次生林植物多样性的结果一致。林下灌木层物种多样性指数明显低于草本层，灌木对生长环境条件的要求相对较高，而人工林下光照条件较差，土壤水分资源有限，养分不足，没有过多的水分、养分供给灌木的生长，从而制约了对水分和养分需求量较高的林下灌木层的生长发育。而 Pielou 均匀度指数 J 值的大小顺序为：灌木层>草本层>乔木层，与高贤明等（2001）研究的暖温带落叶阔叶林群落物种多样性的结果一致。均匀度指数 J 的值表明灌木层是最均匀分布的，其次为草本层，乔木层的分布不均匀。这反映出群落的结构特征，即乔木层物种间的重要值的差异性高于灌木和草本层，建群种和优势种表现突出占主导地位；草本层则相反，优势种不明显，常见种和稀有种

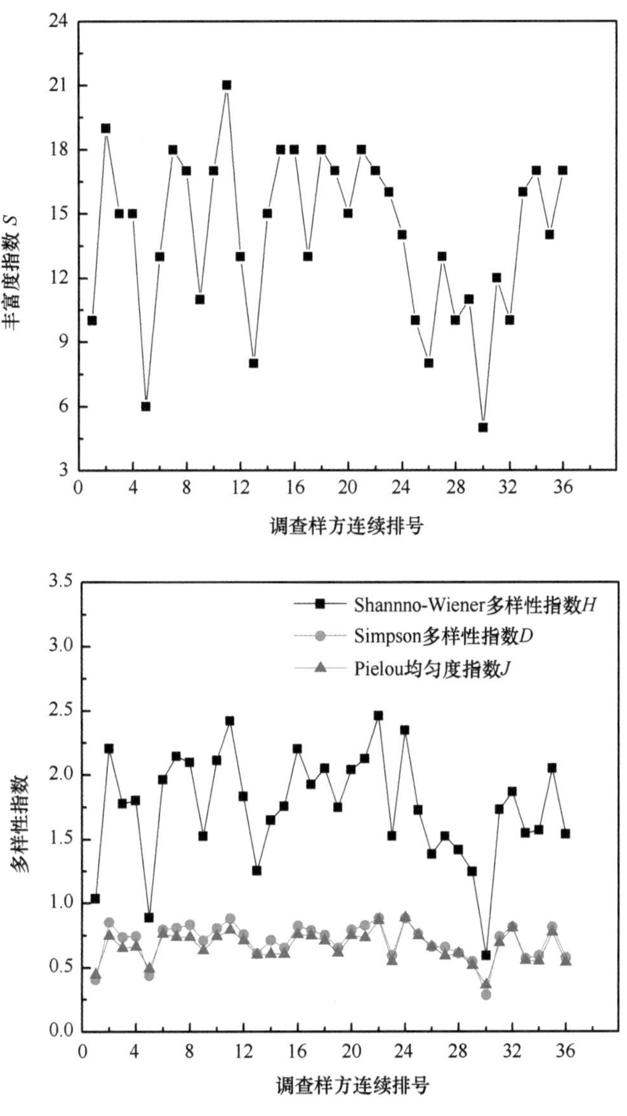

图 5-7 灌木层物种多样性

的数量接近。

各多样性指数间的差异不同，*S*、*H* 值的差异较大，群落中草本层 *S* 值为 14，灌木层 *S* 值为 3 而乔木层的 *S* 值为 2。*H* 值的差异为：草本层比灌木层大 0.846 4，比乔木层大 1.444 4。*D* 值的差异为：草本层比灌木层大 0.215 6，比乔木层大 0.512 2（表 5-5）。暖温带森林中，生物量和所占空间均是乔木层最大、灌木层次之、草本层最小，但其物种多样性则表现出不同的趋势。从乔、灌、草各层的物种多样性指数计算结果分析表明，大多数群落灌木层和草本层的物种多样性指数高于乔木层，群落的丰富度指数主要取决于灌木层和草本层，草本层物种丰富度主要受乔木层和灌木层覆盖度大小的影响。不同层次的物种对群落多样性的贡献是不等价的。

庙岛群岛南部岛群的乔木层由于多是人工林，而且时间不是很长，所以乔木层的丰富度不高，而灌木层由于是草本层占优势的情况下，丰富度也不高。南部岛群森林群落正处于向成熟的暖温带森林过渡阶段。36个样地中均是草本层的物种丰富度指数最高，对群落的丰富度贡献最大。

表 5-5　各层次物种多样性指数

植被生长型	丰富度指数 S	Shannon-Wiener 多样性指数 H	Simpson 多样性指数 D	Pielou 均匀度指数 J
乔木层	2	0.307 0	0.195 7	0.397 0
灌木层	3	0.905 0	0.492 3	0.714 3
草本层	14	1.751 4	0.707 9	0.668 0

这些综合了物种丰富度与均匀度的多样性指数值，普遍反映出森林群落各部分结构的多样性程度：草本层>灌木层>乔木层。这主要是因为它们是人工林，受干扰程度乔木层最大、灌木次之，草本最小，它们的这种表现也符合人工林下乔、灌、草各层的多样性特征（阎海平等，2001；周择福等，2005），表明各群落内结构合理，有利于灌木和草本植物的生长，导致群落灌草种类丰富，草本层物种丰富度最高。

5.3.2.5　不同植被类型物种多样性的研究

调查的36个典型森林植物群落，实际可归为3种森林类型，其中样地3、5、7~10、14、15、20~22、32~35、37、43、49~55为黑松林；样地4、6、13、16、40、48为刺槐林；17、19、23、24、31、52、56、57为黑松-刺槐混交林。

表5-6所示，南部岛群不同植被类型乔木层的Shannon-Wiener多样性指数 H 在0.181 4~0.625 0之间，均值为0.344 0，大小顺序为混交林>刺槐林>黑松林。混交林的Shannon-Wiener指数最大，这可能是因为混交林物种相对丰富，种内竞争不激烈，植被发育良好。而刺槐林的 H 值最小，是因为其立地条件较差、物种数目单一，几个样方的Shannon-Wiener值为0导致的。均匀度指数 J 与Shannon-Wiener多样性指数 H 的变化趋势一致，黑松林与刺槐林的均匀度指数相差不大，但均较低，混交林的 J 值明显高于纯林，表明黑松-刺槐混交林的均匀程度较高，从这一点来说，混交林较稳定。

表 5-6　不同植被类型乔木层多样性指数

植被类型	丰富度指数 S	Shannon-Wiener 多样性指数 H	Simpson 多样性指数 D	Pielou 均匀度指数 J
黑松	1.636 4	0.225 6	0.132 2	0.264 1
刺槐	1.500 0	0.181 4	0.109 2	0.211 6
混交	2.000 0	0.625 0	0.435 1	0.901 6
平均	1.712 1	0.344 0	0.225 5	0.459 1

由表5-7可知，不同植被类型灌木层的Shannon-Wiener指数 H 在0.685 3~0.968 8之

间，平均值为 0.838 6，大小顺序为黑松林>混交林>刺槐林。黑松林的 Shannon-Wiener 指数最大，这是因为黑松林的透光性好，光照充足，利于灌木层生长发育，物种数目多，多样性指数大。而刺槐林的 Shannon-Wiener 指数最小，因为其立地条件差，透光性差所造成的。均匀度指数 J 与 Shannon-Wiener 指数 H 呈正比。

表 5-7 不同植被类型灌木层多样性指数

植被类型	丰富度指数 S	Shannon-Wiener 多样性指数 H	Simpson 多样性指数 D	Pielou 均匀度指数 J
黑松	3.772 7	0.968 8	0.514 4	0.734 4
刺槐	2.600 0	0.685 3	0.418 6	0.649 9
混交	3.142 9	0.861 7	0.475 5	0.697 3
平均	3.171 9	0.838 6	0.469 5	0.693 9

表 5-8 所示，不同植被类型草本层的 Shannon-Wiener 指数 H 在 1.693 4~1.764 5 之间，差异不大，平均值为 1.738 1，大小顺序为黑松林>混交林>刺槐林。说明草本层在各个林型的物种丰富度都很高，多样性指数大，这可能是因为草本层对生长环境的要求相对乔、灌木层较低，该地区的立地条件、群落微环境适合草本植物的生长，导致物种数目繁多。均匀度指数 J 值的大小顺序为刺槐林>黑松林>混交林，刺槐林较黑松林大 0.011 6，较混交林大 0.017 3，差值较小，差异不大。

表 5-8 不同植被类型草本层多样性指数

植被类型	丰富度指数 S	Shannon-Wiener 多样性指数 H	Simpson 多样性指数 D	Pielou 均匀度指数 J
黑松	14.227 3	1.764 5	0.702 2	0.668 3
刺槐	12.666 7	1.693 4	0.726 1	0.673 9
混交	14.500 0	1.756 5	0.709 6	0.663 1
平均	13.798 0	1.738 1	0.712 6	0.668 4

如表 5-9 所示，南部岛群不同植被类型的物种丰富度指数 S 在 16.333 3~19.85 之间，均值为 18.510 4，大小顺序为混交林>黑松林>刺槐林，不同植被类型的 Shannon-Wiener 指数 H 在 0.600 7~0.890 0 之间，均值为 0.746 5，大小顺序为混交林>黑松林>刺槐林。混交林的 S、H、D、J 值最大，分别为 19.85、0.89、0.484 3、0.766 5，说明该群落物种多样性水平最高，这是因为它的立地条件好、植被发育较好、物种数目多的缘故。黑松纯林较刺槐纯林的物种多样性程度高，是因为针叶纯林较阔叶纯林郁闭度小，因而为大多数喜阳的草本和灌木植物提供了有利的生长条件，而阔叶纯林由于枝叶繁茂、郁闭度高，林下主要为耐荫的草本和灌木，其物种多样性相对较小。而秦新生等（2003）的研究表明针叶林土壤的持水力相对较差，有机质含量也较低，而阔叶纯林相对较好，针阔混交林无论在水土保持、改良土壤方

面，还是在物种多样性方面都是比较优良的，利于森林的可持续经营。纯林下树种单一，物种的生态位一致，生长到一定年龄后，林分达到郁闭后，种间竞争逐渐激烈，导致林分稳定性变差，严重影响林下植被的生长；而营建混交林后，不同树种占据各自的生态位，在一定程度上起到了互相抑制的作用，为林下植被释放了一定的生长空间，因此混交林下的植被垂直结构优于纯林。

表 5-9 不同植被类型多样性指数

植被类型	丰富度指数 S	Shannon-Wiener 多样性指数 H	Simpson 多样性指数 D	Pielou 均匀度指数 J
黑松	19. 347 8	0. 748 8	0. 358 2	0. 479 4
刺槐	16. 333 3	0. 600 7	0. 304 5	0. 403 0
混交	19. 850 0	0. 890 0	0. 484 3	0. 766 5
平均	18. 510 4	0. 746 5	0. 382 3	0. 549 6

庙岛群岛南部岛群的物种多样性较为丰富，植物群落乔木层、灌木层、草本层的物种多样性存在差异。丰富度指数、Shannon-Wiener 指数、Simpson 指数表现为草本层>灌木层>乔木层，Pielou 指数表现为灌木层>草本层>乔木层。群落草本层的物种丰富度指数和 Shannon-Wiener 指数较灌木层和乔木层高，草本层对群落多样性的贡献最大。不同植被类型群落的物种多样性也有所差异，多样性总体表现为混交林>黑松林>刺槐林，黑松林与刺槐林的各项指数差异较小。

鉴于我国以往造林中针叶纯林有水土流失和容易发生病虫害等弊端，而阔叶林郁蔽较早，其林下植被的物种多样性较低，因此今后造林较理想的模式应该是针阔混交林，这种模式可使空间利用多元化，这样既可保持较高的物种多样性，加速物种多样性的恢复，增加生态系统的稳定性，又有利于土壤和生态环境的改善，增强水土保持功能，改善碳储量等生态服务功能。

第6章 庙岛群岛南部岛群森林乔木层碳储量及影响因素

选择庙岛群岛南部岛群3种主要林分类型（黑松、刺槐、黑松-刺槐混交林）为研究对象，利用生物量相对生长方程与样地调查数据相结合的方法，研究分析了海岛人工林乔木层碳含量及碳储量分配特征，旨在为庙岛群岛南部岛群陆地植被固碳能力的评估提供参考资料。

6.1 样方设置

60个调查样方中，黑松（*P. thunbergii*）纯林、刺槐（*R. pseudoacacia*）纯林、黑松-刺槐混交林为庙岛群岛南部岛群主要林分类型，共计36个样方（图6-1）。根据胸径、树高的测定分别选取黑松、刺槐实测样木各3株并进行采伐，用于测定乔木各器官含碳率。

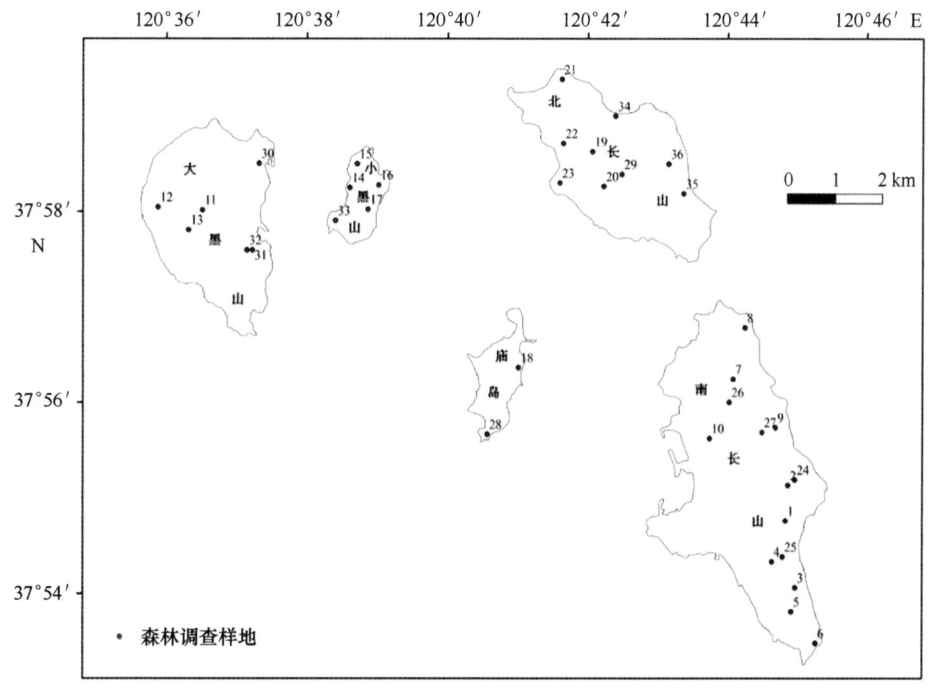

图6-1 庙岛群岛南部岛群森林调查样地分布

表 6-1　森林调查样地基本概况

样方号	植被类型	海拔/m	坡度/（°）	坡向
1	黑松林	53	26	NE
2	黑松林	68	13	SE
3	黑松林	86	24	SW
4	黑松林	142	8	SE
5	黑松林	37	33	SE
6	黑松林	62	46	SW
7	黑松林	94	53	NE
8	黑松林	96	65	SW
9	黑松林	79	4	SE
10	黑松林	46	29	SE
11	黑松林	83	14	E
12	黑松林	123	22	SW
13	黑松林	126	24	SW
14	黑松林	23	3	NW
15	黑松林	57	26	NE
16	黑松林	53	24	NW
17	黑松林	58	51	NW
18	黑松林	13	67	NW
19	黑松林	131	57	SW
20	黑松林	165	40	NE
21	黑松林	87	28	SE
22	黑松林	48	17	S
23	黑松林	24	21	SW
24	刺槐林	48	24	E
25	刺槐林	69	45	SE
26	刺槐林	46	3	SW
27	刺槐林	56	11	SW
28	刺槐林	18	2	SW
29	刺槐林	49	16	NW
30	黑松-刺槐混交林	23	21	SW

续表

样方号	植被类型	海拔/m	坡度/（°）	坡向
31	黑松-刺槐混交林	41	3	SW
32	黑松-刺槐混交林	41	8	NW
33	黑松-刺槐混交林	40	18	NE
34	黑松-刺槐混交林	9	25	W
35	黑松-刺槐混交林	70	37	SW
36	黑松-刺槐混交林	50	46	SE

6.2 数据处理与计算

6.2.1 植被生物量

选择适合研究区域内黑松、刺槐林乔木异速生长方程，最终筛选出拟合效果较好的生长模型并计算出庙岛群岛南部岛群森林乔木各器官的生物量和总生物量。不同树种异速生长方程选取如表 6-2 所示，其中 D 为胸径，H 为树高。

表 6-2 乔木各器官生物量与胸径（D）、树高（H）的相对生长方程

树种	器官	方 程	R^2	参考文献
黑松 *P. thunbergii*	树干	$B=0.0702D^{1.5703}H^{1.1795}$	0.963	许景伟等，2004
	树枝	$B=1.0395+0.0140D^2H$	0.959	
	树叶	$B=0.4234+0.01224D^2H$	0.957	
	树根	$B=0.0152(D^2H)^{1.0199}$	0.967	
刺槐 *R. pseudoacacia*	树干	$\ln B=-2.895531+0.86764\ln(D^2H)$	0.989	毕君等，1993
	树枝	$\ln B=-3.71916+0.79079\ln(D^2H)$	0.932	
	树叶	$\ln B=-2.90872+0.45739\ln(D^2H)$	0.795	
	树根	$\ln B=-2.16746+0.63276\ln(D^2H)$	0.956	

6.2.2 乔木层植被含碳率的测定

从 3 株标准木上取样，分别按器官取样用于测定乔木各器官含碳率。具体的取样方法为：主干 1.3 m 处锯取圆盘去除树皮，从圆盘上取 30°左右的扇形部分为树干样品，由于标准木树高不同，主干取样的数量可能不尽相同。从所有区分段不同部位取树枝混合样品 500 g；从根桩处取根样品 500 g；从所有区分段不同部位取含新老叶的树叶混合样品 500 g。

主干样品用烘箱在 60℃低温下烘干 2 h 后将温度调至（103±2）℃，连续烘干 5~8 h 至恒重；其余器官样品在 80℃下连续烘干 5~8 h 至恒重。将所有样品称重后粉碎，采用重铬酸钾硫酸氧化法对所有乔木样品的碳素含量进行分析。

6.2.3 乔木层碳储量

植被碳储量采用森林植被单位面积碳储量进行表示，由生物量乘以平均含碳率计算得出。

6.3 乔木层各器官含碳率

森林植被生物量及其各器官含碳率是研究分析森林生态系统固碳能力的两个关键因子，对乔木含碳率的准确测定可以减小采用经验系数带来的误差，为准确估算森林植被碳储量提供一定的数据支撑。

6.3.1 同一树种不同器官含碳率

庙岛群岛南部岛群乔木各器官含碳率由样木实测所得，测定结果如图 6-2 所示。庙岛群岛南部岛群同一树种不同器官含碳率有所差异，如黑松树干与根系的含碳率相差 2.34%，刺槐树干与树枝的含碳率相差 4.15%。黑松各器官含碳率由高到底排序为：树叶>树干>树枝>树根；刺槐各器官含碳率由高到底排序为：树干>树叶>树根>树枝。庙岛群岛南部岛群不同树种间，其各器官含碳率排序有所不同，这主要与不同林木类别其生理、生态特性各异有关。

虽然不同树种各器官含碳率排列顺序不同，但整体以树干和树叶含碳率较高。这可能因为树干作为支持器官含有大量的木质素和纤维素，而树叶作为林木主要的同化器官，可将吸收的 CO_2 转化为稳定的碳水化合物，因此二者具有较高的含碳率。另一方面，根系要通过呼吸作用产能供植被生长发育，其无机成分含量相对较多（李志霞等，2011），因此具有较低的含碳率。

6.3.2 不同林分类型乔木含碳率

如图 6-2 所示，黑松和刺槐各器官含碳率分别在 48.96%~51.41%和 45.97%~50.12%。不同植被类型同器官含碳率差异较为明显（$p<0.05$），黑松平均含碳率（50.31%）略高于刺槐（47.44%），表现为针叶树种高于阔叶树种。

在以往对森林植被碳储量的估算研究中，多数研究学者采用 0.45 或 0.5 作为碳转化系数（巫涛等，2012；吴庆标等，2008），本研究的 2 种树种平均含碳率均高于 45%，且黑松平均含碳率更是高于 50%。可见，如以 0.45 作为碳转化系数则会低估乔木层碳储量；以 0.5 作为转换系数只有黑松碳储量估算较为准确，而刺槐林乔木层碳储量估算结果明显偏大。庙岛群岛南部岛群不同树种及同一树种不同器官的含碳率均有所差异，因此在估算海岛森林乔木层碳储量时，实测植被各器官含碳率，可避免因采用经验系数而带来的误差。

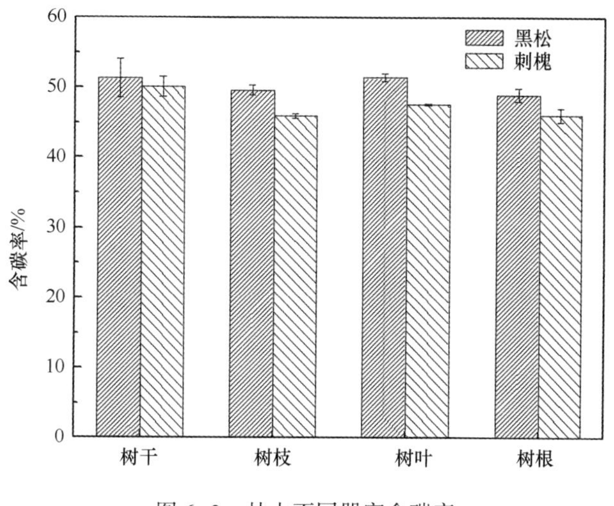

图 6-2 林木不同器官含碳率

6.4 乔木层碳储量

6.4.1 乔木不同器官碳储量分配特征

由图 6-3 可以看出，在庙岛群岛南部岛群人工林中，黑松、刺槐两种树种各器官碳储量之间的差异明显（$p<0.05$），不同器官的碳储量均为：树干>树根>树枝>树叶，说明树干是乔木碳储量积累增加的重要因素。黑松根系碳储量高于刺槐，占到乔木层总碳储量的 1/5；而刺槐只有样方 25（20.15%）根系碳储量占全株的 1/5，表明庙岛群岛南部岛群黑松较刺槐的根系更为发达，具有良好的固碳能力。

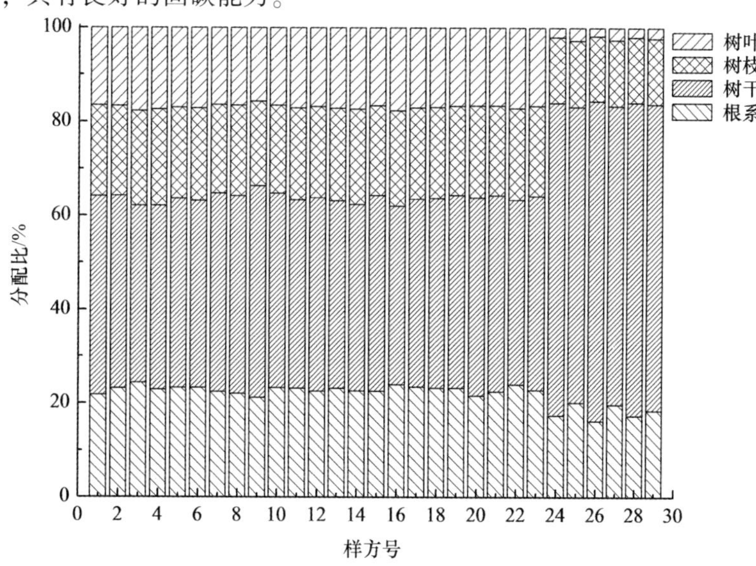

图 6-3 黑松和刺槐林乔木层各器官碳储量分配

6.4.2 不同林分类型乔木层碳储量

乔木层作为森林生态系统的主体，其固碳能力不容忽视。由表 6-3 可知，庙岛群岛南部岛群森林乔木层平均碳储量为 72.10 t/hm^2，其中黑松、刺槐和黑松-刺槐混交林乔木层碳储量分别为 93.75 t/hm^2、44.38 t/hm^2、78.17 t/hm^2，黑松乔木层碳储量显著高于其他两种林型（$p<0.05$）。造成这种差异的主要原因是调查区域各林型林龄结构不同，其中黑松的树龄相对较长，而林龄相近的森林乔木立地条件（如坡度、海拔等）各异，也导致了不同林分间乔木层碳储量具有显著差异。另一方面，研究区域不同林分间乔木平均含碳率有所差异，其中以黑松平均含碳率最高，因此黑松林乔木层碳储量高于其他两种林型。

表 6-3　森林乔木层的生物量及碳储量

林分类型	生物量/（t·hm^{-2}）	碳储量/（t·hm^{-2}）
黑松林 *P. thunbergii*	186.27±51.07	93.75±30.45
刺槐林 *R. pseudoacacia*	91.29±28.11	44.38±10.28
黑松-刺槐混交林 *P. thunbergii*×*R. pseudoacacia*	156.98±39.73	78.17±16.98

庙岛群岛南部岛群森林乔木层碳储量（72.10 t/hm^2）均高于山东省乔木林平均碳储量（27.62 t/hm^2）（李海奎等，2011），但低于世界平均水平（86 t/hm^2）（刘国华等，2000）。其中，黑松林乔木层平均碳储量高于大兴安岭南部温带中龄山杨林乔木层碳储量（47.22 t/hm^2）（史山丹等，2012），高于长沙市区马尾松林乔木层碳储量（32.42 t/hm^2）（巫涛等，2012），但低于土壤石砾较少的小兴安岭南部长白落叶松近熟林乔木的碳储量（马炜等，2010）。可见，庙岛群岛南部岛群人工种植的黑松，其固碳能力高于陆地的其他人工林（如长沙市区马尾松林）和一些天然林（如大兴安岭南部温带中龄山杨）。因此可以认为，海岛人工林的固碳能力与陆地人工林固碳能力相当。与此同时，调查中发现黑松在南长山岛生长良好，表明其能适于海岛特殊的立地条件。因此，黑松具有较高碳储量，是适宜海岛地区生长的理想树种。

6.5 森林乔木层碳储量影响因素

6.5.1 不同龄级对乔木层碳储量的影响

森林乔木层碳储量对龄级变化较为敏感，不同龄级人工林碳储量变化较大（尉海东和马祥庆，2006）。对 100 根黑松林年轮样品的树龄与碳储量进行分析，研究发现不同龄级黑松碳储量具有显著差异（$p<0.001$）。由图 6-4 可以看出，庙岛群岛南部岛群黑松碳储量随林龄的

增大而增加，二者呈显著正相关（$R^2=0.37$，$p<0.001$）。林龄是影响庙岛群岛南部岛群乔木层碳储量积累的主要生物因子之一，不同龄级黑松碳储量表现为：近熟林（31~40 a）>中龄林（21~30 a）>幼龄林（< 20 a）。黑松林龄的增大加速了林木生物量的累积，这是黑松碳储量与龄级呈显著正相关的主要原因。

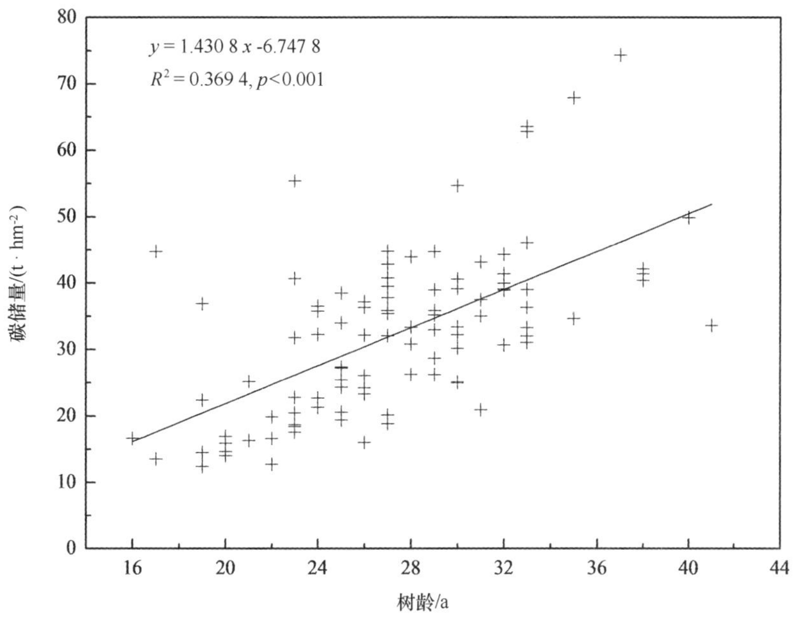

图 6-4　不同龄级黑松碳储量

6.5.2　立地条件对乔木层碳储量的影响

由于海岛的特殊性，各调查样地水热条件、海拔等差异并不明显，海风对于海岛植被影响较为明显，而坡度、坡向在改变风速、风向中起到关键的作用。庙岛群岛南部岛群森林乔木层平均碳储量随坡度变化特征如图 6-5 所示。随着坡度等级的增加，森林受到海风胁迫随之减小，森林构筑型由沿海前缘低矮的旗形树冠、伞形树冠逐渐趋于卵形或圆锥形，树高和胸径也随之增大，进而导致林木碳储量增加。另一方面，较小的坡度等级受人为活动干扰较为频繁，林木碳储量相对较小。

此外，据野外调查发现，海岛森林土壤受到海风、雨水冲刷等作用，山坳地区土壤厚度大于山顶，其林木生长更为旺盛，具有较高的碳储量。迎风坡植物受到海风的胁迫，具有较低的树高与胸径；而背风坡植被生长旺盛，林木树高及胸径相对较高，因而其碳储量高于迎风坡。因此，坡度、坡向是影响庙岛群岛南部岛群森林乔木层碳储量较为明显的环境因子。

6.5.3　土壤理化性质对乔木层碳储量的影响

土壤性质对于平衡森林乔木的碳捕获与释放过程产生重大影响，土壤与植被间的反馈作用是探究森林生态系统碳循环过程的关键问题。以庙岛群岛南部岛群土壤各理化指标为参数进行主成分分析，以辨识影响海岛森林乔木层碳储量的主导因子。

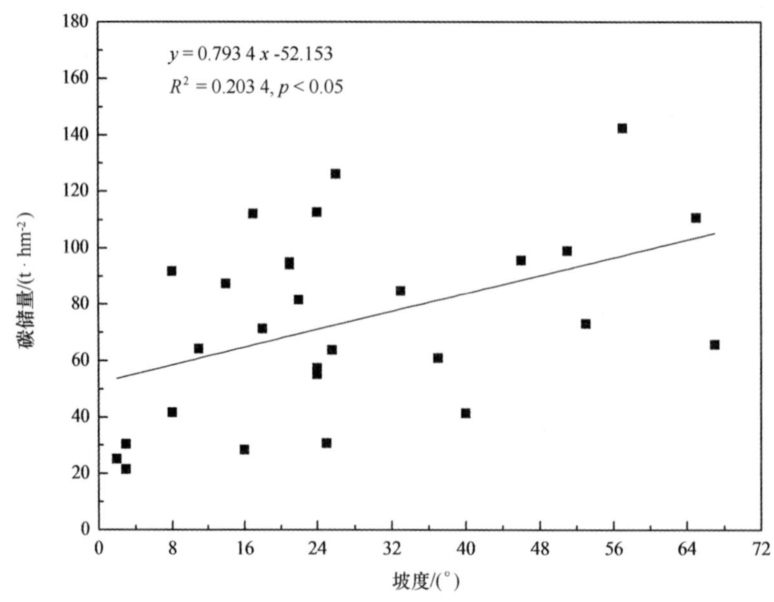

图 6-5　不同坡度森林乔木层碳储量

在对庙岛群岛南部岛群森林土壤状况调查的基础上，选取土壤质地、含水量、pH 值、养分指标为参数计算出相关系数矩阵如表 6-4 所示。因子分析选取特征值大于 1 的因子 1、因子 2、因子 3 和因子 4 作为主要影响因子。由表 6-5 可以看出，前 4 个因子累积方差贡献率占总方差的 72.88%，表明这 4 个因子可以全面反映乔木层碳储量受土壤性质影响的情况。由表 6-6 可知，因子 1 中土壤含水量、pH、全磷、有效磷、全钾和速效钾具有较高因子载荷，分别为 0.569、0.786、0.593、0.524、0.881 和 0.566；因子 2 中土壤全氮、碱解氮和有机质具有较高因子载荷，分别为 0.799、0.776 和 0.875；因子 3 中土壤砂粒和粉砂粒含量具有较高因子载荷，分别为 0.909、0.913；因子 4 中土壤黏粒含量具有较高的因子载荷为 0.882。土壤有机质的增加有利于氮素的累积，是土壤中氮的重要来源。因此，因子 2 可以使用有机质进行表征。主成分提取的 4 个因子分别表示了土壤含水量、酸碱度及磷、钾素含量（因子 1）、有机质含量（因子 2）、0.002~2 mm 土壤颗粒含量（因子 3）及小于 0.002 mm 土壤颗粒含量（因子 4）对乔木层碳储量的影响。对因子得分进行多元线性回归分析，标准回归系数如表 6-7 所示，得出 4 个主成分因子对乔木层碳储量影响程度大小依次为：因子 1（Beta=−0.620）>因子 2（Beta=0.299）>因子 3（Beta=−0.296）>因子 4（Beta=0.133），即土壤含水量、pH 值、磷素及钾素含量是影响庙岛群岛南部岛群森林乔木层碳储量的主控因子。

在一定的自然条件下，森林土壤层次结构、理化性质会对乔木层碳储量产生重要影响。森林植被生长发育所需用水主要来自于土壤水，土壤水分含量对乔木层碳储量具有一定影响。土壤 pH 会影响土壤微生物活性，植被生长对土壤酸碱度变化较为敏感。研究区域森林土壤以砂土类为主，砂土类土壤通透性良好，微生物活性强，利于土壤氮的矿化，使得植被根系能够更好的吸收养分。研究区域不同样地间森林土壤黏粒含量变化较小，土壤黏粒含量难以成为主要影响因素。

表 6-4　森林乔木碳储量与土壤理化性质相关系数矩阵

	碳储量	含水量	pH	砂粒 sand	粉砂粒 silt	黏粒 clay	全氮 TN	碱解氮 AN	全磷 TP	有效磷 AP	全钾 TK	速效钾 AK
含水量	-0.210											
pH	-0.491**	0.310*										
砂粒 sand	-0.157	0.106	0.003									
粉砂粒 silt	0.163	-0.119	-0.001	-0.999**								
黏粒 clay	-0.098	0.260	-0.031	-0.248	0.206							
全氮 TN	0.088	0.203	-0.299*	0.513**	-0.510**	-0.176						
碱解氮 AN	0.128	0.175	-0.340*	0.340*	-0.338*	-0.106	0.611**					
全磷 TP	-0.472**	0.124	0.405**	0.343*	-0.339*	-0.165	0.238	0.025				
有效磷 AP	-0.163	0.446**	0.221	0.354*	-0.355*	-0.066	0.115	0.157	0.285*			
全钾 TK	-0.530**	0.494**	0.695**	0.084	-0.085	0.012	0.015	-0.058	0.456**	0.280*		
速效钾 AK	-0.104	0.274	0.182	0.140	-0.133	-0.177	0.222	0.238	0.226	0.409**	0.411**	
有机质 OM	0.146	0.185	-0.334*	0.340*	-0.340*	-0.089	0.850**	0.617**	0.233	0.149	-0.093	0.348*

*显著性水平：$p<0.05$，**显著性水平：$p<0.01$。

土壤有机质对土壤生产力和缓冲性具有积极作用，直接影响着土壤对植被养分的供给情况。土壤氮、磷、钾的丰缺及供给状况是影响植被生长的重要因素，其有效量是易被植物吸收利用的部分。庙岛群岛南部岛群森林土壤磷素、钾素含量对乔木层碳储量的影响大于氮素，这主要是该地区土壤有效磷及钾素含量较为匮乏，成为了植被生长的限制养分元素，进而对林木碳储量影响较大。

表 6-5 土壤理化性质的因子特征值

成分	因子旋转前			因子旋转后		
	特征值	方差贡献率/%	累积贡献率/%	特征值	方差贡献率/%	累积贡献率/%
1	3.843	29.562	29.562	3.089	23.763	23.763
2	2.986	22.970	52.531	2.895	22.271	46.035
3	1.518	11.678	64.209	2.216	17.043	63.078
4	1.127	8.671	72.880	1.274	9.803	72.880
5	0.982	7.555	80.436			
6	0.609	4.683	85.119			
7	0.543	4.175	89.293			
8	0.487	3.746	93.040			
9	0.362	2.785	95.825			
10	0.244	1.874	97.699			
11	0.219	1.685	99.384			
12	0.080	0.616	100.000			

表 6-6 主成分分析旋转因子载荷

	因子 1	因子 2	因子 3	因子 4
含水量	0.569	0.336	-0.037	0.566
pH	0.786	-0.398	0.001	-0.038
砂粒 sand	0.124	0.280	0.909	-0.101
粉砂粒 silt	-0.123	-0.278	-0.913	0.063
黏粒 clay	-0.046	-0.116	-0.125	0.882
全氮 TN	-0.029	0.799	0.383	-0.043
碱解氮 AN	-0.089	0.776	0.179	0.038
全磷 TP	0.593	0.040	0.392	-0.238
有效磷 AP	0.524	0.287	0.205	0.084

续表

	因子 1	因子 2	因子 3	因子 4
全钾 TK	0.881	-0.037	-0.020	0.056
速效钾 AK	0.566	0.522	-0.215	-0.268
有机质 OM	-0.035	0.875	0.176	-0.036

表 6-7　乔木层碳储量影响因子得分回归系数

	非标准化系数		标准系数 Beta	*t* 值	*p* 值
	B	标准误			
常数	79.159	5.002		15.824	0.000
因子 1	-26.951	5.073	-0.620	-5.312	0.000
因子 2	12.985	5.073	0.299	2.559	0.016
因子 3	-12.857	5.073	-0.296	-2.534	0.017
因子 4	-5.792	5.073	-0.133	-1.142	0.262

第 7 章　庙岛群岛南部岛群森林草本层碳储量

以庙岛群岛南部岛群 3 种主要林分下草本植被为研究对象，测定了草本植被地上、地下部分含碳率及生物量，分析了不同林分与组分间草本植被碳含量的差异性及其分布特征。根据草本植被含碳率与生物量资料，估算出不同林分类型草本植被碳储量并加以分析比较，同时考察了草本植被空间分异特征，旨在为本区森林生态系统碳汇效益评估提供基础数据。

7.1　样方设置与样品采集

在各乔木样地内设置 3 个 2 m×2 m 小样方实地调查其主要种属及分布特征，并做记录。采用收获法测定草本植被生物量，并取部分样品带回实验分析与测定。

7.2　数据处理与计算

7.2.1　草本植被生物量

对于草本植被样品，称量其干重，然后根据已有研究给定的草本地上/地下生物量比为 0.21∶1（张晓娟，2008），计算森林草本植被不同组分生物量和总生物量。

7.2.2　草本含碳率的测定

将各样地草本植被样品分别按地上、地下部分进行分类并均匀混合，于 85℃烘箱中烘至恒重，研磨粉碎、过筛（200 目），装瓶备用。采用重铬酸钾氧化-外加热法进行测定，每样品重复测定 3 次，并取均值作为最终结果。

7.2.3　草本植被碳储量

草本植被碳储量由生物量乘以平均含碳率计算得出。

7.3　草本层含碳率

草本植被碳素含量指标对准确估算植被碳储量具有重要意义。以往研究对于这一指标多采用经验值，其估算结果与真实碳储量存在较大差异。因此本研究采用重铬酸钾氧化-外加热法实测研究区域内森林草本植被碳素含量，减小了估算误差，使得估算结果更为精确。

7.3.1 不同林分类型草本植被含碳率

对庙岛群岛南部岛群不同林分间林下草本植被分别取样测定其地上茎叶部分、地下根系部分碳素含量。由图 7-1 可知，草本植被地上部分含碳率变化范围为 16.10%～58.96%，地下根系部分含碳率变化范围为 7.17%～42.04%。草本植被不同组成部分碳素含量具有显著差异（$p<0.05$），具体表现为：地上部分大于地下部分。导致这种现象的原因可能为草本植被地上部分可直接受到日照影响进行光合作用，固定空气中 CO_2，使得地上部分碳素含量高于地下部分。

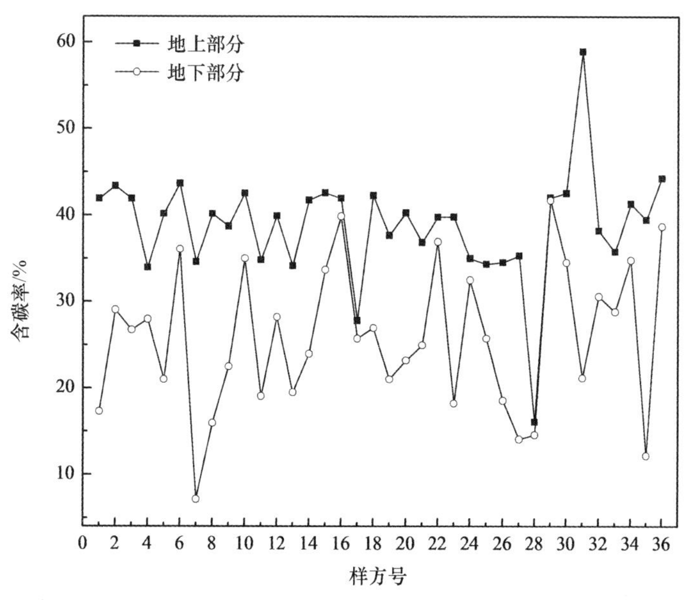

图 7-1 草本不同组分含碳率

如表 7-1 所示，黑松林林下草本植被地上平均含碳率是地下部分的 1.55 倍，刺槐林林下草本植被地上平均含碳率是地下部分的 1.34 倍，黑松-刺槐混交林林下草本植被地上平均含碳率是地下部分的 1.50 倍。庙岛群岛南部岛群森林林下草本植被地上部分与地下部分含碳率相差较大。

因各林型生境特征不同，不同林分间林下草本植被种类不同，各草本种群分布特征有所差异，导致含碳率具有显著差异。如表 7-1 所示，庙岛群岛南部岛群不同林分间草本植被的含碳率相差较大。调查发现，研究区域内黑松-刺槐混交林群落结构明显，林下草本层主要为披针叶苔草、隐子草等，物种丰富，其林下草本层平均含碳率最高（35.83%），其中地上部分含碳率高于黑松林 3.8%，地下根系部分高出 3.48%。不同林分间刺槐林林下草本层含碳率最低，平均含碳率为 28.71%，这可能与林下植被种属类别及植被覆盖度等有关。

庙岛群岛南部岛群森林草本植被含碳率远远低于乔木层，这主要是受到林下光环境条件的影响。相较于草本植被而言，乔木层叶片直接受到光照影响截获的太阳能较多，有利于有机物的合成与积累，乔木中有机碳含量相对较高。

表 7-1　不同林分间草本含碳率

林分类型	含碳率/%		平均/%
	地上部分	地下部分	
黑松林 *P. thunbergii*	39.16	25.23	32.20
刺槐林 *R. pseudoacacia*	32.88	24.54	28.71
黑松-刺槐混交林 *P. thunbergii*-*R. pseudoacacia*	42.96	28.71	35.83
平均	38.34	26.16	32.25

7.3.2　不同林分密度草本植被含碳率

各森林乔木层树种不同，受到植被类型-立地环境-群落结构-土壤环境等多因素综合作用，不同生境导致了适合生长的草本植被种类不同，林下草本植被含碳率具有一定的差异。本研究分析不同林分密度下草本植被含碳率分布特征，如图 7-2 所示，随着林分密度的增加，草本植被含碳率逐渐降低，二者呈显著负相关（$R^2=0.163$，$p=0.022$）。具有较大林分密度的森林林下光照弱，林下以耐荫草本为优势种，生长稀疏，其碳素含量较少；而较小林分密度林下光照强，林木自然稀疏较为明显，喜光草本植被为主要优势种，光合速率高于耐荫草本，因此其碳素含量相对较大。

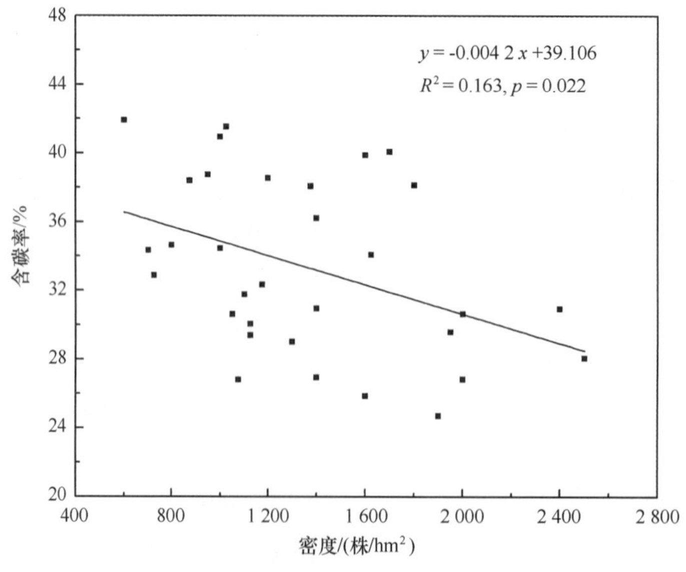

图 7-2　不同林分密度草本含碳率

7.4 草本层碳储量

庙岛群岛南部岛群各林分间林下草本植被碳储量远远低于森林乔木层，如表 7-2 所示。林下草本层可利用的光照强度相对较弱，且生理辐射光少，导致植被光合速率减慢，有机物合成、积累少，固定的植物碳会在很短的时间内进行快速分解，草本植被有机碳含量低，其对森林生态系统碳库的贡献小于乔木层。

不同林分林下植被种类不同，其有机物合成与积累能力不同。由表 7-2 可以看出，在庙岛群岛南部岛群人工林中，刺槐林下草本植被生物量及碳储量均显著高于黑松、黑松-刺槐混交林（$p<0.05$），这主要与不同林型林分密度有关。调查统计，刺槐纯林平均林分密度为 800 株/hm^2，远远低于其他两种林分类型，较低的林分密度有利于光合速率的加快，因此具有较高的碳储量。不同林分类型间林下草本植被地上、地下部分碳储量具有显著差异，表现为地下部分高于地上部分。

庙岛群岛南部岛群森林草本层平均碳储量为 0.638 t/hm^2，其中刺槐纯林草本层碳储量高于我国南亚热带红椎人工林林下植被层（0.62 t/hm^2）（王卫霞等，2013）；黑松-刺槐混交林草本层碳储量为 0.39 t/hm^2，高于广西西南桦-红椎混交人工林（0.055 t/hm^2）（何友均等，2012）；黑松林草本层碳储量远高于福建马尾松人工林（0.002 9 t/hm^2）（王艳霞，2010）。可见，海岛人工林林下草本植被固碳能力普遍高于陆地人工林林下草本植被，在应对全球气候变化中起到了一定的积极作用。

表 7-2 森林草本层的生物量及碳储量

林分类型	组分	生物量	碳储量	
		平均值/（$t\cdot hm^{-2}$）	平均值/（$t\cdot hm^{-2}$）	所占比例/%
黑松林 *P. thunbergii*	地上	0.38	0.15	24.58
	地下	1.80	0.45	75.42
	总计	2.18	0.60	100.00
刺槐林 *R. pseudoacacia*	地上	0.74	0.24	21.96
	地下	3.54	0.87	78.04
	总计	4.28	1.11	100.00
黑松-刺槐混交林 *P. thunbergii-R. pseudoacacia*	地上	0.22	0.09	23.91
	地下	1.03	0.30	76.09
	总计	1.25	0.39	100.00

7.5 森林草本层碳储量空间分异特征

7.5.1 坡度分布特征

坡度作为植被生长环境的重要地形因子，通过影响植被蒸腾作用以及土壤流失程度等变化，继而影响到植被的生长与发育（王晓丽等，2013），草本植被碳储量随之产生差异性。不同林分间草本层碳储量变异性远远低于乔木层，为便于分析其坡度分布特征，本节将坡度按等级进行划分。参照国家标准将庙岛群岛南部岛群坡度划分为6个等级，分别为平坡（0°～5°）、缓坡（6°～15°）、斜坡（16°～25°）、陡坡（26°～35°）、急坡（36°～45°）、险坡（≥46°）。通过估算不同坡度等级下森林草本层碳储量，揭示森林草本层碳储量坡度分布特征。如表7-3可知，庙岛群岛南部岛群不同坡度等级森林草本层碳储量具有显著差异（$p<0.001$），其坡度分布特征表现为：陡坡>急坡>险坡>斜坡>缓坡>平坡，即随坡度等级的变化草本层碳储量表现为正态分布规律。究其原因与不同坡度等级草本植被对人为活动干扰的反馈差异有关。

表7-3　不同坡度等级森林草本层碳储量

坡度等级（°）	平坡（0°～5°）	缓坡（6°～15°）	斜坡（16°～25°）	陡坡（26°～35°）	急坡（36°～45°）	险坡（≥46°）
碳储量/（$t \cdot hm^{-2}$）	0.11±0.007	0.24±0.055	0.36±0.133	0.93±0.205	0.78±0.146	0.75±0.256

7.5.2　垂直分布特征

不同海拔梯度土壤层次结构、水热状况不同，海拔严重影响着森林植被种群分布和植被生产力大小（李海涛等，2007）。如表7-4可知，草本层碳储量在大于140 m海拔范围内达到最大值（1.14 t/hm^2），其他海拔梯度范围内（0～140 m）草本层碳储量随海拔梯度变化呈正态分布规律。0～80 m草本植被碳储量随海拔升高而有所增加，而海拔在80～140 m范围内碳储量分布规律与之相反。这可能主要与不同海拔地区人为干扰的程度、频度以及水热条件有关（冯瑞芳等，2006）。

表7-4　不同海拔梯度森林草本层碳储量

海拔	0～40 m	40～80 m	80～120 m	120～140m	≥140 m
碳储量/（$t \cdot hm^{-2}$）	0.48±0.09	0.69±0.18	0.36±0.10	0.31±0.08	1.14±0.33

草本植被生产力受到光照、水分及温度等多种因素影响，而这些因素都与地域气候条件密切相关，气候已成为影响草本植被碳储量的重要生态因子。受到海岛特殊的气候条件与人类活动的影响，导致庙岛群岛南部岛群草本植被碳储量表现出明显的特殊性与复杂性。海岛低坡度、低海拔地区受人类活动干扰较为频繁且干扰程度强。相关研究表明，低海拔区域水热条件好，植被具有较高碳储量。但庙岛群岛南部岛群低坡度、低海拔森林区域草本植被碳储量相对较小（表7-4），这主要是受到海岛特殊气候条件与人类活动综合作用的影响。庙岛群岛南部岛群急坡、险坡以及较高海拔（80～140 m）区域为典型的森林生态环境脆弱带，植被受到人为破坏后恢复性差，草本植被碳储量相对较低。高海拔（140 m以上）地区人口密

度相对较低，草本植被多为自然生长，受人为破坏小，具有较高碳储量。海岛草本植被碳储量对人为活动干扰较为敏感，人类活动是影响海岛地区森林草本层碳储量空间分异特征复杂性最为重要的因素。

第 8 章　庙岛群岛南部岛群不同森林植物群落土壤特性

土壤是联接大气圈、水圈、生物圈和岩石圈物能循环、流动的重要纽带，对不同森林植物群落土壤特性的研究有助于理解森林土壤对植被固碳能力的影响。森林生态系统中，植物-土壤环境可以看作为一个完整的封闭系统，森林土壤特性影响着植物的生长状况，同时植被通过根系的呼吸等作用对土壤层次结构、养分特征等理化性质的改变具有显著效果，二者存在着明显的反馈作用（Dimassi et al.，2013）。森林土壤机械组成、土壤质地是描述土壤特征的重要物理性质指标。土壤物理特性可在一定程度上体现森林植被群落的水土保持功能，进而反映出森林植被生长状况。森林土壤养分状况是影响植被生长发育和生态系统碳储量的重要因素（Allison et al.，2010）。

本章以庙岛群岛南部岛群森林表层土壤为主要研究对象，通过实地调查、剖面取样对森林表层土壤物理特性及养分进行分析测定，对海岛不同植被森林土壤理化性质进行研究，旨在为评价海岛森林土壤养分状况提供基础资料。

8.1　森林植物群落土壤物理特性

调查方法和数据处理方法见 4.1.2 和 4.1.3 小节。

土壤中矿物质颗粒为土壤固相的重要组成部分。土壤颗粒特性与土壤保肥、蓄水能力密切相关，揭示了植被-土壤的内在联系。采用标准土壤筛对庙岛群岛南部岛群森林土壤样品进行筛分，得到研究区域内森林土壤颗粒组成状况，如表 8-1 所示。

8.1.1　不同森林植物群落下土壤颗粒级配状况

通常采用土壤颗粒曲率系数（C_s，coefficient of curvature）和不均匀系数（C_u，uniformity coefficient）表示土壤颗粒级配状况。土壤颗粒不均匀系数 $C_u>5$ 时，表示土壤颗粒大小分布范围广，土壤不均匀性较好。同时考虑不均匀系数与曲率系数时，C_u、C_s同时满足 $C_u>5$ 和 C_s在 1~3 范围内时，为级配良好的土壤。

表 8-1 不同森林植物群落土壤颗粒组成

样方号	植被类型	土壤颗粒含量/%							
		2~1 mm	1~0.5 mm	0.5~0.25 mm	0.25~0.1 mm	0.1~0.05 mm	0.05~0.02 mm	0.02~0.002 mm	<0.002 mm
1	黑松林	1.71	3.46	8.49	23.31	28.38	22.09	12.47	0.12
2	黑松林	0.12	0.30	3.33	16.34	39.45	28.19	12.08	0.16
3	黑松林	0.92	4.11	5.39	18.74	27.77	24.86	18.01	0.23
4	黑松林	4.95	10.65	9.34	24.83	23.20	16.98	9.93	0.09
5	黑松林	7.87	8.89	7.30	15.95	21.81	22.21	15.76	0.22
6	黑松林	6.01	6.67	10.01	24.94	20.73	17.82	13.65	0.18
7	黑松林	2.50	8.47	8.53	13.82	27.00	24.59	15.02	0.06
8	黑松林	0.57	3.71	5.34	17.44	31.24	24.44	17.03	0.22
9	黑松林	16.43	17.04	12.96	14.18	15.93	14.50	8.75	0.17
10	黑松林	0.27	1.54	4.56	29.21	34.22	20.30	9.85	0.05
11	黑松林	0.63	4.76	8.53	21.77	30.97	20.77	12.46	0.12
12	黑松林	7.63	10.07	12.33	26.24	18.86	14.37	10.33	0.14
13	黑松林	2.61	9.30	14.71	23.68	23.33	16.43	9.81	0.10
14	黑松林	0.41	5.02	12.90	36.08	26.20	12.86	6.47	0.05
15	黑松林	5.25	7.34	11.65	28.10	22.65	15.22	9.69	0.07
16	黑松林	0.21	2.26	6.96	40.51	27.14	14.56	8.28	0.06
17	黑松林	0.24	3.12	6.92	30.61	31.82	18.40	8.82	0.07
18	黑松林	0.13	2.43	6.61	36.78	31.28	13.99	8.76	0.03

续表

样方号	植被类型	土壤颗粒含量/%							
		2~1 mm	1~0.5 mm	0.5~0.25 mm	0.25~0.1 mm	0.1~0.05 mm	0.05~0.02 mm	0.02~0.002 mm	<0.002 mm
19	黑松林	0.47	2.72	7.92	24.85	27.21	22.47	14.23	0.15
20	黑松林	0.21	2.66	8.28	33.07	27.90	17.55	10.28	0.07
21	黑松林	1.12	4.08	6.79	23.07	26.84	21.08	16.91	0.13
22	黑松林	0.59	3.36	6.53	29.99	33.32	17.11	9.02	0.05
23	黑松林	0.00	1.17	3.99	22.91	32.78	24.04	14.89	0.21
24	刺槐林	0.00	0.11	2.56	22.93	45.16	21.35	7.90	0.03
25	刺槐林	0.21	2.25	5.59	22.91	36.50	23.00	9.47	0.08
26	刺槐林	0.00	0.43	3.20	12.78	39.70	31.08	12.73	0.12
27	刺槐林	0.24	3.10	8.80	27.04	34.53	19.69	6.59	0.01
28	刺槐林	0.00	0.00	0.00	19.68	43.52	26.53	10.20	0.08
29	刺槐林	0.00	0.21	4.00	30.25	36.00	19.27	10.24	0.02
30	黑松-刺槐混交林	0.20	2.13	6.67	26.97	33.07	20.14	10.78	0.03
31	黑松-刺槐混交林	0.21	3.19	9.15	26.50	32.19	19.88	8.79	0.08
32	黑松-刺槐混交林	0.38	5.04	13.73	32.39	26.96	14.99	6.47	0.05
33	黑松-刺槐混交林	0.44	4.23	11.04	33.69	26.36	16.18	7.98	0.05
34	黑松-刺槐混交林	4.46	4.61	7.21	21.43	27.76	21.68	12.68	0.18
35	黑松-刺槐混交林	13.94	6.58	6.60	15.32	20.85	19.60	16.94	0.16
36	黑松-刺槐混交林	8.71	8.59	10.50	26.01	19.63	16.63	9.87	0.07

由图 8-1 可知，庙岛群岛南部岛群森林土壤样品的曲率系数 C_s 分布在 0.47~1.75 范围内，仅有 1 个土壤样品曲率系数 C_s 小于 1，其余均在 1~3 范围内。从整体上看，黑松林土壤颗粒不均匀系数 C_u 平均值（6.47）高于黑松-刺槐混交林（5.72）、刺槐（3.77）。黑松、黑松-刺槐混交林土壤颗粒级配指标 C_u、C_s 同时满足 $C_u>5$ 且 C_s 在 1~3 范围内，属于级配良好的土壤。因此，庙岛群岛南部岛群黑松林土壤颗粒极配状况最佳，而刺槐林土壤颗粒极配状况相对较差。

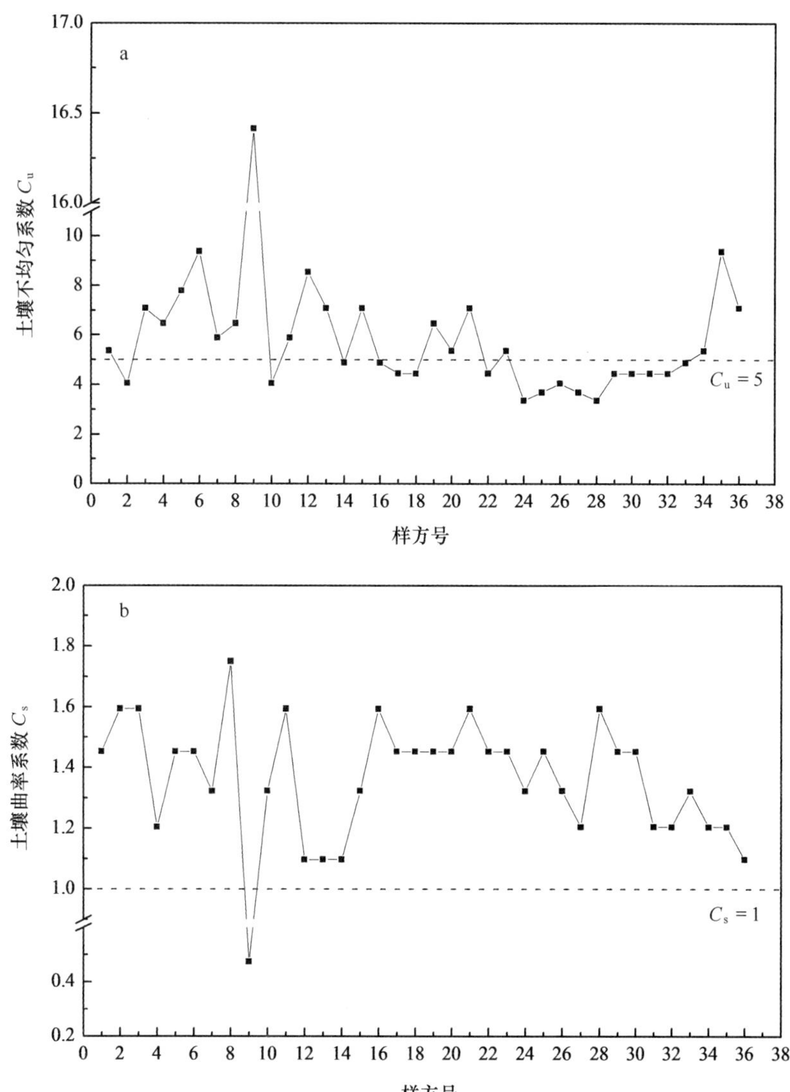

图 8-1　不同森林植物群落下土壤颗粒级配指标

不同森林植物群落下土壤颗粒不均匀系数（a）曲率系数（b）

8.1.2　不同森林植物群落下土壤颗粒群体特性

土壤颗粒的群体特性相关指标可以用来反映土壤流失程度，二者密切相关。当地表受到侵蚀时，土壤中较细颗粒首先流失，土壤黏粒含量随之降低，此时土壤颗粒粒径组成的对称性较低，而偏度较大。因此，随着土壤流失程度增大，土壤颗粒的分散系数 S_e 将有所降低。

根据庙岛群岛南部岛群 3 种森林植物群落下土壤颗粒组成的分析结果（表 8-1），可得到不同森林植物群落土壤颗粒粒径参数，从而计算出土壤颗粒的群体特性。如图 8-2 所示，庙岛群岛南部岛群森林土壤分散度较低，分布在 1.45～3.69 范围内；偏度较大，分布在 0.83～1.75 范围内，颗粒分布不均衡，反映了这 3 种森林表层土壤流失程度较高。导致这种现象的主要原因可能是针叶林林下枯落物及表层植被覆盖度较低；另一方面，调查样地为山地，土壤含石率高，土壤易受到冲刷侵蚀，因此流失程度较高。

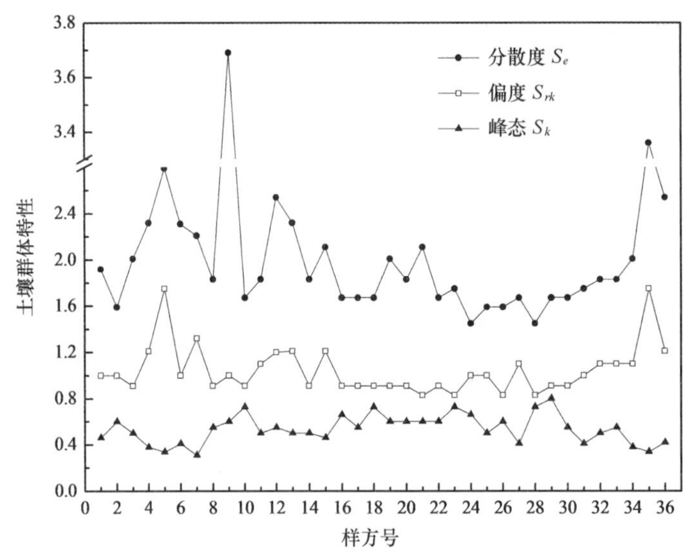

图 8-2　不同森林植物群落土壤颗粒群体特征值

8.1.3　不同森林植物群落下土壤质地

不同土壤其质地互有差别，土壤特性也不尽相同。由于海岛陆地生态系统时常受到风暴潮的影响，海岛局部地段易形成风沙堆积。采用国际制对庙岛群岛南部岛群不同森林植物群落表层土壤进行质地划分，结果如图 8-3 所示。庙岛群岛南部岛群森林土壤砂粒含量变化范围为 81.79%～93.49%；粉砂粒含量变化范围为 6.46%～17.98%；黏粒含量低，变化范围为 0.01%～0.83%。海岛森林表层土壤类型以砂土为主，直径大于 2 mm 石砾含量相对较高。

土壤层次结构等物理特性受到植被类型、林木自身对营养元素的利用等因素影响，二者的作用是相互的。由图 8-3 可知，庙岛群岛南部岛群部分黑松林土壤类型为砂质土壤，而刺槐纯林及黑松-刺槐混交林土壤类型均为砂土。在海岛土壤改良方面，黑松更要优于其他两种树种。

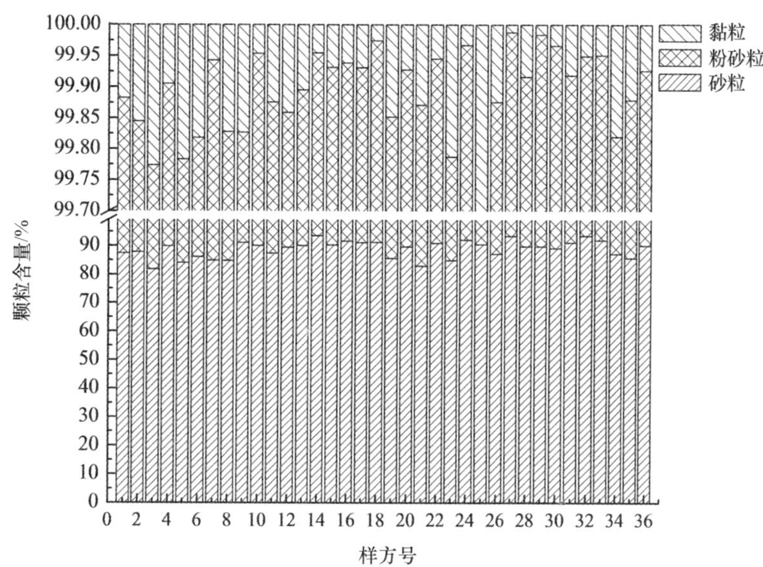

图 8-3 庙岛群岛南部岛群森林表层土壤质地

8.2 森林植物群落土壤养分特征

8.2.1 不同森林植被土壤养分状况

森林土壤生产潜力的大小在一定程度上可用土壤养分状况进行表征。如图 8-4 所示，庙岛群岛南部岛群森林表层土壤各参数指标均存在显著差异（$p<0.001$），这种差异是由不同树种的生理、生态特性以及林下环境特征各异所引起的。

土壤有机质有利于土壤结构的优化以及肥力的提升，是土壤养分的源和汇。庙岛群岛南部岛群森林土壤有机质普遍高于其他类型土壤，主要是由于森林土壤表面覆盖有凋落物所致。黑松-刺槐混交林主要分布在沟谷内等低凹处，其水热条件良好，森林土壤有机质、全氮、碱解氮平均含量较高。黑松林土壤全氮及有效磷含量远远低于其他两种林分类型，这主要是由于以黑松为代表的针叶林林下凋落物较少所导致。

庙岛群岛南部岛群虽然四面环海，但森林土壤含盐量较低，变化范围为 0.03%~0.17%，这可能是由海岛特殊的地理条件及土壤含石率较高所导致。较高的土壤含石率使得海岛土质松散，加之海岛在研究调查期（7 月份）降雨充足，使得土壤盐分渗入深层土壤，使得表层土壤盐分含量较低；另一方面，本研究样方环境大地形为山地，土壤含盐量不受邻近海域所影响，含盐量较低。

8.2.2 森林土壤养分等级划分

土壤养分状况是影响植物生长发育的重要因素。对庙岛群岛南部岛群森林土壤养分指标

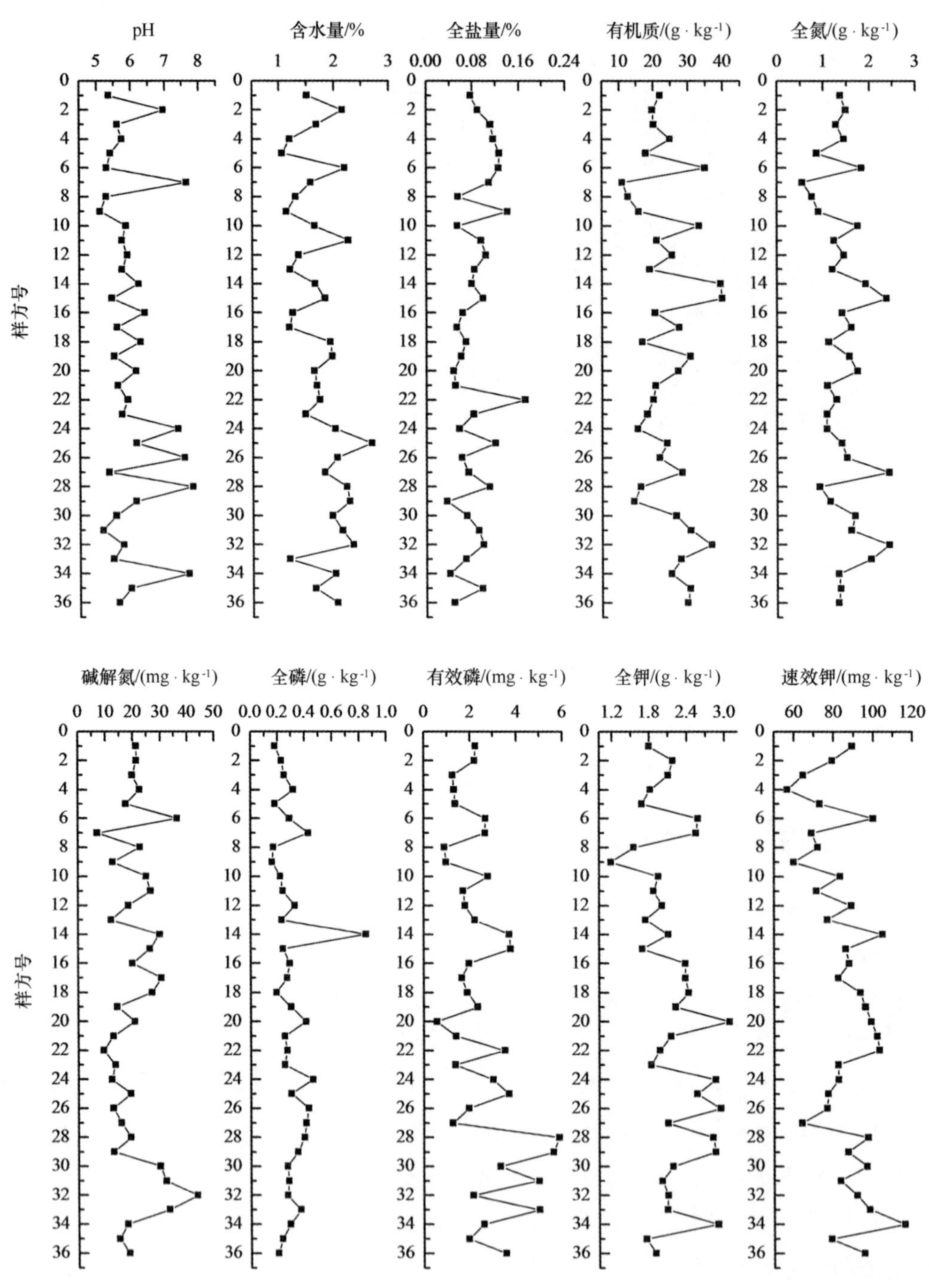

图 8-4　不同森林植被群落土壤理化性质

含量进行描述性统计分析，对土壤养分进行分级评价。由表 8-2 可以看出，庙岛群岛南部岛群森林土壤有机质平均含量为 24.08 g/kg，全氮平均含量为 1.43 g/kg，碱解氮平均含量为 20.80 mg/kg，全磷平均含量为 0.30 g/kg，有效磷平均含量为 2.53 mg/kg，全钾平均含量为 2.18 g/kg，速效钾平均含量为 85.19 mg/kg，全氮含量普遍低于其他国家表层土壤全氮水平（Martin et al.，2010）。其中，森林土壤有效磷含量变异性较大，速效钾含量变异性最小，庙岛群岛南部岛群森林土壤养分有效量较为匮乏。根据土壤养分贫瘠化等级的划分标准（赵其国，2002），速效钾属中度贫瘠一级，有效磷属严重贫瘠一级。养分全量中全钾含量属轻度贫瘠。除去以上指标，其余养分含量较为丰富。

表 8-2　森林土壤养分描述性统计分析（$n=36$）

土壤养分指标	均值	最大值	最小值	标准差	变异系数/%
有机质/（$g \cdot kg^{-1}$）	24.08	40.00	10.95	7.44	30.90
全氮/（$g \cdot kg^{-1}$）	1.43	2.43	0.55	0.44	30.74
碱解氮/（$mg \cdot kg^{-1}$）	20.80	43.70	7.08	8.20	39.43
全磷/（$g \cdot kg^{-1}$）	0.30	0.85	0.16	0.12	40.92
有效磷/（$mg \cdot kg^{-1}$）	2.53	5.88	0.56	1.33	52.62
全钾/（$g \cdot kg^{-1}$）	2.18	1.19	3.08	0.44	20.32
速效钾/（$mg \cdot kg^{-1}$）	85.19	116.08	56.68	13.75	16.14

第 9 章　庙岛群岛南部岛群土壤固碳能力及影响因子

土壤有机碳库是陆地生态系统中最为重要的碳库之一（Luan et al.，2011）。土壤有机碳在很大程度上影响土壤结构形成、土壤团聚体稳定性、土壤缓冲性，同时影响植物营养的生物有效性；与土壤生产力和土壤退化有关的一系列土壤过程中，土壤有机碳起着缓解和调节作用；土壤有机碳作为土壤重要的组成部分，不仅是评价农田生态系统土壤质量的重要指标，也是评价退化森林生态系统植被恢复效果的重要指标（李跃林等，2002；周国模和姜培坤，2004；李裕元等，2007；董云中等，2014）。目前，国内外学者对土壤碳储量的评估进行了大量的研究，但多局限于陆地生态系统。海岛作为一类特殊的生态系统，与陆地相比，岛陆面积一般较小，其生态系统的结构和功能比大陆简单，物种的丰富程度比大陆低。但海岛地区的碳循环对全球碳循环也有一定的影响，对缓解全球气候变化过程发挥着重要作用。海岛地区土壤贫瘠，林木立地条件差，时常受到大风、寒潮、海岸侵蚀等自然灾害影响（Qie et al.，2011；Bustamante-Súnchez et al.，2012；Katovai et al.，2012），局部地区受人为干扰较大，特殊环境使海岛岛陆土壤有机碳密度与其他陆域地区存在较大差异。开展海岛森林土壤有机碳的调查与评估，不仅对研究海岛陆地生态系统固碳能力具有重要的理论意义，也是应对全球气候变化的重要技术支撑，具有十分重要的意义。

调查样方中，个别样地土层较薄或环刀土的含石率较高，因此不能准确测定其土壤有机碳密度，本章最终选择庙岛群岛南五岛的 46 个样地为研究对象，研究分析了海岛地区土壤有机碳储量和不同土地利用形式的土壤有机碳密度的分布特征。

9.1　海岛土壤表层有机碳密度

土壤有机碳（SOC）主要分布在 1 m 深的土壤范围内，以表层土含量最大（Jobbúgy et al.，2000）。有研究指出，森林土壤有机碳含量随土壤深度的增加逐渐降低。其中，以 0~10 cm 土壤有机碳含量最高，随剖面深度的增加，土壤有机碳密度（每 10 cm）逐渐降低，且 10~20 cm 以下土壤有机碳含量变化范围相对较小。因此，本章研究海岛陆地 0~30 cm 表层土有机碳密度。

山东庙岛群岛南部岛群土壤有机碳密度最大值为 9.643 2 kg/m^2，为松阔混交林林下土壤；最小值为 1.749 8 kg/m^2，为果园种植土壤；平均值为 4.374 4 kg/m^2，小于山东省土壤有机碳密度平均值（6.00 kg/m^2）（张保华等，2008）和全国平均值（9.60 kg/m^2）（于东升等，2005）但高于陆地其他人工林土壤有机碳密度如橡胶、杉木、马尾松、刺槐等，表明庙岛群

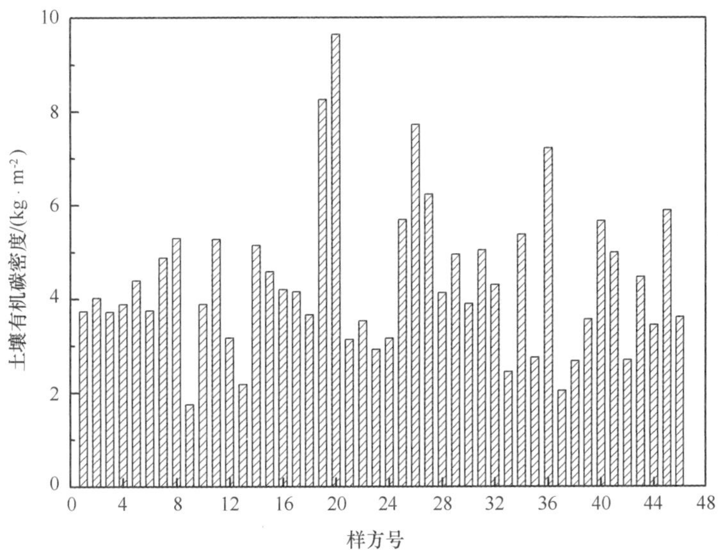

图 9-1 庙岛群岛南部岛群土壤有机碳密度

岛南部岛群土壤有机碳密度居于中间水平且与陆地人工林土壤固碳能力相当。

9.2 不同土地利用方式土壤有机碳密度

自然条件下，植被类型决定进入土壤的植物残体量。植被类型不同，进入土壤的方式各异，有机物的进入量也就不同，从而土壤有机碳的分布状况也有很大差异。庙岛群岛南部岛群的土地利用形式分为林地、农田、果园、水库沿岸草地，林地又分为黑松、刺槐、针阔混交、侧柏。计算南部岛群不同土地利用形式的土壤有机碳密度，讨论表层有机碳密度的差异，分析人为利用对表层土壤有机碳库的影响，为探讨土壤表层有机碳库的区域分布和农业利用的影响提供了依据。

人类活动对土壤有机碳的影响主要表现在土地利用方式的变化及农业活动。不同土地的利用方式对土壤有机碳的影响明显。庙岛群岛南部岛群不同土地利用方式土壤有机碳密度差异显著（$p<0.01$），呈现为：森林>农田>水库沿岸草地>果园（图 9-2）。森林植被土壤有机碳库主要来源于植被地上部分的凋落物的归还量和土壤有机碳的积累与释放过程。由于森林生态系统中林下分布灌草及凋落物，利于土壤碳积累。农业用地的颗粒有机碳明显低于林地土壤，一方面因为农田需要根据季节定期收割，收割的同时移除秸秆，且受人为扰动大，其土壤有机碳转化为 CO_2 的程度高，所以土壤有机碳积累不足，导致农业用地有机物质输入较少；另一方面人为的培肥和耕作不但影响土壤的物理化学性质，而且影响土壤的生物学特征，土壤中颗粒态有机物质的稳定性较低在耕作过程中容易分解。水库沿岸草地虽然生长茂密，但经常受水淹影响。果园人为干扰较多，果树修剪控制生长，使输入土壤有机物量减少；另一方面，土壤深翻使土壤有机碳分解加快。

庙岛群岛南部岛群不同土地利用方式土壤有机碳密度差异显著（$p<0.01$），呈现为：森

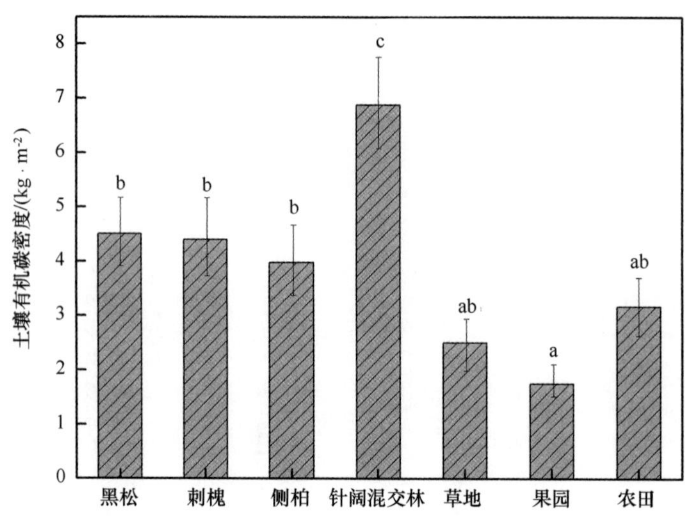

图 9-2 不同土地利用方式土壤有机碳密度

林>农田>水库沿岸草地>果园，森林土壤表层有机碳密度最高。4 种林分表层土有机碳密度变化在 3.98~6.88 kg/m^2，依次排序为：针阔混交林>黑松>刺槐 >侧柏。这是植被类型-立地环境-群落结构-林下植被等多因素综合作用的结果。

不同植被类型之间光合产物的分配模式相差较大，森林植被土壤有机碳的主要来源多为枯枝落叶，植被的物种组成在某种程度上控制着土壤有机碳分解的速度，这些差异决定了不同植被类型下土壤有机碳输入量的差异，从而导致表层土壤有机碳密度的差异。庙岛群岛南部岛群针阔混交林群落结构明显，林下灌层主要为扁担木、荆条、酸枣、紫穗槐等，草本层主要为隐子草、披针叶苔草、荻等，物种丰富，林下植被覆盖度较高，加之阔叶林叶质较易腐蚀分解，因此具有较高的土壤有机碳密度。纯林林型相对单一，地表枯落物输入少，导致南五岛纯林土壤有机碳密度低于针阔混交林。纯林的土壤有机碳密度大小依次为：黑松>刺槐>侧柏。根据调查，黑松、刺槐为庙岛群岛南部岛群的优势树种，其中，刺槐为豆科植物，植物体内氮素含量相对较高，植物枯枝、落叶等凋落物氮素含量高，可促进微生物活动，加强凋落物的分解释放，有利于土壤碳素的积累，但是有研究表明，庙岛群岛南长山岛黑松林乔木层碳储量远远高于刺槐林乔木层碳储量（王晓丽等，2013），地表积累的枯枝落叶较多，有机物的进入量多，导致黑松林的土壤表层碳密度要高于刺槐林。

9.3 森林土壤层碳储量影响因素

森林土壤有机碳受多种因素的综合影响，包括自然因素和人文因素，是一个高度异质性的区域化变量，具有尺度效应。自然因素中包括植被类型、气候因素、地形因素（海拔、坡度、坡向等）、土壤理化性质的影响；人文因素主要指土地利用方式和经营管理方式的改变。这些因子之间的作用是相互关联的，了解各因子相互作用对土壤有机碳变化的影响对确定森林土壤碳储量尤为重要，是目前的研究热点。

海岛土壤固碳能力不容忽视，在减缓全球气候变化中发挥着重要作用（Botjes，1996），海岛森林土壤有机碳储量研究已有一定基础，但对立地条件、土壤质地及其理化性质对海岛森林土壤碳储量的影响的研究鲜有报道，不利于海岛森林碳储量准确估算。本章以庙岛群岛南部岛群黑松林、刺槐林、黑松+刺槐混交林的表层土壤为研究对象，根据海岛生态环境的特殊性，综合考虑立地条件、植被多样性、土壤的理化性质对森林土壤有机碳储量的影响，识别出影响庙岛群岛南部岛群森林土壤固碳的主要因子。

9.3.1 立地条件对土壤有机碳密度的影响

不同地形上的植物种类及繁茂程度不同，它们在地表所积累的有机碳数量和质量也不同，这样就引起了土壤表层土有机质的差异，如坡度、坡向等地形因素在一定程度上影响蒸腾蒸发、水分入渗等继而影响到植物生产力和凋落物归还量及其分解，土壤有机碳的含量也就存在明显差异。Pearson 相关分析（图 9-3）表明，庙岛群岛南部岛群森林表层土有机碳密度与坡度呈负相关（$R=-0.454$，$p=0.01$）。坡度越大，土壤受到降雨冲刷流失程度越高，土层越发贫瘠，不利于植被的生长，土壤有机碳密度也随之减小。

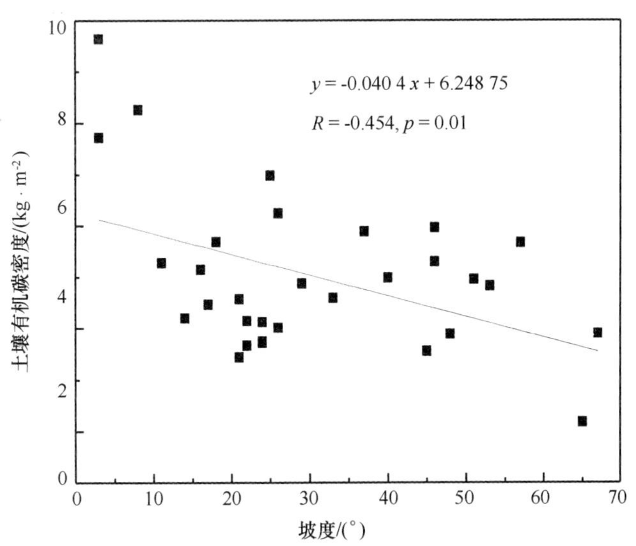

图 9-3 不同坡度森林土壤有机碳密度

本研究区内森林土壤有机碳密度与海拔相关性不明显，这是因为样地海拔最大相差仅 162 m（图 9-4）；与坡向相关性不明显，因为其温度、降水等气象条件基本相似，难以形成主要影响因素（表 9-1）。

表 9-1 庙岛南五岛不同坡向下森林土壤有机碳密度

坡向	有机碳密度/（$kg \cdot m^{-2}$）
北坡 N	6.49±2.84
东北坡 EN	4.60±1.32

续表

坡向	有机碳密度/（kg·m^{-2}）
西北坡 WN	5.04±1.89
东坡 E	3.96±0.33
西坡 W	5.62±0.30
东南坡 ES	4.63±0.64
西南坡 WS	3.72±0.97
南坡 S	5.08±1.65

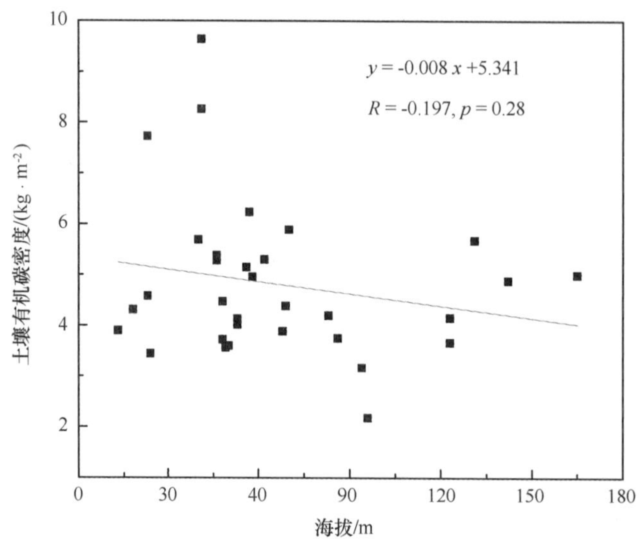

图 9-4　不同海拔森林土壤有机碳密度

9.3.2　植被多样性对土壤有机碳密度的影响

由表 9-2 可以看出，植物多样性对土壤有机碳密度的影响不大，这可能是因为海岛四面环水并具有孤立性、有限性、依赖性、脆弱性和独特性等特征，海岛生态系统在干扰下极易退化且不易恢复（石洪华等，2013；池源等，2015b），庙岛岛群南五岛人类活动历史悠久，大部分为人工林，生物多样性受植被类型、土壤质地、人为干扰等综合因素的影响，不同植被条件下，土壤容重、砾石含量在垂直分布上存在很大的异质性，从而导致土壤有机碳密度也随之发生变化。森林植被土壤有机碳库主要来源于植被地上部分的凋落物的归还量和土壤有机碳的积累与释放过程。乔木层植被的固碳能力要远远大于灌草层植被，枯枝落叶返还给表层土壤的有机碳占凋落物归还量的大部分，然而根据调查，乔木层的多样性较低，乔木树种主要为黑松和刺槐；灌草层的物种多样性虽高，但是植被的地上、地下生物量及碳储量相对乔木层、土壤层来说很小，无法成为主要的影响因子。

表 9-2 多样性指数与土壤有机碳密度的相关系数

	生活型	丰富度指数 S	Shannon-Wiener 多样性指数 H'	Simpson 多样性指数 D	Pielou 均匀度指数 J
土壤有机碳密度	乔木层	0.051	0.159	0.196	0.201
	灌木层	0.008	0.112	0.133	0.222
	草本层	0.106	0.126	0.094	0.097

9.3.3 土壤理化性质对土壤有机碳密度的影响

以庙岛群岛南部岛群土壤各理化指标为参数进行主成分分析，以识别影响海岛土壤有机碳密度的主导因子。在对庙岛群岛南部岛群森林土壤状况调查的基础上，选取土壤质地、含水量、pH 值、养分指标为参数计算出相关系数矩阵如表 9-3 所示。因子分析选取特征值大于 1 的因子 1、因子 2、因子 3、因子 4 作为主要影响因子。从表 9-4 可以看出，前 4 个因子累积方差贡献率占总方差的 74.235%，表明前 4 个因子可以全面反映岛陆森林土壤碳储量受土壤理化性质影响的情况。由表 9-5 可知，因子 1 中砂粒、粉砂粒、全氮、碱解氮、有机质具有较高的因子载荷，分别为 0.596、-0.599、0.921、0.743、0.883；因子 2 中土壤 pH、全磷、全钾具有较高因子载荷，分别为 0.685、0.777、0.706；因子 3 中有效磷和速效钾具有较高因子载荷，分别为 0.820、0.771；因子 4 中土壤含水量、黏粒具有较高的因子载荷，分别为 0.775、0.791。因此，主成分提取的 4 个因子分别表示了 0.002~2 mm 颗粒含量、氮素、有机质（因子 1）、全磷、全钾（因子 2）、有效磷、速效钾（因子 3）、土壤含水量、黏粒（因子 4）对土壤碳储量的影响。对因子得分进行多元线性回归分析，标准回归系数如表 9-6 所示，得出 4 个主成分因子对森林表层土壤有机碳密度的影响程度大小依次为：因子 1（Beta =0.879）>因子 2（Beta=0.118）>因子 3（Beta=0.096）>因子 4（Beta=0.050），得出砂粒、粉砂粒、全氮、碱解氮、有机质是影响庙岛群岛南部岛群森林土壤有机碳密度的主控因子。

氮素是限制植物生长的最重要的环境因素之一，是植被最重要的养分，氮素的多少影响植被对土壤碳的归还，土壤全氮含量是评价土壤肥力水平的一项重要指标，对土壤有机碳密度具有一定的影响。土壤有机碳与全氮（$R=0.735$，$p<0.01$）、碱解氮（$R=0.618$，$p<0.01$）、土壤有机质（$R=0.791$，$p<0.01$）呈显著正相关，有机质与全氮（$R=0.844$，$p<0.01$）、碱解氮（$R=0.600$，$p<0.01$）呈显著正相关。这表明土壤碱解氮含量与土壤有机质含量关系密切，有机质含量降低导致碱解氮减少，土壤板结、通气性、透水性差，土壤水、气、热不协调，容易发生冲刷，引起水土流失，土壤肥力降低，不利于植物生长发育，继而影响凋落物对土壤表层碳的归还，影响该地区的土壤碳储量。

表 9-3　森林土壤有机碳密度与土壤理化性质相关系数矩阵

	土壤碳储量	含水量	pH 值	砂粒 sand	粉砂粒 silt	黏粒 clay	全氮 TN	碱解氮 AN	全磷 TP	有效磷 AP	全钾 TK	速效钾 AK
含水量	0.230											
pH	-0.219	0.218										
砂粒 sand	0.461**	0.066	-0.003									
粉砂粒 silt	-0.462**	-0.062	0.008	-1.000**								
黏粒 clay	-0.149	0.340*	-0.033	-0.240	0.237							
全氮 TN	0.735**	0.094	-0.439**	0.506**	-0.509**	-0.139						
碱解氮 AN	0.618**	0.124	-0.436**	0.321	-0.324	-0.082	0.585**					
全磷 TP	0.302	0.025	0.400*	0.343*	-0.341*	-0.135	0.161	-0.039				
有效磷 AP	0.215	0.391*	0.171	0.336	-0.334	-0.033	0.015	0.091	0.224			
全钾 TK	-0.059	0.394*	0.637**	0.127	-0.120	0.048	-0.123	-0.147	0.423*	0.205		
速效钾 AK	0.290	0.155	-0.033	0.329	-0.328	-0.206	0.217	0.292	0.201	0.444**	0.226	
有机质 OM	0.791**	0.098	-0.474**	0.345*	-0.348*	-0.061	0.844**	0.600**	0.176	0.080	-0.243	0.343*

* 显著性水平：$p<0.05$，** 显著性水平：$p<0$。

土壤的机械组成直接影响到土壤的肥力状况、持水和渗透能力，同时影响土壤有机碳的储量和动态变化。海岛陆地生态系统时常受到风暴潮的影响，海岛局部地段易形成风沙堆积，庙岛群岛南部岛群森林土壤砂粒含量变化范围为 81. 79%~93. 49%；粉砂粒含量变化范围为 6. 46%~17. 98%；黏粒含量低，变化范围为 0. 01%~0. 83%。森林表层土壤类型以砂土及壤质砂土为主，属于砂土类，砂粒含量高，土壤的粒间孔隙大，土壤的通透性良好，保水力差，土壤有机质、养分少，使得砂粒在很大程度上影响土壤固碳能力，成为重要的影响因素。森林土壤表层土的粉砂粒含量的多少影响土壤质地，粗粉砂质越多，土壤缺乏有机质，土壤过分紧实，通透性差不利于植被的呼吸作用，影响植被对土壤碳的归还，因此二者呈负相关（$R=-0.462$，$p<0.01$）。虽然土壤黏粒含量对有机质具有稳定作用，但南五岛森林不同样地的土壤黏粒含量（0. 01%~0. 83%）都很低且变化较小，对有机质的吸附固定作用不是很明显，导致二者相关性不强。

表 9-4　土壤理化性质的因子特征值

成分	因子旋转前			因子旋转后		
	特征值	方差贡献率/%	累积贡献率/%	特征值	方差贡献率/%	累积贡献率/%
1	3. 718	30. 987	30. 987	3. 379	28. 162	28. 162
2	2. 647	22. 055	53. 042	2. 312	19. 269	47. 431
3	1. 591	12. 661	65. 703	1. 680	14. 001	61. 432
4	1. 024	8. 532	74. 235	1. 536	12. 804	74. 235
5	0. 905	7. 541	81. 776			
6	0. 649	5. 407	87. 184			
7	0. 530	4. 416	91. 600			
8	0. 426	3. 550	95. 150			
9	0. 265	2. 208	97. 358			
10	0. 230	1. 915	99. 273			
11	0. 087	0. 726	100. 000			
12	5.90×10^{-5}	0. 000	100. 000			

表 9-5　主成分分析旋转因子载荷矩阵

	因子 1	因子 2	因子 3	因子 4
含水量	0. 079	0. 194	0. 383	0. 775
pH 值	-0. 569	0. 685	0. 095	0. 104
砂粒 sand	0. 596	0. 552	0. 251	-0. 284
粉砂粒 silt	-0. 599	-0. 547	-0. 249	0. 286
黏粒 clay	-0. 059	-0. 1	-0. 207	0. 791

续表

	因子 1	因子 2	因子 3	因子 4
全氮 TN	0.921	0.091	-0.061	0.012
碱解氮 AN	0.743	-0.177	0.189	0.075
全磷 TP	0.124	0.777	0.002	-0.074
有效磷 AP	0.044	0.198	0.820	0.109
全钾 TK	-0.255	0.706	0.220	0.314
速效钾 AK	0.266	0.081	0.771	-0.104
有机质 OM	0.883	-0.068	0.049	0.071

表 9-6　土壤层碳储量影响因子得分回归系数

	非标准化系数		标准系数 Beta	t 值	p 值
	B	标准误			
常数	4.818	0.130		37.178	0.000
因子 1	1.336	0.132	0.879	10.146	0.000
因子 2	0.179	0.132	0.118	1.360	0.185
因子 3	0.146	0.132	0.096	1.110	0.277
因子 4	0.077	0.132	0.050	0.582	0.566

9.4　森林土壤 CO_2 通量日动态变化特征

土壤表面的 CO_2 通量，也被称为土壤呼吸，主要包括根系呼吸、土壤动物呼吸、土壤微生物呼吸和含碳物质的化学氧化作用（杨金艳和王传宽，2006）。土壤呼吸是植物固定碳之后，以 CO_2 的形式返回大气的主要途径，也是大气中 CO_2 的重要来源之一，对全球尺度的碳循环调控起着十分重要的作用（Schlesinger and Andrews，2000；骆亦其和周旭辉，2007）。土壤碳通量的变化与环境因子紧密相关，主要受到土壤温湿度调控（姜艳等，2010）。目前，关于土壤碳通量的研究主要集中在陆地森林（刘颖等，2005；姜艳等，2010）、草原（陈妮娜等，2011）、农田（黄耀等，2001；王鹤松等，2007）等生态系统，而对海岛生态系统土壤碳通量的研究尚属空白。对于海岛生态系统中的土壤呼吸进行研究，将有助于海岛林业保护、生态环境修复等生态工程建设的效益评估。

以北长山岛的人工林为研究对象，采用 LI-8100 土壤呼吸自动观测系统，在 5 月和 8 月分别对北长山岛森林土壤碳通量日动态进行测定，分析其土壤碳通量的日动态变化特征及土壤水热因子对土壤碳通量的影响，以期深入了解该区森林生态系统碳收支状况。

9.4.1 研究方法

选择当地分布最为广泛的黑松林、刺槐林为研究对象，设立黑松林和刺槐林两个样地，于2013年5月和8月中旬分别进行观测。在各样地中按对角线预先安置3个土壤PVC环（直径20 cm，高11 cm）以进行测量。每次测量前，除去测定环中的凋落物以及新鲜植物的苗体等，以减少植物地上部分和木质残体分解释放出的CO_2对测定结果的影响（冯朝阳等，2008）。

为了减小安放土壤PVC环对土壤呼吸速率的影响，在测定前24 h安放好土壤PVC环。在各样地中随机选择1个土壤PVC环，依次进行24 h连续测量，每个样地在同一时间段连续测量3 d，取各测量点平均值作为该样地土壤碳通量值。在测定土壤碳通量同时，使用LI-8100自带的土壤体积含水量、土壤温度探头测定地下0~10 cm平均土壤湿度和10 cm深度处土壤温度。

9.4.2 土壤CO_2通量的日动态变化特征与差异性

在生长季节的5月和8月，北长山岛森林土壤碳通量日变化为：晚间维持在较低水平，最低在06：00前后，08：00-10：00开始升高，14：30前后达到最大值，然后16：00-18：00逐渐下降，整个过程呈单峰曲线（图9-5）。不同月份的土壤碳通量日变化存在差异，其达到最大值的时间不同。5月份刺槐林和黑松林在14：00达到最大值，而8月份刺槐林和黑松林在15：00达到最大值。

不同林地不同生长时期的土壤碳通量日均值变化也存在差异（图9-5）。5月份刺槐林土壤碳通量日均值介于4.699~5.492 μmol/(m^2·s）之间，黑松林介于1.853~2.871 μmol/(m^2·s）之间；8月份的测量值均升高，刺槐林介于13.104~14.475 μmol/（m^2·s）之间，黑松林介于6.748~10.419 μmol/(m^2·s）之间。在观测期间，土壤碳通量日均值最小值出现在5月的黑松林，为1.835 μmol/(m^2·s)；最大值出现在8月的刺槐林，为14.475 μmol/(m^2·s)。

为验证林地不同生长时期对土壤碳通量的影响，分别以月份（5月和8月）和林地（刺槐林和黑松林）为影响因素，对土壤碳通量做单因素方差分析。如果只考虑时间单个因素的影响，所得的F值为131.717，对应的显著性水平p值近似为0（$p<0.05$），所以不同测量时间对土壤碳通量变化有显著性影响；同样只考虑林地单个因素的影响时，所得的F值为22.874，对应的显著性水平p值也近似为0（$p<0.05$），所以不同林地对土壤碳通量变化也具有有显著性影响。

北长山岛森林土壤碳通量具有明显日变化特征，与华北陆地地区已有研究成果类似（王鹤松等，2007；冯朝阳等，2008；刘尚华等，2008；张劲松等，2008；王艳萍等，2009），均表现为“单峰”形式，其最高值介于12：00-15：00之间，最低值介于4：00-8：00之间（耿绍波等，2010）。初步说明在土壤碳通量日变化特征方面，陆地生态系统与海岛生态系统差别不大。在季节变化方面，刺槐和黑松林8月份土壤碳通量高于5月份，这一方面的原因是由于土壤温度升高，另一方面的原因是由于刺槐和黑松的叶片和根系的生长所造成的。已有的针

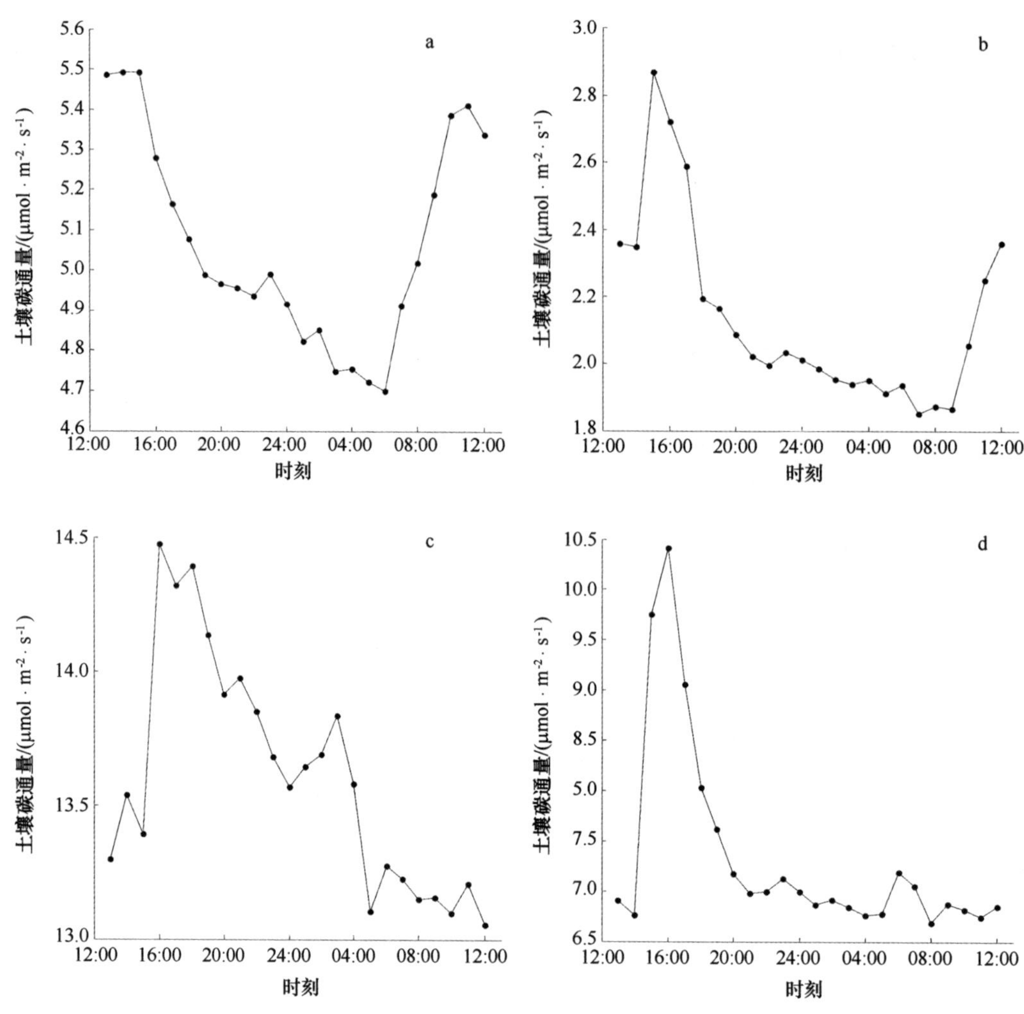

图 9-5　土壤碳通量的日变化

a. 5 月份刺槐林；b. 5 月份黑松林；c. 8 月份刺槐林；d. 8 月份黑松林

对草地和森林的土壤呼吸研究显示，不同生物群区的土壤呼吸速率存在较大的差异，即使是在相邻的不同植物群落间，它们的土壤碳通量变化也存在着相当大的差异（Ellis，1974）。本节所研究的刺槐林地和黑松林地相邻，在对林地这一单因素进行方差分析时，分析结果显示不同林地类型对土壤碳通量变化产生了显著影响（$p<0.05$）。造成这种差异的原因是多方面的，既包括立地条件、植被类型等方面的不同，也包括土壤水分和温度等方面的差异。

第 10 章 基于遥感的海岛陆地生态系统净初级生产力时空特征分析

净初级生产力（Net Primary Productivity，NPP）是植物光合作用产生有机质总量扣除自养呼吸后的剩余部分，是地表碳循环的重要组成（Lieth and Whittaker，1975）。NPP 不仅能够直接反映植被群落在自然环境条件下的生产能力，表征生态系统的固碳能力，而且是判定生态系统碳源/汇和调节生态过程的主要因子（Field et al.，1998）。同时，遥感技术的发展为 NPP 研究提供了新的思路和方法，从遥感影像中获取地表覆盖类型并提取归一化植被指数（Normalized Difference Vegetation Index，NDVI），结合气象、地形等数据对区域 NPP 进行估算，具有较高的准确度和较强的可操作性，在草地、森林、湿地、农田等不同生态系统以及不同时空尺度的 NPP 研究中得到了广泛的应用（Paruelo et al.，1997；Running et al.，2000；朱文泉等，2007；龙慧灵等，2010；王莉雯和卫亚星，2012），然而鲜有关于海岛生态系统 NPP 的研究。

本研究以庙岛群岛南部岛群为例，构建 NPP 估算模型，在现场调查的基础上，采用不同季节遥感影像数据，结合气象资料和地形数据，对南部岛群 NPP 的时空分布进行研究，以期表征庙岛群岛南部岛群陆地生态系统固碳能力的整体状况，为南部岛群生态系统碳源/汇研究提供依据。

10.1 NPP 估算过程

10.1.1 数据来源与处理

10.1.1.1 遥感影像

采用 LANDSAT8 卫星 2013 年 4 月 21 日、8 月 11 日、11 月 15 日和 2014 年 1 月 2 日（代表不同季节）4 个时相南部岛群所在区域 30 m 分辨率的无云影像。

利用 ENVI4.7 软件对影像进行裁切、辐射定标、波段运算得到 NDVI 值（图 10-1）。基于 2013 年 8 月遥感影像，通过 ArcGIS10.0 软件进行人机交互解译，将南部岛群地表覆盖分为针叶林、阔叶林、草地、农田、建设用地和裸地 6 类（图 10-2），结合现场实地调研、Google Earth 和相关的图集资料进行解译精度验证，解译精度为 92.8%，能够满足本次研究的需要。

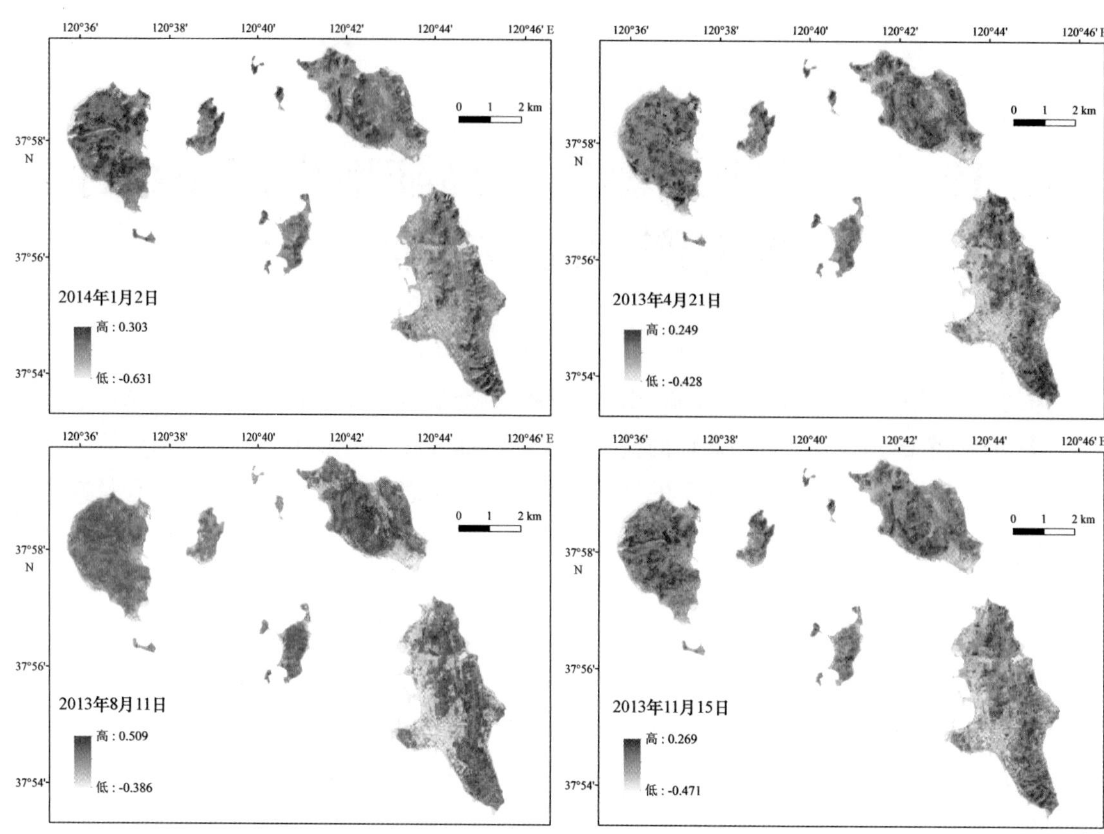

图 10-1　不同季节南部岛群 NDVI 值分布

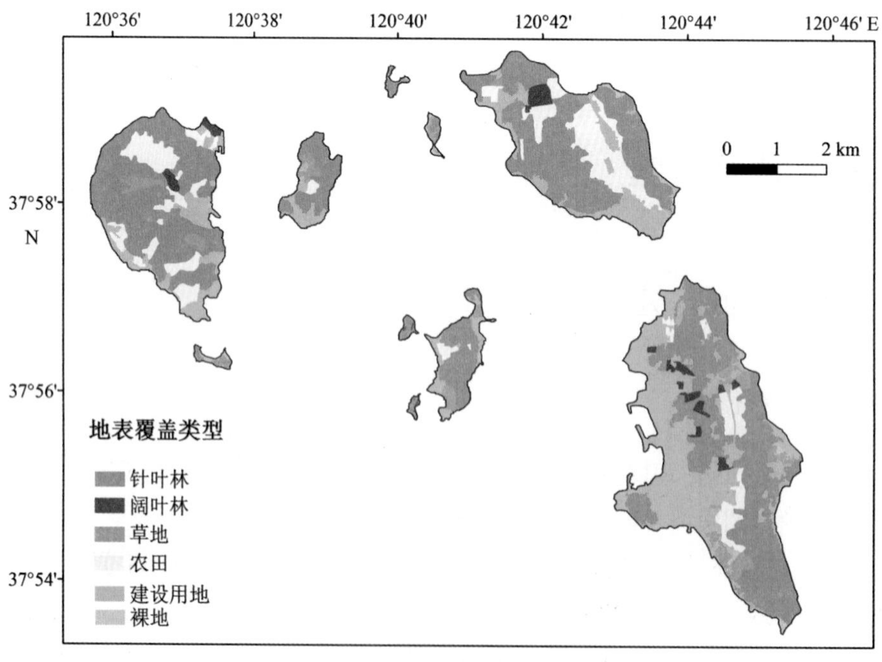

图 10-2　南部岛群地表覆盖类型

10.1.1.2 地形

采用2011年公布的Aster GDEM第二版DEM数据，垂直分辨率20 m，水平分辨率30 m；通过ArcGIS10.0由DEM数据提取出高程、坡度和坡向（图10-3）。

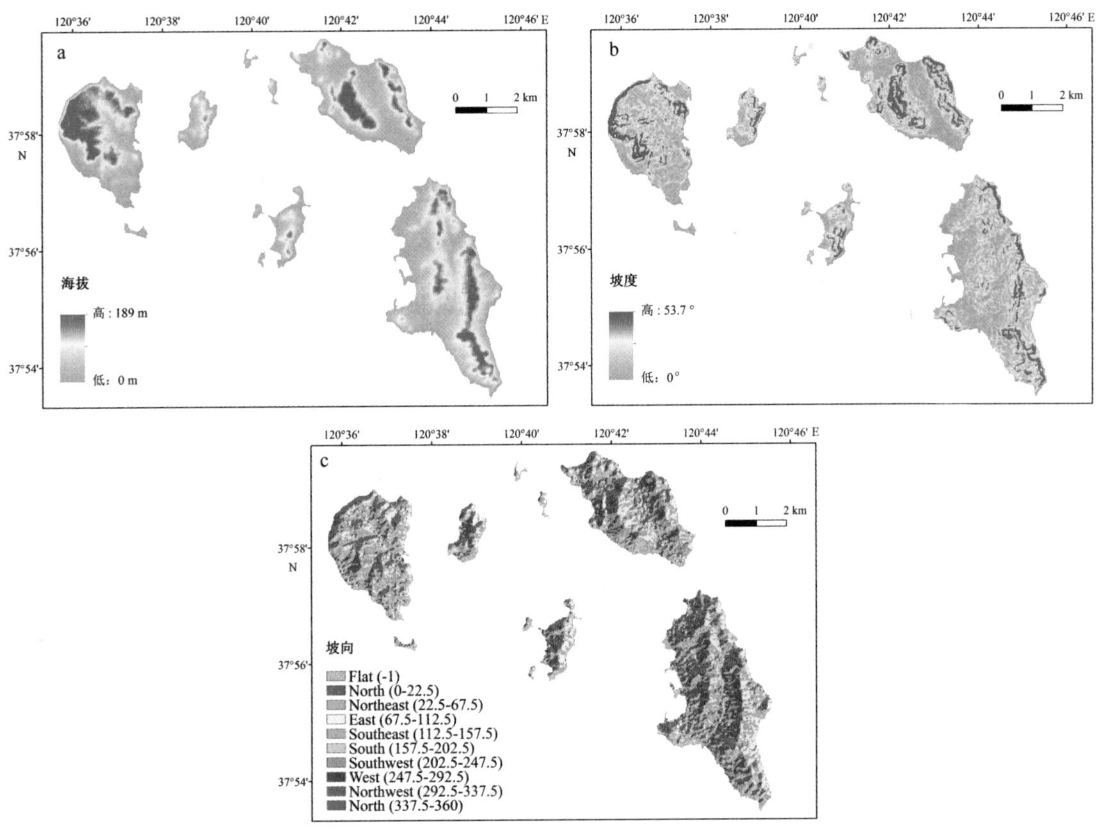

图10-3 南部岛群高程（a）、坡度（b）和坡向（c）

10.1.1.3 气象

降雨量、气温、日照时数、相对湿度来自长岛县气象站监测数据；太阳总辐射来自烟台福山气象站监测的多年平均数据。

10.1.2 NPP估算

NPP具体估算方法见第一篇3.1.2小节。分别以4月、8月、11月、1月代表春、夏、秋、冬四季，计算南部岛群不同季节的NPP值，进而得到全年NPP估算值。

10.2 NPP估算结果

经计算得出，南部岛群全年NPP总量（本章NPP均以碳计）为10 845.13 t/a，NPP密度介于 0~846.69 g/(m^2 · a) 之间，平均密度为 331.06 g/(m^2 · a)（图 10-4）。

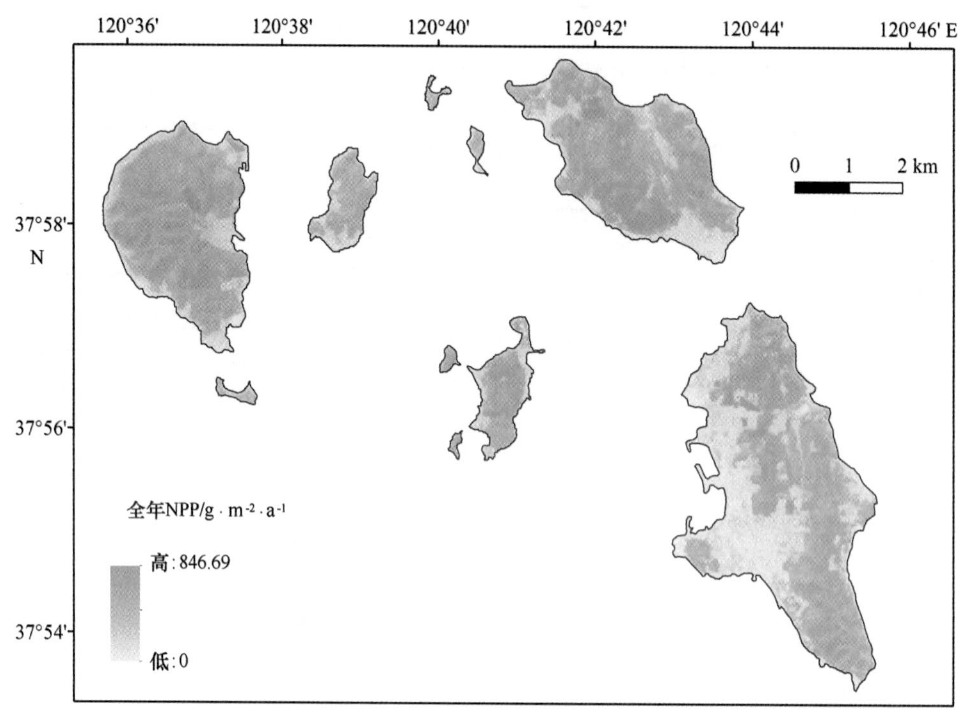

图 10-4 全年南部岛群 NPP 分布特征

10.2.1 不同季节 NPP 估算结果

夏季 NPP 总量占全年的 80%以上，总量达 8 821.51 t，平均密度达 89.76 g/(m^2 · month)；春季、秋季 NPP 总量分别占比 11.3%和 6%，冬季仅占 1.3%；不同季节 NPP 标准差与平均密度呈正比（表 10-1、图 10-5 至图 10-8）。

表 10-1 不同季节南部岛群 NPP 估算结果

季节	平均密度/（g · m^{-2} · $month^{-1}$）	范围/（g · m^{-2} · $month^{-1}$）	标准差/（g · m^2 · $month^{-1}$）	总量/（t · $month^{-1}$）	占比/%
春	12.44	0~60.91	7.88	407.65	11.3
夏	89.76	0~200.56	48.12	2 940.50	81.3
秋	6.66	0~37.59	4.65	218.23	6.0
冬	1.49	0~7.56	1.22	48.65	1.3

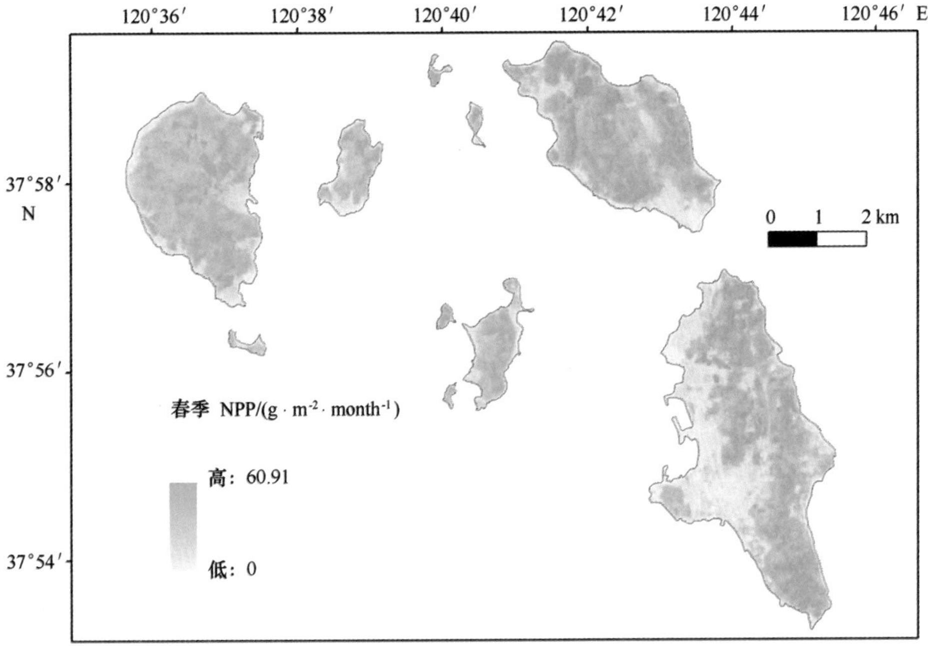

图 10-5 春季南部岛群 NPP 分布特征

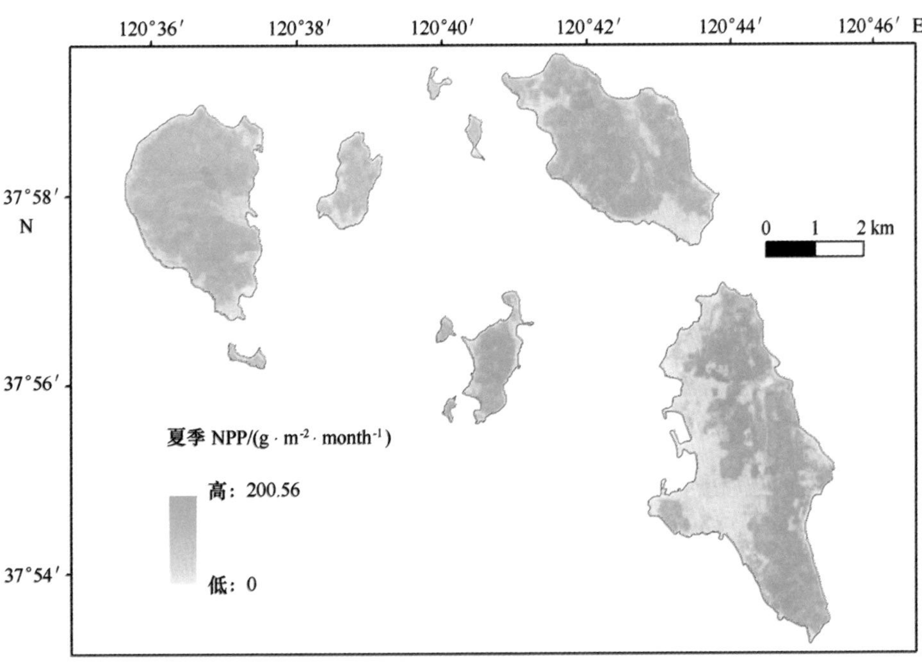

图 10-6 夏季南部岛群 NPP 分布特征

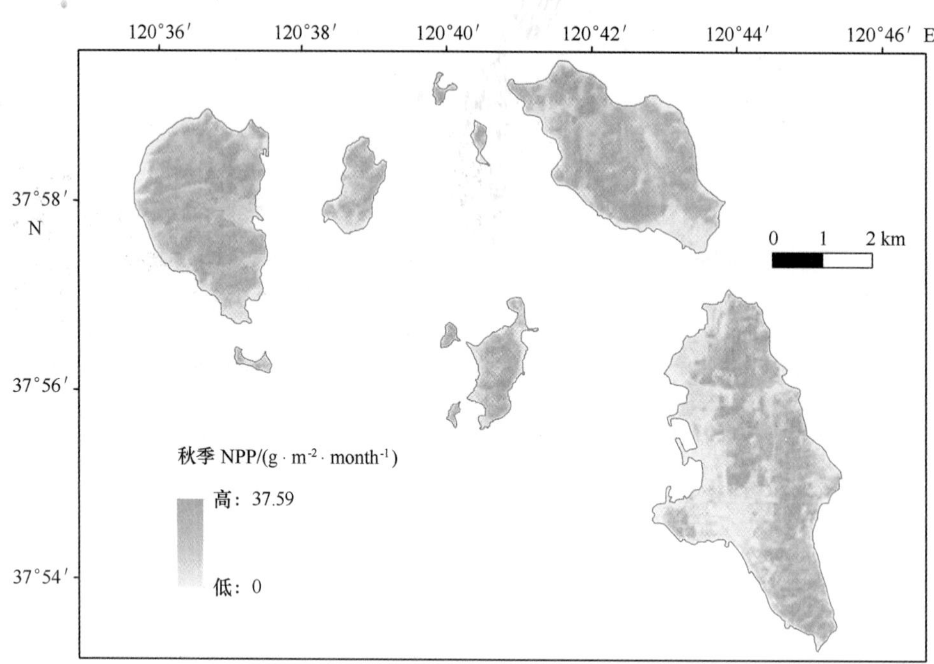

图 10-7　秋季南部岛群 NPP 分布特征

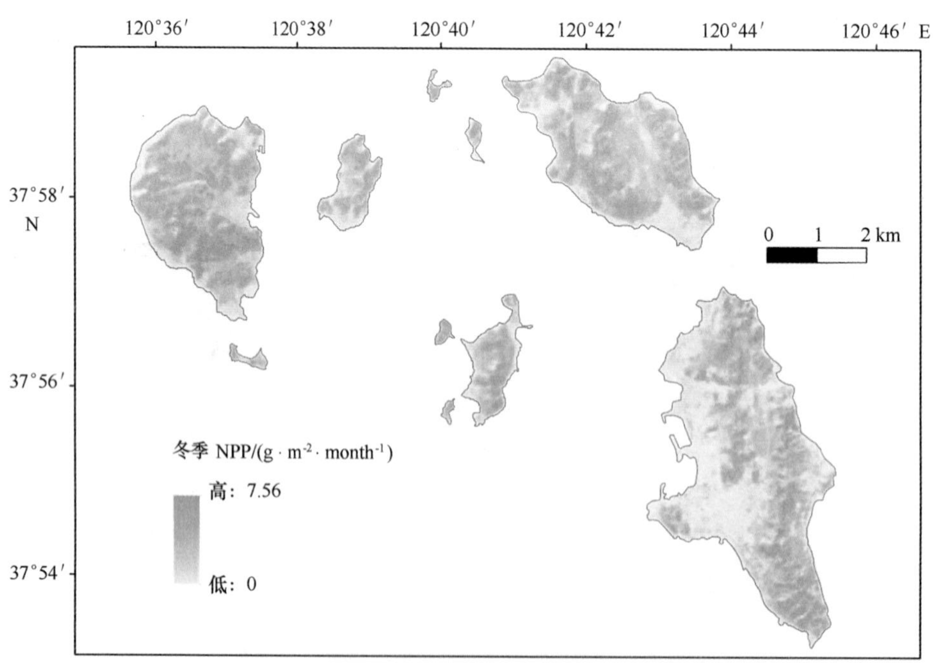

图 10-8　冬季南部岛群 NPP 分布特征

10.2.2 各岛 NPP 分布特征

10.2.2.1 有居民海岛

1）南长山岛

南长山岛全年 NPP 总量为 3 991.63 t，平均密度为 293.582 g/(m^2·a)，不同季节南长山岛 NPP 估算结果见表 10-2。可以发现，夏季 NPP 平均密度远远高于其他季节，总量占全年 81.8%。

表 10-2 南长山岛 NPP 估算结果

季节	平均密度/（g·m^{-2}·$month^{-1}$）	范围/（g·m^{-2}·$month^{-1}$）	标准差/（g·m^{-2}·$month^{-1}$）	月均量/（t·$month^{-1}$）	占比/%
春	10.98	0~42.65	8.32	149.33	11.2
夏	80.07	0~200.56	52.38	1088.70	81.8
秋	5.62	0~30.65	4.48	76.38	5.7
冬	1.19	0~7.07	1.13	16.13	1.2

2）北长山岛

北长山岛全年 NPP 总量为 2 939.64 t，平均密度为 363.69 g/(m^2·a)，不同季节北长山岛 NPP 估算结果见表 10-3。夏季 NPP 平均密度远远高于其他季节，总量占全年 81.7%。

表 10-3 北长山岛 NPP 估算结果

季节	平均密度/（g·m^{-2}·$month^{-1}$）	范围/（g·m^{-2}·$month^{-1}$）	标准差/（g·m^{-2}·$month^{-1}$）	月均量/（t·$month^{-1}$）	占比/%
春	13.51	0~60.91	7.46	109.19	11.1
夏	99.08	0~195.63	45.67	800.86	81.7
秋	7.10	0~25.19	4.40	57.41	5.9
冬	1.54	0~5.88	1.09	12.43	1.3

3）大黑山岛

大黑山岛全年 NPP 总量为 2 864.60 t，平均密度为 372.31 g/(m^2·a)，不同季节大黑山岛 NPP 估算结果见表 10-4。

表 10-4　大黑山岛 NPP 估算结果

季节	平均密度/($g \cdot m^{-2} \cdot month^{-1}$)	范围/($g \cdot m^{-2} \cdot month^{-1}$)	标准差/($g \cdot m^{-2} \cdot month^{-1}$)	月均量/($t \cdot month^{-1}$)	占比/%
春	14.04	0~47.54	7.30	108.01	11.3
夏	100.02	0~199.48	39.54	769.53	80.6
秋	8.11	0~37.59	4.85	62.37	6.5
冬	1.94	0~7.56	1.33	14.95	1.6

4）庙岛

庙岛全年 NPP 总量为 541.86 t，平均密度为 348.22 g/($m^2 \cdot a$)，不同季节庙岛 NPP 估算结果见表 10-5。

表 10-5　庙岛 NPP 估算结果

季节	平均密度/($g \cdot m^{-2} \cdot month^{-1}$)	范围/($g \cdot m^{-2} \cdot month^{-1}$)	标准差/($g \cdot m^{-2} \cdot month^{-1}$)	月均量/($t \cdot month^{-1}$)	占比/%
春	11.96	0~27.4212	6.53	18.62	10.3
夏	96.23	0~164.138	49.11	149.75	82.9
秋	6.49	0~25.6737	4.31	10.09	5.6
冬	1.39	0~4.93391	1.05	2.16	1.2

5）小黑山岛

小黑山岛全年 NPP 总量为 371.10 t，平均密度为 280.69 g/($m^2 \cdot a$)，不同季节小黑山岛 NPP 估算结果见表 10-6。

表 10-6　小黑山岛 NPP 估算结果

季节	平均密度/($g \cdot m^{-2} \cdot month^{-1}$)	范围/($g \cdot m^{-2} \cdot month^{-1}$)	标准差/($g \cdot m^{-2} \cdot month^{-1}$)	月均量/($t \cdot month^{-1}$)	占比/%
春	11.96	0~31.6296	7.33	15.81	12.8
夏	73.28	0~154.417	36.83	96.89	78.3
秋	6.72	0~18.4437	4.56	8.89	7.2
冬	1.60	0~6.01354	1.33	2.11	1.7

10.2.2.2 无居民海岛

1）蝗螂岛

蝗螂岛全年 NPP 总量为 32.91 t，平均密度为 231.43 g/(m^2·a)，不同季节蝗螂岛 NPP 估算结果见表 10-7。

表 10-7 蝗螂岛 NPP 估算结果

季节	平均密度/(g·m^{-2}·$month^{-1}$)	范围/(g·m^{-2}·$month^{-1}$)	标准差/(g·m^{-2}·$month^{-1}$)	月均量/(t·$month^{-1}$)	占比/%
春	13.07	0~36.47	10.09	1.86	16.9
夏	56.02	0~114.38	30.53	7.97	72.6
秋	6.21	0~19.02	5.47	0.88	8.0
冬	1.84	0~6.89	1.79	0.26	2.4

2）南砣子岛

南砣子岛全年 NPP 总量为 31.18 t，平均密度为 230.98 g/(m^2·a)，不同季节南砣子岛 NPP 估算结果见表 10-8。

表 10-8 南砣子岛 NPP 估算结果

季节	平均密度/(g·m^{-2}·$month^{-1}$)	范围/(g·m^{-2}·$month^{-1}$)	标准差/(g·m^{-2}·$month^{-1}$)	月均量/(t·$month^{-1}$)	占比/%
春	9.49	1.68~23.74	5.35	1.28	12.3
夏	61.80	8.54~132.32	27.41	8.34	80.3
秋	4.38	0.18~13.42	2.94	0.59	5.7
冬	1.32	0~4.46	0.92	0.18	1.7

3）挡浪岛

挡浪岛全年 NPP 总量为 19.42 t，平均密度为 220.14 g/(m^2·a)，不同季节挡浪岛 NPP 估算结果见表 10-9。

表 10-9 挡浪岛 NPP 估算结果

季节	平均密度/(g·m^{-2}·$month^{-1}$)	范围/(g·m^{-2}·$month^{-1}$)	标准差/(g·m^{-2}·$month^{-1}$)	月均量/(t·$month^{-1}$)	占比/%
春	13.38	0.45~29.70	8.88	1.18	18.2
夏	52.05	0~91.39	24.06	4.59	70.9
秋	6.16	0~16.38	4.48	0.54	8.4
冬	1.79	0~5.51	1.50	0.16	2.4

4）羊砣子岛

羊砣子岛全年 NPP 总量为 33.34 t，平均密度为 363.15 g/(m^2·a)，不同季节羊砣子岛 NPP 估算结果见表 10-10。

表 10-10　羊砣子岛 NPP 估算结果

季节	平均密度/($g \cdot m^{-2} \cdot month^{-1}$)	范围/($g \cdot m^{-2} \cdot month^{-1}$)	标准差/($g \cdot m^{-2} \cdot month^{-1}$)	月均量/($t \cdot month^{-1}$)	占比/%
春	18.03	3.99~34.29	8.19	1.66	14.9
夏	92.67	16.40~169.59	33.64	8.51	76.6
秋	8.20	0.09~17.35	4.17	0.75	6.8
冬	2.15	0~4.99	1.21	0.20	1.8%

5）牛砣子岛

牛砣子岛全年 NPP 总量为 19.45 t，平均密度为 400.23 g/(m^2·a)，不同季节牛砣子岛 NPP 估算结果见表 10-11。

表 10-11　牛砣子岛 NPP 估算结果

季节	平均密度/($g \cdot m^{-2} \cdot month^{-1}$)	范围/($g \cdot m^{-2} \cdot month^{-1}$)	标准差/($g \cdot m^{-2} \cdot month^{-1}$)	月均量/($t \cdot month^{-1}$)	占比/%
春	14.62	3.70~30.93	5.30	0.71	11.0
夏	110.36	31.31~186.43	39.60	5.36	82.7
秋	6.71	0.11~11.37	3.11	0.33	5.0
冬	1.71	0~3.62	0.85	0.08	1.3

10.2.2.3　不同海岛 NPP 对比分析

不同海岛 NPP 估算结果见表 10-12。可以发现，各岛 NPP 总量大小排序基本与面积大小相一致，不过牛砣子岛和羊砣子岛 NPP 总量则略高于面积较大的其他海岛。5 个有居民海岛 NPP 总量占南部岛群 NPP 总量的 98.7%，无居民海岛仅占 1.3%。同时，不同海岛表现出明显不同的 NPP 平均密度。

表 10-12　不同海岛全年 NPP 估算结果对比分析

海岛	面积/hm^2	平均密度/($g \cdot m^{-2} \cdot a^{-1}$)	范围/($g \cdot m^{-2} \cdot a^{-2}$)	标准差/($g \cdot m^{-2} \cdot a^{-1}$)	总量/($t \cdot a^{-1}$)	占比/%
南长山岛	1 359.63	293.58	0~773.548	193.43	3 991.63	36.8
北长山岛	808.29	363.69	0~732.151	169.35	2 939.64	27.1

续表

海岛	面积/hm²	平均密度/(g·m⁻²·a⁻¹)	范围/(g·m⁻²·a⁻²)	标准差/(g·m⁻²·a⁻¹)	总量/(t·a⁻¹)	占比/%
大黑山岛	769.41	372.31	0~846.69	149.00	2 864.60	26.4
庙岛	155.61	348.22	0~635.919	177.92	541.86	5.0
小黑山岛	132.21	280.69	0~550.413	140.91	371.10	3.4
蝗螂岛	14.22	231.43	0~438.062	136.59	32.91	0.3
南砣子岛	13.5	230.98	32.473 5~454.978	103.20	31.18	0.3
挡浪岛	9.18	220.14	6.091 7~377.018	110.03	19.42	0.2
羊砣子岛	8.82	363.15	61.471 7~639.668	130.44	33.34	0.3%
牛砣子岛	4.86	400.23	112.321~656.313	140.96	19.45	0.2%

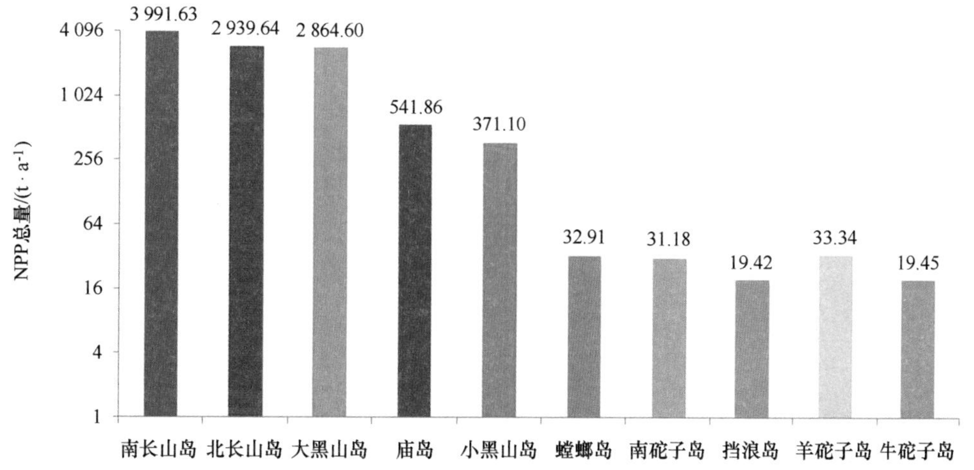

图 10-9 不同海岛 NPP 总量

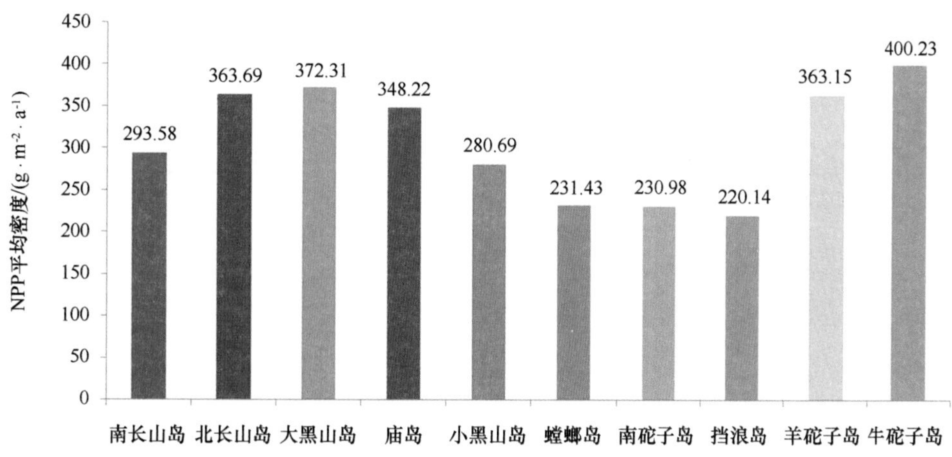

图 10-10 不同海岛 NPP 平均密度

10.2.3 不同地表覆盖类型中 NPP 分布特征

不同地表覆盖中，针叶林 NPP 总量最大，占 70%以上，裸地 NPP 总量最小，仅占 0.23%；除了建设用地外，其余地表覆盖类型 NPP 总量与面积大小呈正比。阔叶林的 NPP 平均密度最高，其次为针叶林、农田、草地、建设用地和裸地，这与地表覆盖类型的最大光能利用率有关（表 10-13）。

表 10-13 不同地表覆盖类型 NPP 估算结果

地表覆盖类型	面积/ km^2	均值/ $(g\cdot m^{-2}\cdot a^{-1})$	范围/ $(g\cdot m^{-2}\cdot a^{-1})$	标准差/ $(g\cdot m^{-2}\cdot a^{-1})$	总量/ $(t\cdot a^{-1})$	总量占比/%
针叶林	17.60	432.51	0~664.99	116.36	7611.61	70.18
阔叶林	0.71	546.30	0~846.69	168.07	387.92	3.58
草地	1.41	317.68	15.50~540.13	111.28	449.16	4.14
农田	4.08	372.89	11.58~520.52	81.46	1520.27	14.02
建设用地	8.67	98.14	0~321.86	59.53	851.12	7.85
裸地	0.29	87.80	0~289.74	55.74	25.05	0.23

10.3 NPP 估算结果分析

将本研究计算的南部岛群 NPP 结果与采用相同方法的国内其他研究结果进行对比（表 10-14）。与全国相比，南部岛群 NPP 平均密度和陶波等（2003）估算的 342 $g/(m^2\cdot a)$ 和朱文泉等（2007）的 324 $g/(m^2\cdot a)$ 较为一致，低于顾娟等（2013）的 393.75 $g/(m^2\cdot a)$；与各地区相比，低于广东省、江苏省、盘锦市等沿海地区，高于甘肃、青海、西藏。由此可得，南部岛群 NPP 平均密度处于全国的平均水平，高于同纬度的西部地区，但低于东部大陆沿海地区。

表 10-14 不同地区 NPP 估算结果

研究区域	NPP/ $(g\cdot m^{-2}\cdot a^{-1})$	数据来源
南部岛群	331.06	本次研究
全国	342	陶波等，2003
	324	朱文泉等，2007
	393.75	顾娟等，2013
广东	774	罗艳等，2009
江苏	569.28	王驷鹞等，2012

续表

研究区域	NPP/（$g \cdot m^{-2} \cdot a^{-1}$）	数据来源
盘锦	553	王莉雯等，2012
甘肃	241.13	刘春雨等，2014
青海	173.28	卫亚星等，2012
青藏高原	120.8	张镱锂等，2013

南部岛群均为基岩海岛，以剥蚀山丘为主要地貌特征，存在水资源匮乏、土层薄等问题，本身植物生长条件较差，20 世纪 50 年代以来进行了广泛的人工林种植，以黑松和刺槐为主要优势种，目前南部岛群林地面积占总面积的比例达 55.9%，本研究的结果显示针叶林和阔叶林的 NPP 均值分别达 432.5 g/($m^2 \cdot a$) 和 546.3 g/($m^2 \cdot a$)，略低于全国的平均数据 469 g/($m^2 \cdot a$) 和 663 g/($m^2 \cdot a$)（朱文泉等，2007）。考虑到海岛自身较脆弱的生态环境条件，证明了黑松和刺槐具有良好的生命力，是南部岛群生态建设的理想物种。

地表覆盖特征与 NPP 密切相关。对 5 个有居民海岛而言，城乡建设深刻影响着海岛的地表覆盖特征。分析 5 个有居民海岛 NPP 平均密度与建筑用地面积比例的相互关系，结果显示二者呈明显的负相关，线性拟合度达 0.518（图 10-11）。城镇建设占用土地，使得林地等具有高 NPP 值的覆盖类型面积减少，进而降低整岛的 NPP 均值，这也说明了城镇化进程不可避免地会带来 NPP 的减少。对 5 个无居民海岛而言，不同海岛 NPP 平均密度相差较大，由于人类开发活动较少，建筑用地面积很小，对海岛 NPP 影响不大，不过，挡浪岛、南砣子岛、螳螂岛裸地面积较大，而牛砣子岛、羊砣子岛植被茂密，裸地面积较小，图 10-12 显示了各岛 NPP 平均密度与裸地比例呈明显的负相关，线性拟合达 0.950。

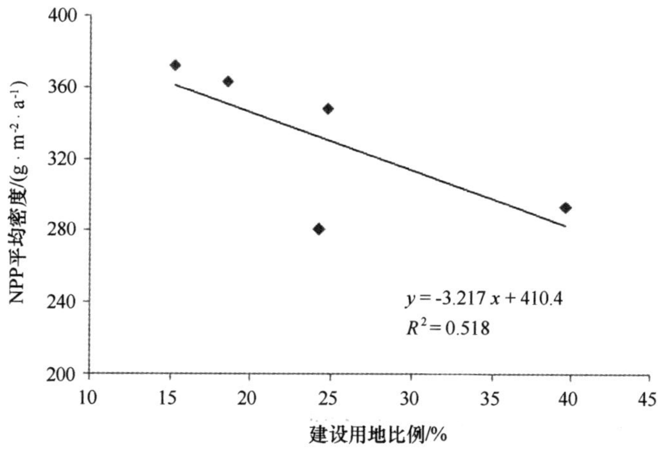

图 10-11　有居民海岛 NPP 平均密度与建设用地比例关系

对比有居民海岛和无居民海岛 NPP 的差异，有居民海岛 NPP 总量远高于无居民海岛，平均密度（332.01 g/($m^2 \cdot a$)）也明显高于无居民海岛（269.47 g/($m^2 \cdot a$)），这是由于螳螂岛、挡浪岛、南砣子岛 3 个无居民海岛较大的裸地面积使得无居民海岛 NPP 平均密度整

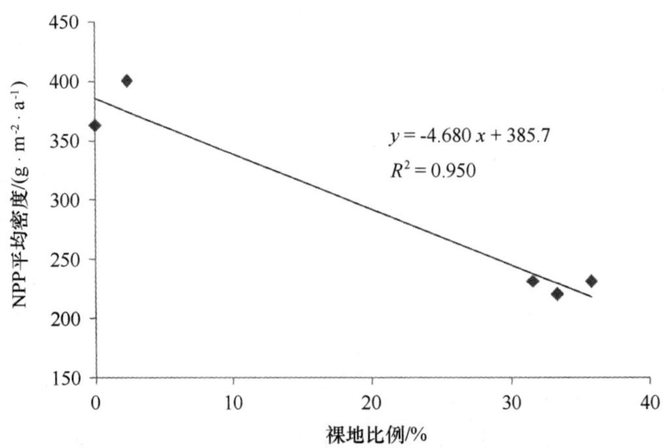

图 10-12　无居民海岛 NPP 平均密度与裸地比例关系

体偏低。同时可以发现，牛砣子岛和羊砣子岛 NPP 平均密度在南部岛群处于较高的水平，特别是牛砣子岛在 10 个海岛中 NPP 平均密度最高。

由于面积所限，无居民海岛 NPP 总量较小，但无居民海岛人类开发利用程度较低，部分海岛林木茂盛，拥有很高的 NPP 平均密度，而有的海岛林木覆盖率较低，裸地面积较大，海岛裸地一部分是由出露岩石构成，同时拥有一定面积的裸土地。这表明由于无居民海岛开发压力相对较小，已经成为海岛 NPP 的重要提供基地，同时，部分无居民海岛尚有较大的 NPP 提升空间，可通过继续开展人工林种植来实现海岛 NPP 的持续提升。

第11章 海岛陆地生态系统固碳能力数学模型构建和优化

11.1 考虑环境限制因子的黑松生长 Logistic 模型

11.1.1 基于经典 Logistic 方程的黑松固碳方程

11.1.1.1 经典 Logistic 方程简介

一般的非线性回归模型为：

$$y_i = f(x_i, \theta) + e_i \qquad i = 1, 2, \cdots, n, \tag{11.1}$$

式中，y_i为因变量，非随机变量x_i为自变量，θ为未知参数向量，e_i是误差项且满足独立同分布的假定。

非线性回归模型在生物数学中有着广泛应用，其中具有很多优良性的 Logistic 方程在种群生态学中占有重要地位，其模型较为简单、外延性和拓展性强、实际应用广泛，而且为一些其他生物数学模型的基础模型。下面重点介绍 Logistic 模型。

Logistic 方程是由比利时数学家 Verhulst 率先提出来的，是研究有限空间内生物种群增长规律的重要方法。经典的 Logistic 方程如下：

$$\frac{dx}{dt} rx\left(1 - \frac{x}{K}\right) \qquad x(t_0) = x_0, \tag{11.2}$$

通过分离变量法求解得：

$$X = \frac{K}{1 + ce^{-rt}}, \tag{11.3}$$

式中，X为碳储量，r为种群内禀增长率，K为环境容纳量，c为常数。

经典 Logistic 方程的生态学意义（余爱华，2006）如下：

在一确定环境内的单一种群。其主要的假设条件：

（1）环境内种群中的个体差异性较小，分布均匀，且无迁入和迁出现象发生；

（2）环境内总资源保持为一常数，且分配均等；

（3）种群中的所有个体的增长率相同且具有稳定的年龄结构；

（4）环境资源是有限的。

在上述假定的条件下，种群相对增长率为方程（11.2），其中的r为种群内禀增长率，指在没受到环境资源限制时个体的最大增长率，是物种内在特性的反应。而 K 为环境最大容纳量，表示环境可以承载种群中个体数量的最大值，反应了资源丰富程度。Logistic 方程产生至今，得到了极为广泛的应用和发展。无论是国外还是国内的一些研究人员结合现有研究成果，同时依据现实的实验，提出了多种 Logistic 方程改进模型。

11.1.1.2 数据来源

1）黑松树龄调查样本

以北长山岛为主要研究区，为考察树龄与胸径、树高的关系，对长岛典型的人工林（即黑松）进行了年轮、胸径、树高的调查，在北长山岛月牙湾附近山坡设置了 3 个样地，分别测量了 23、51、26 株。所测数据包括各个树龄阶段的胸径、树高以及测量的株数。

2）黑松生物量调查样本

为估算北长山岛黑松的固碳量，于 2014 年 9 和 10 月份，依据北长山岛黑松林的分布特征，设置 10 个黑松林调查样地，分别测量了样地内黑松的胸径等数据。

11.1.1.3 黑松固碳方程的参数估计及应用

采用模型模拟法与生物量法相结合对碳储量评估。黑松生物量的估算采用现有研究的模型来进行估算（见第 6 章表 6-2）。黑松各器官生物量乘以含碳率可得到相应的碳储量，即生物量与碳储量为线性关系，从而生物量增长速率也与固碳速率也可采用该系数进行线性转换。这同国内外在估算森林碳储量中采用的生物量与碳的换算系数基本一致。已有研究表明，国内外研究者通常采用 0.45 或 0.50 的换算系数，这里选择换算系数为 0.45（许景伟等，2005；Crutzen and Andreae，1990）。

首先利用黑松树龄调查样本中胸径和树高数据，根据表 11-1 中对应的方程，分别求出每株树的总碳储量、树干、树枝、树叶和树根的碳储量。

其次采用稳健回归方法对方程（11.2）中参数 K、r、c 进行参数估计，分别得到总碳储量和各器官碳储量的 Logistic 模型以及其残差平方和、决定系数和均方误差（表 11-1）以及碳储量估算点的回归拟合曲线（图 11-1 和 11-2）。

表 11-1　总碳储量和各个器官碳储量对方程（11.2）参数估计

器官碳储量	方程	残差平方和 SSE	均方误差 *RMSE*	决定系数 R^2
总碳储量	$X=\frac{147.4}{1+35.91e^{-0.1136t}}$	349.5	4.406	0.967
树干碳储量	$X=\frac{57.77}{1+17.59e^{-0.1136t}}$	975.4	7.165	0.837
树枝碳储量	$X=\frac{28.73}{1+23.54e^{-0.1129t}}$	320.6	4.108	0.821

续表

器官碳储量	方程	残差平方和 SSE	均方误差 *RMSE*	决定系数 R^2
树叶碳储量	$X=\frac{25.61}{1+23.54\mathrm{e}^{-0.1149t}}$	254.8	3.662	0.821
树根碳储量	$X=\frac{35.15}{1+26.5\mathrm{e}^{-0.118t}}$	589.6	5.571	0.820

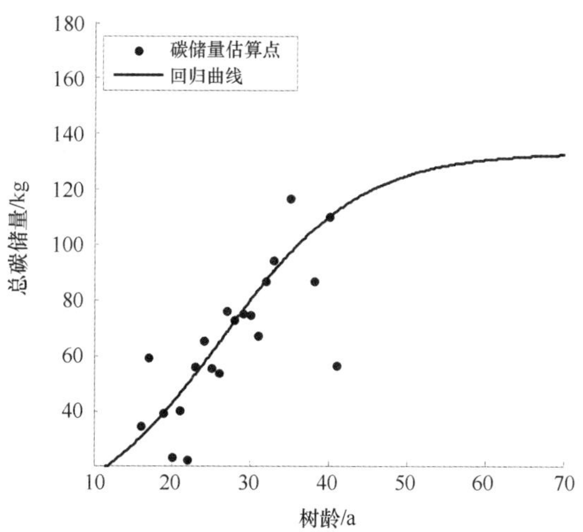

图 11-1　总碳储量与树龄的拟合曲线图

可以发现，每个拟合方程的样本决定系数都大于 0.82，且残差和均方误差较小，拟合效果十分理想。当不采用稳健回归来估计总碳储量模型时得：$SSE=349.5$，$RMSE=5.865$，$R^2=0.941$，对比可知采用稳健回归方法不但降低了误差而且提高了模型估计效果。

从前文可了解到，要估测黑松的总碳储量，首先须测得其胸径和树高。但在实际操作中，树高的测量不易实现且多为估算，而胸径的测量比较简单且准确，故本章拟只采用胸径来估算总碳储量和年固碳量。

为了估算北长山岛黑松林年固碳量，本章根据北长山岛黑松林分布特征，依据可达性和代表性原则，共设置了 10 个具有代表性的黑松林样方，并测量了样方内每棵树的胸径 D_i（黑松生物量调查样本）。

本研究取含碳率为 0.45，生物量为 $0.1954D^{2.3963}$，可得：

$$X_i = 0.0879D_i^{2.3963}. \tag{11.4}$$

又由表 11-1 中总碳储量方程可得：

$$X_i = 0.0879D_i^{2.3963} = \frac{147.4}{1+35.91\mathrm{e}^{-0.1136}t_i}. \tag{11.5}$$

用胸径来表示时间即：

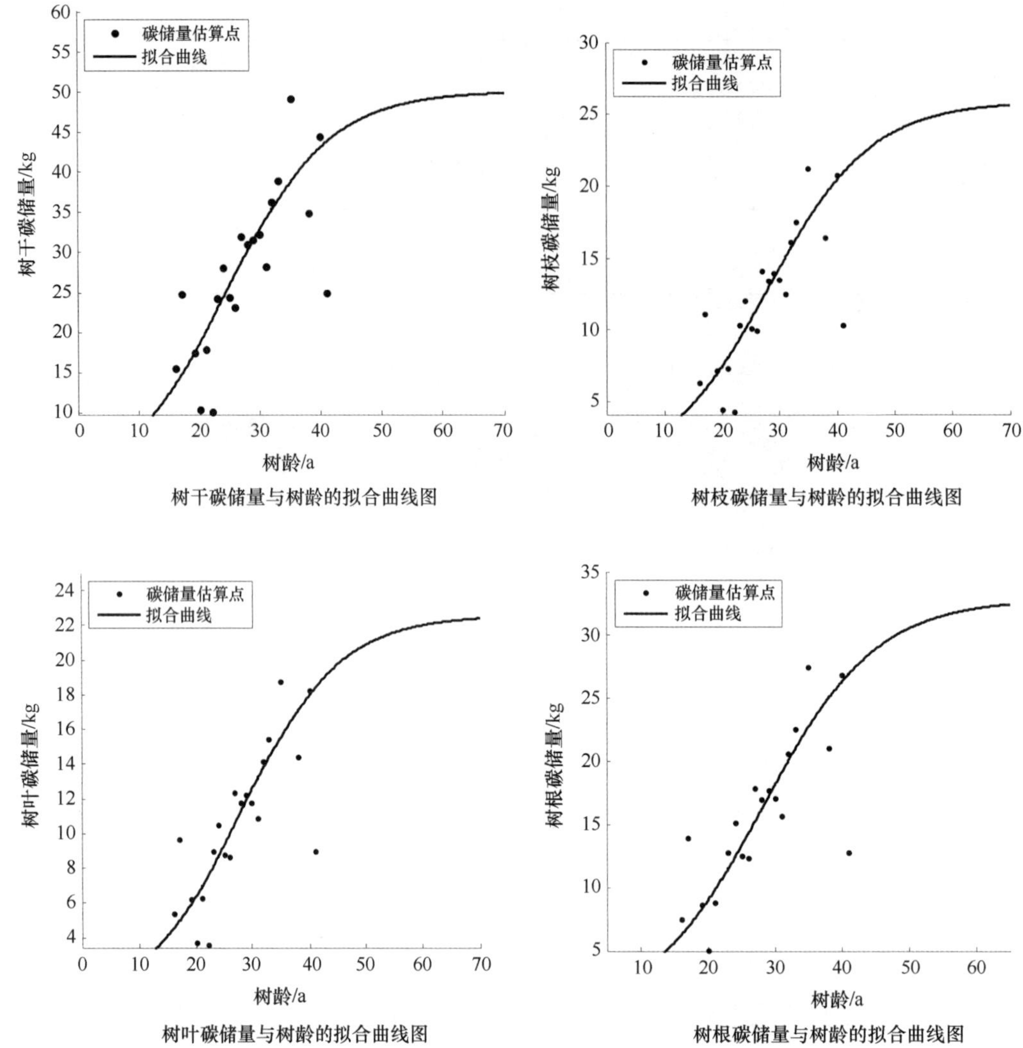

图 11-2　不同器官碳储量拟合

$$t_i = \frac{\ln\left(\frac{362.67}{D_i^{2.396}} - 0.278\right)}{-0.1136}. \tag{11.6}$$

同时对方程（11.5）两边关于 t 求导，可得黑松固碳速率方程：

$$\frac{dx}{dt} = \frac{601.3e^{-0.1136t}}{(1 + 35.91e^{-0.1136t})^2}. \tag{11.7}$$

这样由胸径这一数据，可以算得这棵黑松的树龄，进而得到此时固碳速率，下面再求由此得到现碳储量以及以后的年固碳量。

由方程（11.6）可知，对于每一个 D_i 都有一个与之对应的 t_i，即由黑松的胸径 D_i 可以求得相应的树龄 t_i，后把 t_i 分别带入方程（11.5）可以求得上一年 t_i-1 或下一年 t_i+1 的黑松年固碳量 X_{i-1} 或 X_{i+1}，以及固碳量数值（表 11-2）以及近 3 年来碳储量的变化（图 11-3）。

表 11-2 样方年固碳量值（单位：kg）

样方号	株数	现碳储量	上一年碳储量	下一年碳储量	上一年年固碳量	下一年年固碳量
1	71	2 312.64	2 155.22	2 478.12	157.42	165.48
2	53	2 578.29	2 452.85	2 708.51	125.44	130.21
3	83	3 640.25	3 419.50	3 869.34	220.75	229.09
4	56	2 202.52	2 057.42	2 353.33	145.10	150.81
5	101	2 568.37	2 400.45	2 746.74	167.91	178.38
6	59	2 168.86	2 058.43	2 284.74	110.43	115.88
7	39	1 603.07	1 534.21	1 674.03	68.86	70.96
8	63	1 762.17	1 658.24	1 883.52	103.93	121.35
9	46	1 306.21	1 231.98	1 384.66	74.23	78.45
10	61	2 594.54	2 478.51	2 714.92	116.03	120.38
均值	63.2	2 273.69	2 144.68	2 409.79	129.01	136.09

从上表 11-2 中可以得出 10 个样方的平均株数是 63.2 株，现平均碳储量为 2 273.69 kg，年平均固碳量为 132.55 kg。

由于本章设置的样方为 20 m×20 m，进而计算出北长山岛黑松林碳储量为 56.84 t/hm^2，低于世界水平 86 t/hm^2（刘国华等，2000），同时求得其年平均固碳量为 3.13 t/hm^2。这样在实际测量中，由易测量的胸径数据可以估算出乔木层碳储量和年平均固碳量。

11.1.2 改进的 Logistic 方程的黑松固碳方程

11.1.2.1 改进的概念模型

从数学角度上来看，Logistic 模型不是解析方程，而是经验方程，即它不是通过严格的逻辑推理而获得的，只是对有限资源限制的一种数学表达。另外由 Logistic 方程的生态学意义，本章研究的地区集中在北长山岛黑松林为一确定的环境内的单一种群，所以其种群内的 r 和 K 不变。但对于不同样本其立地条件、土壤理化性质又有所差别，且黑松碳储量与其所生长的环境息息相关，因此考虑加入土壤环境因子来改进黑松固碳模型。

改进的概念模型如下：

$$\frac{\mathrm{d}x}{\mathrm{d}t}rx\left(1-\frac{x}{K}\right),\ x(t_0)=x_0. \tag{11.8}$$

通过分离变量法求解得：

$$X=\frac{K}{1+ce^{-rafi}}, \tag{11.9}$$

式中，r 为种群内禀增长率；K 为环境容纳量；a、c 为常数；f 为土壤环境影响因子模型：

$$f = a_1x_1 + a_2x_2 + a_3x_3 + a_4x_4 + a_5x_5 + a_6x_6 + a_7x_7 + a_8x_8 + a_9x_9 + a_{10}x_{10}, \quad (11.10)$$

式中，x_1为含水量（%），x_2为 pH 值，x_3为有效磷（mg/kg），x_4为速效钾（mg/kg），x_5为含盐量（%），x_6为全钾（g/kg），x_7为全磷（g/kg），x_8为全氮（g/kg），x_9为全碳（g/kg），x_{10}为有机质（g/kg），其中 a_i（i=1，2，…，10）为常数。

土壤环境影响因子模型f的利用主成分建模步骤如下：

（1）因子正向化和标准化；

（2）因子之间的相关性大小，可通过相关系数矩阵来求解；

（3）确定主成分个数 m，一般通过主成分所对应特征值 $\lambda_i \geq 1$ 或其累计方差贡献率≥85%来决定，同时要结合初始因子载荷矩阵使变量没有损失；

（4）主成分表达式f_i求解，将初始因子载荷阵中第 i 列向量除以与之相应列特征根的开方根后，分别得到第 i 个主成分系数，进而得到f_i；

（5）综合主成分建模表达式为：

$$f = \sum_{i=1}^{m} \frac{\lambda_i}{k} f_i, \quad (11.11)$$

式中，k 为所有特征值的和或选取 m 个特征值的和。

11.1.2.2 土壤环境因子的主成分分析

2012 年 7 月，依据北长山岛植被的分布特征，设置了 26 个调查样地（20 m×20 m），分别调查其立地条件、土壤质地与理化性质以及乔木层植被的胸径、树高、年轮等指标，其中调查的土壤的理化性质包括含水量（%）、pH 值、有效磷、速效钾、含盐量（%）、全钾、全磷、全氮、全碳、有机质。

利用黑松分布特征调查样本中土壤环境因子数据，对土壤环境因子 10 个指标进行主成分分析，建立主成分综合模型f。

为此首先计算总碳储量与土壤环境因子的 10 个指标的皮尔逊相关系数（表 11-3）。

表 11-3 总碳储量与土壤环境因子的相关系数矩阵

相关系数	碳储量	含水量	pH 值	有效磷	速效钾	含盐量	全钾	全磷	全氮	全碳	有机质
碳储量	1										
含水量	-0.01	1									
pH 值	-0.43	0.14	1								
有效磷	0.28	0.24	-0.05	1							
速效钾	0.28	0.25	0.05	0.28	1						
含盐量	-0.32	-0.02	0.33	0.28	0.30	1					
全钾	-0.29	0.25	0.61	-0.06	0.44	0.36	1				
全磷	-0.04	0.04	-0.15	0.16	-0.20	-0.1	-0.34	1			

续表

相关系数	碳储量	含水量	pH 值	有效磷	速效钾	含盐量	全钾	全磷	全氮	全碳	有机质
全氮	0.44	0.09	−0.10	−0.21	0.24	0.14	0.34	−0.2	1		
全碳	0.27	0.35	−0.36	0.36	0.47	0.25	−0.07	0.1	0.2	1	
有机质	0.25	0.33	−0.37	0.41	0.46	0.29	−0.04	0.02	0.2	0.9	1

从表 11-3 中可得出总碳储量与 pH 值、全磷、全氮具有中度的相关性，与速效钾、全钾、有效磷、全碳、有机质具有低度相关性，故进一步考虑加入土壤环境因子来改进黑松固碳 Logistic 方程。

表 11-4 土壤环境因子的描述性统计

	样本数	最小值	最大值	均值	标准差
含水量/%	67	1.057	3.507	1.933	0.479
pH 值	67	5.105	8.325	6.671	0.974
有效磷	6	0.56	29.462	3.883	4.185
速效钾	67	56.684	116.08	84.747	13.324
全磷	67	0.16	0.847	0.353	0.134
全钾	67	1.194	3.757	2.454	0.509
含盐量/%	67	0.007	0.206	0.091	0.04
全氮	6	0.332	20.57	2.063	3.503
全碳	67	3.648	28.347	14.202	5.532
有机质	67	3.96	39.996	19.538	8.784

首先对样本进行描述性统计（表 11-4），对数据进行标准化处理，从表中可以看出所选取的 67 个样方的土壤环境因子，其差异性不是很大，比较适用于进行统计分析。再利用 SPSS 软件求得 10 个土壤因子指标对总碳储量的方差解释（表 11-5）。

表 11-5 总方差解释

主成分	初始特征值			旋转后的提取因子负荷		
	特征值	方差贡献率/%	累积方差贡献率/%	特征值	方差贡献率/%	累积方差贡献率/%
1	3.416	34.161	34.161	3.416	34.161	34.161
2	2.187	21.871	56.032	2.187	21.871	56.032
3	1.274	12.741	68.773	1.274	12.741	68.773
4	0.909	9.089	77.862	0.909	9.089	77.862

续表

主成分	初始特征值			旋转后的提取因子负荷		
	特征值	方差贡献率/%	累积方差贡献率/%	特征值	方差贡献率/%	累积方差贡献率/%
5	0.778	7.777	85.639			
6	0.576	5.757	91.396			
7	0.466	4.658	96.053			
8	0.190	1.895	97.948			
9	0.148	1.484	99.432			
10	0.057	0.568	100.000			

对应表 11-5 分析，虽然只有前 3 个的特征值大于 1，但其中第 4 个特征值接近于 1，且解释 9%的因子变化并使得累积方差贡献率达 77.8%。故先暂取 4 个主成分来进行分析，并求得初始因子载荷矩阵（表 11-6）。

表 11-6　初始因子载荷矩阵

指标	主成分			
	1	2	3	4
含水量/%	0.540	0.031	0.397	0.580
pH 值	0.899	-0.023	0.046	-0.180
有效磷	0.455	0.542	-0.387	-0.112
速效钾	0.217	0.788	0.092	0.036
含盐量/%	0.608	0.407	-0.008	-0.416
全钾	0.872	0.233	0.258	0.035
全磷	0.324	0.155	-0.604	0.580
全氮	-0.177	0.234	0.724	0.094
全碳	-0.593	0.722	-0.027	0.015
有机质	-0.664	0.671	0.019	0.072

从表 11-6 可以看出，选取 4 个主成分的累计方差贡献率达到 77.8%，且包含土壤环境理化性质的全部信息。其中第 1 主成分与 pH 值、全钾相关性高，第 2 主成分与速效钾、全碳相关性高，第 3 主成分与全磷、全氮相关性高，第 4 主成分与含水量、含盐量、全磷相关性高。

下面根据上文建模步骤来构造主成分表达式，首先利用初始因子载荷矩阵中数值除以与之相应特征值开方根，便可以求出表达式中各个系数，再把特征向量乘以标准化指标数值，就可得到 4 个表达式：

$$f_1 = 0.292x_1 + 0.486x_2 + 0.246x_3 + 0.117x_4 + 0.329x_5 + 0.472x_6$$

$$+ 0.175 x_7 - 0.096 x_8 - 0.320 x_9 - 0.359 x_{10}, \tag{11.12}$$

$$f_2 = 0.021x_1 - 0.016 x_2 + 0.367 x_3 + 0.533x_4 + 0.275 x_5 + 0.158x_6 + 0.105x_7 + 0.158x_8 + 0.488x_9 + 0.454x_{10}, \tag{11.13}$$

$$f_3 = 0.352x_1 + 0.041 x_2 - 0.343 x_3 + 0.082x_4 - 0.007 x_5 + 0.229x_6 - 0.535x_7 + 0.641x_8 - 0.024x_9 - 0.017x_{10}, \tag{11.14}$$

$$f_4 = 0.608x_1 - 0.189 x_2 - 0.117 x_3 + 0.038x_4 - 0.436 x_5 + 0.037x_6 + 0.608x_7 + 0.099x_8 + 0.016x_9 + 0.076x_{10}. \tag{11.15}$$

分别用各个主成分的特征值占前 4 个特征值的总和为权重，进而得到土壤因子综合模型：

$$f = 0.263x_1 + 0.194 x_2 + 0.141 x_3 + 0.219x_4 + 0.171 x_5 + 0.293x_6 + 0.09x_7 + 0.119x_8 - 0.006x_9 - 0.019x_{10}. \tag{11.16}$$

前面叙述了主成分综合模型的建立过程，从前文中可以看出主成分个数可以选取 3 个、4 个，另外在求得模型权重时，可以分别选取主成分的特征值与前 m 个特征值和的比与全部特征值总和的比两种方式。故现可以求得 4 个土壤因子综合模型，下面进行模型的选取。

本章中把方程（11.16）称为 f_{z1}；当取 4 个主成分、权重为特征值与全部特征值和的比的综合模型称为 f_{z2}；当取 3 个主成分、权重为特征值与前 3 个特征值和的比的综合模型称为 f_{z3}；当取 3 个主成分、权重为特征值与全部和的比的综合模型称为 f_{z4}。

下面依据 26 个样方中土壤环境因子、黑松总碳储量、总碳储量的环境最大容纳量（$K=133.4$）、内禀增长率（$r=0.115\ 6$）以及 4 个土壤因子主成分综合模型分别代入方程（11.9）、（11.10），利用稳健回归方法求得的拟合效果见表 11-7，进而来选择最优的土壤环境因子主成分综合模型。

表 11-7 4 个综合模型对方程（11.9）中参数的估计及拟合效果度量

指标	f_{z1}	f_{z2}	f_{z3}	f_{z4}
参数 a	0.017	0.017	0.022	0.022
参数 c	7.229	7.209	7.229	7.213
残差平方和	13 350	13 200	13 350	13 210
均方误差	23.58	23.45	23.58	23.46
调整样本决定系数	0.607	0.612	0.607	0.612
样本决定系数	0.657	0.655	0.657	0.655
可靠性指数	1.636	1.636	1.634	1.636
平均残差	-4.163	-4.272	-4.447	-4.265
建模效率	0.257	0.254	0.254	0.254

由上表综合比较可知，在样本决定系数、残差平方和、可靠性指数和建模效率方面 f_{z2} 和 f_{z4} 比 f_{z1} 和 f_{z3} 较好，虽然 f_{z2} 和 f_{z4} 在残差方面差别细微，但 f_{z4} 在相关系数和建模效率占优，最后选择 f_{z4} 作为土壤因子综合模型。

同上述步骤求得表达式：

$$f_1 = 0.292x_1 + 0.486x_2 + 0.246x_3 + 0.117x_4 + 0.329x_5 + 0.472x_6 + 0.175x_7 - 0.096x_8 - 0.320x_9 - 0.359x_{10}, \quad (11.17)$$

$$f_2 = 0.021x_1 - 0.016x_2 + 0.367x_3 + 0.533x_4 + 0.275x_5 + 0.158x_6 + 0.105x_7 + 0.158x_8 + 0.488x_9 + 0.454x_{10}, \quad (11.18)$$

$$f_3 = 0.352x_1 + 0.041x_2 - 0.343x_3 + 0.082x_4 - 0.007x_5 + 0.229x_6 - 0.535x_7 + 0.641x_8 - 0.024x_9 - 0.017x_{10}. \quad (11.19)$$

同上述步骤求得土壤因子主成分综合模型：

$$f = 0.149x_1 + 0.168x_2 + 0.121x_3 + 0.167x_4 + 0.172x_5 + 0.225x_6 + 0.015x_7 + 0.084x_8 - 0.006x_9 - 0.021x_{10}. \quad (11.20)$$

由方程（11.20）可以初步得出，含水量、pH 值、有效磷、速效钾、含盐量、全钾为北长山岛黑松林乔木层碳储量重要影响因子，而全磷、全氮、全碳以及有机质对黑松林碳储量影响不是很明显。这与石洪华等（2013）对北长山岛乔木层碳储量影响因子的研究较为一致。

11.1.2.3 模型参数估计

首先采用表 6-2 中的胸径与树高公式，对黑松分布特征调查样本进行数据分析，分别求出的总碳储量、树干、树枝、树叶以及树根碳储量，再利用土壤因子主成分综合模型［方程（11.20）］求得样本中各样方的土壤因子，其中总碳储量和器官碳储量 K、R 利用表 11-1 中值。采用稳健回归方法对方程（11.9）中参数 a、c 进行参数估计得到表 11-8。

表 11-8 总碳储量和各器官碳储量对方程（11.9）的参数估计

器官碳储量	方程	残差和 SSE	均方误差 $RMSE$	决定系数 R^2
总碳储量 1	$X=\frac{147.4}{1+90.43e^{-0.1156tf}}$	20 490	28.63	0.243
总碳储量 2	$X=\frac{147.4}{1+7.213e^{-0.00259tf}}$	13 210	23.46	0.612
树干碳储量	$X=\frac{57.77}{1+6.561e^{-0.00256tf}}$	2 343	9.88	0.604
树枝碳储量	$X=\frac{87.73}{1+7.315e^{-0.00255tf}}$	431.8	4.241	0.611
树叶碳储量	$X=\frac{25.61}{1+7.729e^{-0.00261tf}}$	345	3.792	0.609
树根碳储量	$X=\frac{35.15}{1+7.704e^{-0.00254tf}}$	741.6	5.559	0.630

注：表中总碳储量 1 和总碳储量 2 分别为不加土壤因子综合模型 f 和加上土壤因子综合模型 f 时的估计结果。

从估计结果来看，当加入土壤因子综合模型 f 后残差平方和由 20 490 降到 13 210，均方误差由 28.63 降到 23.46，样本决定系数由 0.243 提高到 0.612。进而可知加入土壤因子综合

模型 f 对碳储量的估算效果明显提高。

综上所述，本章通过主成分分析方法建立土壤环境因子综合模型，并把此模型加入到碳储量估算的 Logistic 模型中作进一步地改进。结果发现改进的效果良好，进一步验证了北长山岛乔木层碳储量与土壤环境因子的相关性，同时也提高了模型估计的准确性。

11.2 基于非线性回归方法的土壤碳通量模型参数估计

11.2.1 土壤碳通量的非线性回归模型

非线性回归模型依据自变量数量，可分为一元或多元非线性回归模型。土壤碳通量分别与温度和湿度所形成的模型都为一元非线性模型。一元非线性回归模型主要有反函数、对数、二次及三次、幂函数、复合、S 形、指数、生长以及 Logistic 曲线方程。当选择合适曲线方程时主要根据的是经验和知识。

上述模型依据线性化方法不同可分为以下 3 种类型：直接换元型，由变量替换化为线性模型，再采用最小二乘法来估算模型回归系数。间接换元型，进行对数变换间接化为线性，由于在变换过程中改变了因变量，使最小二乘法失去了原来的意义，进而得不到最优的回归系数。非线性型，是指无论怎么替换都不可线性化的模型。其中第二类和第三类可以通过高斯-牛顿迭代法来估计模型的参数。

首先来考虑下土壤温度对土壤碳通量的影响，土壤温度与土壤碳通量的关系，一般采用的是指数模型，具体如下所示（Luo et al.，2001；Grace and Rayment，2000）：

$$y = a\mathrm{e}^{bT}, \tag{11.21}$$

式中，y 为土壤碳通量的值［μmol/（m^2·s）］；T 为距地表下 10 cm 处的土壤温度（℃）；a 为温度为 0℃时土壤呼吸速率；b 为温度反应系数。

土壤呼吸速率的温度敏感系数（Q_{10}）表征着土壤温度对碳通量影响大小，其含义为当温度升高 10℃时碳通量与之相应增大的倍数（刘颖等，2005；郭辉等，2010），其表达式如下所示：

$$Q_{10} = \mathrm{e}^{10b}. \tag{11.22}$$

不同区域土壤湿度与土壤碳通量的关系可能各不相同，一般采用拟合方程来估算土壤碳通量对土壤湿度的敏感性。

土壤碳通量与土壤温度、湿度的联合作用是多元非线性模型，首先分别建立土壤碳通量对温度、湿度的最佳一元非线性模型，进而把一元非线性模型合成多元非线性模型，再利用高斯-牛顿迭代法来估计其参数。

11.2.2 土壤碳通量模型参数估计

11.2.2.1 数据来源

本章试验地设于北长山岛月亮湾附近山坡（37°59′06″~37°59′11″N、120°42′39″~120°42′44″E），

海拔 23 m。选择当地分布最为广泛的黑松林、刺槐林为研究对象，设立黑松林和刺槐林两个样地，于 2013 年 3 月、5 月和 8 月中旬分别进行观测（乔明阳等，2015）。具体见 9.4 小节。

11.2.2.2 单因素对土壤碳通量的影响

不同研究区域土壤温度与土壤碳通量之间的关系可能各不相同，一般采用拟合方程来估算土壤呼吸对土壤温度的敏感性（刘颖等，2005；王鹤松等，2007；陈妮娜等，2011；王晓丽等，2014）。本研究用指数方程（11.21）和其敏感指数 Q 10 方程（11.22）拟合不同时间及林地的土壤温度与土壤碳通量的模型（Lloyd and Taylor，1994；Arrthenius，1998）。

拟合结果表明，从显著性水平（$p<0.05$）和决定系数（R^2）看，全部林地的土壤碳通量与土壤温度呈现较为显著指数关系（图 11-3）。北长山岛的 5 月份刺槐林土壤碳通量与土壤温度关系较为密切，其决定系数为 0.702。5 月份黑松林、8 月份刺槐林和黑松林的决定系数较为接近，分别是 0.516、0.562 和 0.492 。由拟合的指数方程计算得到 5 月份刺槐林、黑松林、8 月份刺槐林、黑松林的 Q_{10} 依次为 1.448、1.301、3.254 和 3.445。

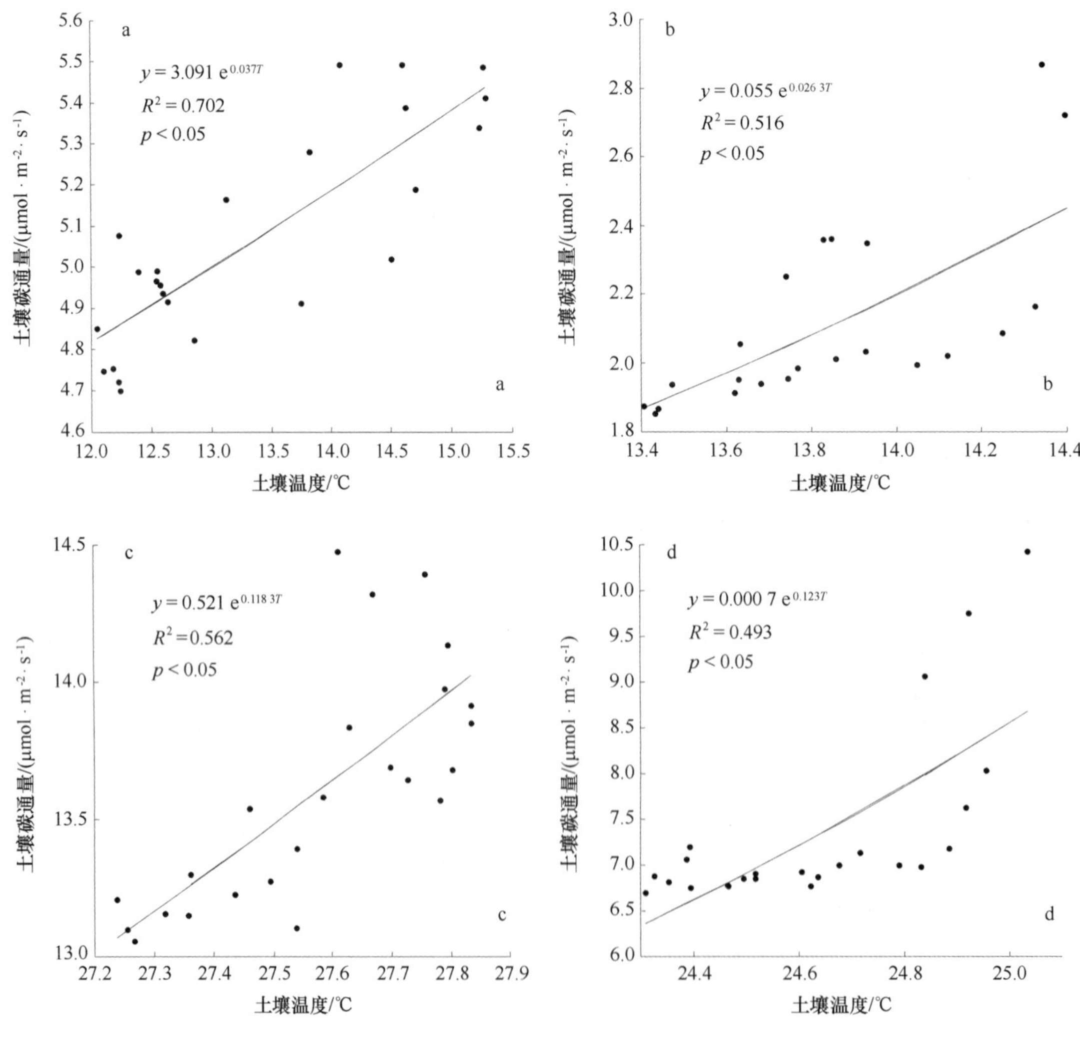

图 11-3 北长山岛 10 cm 深处土壤温度与土壤碳通量关系

a. 5 月份刺槐林，b. 5 月份黑松林，c. 8 月份刺槐林，d. 8 月份黑松林土壤温度与湿度是影响土壤呼吸的关键因子（Mielnick and Dugas, 2000），温度影响植物根呼吸酶活性和土壤微生物活性（Andrews et al., 2000），而根系代谢和土壤微生物均对土壤湿度有一定的要求（刘颖等, 2005）。对于北长山岛森林土壤碳通量与土壤温度之间的关系，与其他陆地生态系统所采用的模型一致（刘颖等, 2005；王鹤松等, 2007；王艳萍等, 2009）。本章中的指数模型能很好反映各个试验地土壤碳通量与土壤温度的关系（R^2为 0.492~0.702，$p<0.05$），以此为基础计算得到平均 Q_{10}为 2.362，这与 Peng 等（2009）估计的中国针阔叶混交林的 Q_{10}值（2.78±0.96）较为一致。

其次考虑土壤湿度与土壤碳通量的关系。本章采用探索法，用多种一元非线性回归方程对土壤碳通量与土壤湿度进行拟合，根据拟合方程的显著性水平（$p<0.05$）和决定系数（R^2）来选择最优模型，后得到土壤碳通量与 0~10 cm 处土壤湿度所呈现的模型（图 11-4）。5 月份刺槐林呈指数型关系，决定系数为 0.689；5 月份黑松林呈现显著的二次曲线关系，其决定系数为 0.819；8 月份刺槐林和黑松林呈线性关系，决定系数分别为 0.363 和 0.601。

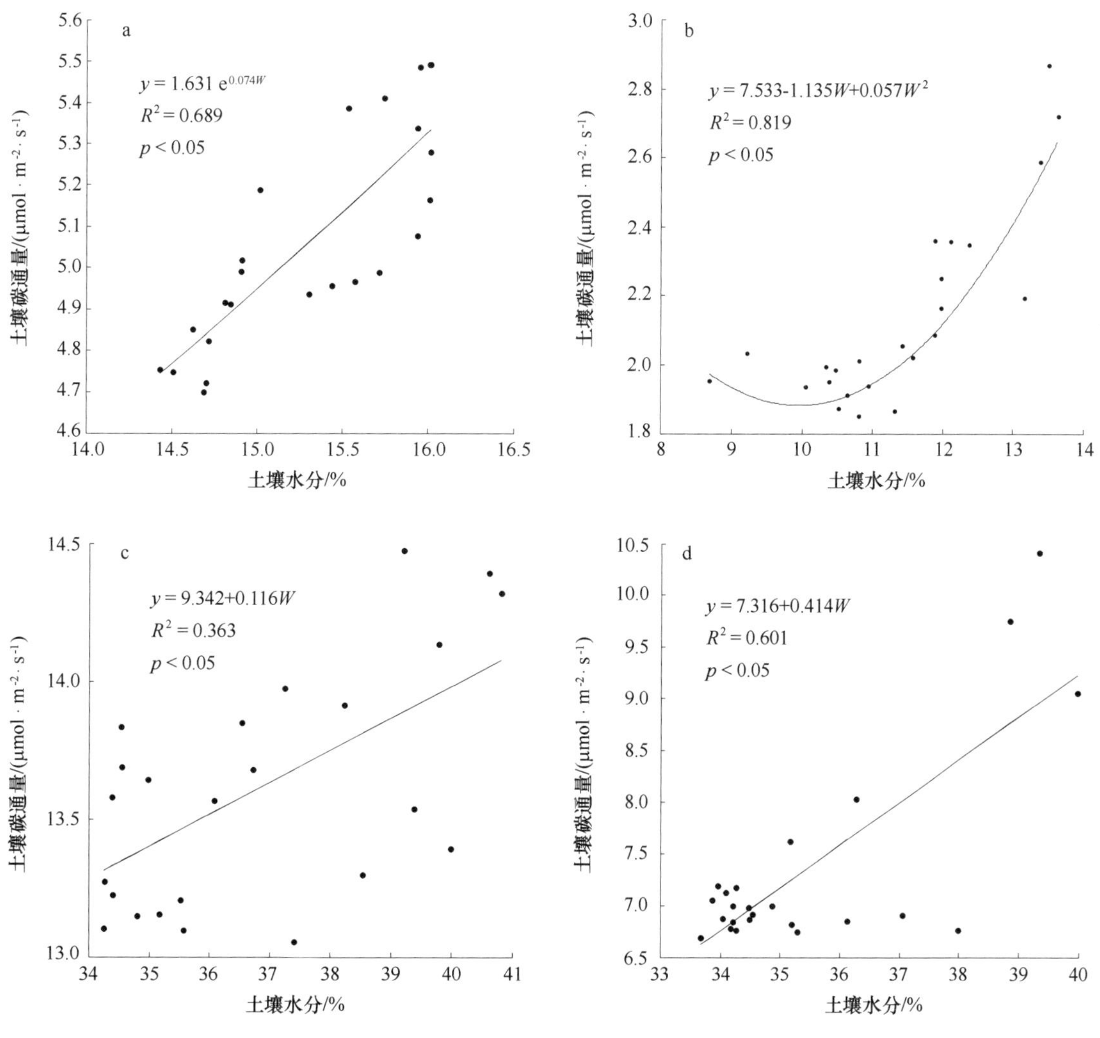

图 11-4　0~10 cm 土壤含水量与土壤碳通量关系

a. 5 月份刺槐林，b. 5 月份黑松林，c. 8 月份刺槐林，d. 8 月份黑松林土壤湿度对黑松林土壤碳通量的影响比刺槐林大（黑松林 5 月份和 8 月份的 R^2 值分别为 0. 819、0. 601，刺槐林分别为 0. 689、0. 363），这可能是由于黑松林样地土壤水分条件不如刺槐林样地（在 5 月份黑松林平均土壤水分为 11. 3%，而刺槐林为 15. 3%；8 月份黑松林平均土壤水分为 35. 4%，而刺槐林为 36. 7%）。

11. 2. 2. 3　多因素对土壤碳通量的影响

最后考虑土壤温度和湿度的联合作用与碳通量关系模型。本章前文分别建立了土壤温度和湿度与土壤呼吸速率模型，并对其进行参数估计，综上可知两者为碳通量重要的影响因子。为进一步探讨两者在交互作用下与土壤碳通量的关系，本章首先将土壤温度和湿度数据进行汇总，选取单因素最优模型，再通过高斯-牛顿迭代法来连续不断修正回归系数，最后得到土壤碳通量与土壤温度和湿度的最优模型（表 11-9）。

表 11-9　土壤碳通量与土壤温度和土壤湿度模型参数估计结果

标准化回归方程	决定系数 R^2
5 月刺槐林　$y=2.859e^{0.03T}+0.008e^{0.3W}$	0. 915
5 月黑松林　$y=6.916e^{0.003T}+0.239-1.111W+0.056W^2$	0. 823
8 月刺槐林　$y=0.035e^{0.125T}-0.438+0.084W$	0. 735
8 月黑松林　$y=2.697\times10^{-8}e^{0.744T}-5.574+0.294W$	0. 731

通过非线性多元回归分析方法对土壤碳通量与土壤温度和湿度之间的关系进行分析发现，北长山岛森林土壤碳通量受到土壤温度和湿度共同调控。综合模型的决定系数与单一因素的决定系数相比均较高，说明拟合效果更为显著。土壤温度和湿度在 5 月份刺槐林、黑松林模型中分别解释了 91. 5%，82. 3%以上土壤碳通量的变化，在 8 月份刺槐林、黑松林模型中分别解释了 73. 5%，73. 1%以上土壤碳通量变化，解释效果较好。

海岛生态系统中土壤温度对土壤碳通量的影响与陆地生态系统相一致，指数型模型能很好描述两者关系（$R^2=0.492\sim0.702$）；但土壤湿度对土壤碳通量的影响与陆地生态系统不尽相同，尤其是在 5 月份黑松林中，两者呈显著二次曲线关系（$R^2=0.819$，$p<0.05$）。土壤湿度由于受到降雨量的影响，以及土壤湿度的大小也同时影响到土壤的通气状况，所以在各地不同的研究中土壤湿度与土壤碳通量并没有一致的关系（黄耀等，2001；陈全胜等，2003）。从整体上来看，与陆地生态系统相一致的是北长山岛林地 0～10 cm 处土壤温度和湿度都是土壤碳通量的重要调控因子，且其协同作用能解释土壤碳通量 73. 1%～91. 5%的变化情况。Keith 等（1997）也认为，土壤温度及土壤湿度可以解释土壤呼吸 97%的变异情况。

第12章 海岛森林健康状况及影响因子

庙岛群岛南部岛群原生林木发育不良，20世纪50年代以来开展了广泛的人工林建设，有效增加了海岛森林覆盖率，人工林具有维护生物多样性、涵养水源、调节气候、防风固沙、固碳释氧等重要生态功能，对维持海岛生态系统稳定性具有重要作用，这在已有研究中已经得到论证（石洪华等，2013；王晓丽等，2013）。然而，由于恶劣的自然环境和频发的自然灾害，海岛人工林健康状况往往受到较大威胁（Qie et al.，2011；Bustamante-Sánchez et al.，2012；Katovai et al.，2012），一旦遭到破坏，会对人工林生态功能造成严重影响，短时间内很难得到恢复，甚至给海岛生态系统带来“生态灾难”，弄清楚海岛人工林健康状况及其影响因子具有重要意义。

选择北长山岛为研究区，以现场调查取样为基础，阐明人工林健康状况及其空间分布特征，进而探讨反映人工林健康状况的影响因子。

12.1 数据来源与处理

12.1.1 数据来源

北长山岛是我国北方人工林建设的典型海岛，恶劣的立地条件使得其原生林木发育较少且不成规模，20世纪50年代以来持续开展了人工林建设，以黑松和刺槐为主要树种，显著地提高了海岛森林覆盖率，截至2014年10月，人工林总面积约4.03 km^2，占海岛面积的50%以上。然而，北长山岛人工林的生长条件较差，干旱、大风等给人工林健康状况带来严重影响，再加上近年来松材线虫（*Bursaphelenchus xylophilus*）的侵扰，森林健康受到很大的威胁。

2014年9-10月进行北长山岛人工林调查与取样工作。以均匀分布为原则，同时结合群落类型和地形因素，在北长山岛人工林区共布设32个样地，样地大小为20 m×20 m（图12-1）。运用GPS手持机和电子罗盘测量各样地的经纬度信息；记录样地乔木层、灌木层和草本层盖度；记录并测量样地内胸径（DBH）≥3 cm（方精云等，2009）的所有活立木和枯立木的种类、胸径、基径、树高等信息，对于死亡后被砍伐清理剩下的树木残桩（长岛地区人工林均为防护林，树木死亡基本为自然死亡，死亡后经砍伐、搬运后集中处理，留下残桩），记录其种类和基径。

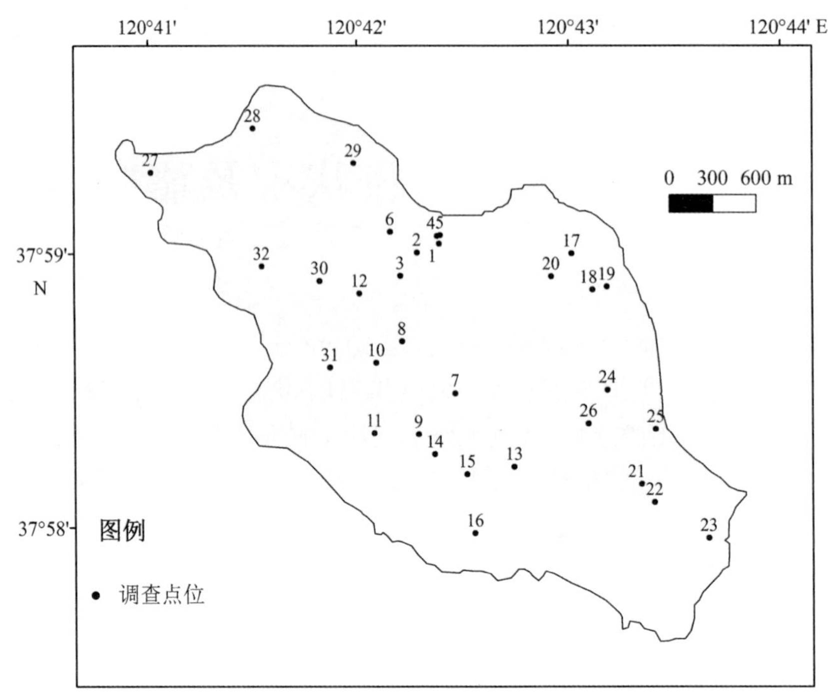

图 12-1　北长山岛人工林调查样地

12.1.2　数据处理与分析

统计整理调查样地的树木种类、株数等，对每棵树木进行编号，标注活树和死树，以此计算树木死亡率（多年合计死亡率）。根据各样地树木种类和株数判断群落类型，当某一树种株数占样地总株数的 80%以上，则定为纯林群落，对本研究而言为黑松群落或刺槐群落，当任一树种株数均未达到样地总株数的 80%，则定为混交林群落，对本研究而言为黑松-刺槐混交林。由于调查的树木残桩仅有基径数据，依据已知基径和胸径的树木数据，对黑松和刺槐建立胸径-基径回归方程，补全所有树木的胸径信息（表 12-1）。

表 12-1　树木生长信息回归方程

	胸径 DBH（y）-基径 BD（x）	拟合度 R^2
黑松 *Pinus thunbergii*	$y=-0.222+0.772x$	0.957
刺槐 *Robinia pseudoacacia*	$y=-0.218+0.837x$	0.945

根据人工林树木死亡率，评估人工林健康状况（<10%，良好；10%~20%，一般；20%~30%，较差；>30%，极差）。

人工林健康状况同时受到生物因子和生境因子的影响，探讨不同树种和群落类型死亡率的特征，分析林分密度和胸径对死亡率的影响，进而研究海拔、坡度、坡向和坡位对树木死亡率的影响。

将林分密度（株/样地）划分为 30~50、50~70、70~90、90~110 和 110 以上共 5 个区

间，分析不同林分密度区间树木死亡率的变化特征；探讨不同树种死亡率在不同胸径区间内的变化特征，黑松和刺槐是北长山岛人工林的建群种，其他树种数量较少，仅占全部树木的3%，不具有统计意义和价值，对黑松和刺槐的胸径-死亡率关系进行分析，将胸径划分为3~5、5~10、10~15、15~20和20 cm以上共5个区间进行统计分析。

采用相关分析法，探讨海拔、坡度和坡向与死亡率的关系；记录的坡向原始值为按0°~360°顺时针增大，0°为正北，180°为正南，以向阳性为原则，按照下式进行标准化：

$$AS_x = \frac{1 + \cos\left(\frac{A_x - 180}{180} \times \pi\right)}{2}, \tag{12.1}$$

式中，AS_x为x点标准化坡向值，A_x为x点原始坡向值。

同时，采用单因素方差分析法分析不同坡位（山脊、坡肩、背坡和坡脚，山谷这一坡位类型在北长山岛基本开垦为农田或进行城乡建设，因此本次研究不包含在内）死亡率的差异和特征。

12.2 人工林健康状况

12.2.1 人工林健康状况结果

共调查树木2 411棵，其中黑松占66.8%，刺槐占30.2%，为人工种植，是群落建群种，麻栎等其他树种占3%，为天然原生植物，本身不具规模，散落在各样地中；共记录死树758棵，黑松和刺槐死树占据99.7%，天然树种死树很少（图12-2）。所有树木总体死亡率达31.4%，黑松死亡率为33.5%，刺槐为29.8%，天然树种仅为2.8%；黑松健康状况为“极差”，刺槐健康状况为“较差”，天然树种为“良好”，所有树木的健康状况为“极差”。

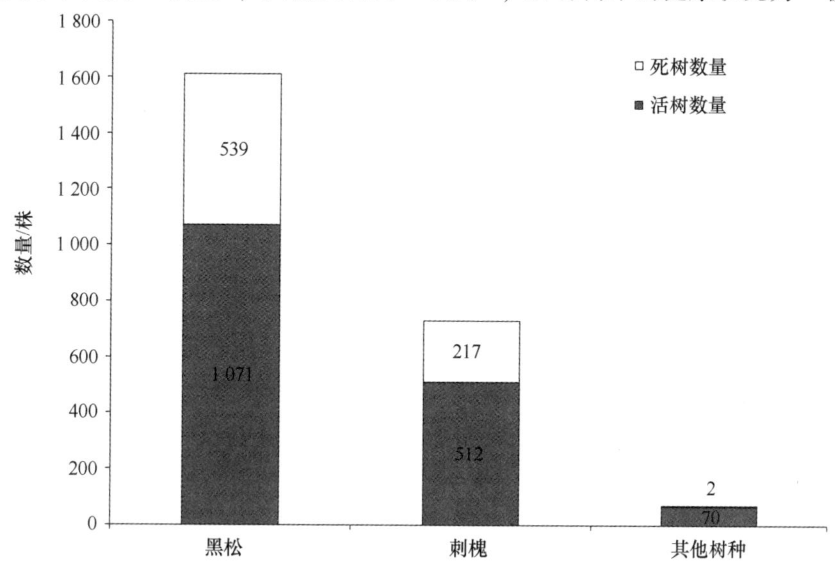

图12-2 不同树种数量统计

32个样地共包含16个黑松林样地、10个刺槐林样地和6个混交林样地，林分密度最大值为137株/样地（样地25），最小值为32株/样地（样地21），平均值为75.3株/样地，3种样地平均值由大到小依次为混交林（91.2株/样地）、黑松林（81.6株/样地）和刺槐林（55.8株/样地）；各样地中树木死亡率最大值为57.8%（样地8），最小值为9.1%（样地15），平均值为30.9%，3种样地平均值由大到小依次为黑松林（33.8%）、混交林（32.0%）和刺槐林（25.6%）。同时，人工林健康状况也显示，仅有3.1%的样地处于“良好”状态，18.8%的样地为“一般”，31.2%的样地为“较差”，46.9%的样地也是最多的样地处于“极差”状态；黑松林和混交林健康状况总体处于“极差”状态，刺槐林总体为“较差”（图12-3）。

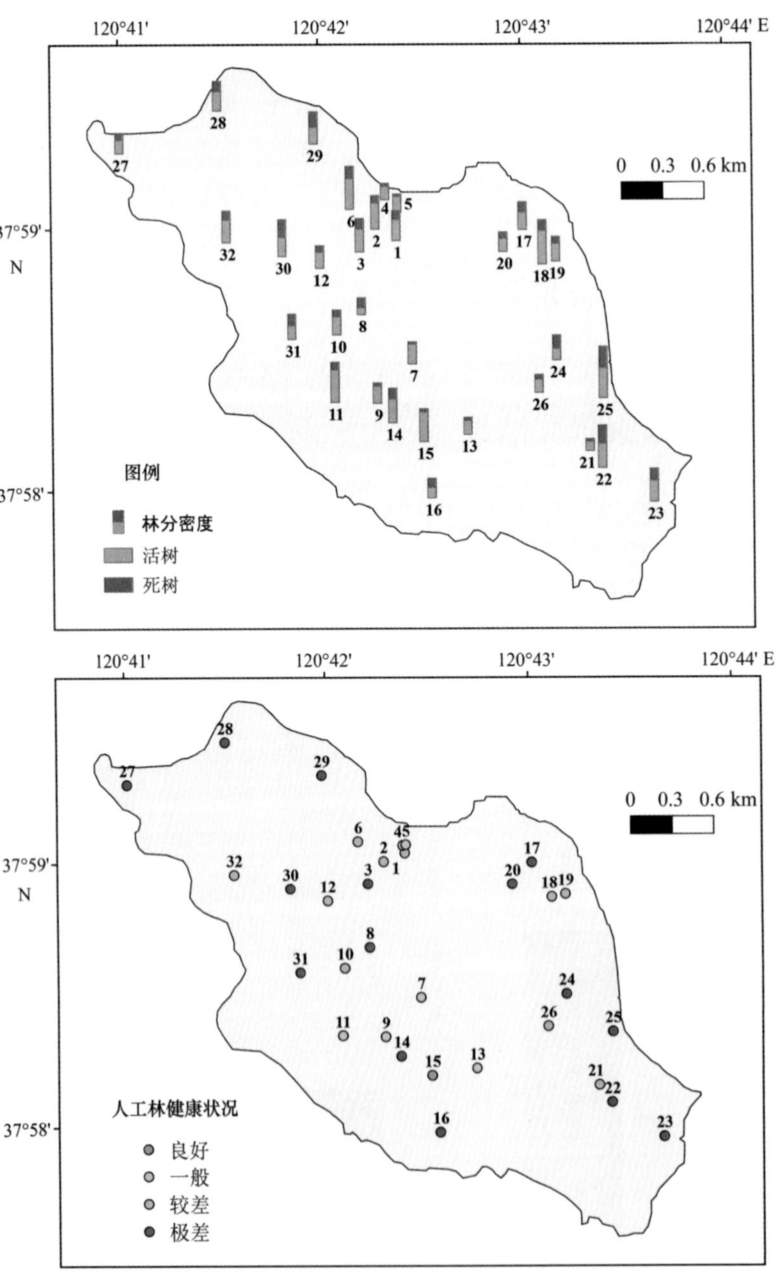

图12-3 健康状况空间分布

12.2.2 人工林健康状况结果分析

北长山岛人工林平均林分密度为1 882.5株/hm^2，不同群落类型由大到小依次为混交林（2 280株/hm^2）、黑松林（2 040株/hm^2）和刺槐林（1 395株/hm^2），相比国内其他区域的同类和相似树种人工林而言均处于中等或中等偏上密度（韩广轩等，2008；曾小平等，2008；康冰等，2009；程积民等，2014；申家朋和张文辉，2014）。鉴于海岛地区交通运输诸多不便，且地表起伏明显，造林难度大，说明北长山岛人工林建设进行了大量的投入，也取得了一定成绩。所有树木平均死亡率为31.4%，远高于海南岛霸王岭热带季雨林树木平均死亡率7.6%（刘万德等，2010）、加拿大北部地区树木死亡率10.5%（陈清等，2011）以及马来群岛加里曼丹岛发生严重干旱后的树木死亡率26%（van Nieuwstadt and Sheil，2005）。不同人工林树种、群落类型健康状况均处于较差或极差状态，这说明北长山岛人工林健康状况已经面临严重问题。黑松和刺槐的死亡率均较高，前者略高于后者，天然树种则相对较小，这说明天然树种虽然个体较少且不成规模，但对维护生态系统稳定性具有重要意义。

12.3 人工林健康状况影响因子

12.3.1 生物因子

12.3.1.1 林分密度

随着林分密度的增大，树木死亡率呈现出波动增长的趋势，除了70~90株/样地区间相比50~70株/样地区间有所下降（图12-4）。就健康状况而言，30~50株/样地区间处于“较差”状态，其余均为“极差”。

林分密度是人工林死亡率的重要因子（刘恩和刘世荣，2012），本研究研究结果显示死亡率随着林分密度的增大总体呈现上升趋势。林分密度的增大直接表示了群落林木数量的增加，同时环境条件趋于恶劣，使植物个体间竞争越发激烈，个体生长受限（Donato et al.，2012），造成死亡率的上升，这与王梅和张文辉（2009）对油松人工林和移小勇等（2006）对樟子松人工林的研究结果相一致。

12.3.1.2 胸径

黑松的死亡率随着胸径的增大总体呈上升趋势，刺槐则相反（图12-5）。黑松在胸径3~5、5~10 cm区间健康状况处于“较差”状态，其余均为“极差”；刺槐在3~5、5~10 cm区间内处于极差状态，10~15 cm区间为较差状态，15~20和20 cm以上区间为“一般”。

不同径级范围内黑松和刺槐的死亡率表现出相反的特征。对黑松而言，黑松死亡率随着胸径的增大而上升，研究发现，大树相比小树更容易受到病虫害的影响（Mueller et al.，2005），大树的生殖成熟和水分赤字所引起的较高的木质部空穴化和栓塞化（van Mantgem

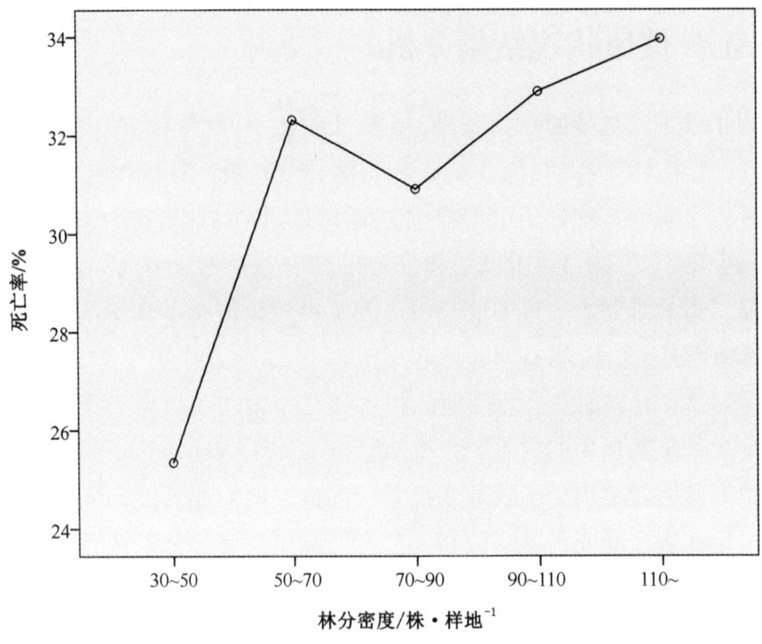

图 12-4　不同林分密度区间死亡率

and Stephenson, 2007)，也是大树死亡的重要原因；对刺槐而言，其死亡率在小径级内较高，作为北方典型海岛，干旱是北长山岛的显著自然特征，研究证明干旱引起的树木死亡主要集中在小树（van Mantgem and Stephenson, 2007)，这是刺槐死亡率径级分布的主要原因。

12.3.2　生境因子

死亡率与海拔、坡向相关关系不明显，但与坡度呈显著的正相关；同时，不同坡位之间死亡率也没有表现出明显的差异（p=0.830)（表 12-2)。

表 12-2　地形因子与树木死亡率相关分析结果

		死亡率	海拔	坡度	坡向
死亡率	相关系数	1	-0.046	0.423*	-0.135
	显著性		0.802	0.016	0.461
海拔	相关系数	-0.046	1	0.347	0.190
	显著性	0.802		0.052	0.297
坡度	相关系数	0.423*	0.347	1	0.110
	显著性	0.016	0.052		0.549
坡向	相关系数	-0.135	0.190	0.110	1
	显著性	0.461	0.297	0.549	

* $p<0.05$。

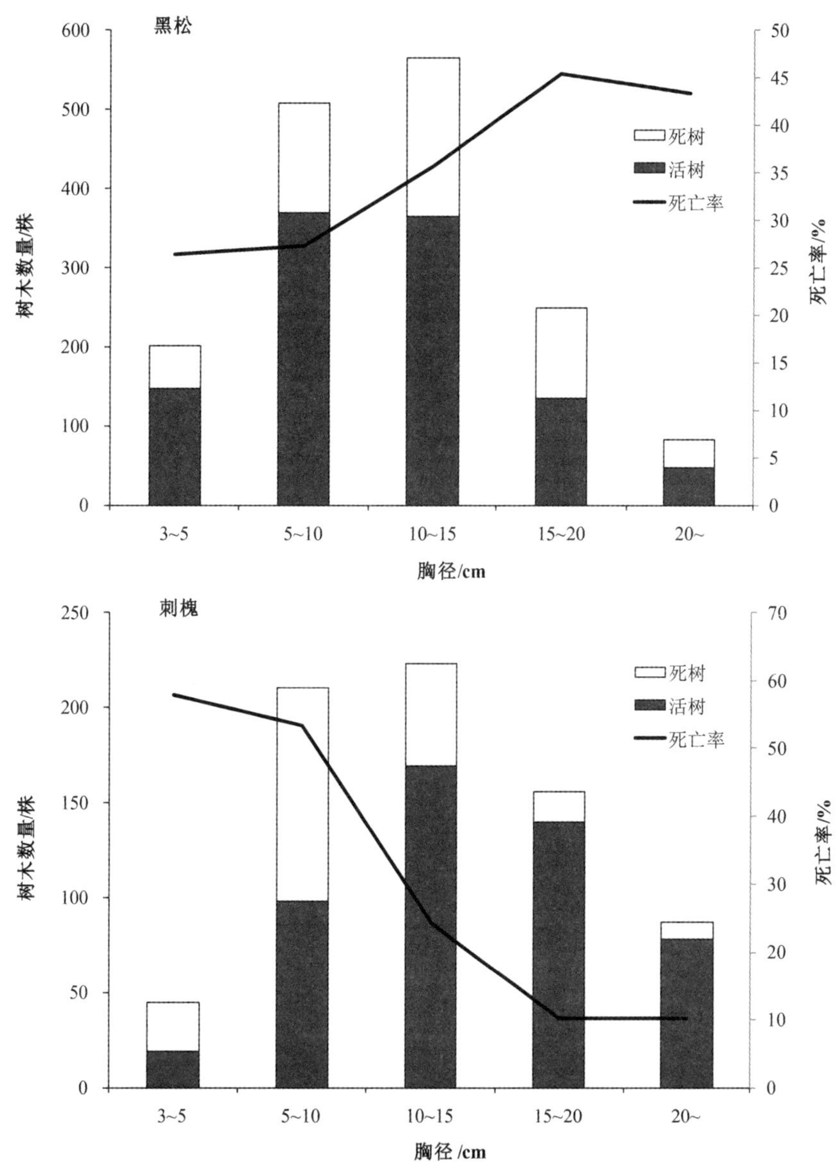

图 12-5 不同胸径范围死亡率

地形一般通过改变光照、温度、水分等生态条件对树木生长产生作用（Currie and Paquin, 1987; Qian and Robert, 2000）。研究结果显示，海拔、坡向和坡位与死亡率的关系并不显著。在大区域或高海拔梯度的研究中，海拔往往引起小气候的变化，是森林生态系统的重要影响因素（郝清玉等, 2013; 杨凤萍等, 2014），但对北长山岛而言，其海拔差异总体较小，最高点海拔不足 200 m，没有产生显著的垂直性差异，因此海拔与死亡率关系不明显；也由于该原因，不同坡位之间生境差异不大，对树木死亡率也没有带来显著影响。一般而言，坡向越接近正南能够获得更多的太阳辐射，从而拥有更好的生长条件（梁倍等, 2014），但北长山岛常年盛行风风向为南风，南向的样地受到海风的胁迫更为剧烈，从而影响植物生长，这可能是坡向影响不显著的原因。然而，坡度与死亡率表现出显著的正相关关系，这一方面是因为坡度较大的位置土层更薄，水分养分供给能力有限，且样地受到海风干扰的平均强度较平地大；另一方面则由于北长山岛人工林建设一般在坡度较小的位置种植刺槐，而在坡度较大的位置更多地种植黑松，本研究中不同群落类型之间坡度表现出显著的差异（$p<0.001$），随着坡度的上升，群落类型按照刺槐林-混交林-黑松林的顺序转变，死亡率也随之上升。

12.3.3 影响因子探讨

树木死亡本身是森林生态系统中普遍存在的现象，是调节种群、群落和生态系统结构和动态的重要机制（MacGregor and O′Connor，2002；McCoy and Gillooly，2008）。影响树木死亡的因素有很多种，包括内因和外因，生物因素和非生物因素等（Franklin et al.，1987），众多因素之间也往往相互联系和作用。对北长山岛人工林而言，海岛生态脆弱性是影响树木死亡的基本因素，我国北方海岛大都为基岩海岛，其生态结构较为简单，气候条件恶劣，淡水缺乏，地形复杂，土壤贫瘠且生物多样性相对较小，再加上海陆相互作用和人类活动的影响，使得海岛生态系统具有明显的易损性和难恢复性。在这样的条件下，海岛人工林生长环境本身相对恶劣，干旱、大风、风暴潮等频繁发生，其中干旱引起的水分赤字必然会导致树木死亡率的增加（McDowell et al.，2008）。病虫害在北长山岛的快速扩展也与海岛生态脆弱性不无关系，一般而言，松材线虫生长繁殖最适宜温度为25℃，在年平均气温高于14℃的地区病虫害松材线虫普遍发生，年平均气温在10~12℃地区能够侵染寄主但不造成危害（宋玉双和臧秀强，1989）；长岛地区年平均气温约为12℃，理论上处于松材线虫病能够发生但不致明显危害区域，但却成为山东乃至我国北方松材线虫病的首个疫区。这是由于在脆弱的海岛生态系统中，病虫害的产生和传播更为容易和广泛。事实上，黑松和刺槐均为我国北方沿海防护林建设的主要树种，而刺槐的耐旱能力相对较弱，尽管北长山岛刺槐主要种植在生态条件较好的坡脚位置，但干旱仍严重影响了刺槐的健康状况，造成小径级刺槐的大量死亡，刺槐生长初期对水分条件要求更高，随着刺槐的生长，耐旱能力有所提高，健康状况显著好转。黑松耐旱能力较强，干旱直接引起的黑松死亡并不明显，因此小径级黑松的死亡率相对较低；松材线虫病造成了黑松的普遍死亡，且在大径级范围内死亡率更高。海岛生态系统的脆弱性是北长山岛人工林健康状况的基本影响因素，病虫害和干旱分别是导致黑松和刺槐死亡的主要原因。

第三篇 海岛周边海域生态系统固碳能力调查与分析

第 13 章 叶绿素分布特征与浮游植物多样性

13.1 数据来源与处理

13.1.1 野外采样

以均匀分布为原则，兼顾重点区域，在庙岛群岛南五岛近岸海域设置了 21 个采样点（图 13-1），于 2012 年秋季（11 月），2013 年冬季（2 月），2013 年春季（5 月）和 2013 年夏季（8 月）采集水样以测定环境因子、叶绿素及浮游植物生物量。

13.1.2 样品分析

海水表层温度（SST）现场测定，水样均在带回实验室 24 h 之内（油类 10 h 之内）按《海洋调查规范》（GB/T 12763—2007）分析。分析获得的环境因子资料包括：表层水温（SST）、pH 值、盐度（Sal）、DO、悬浮物（SS）、COD、NO_3-N、NO_2-N、NH_4-N、PO_4-P（DIP）、SiO_3-Si、油类（Oil）、挥发性酚（VP）、TN、TP、DOC、DIC、Chl-a。其中，NO_3-N、NO_2-N 和 NH_4-N 合并为无机氮（DIN）。浮游植物样品采用甲醛溶液固定，避光保存在 4℃的 0.5 L 聚乙烯（PE）瓶中。采用 Utermöhl 方法（1958）进行浮游植物的鉴定与计数，细胞丰度单位用 cells/m^3表示。鉴定出的浮游植物名录见附表 13-1。

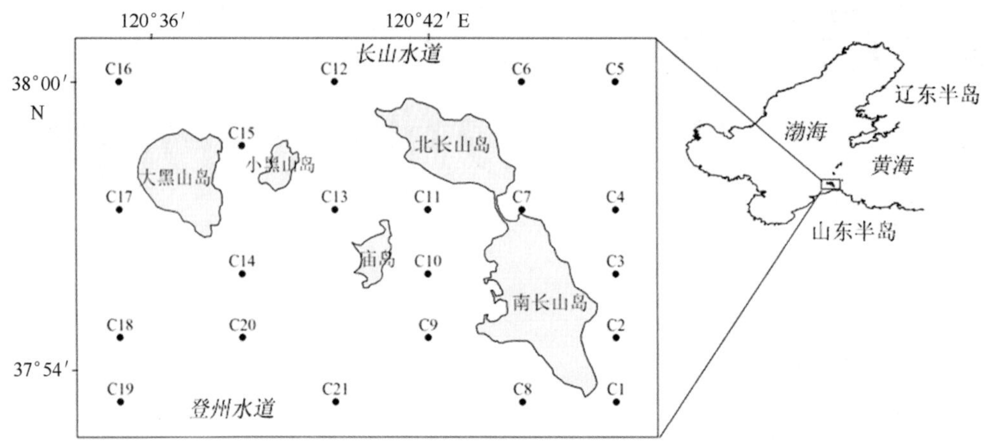

图 13-1　庙岛群岛南部海域调查站位

13.1.3　统计分析

浮游植物多样性采用 Margalef（1978）物种丰富度指数：

$$D = (S - 1) / \log_2 N, \tag{13.1}$$

Shannon-Wiener（1949）多样性指数：

$$H' = - \sum_{i=1}^{S} P_i \log_2 P_i, \tag{13.2}$$

Pielou（1966）均匀度指数：

$$J = H/log_2 S, \tag{13.3}$$

优势度指数：

$$C = (N_1 + N_2)/N, \tag{13.4}$$

式中，S 为样品中浮游植物种类总数；N 为样品中所有种类的浮游植物总个体数；P_i 为第 i 种的个体数 N_i 与样品中的总个体数 N 的比值（N_i/N）；N_1 为第 1 优势种的个数；N_2 为第 2 优势种的个数。

优势种的优势度公式：

$$y = f_i \times p_i, \tag{13.5}$$

式中，f_i 为第 i 种在采样点中出现频率，p_i 为第 i 种在总数量中比例，$y>0.02$ 为优势种（Lampitt et al. 1993）。

纳入分析的环境因子有 pH 值、DO、Sal、COD、DIN、DIP、SiO_3、VP 和 Oil。环境因子、叶绿素和浮游植物多样性的季节间差异以及站位间差异通过方差分析衡量，在 SPSS 上进行。叶绿素同环境因子、叶绿素同浮游植物之间的相关性分析在 SPSS 上进行。排序分析采用多元统计分析技术进行，在 Canoco for Windows 4.5 软件上运行。分析前，浮游植物数据均转换成 log（x+1）形式。首先对浮游植物数据分别进行除趋势对应分析（DCA），以确定其属于单峰型分布或线型分布。浮游植物优势种四季数据的 DCA 结果表明，所有轴中梯度最长的是 0.683，小于 3；各季节浮游植物多样性数据的 DCA 结果表明，春、夏、秋、冬四季所有轴中梯度最长的分别是1.25、1.61、1.84和1.13，均小于3，适合用于基于线性的的主成分分析（PCA）和冗余分析（RDA）（Leps and Smilauer，2003）。相关显著性用Monte Carlo进行检验。为剔除环境因子之间可能存在的较高相关性，对于偏相关系数大于0.8和变异波动指数大于20的环境因子都不进入RDA（Tang et al. 2006）。

为研究浮游植物多样性与水环境因子的空间分布特征，分别根据以下几组数据集对站位进行聚类：(1) 除水温水深外的所有环境因子的四季数据；(2) 影响浮游植物多样性分布的主要环境因子的四季数据；(3) 浮游植物多样性指数的四季数据。聚类方法采用Ward法，距离采用平方Euclidean距离来度量，均在SPSS中进行。

13.2 叶绿素分布特征与浮游植物多样性调查结果

13.2.1 海区表层环境特征

方差分析表明，各个环境因子季节间差异明显（$p<0.01$，表13-1）。水温以夏秋季较高，而春冬季较低。悬浮物、pH值、营养盐和油类等以夏季较高，其他季节较低；而盐度、溶解氧和化学需氧量则以春季较高。春季，站位C19的DIN浓度达到最高值0.142 mg/L，站位C2、C12、C14的DIN浓度均小于0.05 mg/L，其余站位的DIN浓度在0.05 mg/L和0.1 mg/L之间；COD浓度在站位C18达到最低值3.07 mg/L，在其他站位小于3 mg/L。夏季，COD浓度在站位C12和C16达到最高值2.38 mg/L。冬季，油类浓度在站位C19达到最大值0.023 mg/L。盐度在站位C3达到最大值31.10。

表13-1 环境因子统计结果

环境因子	春季		夏季		秋季		冬季	
	平均值	标准差	平均值	标准差	平均值	标准差	平均值	标准差
SST/℃	10.830	1.250	26.520	0.660	14.330	0.310	3.010	0.250
SS/（$mg \cdot L^{-1}$）	13.560	4.380	45.960	5.310	19.870	6.900	8.030	0.040
pH值	8.110	0.200	8.540	0.070	8.010	0.070	8.030	0.040
Sal	30.660	0.310	27.000	0.460	29.430	0.240	30.580	0.320
DO/（$mg \cdot L^{-1}$）	10.130	0.520	6.700	0.040	7.860	0.180	8.920	0.190
COD/（$mg \cdot L^{-1}$）	2.300	0.450	3.000	0.220	1.240	0.300	1.550	0.180
DIP/（$mg \cdot L^{-1}$）	0.002	0.001	2.040	0.008	0.006	0.002	0.006	0.003
DIN/（$mg \cdot L^{-1}$）	0.060	0.030	0.130	0.030	0.180	0.060	0.170	0.050
SiO_3/（$mg \cdot L^{-1}$）	0.088	0.036	0.561	0.211	0.174	0.074	0.149	0.040
Oil/（$mg \cdot L^{-1}$）	0.007	0.012	0.033	0.008	0.030	0.037	0.016	0.004

13.2.2 叶绿素分布

方差分析表明，表层叶绿素浓度季节间差异明显（$p<0.01$），表现出冬季（4.01 μg/L）>夏季（2.01 μg/L）>春季（1.59 μg/L）>秋季（0.26 μg/L）的季节分布特征，呈现出春季西高东低、夏季东高西低、秋季岛群外部海域高于岛间海域以及冬季西南海域高于东北海域的空间分布特征（图 13-2）。

13.2.3 浮游植物群落结构

调查期间，在庙岛群岛南部海域表层共发现浮游植物 3 门 109 种，其中硅藻 77 种，甲藻 29 种，其他 3 种。以冬季最高，73 种；秋季次之，70 种；春、夏较低，分别为 27 和 31 种（见本章附表）。

浮游植物丰度季节变化明显，以春、冬较高（分别为 35.85×10^7 cells/m^3 和 20.33×10^7 cells/m^3），显著高于夏（0.21×10^7cells/m^3）、秋（0.64×10^7cells/m^3）。与此同时，浮游植物丰度也呈现明显的空间差异，春季东北高于西南海域，夏、秋岛群外部高于岛间海域，冬季中南部高于其他海域（图 13-3）。

根据优势度公式确定 13 种浮游植物优势种（表 13-2）。柔弱几内亚藻（spe1）、裸甲藻（spe2）、具槽帕拉藻（spe3）和太平洋海链藻（spe10）分别在春季、夏季、秋季和冬季成为主要优势种，它们的优势度均超过 0.20。应用 PCA 分析浮游植物优势种分布特征，结果表明，前 2 个排序轴特征值的累计贡献率为 55.8%，可以反映浮游植物优势种分布特征（图 13-4）。PCA 图上方的站位大多位于研究区的西南海域（站位 C17-C20），优势种仅有春季的具槽帕拉藻及冬季的圆海链藻在此出现，而其他优势种则大多分布于西南以外的海域（图 13-4）。虽然具槽帕拉藻在夏、秋、冬 3 个季节均为优势种，圆筛藻（spe5）则在夏、秋季均为优势种，但它们在不同的季节却有不同的生物量空间分布情况（图 13-4）。

表 13-2 庙岛群岛南部海域浮游植物优势种的优势度（“—”代表该浮游植物在对应季节非优势种）

种类	类群	春	夏	秋	冬
柔弱几内亚藻 *Guinardia delicatula*	硅藻	0.993	—	—	—
裸甲藻 *Gymnodinium* sp.	甲藻	—	0.219	—	—
具槽帕拉藻 *Paralia sulcata*	硅藻	—	0.142	0.504	0.230
具齿原甲藻 *Prorocentrum dentatum*	甲藻	—	0.033	—	—
圆筛藻 *Coscinodiscus* sp.	硅藻	—	0.025	0.021	—
三角角藻 *Ceratium tripos*	硅藻	—	—	0.123	—
柔弱伪菱形藻 *Pseudo-nitzschia delicatissima*	硅藻	—	—	0.042	—
梭角藻 *Ceratium fusus*	硅藻	—	—	0.030	—
小等刺硅鞭藻 *Dictyocha fibula*	金藻	—	—	0.024	—
太平洋海链藻 *Thalassiosira pacifica*	硅藻	—	—	—	0.541
加拉星平藻 *Asteroplanus karianus*	硅藻	—	—	—	0.104
离心列海链藻 *Thalassiosira eccentrica*	硅藻	—	—	—	0.04
圆海链藻 *Thalassiosira rotula*	硅藻	—	—	—	0.028

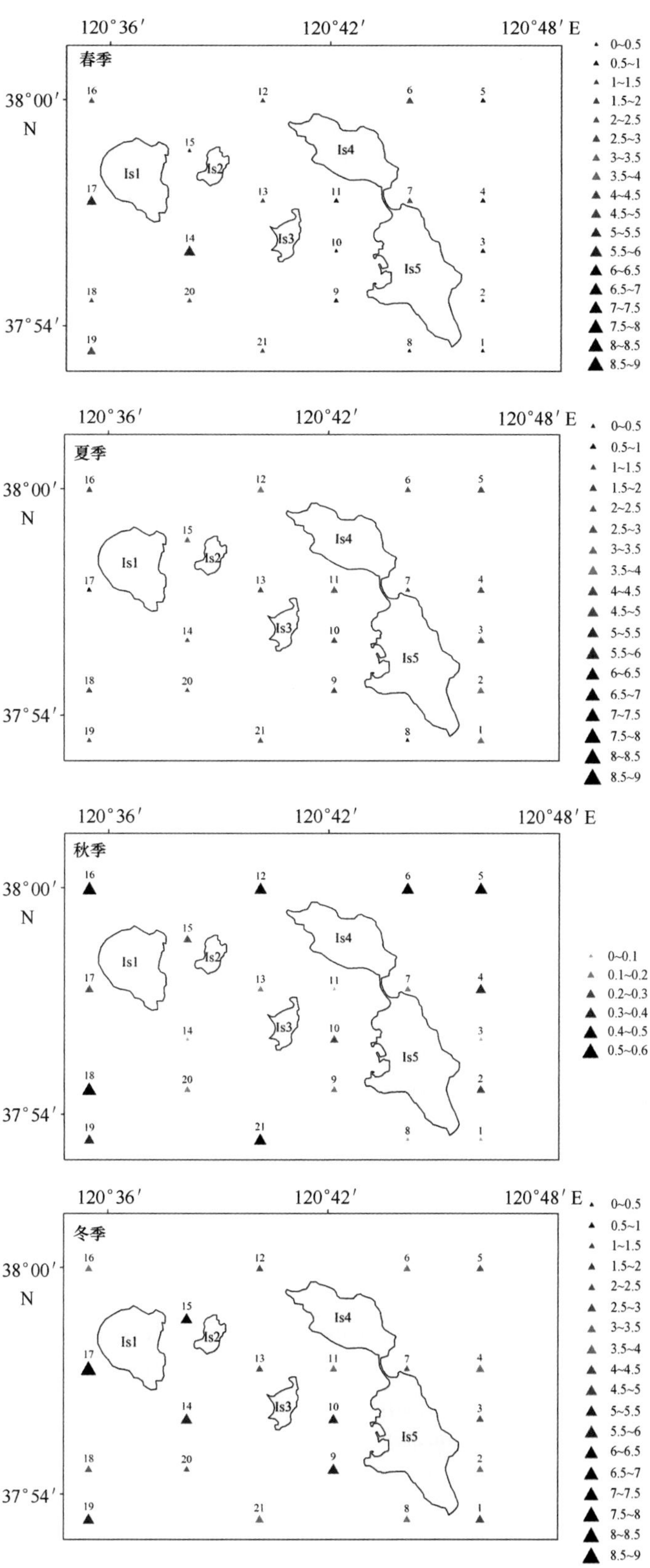

图 13-2　表层叶绿素浓度四季空间分布示意图（单位：μg/L）

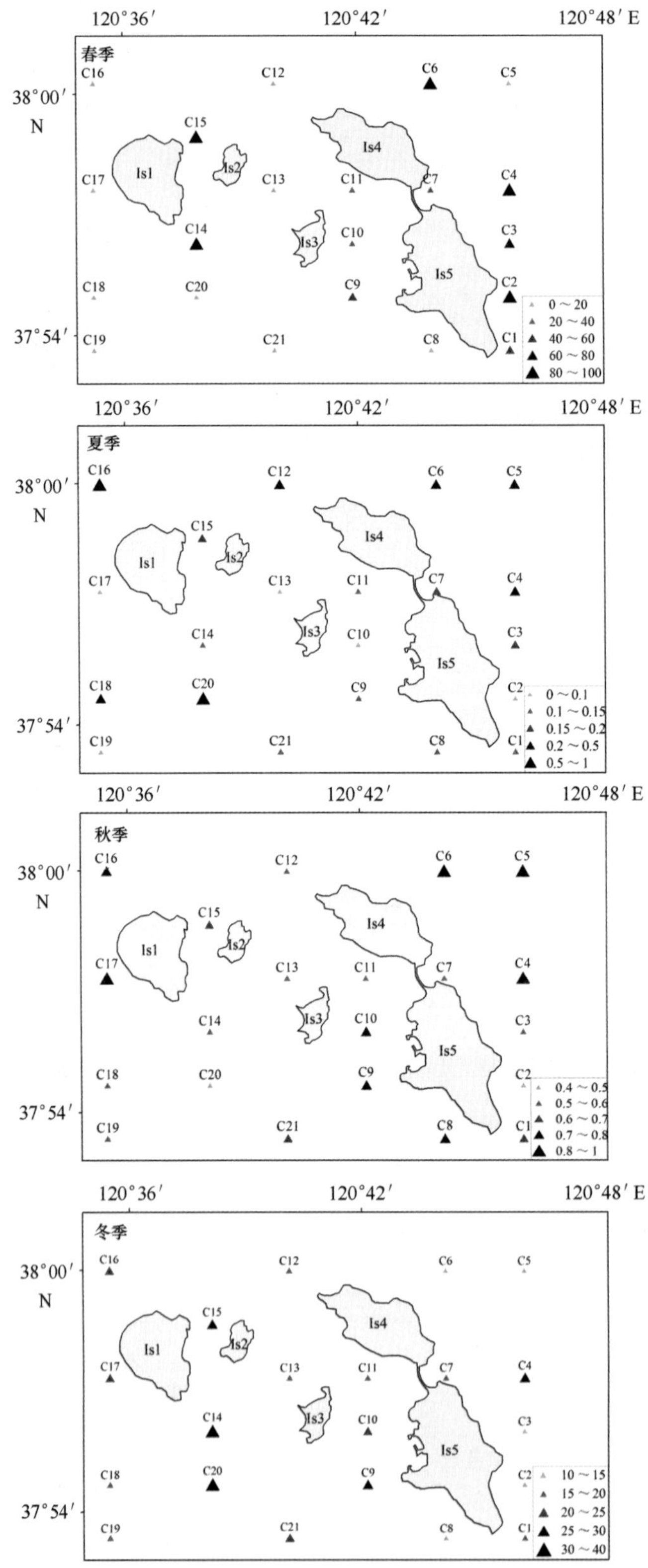

图 13-3　浮游植物数量四季空间分布示意图（单位：10^7cells/m^3）

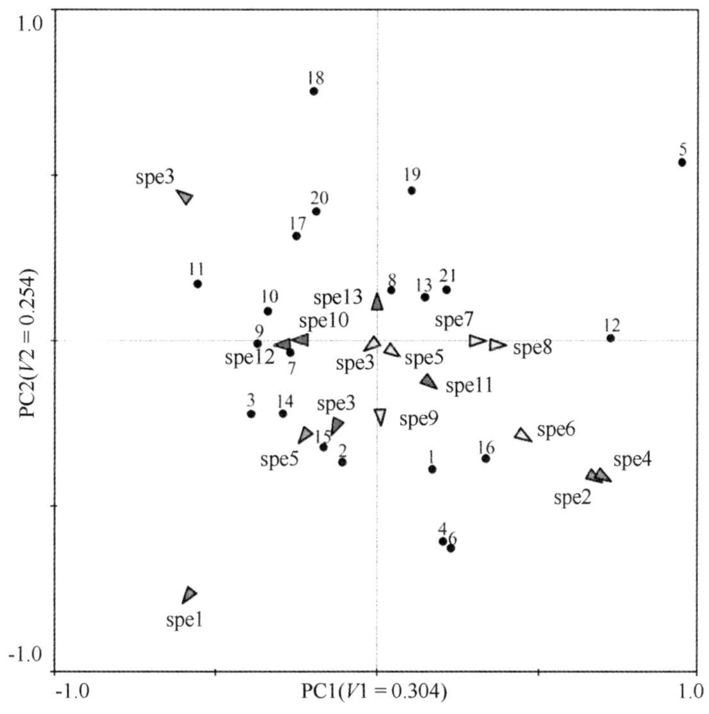

图 13-4　浮游植物优势种分布的 PCA 结果

注：数字表示站位；不同颜色的字母表示不同季节的浮游植物优势种

（优势种代码与表 13-2 对应；颜色与季节的对应关系为：绿—春；红—夏；黄—秋；蓝—冬）

13.2.4　浮游植物多样性分布

庙岛群岛南部海域浮游植物多样性时空差异显著（$p<0.01$）。物种丰富度指数呈现秋（5.92）、冬（4.28）高于春（1.41）、夏（2.83）的季节分布；多样性指数秋季（2.82）较高，夏（1.92）、冬（1.99）次之，春季（0.07）较低；均匀度指数呈现夏（0.39）、秋（0.46）高于春（0.02）冬（0.32）的季节分布（图 13-5）。

应用 PCA 分析浮游植物多样性分布特征，结果表明，各季节前 2 个排序轴特征值的累计贡献率分别为 81.5%、88.3%、82.4%和 82.5%，可以很好地反映浮游植物多样性特征（图 13-6）。春季，均匀度指数和多样性指数在研究区域的西南部和中部较高，东部较低，物种数和物种丰富度指数则呈相反分布特征。夏季，均匀度指数在西南水域较低，物种数在西部和南部较低，物种丰富度和多样性指数在研究区域的西南部以及西部的中部较低。4 个指数在站位 C11 均较低。秋季，4 个指数在岛间水域均较低。冬季，物种数和物种丰富度指数在南部水域较高，均匀度指数在西南水域较低，多样性指数在西北部偏高，在西南部偏低。

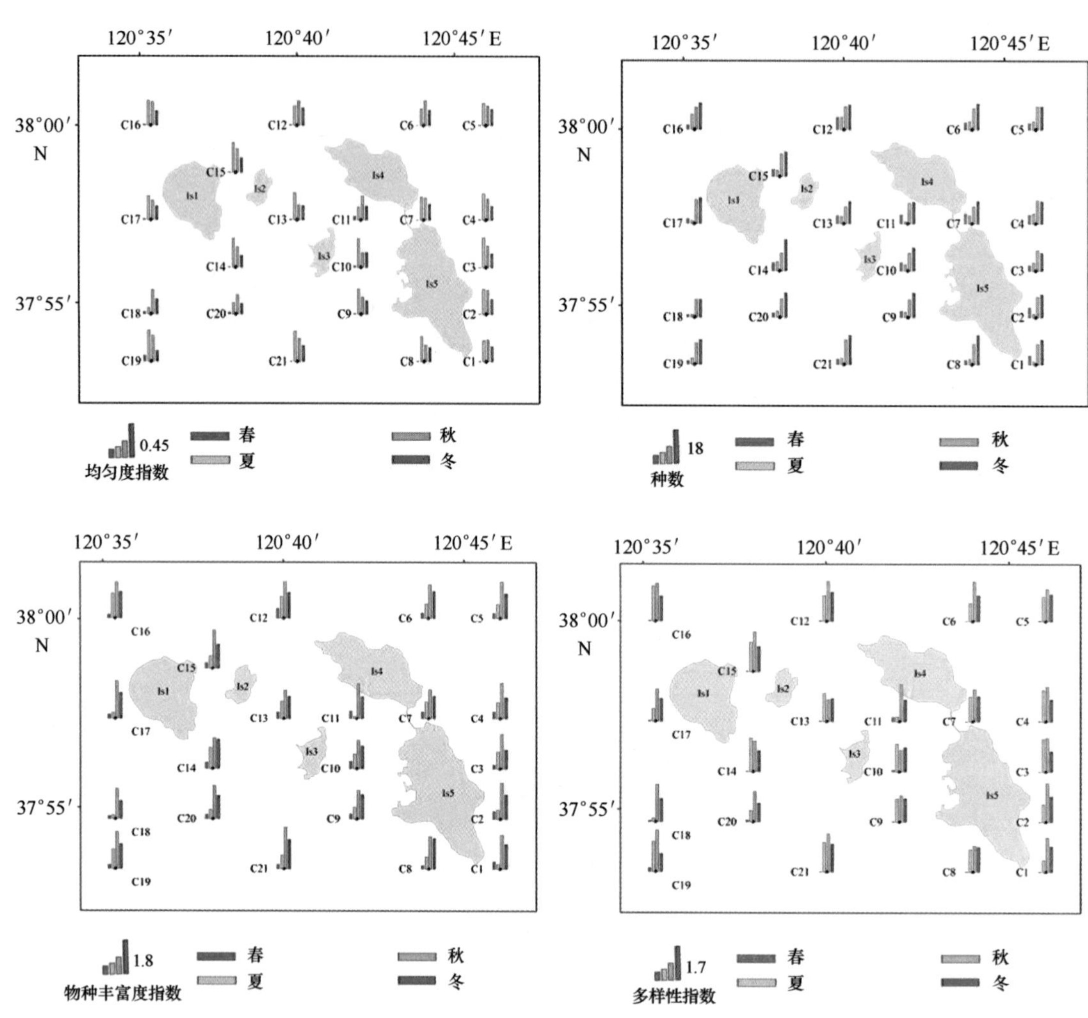

图 13-5　浮游植物多样性分布

13.3　叶绿素、浮游植物多样性和环境因子相互关系分析

13.3.1　叶绿素与水环境因子间关系

各季节叶绿素与水环境因子数据之间的 spearman 相关系数结果见表 13-3。由此可知，在夏冬两季，叶绿素浓度与各水环境因子之间无显著相关性；在春季，叶绿素浓度与 COD（0.468）显著正相关；在秋季，叶绿素浓度与 pH 值（0.434）显著正相关。

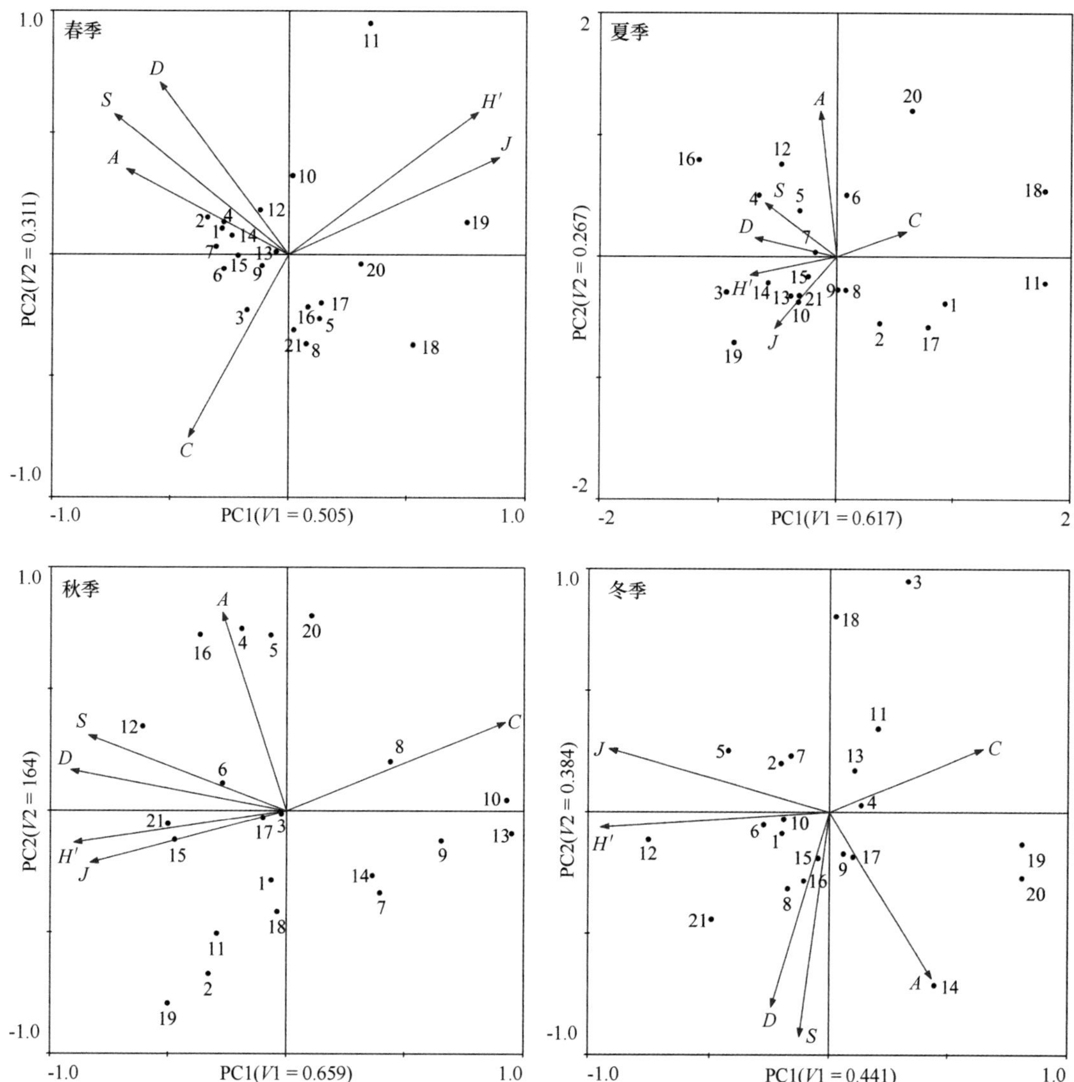

图 13-6 浮游植物多样性分布特征的 PCA 结果

数字表示站位；字母表示多样性指数代码：J——Pielou 均匀度指数，H′——多样性指数，D——物种丰富度指数，S——种类数，A——细胞丰度，C——优势度指数

表 13-3 各季节叶绿素浓度与环境因子的相关系数

季节	春季	夏季	秋季	冬季
pH	-0. 226	0. 01	0. 434*	-0. 3
Sal	-0. 047	-0. 249	0. 107	-0. 274
DO	-0. 088	0. 188	-0. 332	0. 153
COD	0. 468*	0. 147	0. 155	-0. 182
DIP	0. 332	-0. 099	0. 085	-0. 295

续表

季节	春季	夏季	秋季	冬季
DIN	-0.116	-0.001	-0.209	0.143
Si	-0.115	0.374	-0.102	-0.052
Oil	-0.202	-0.187	-0.394	0.406
VP	0.14	0.318	-0.318	-0.095

* 表示在置信度（双测）为 0.05 时，相关性是显著的。

13.3.2 叶绿素与浮游植物间关系

各季节叶绿素与浮游植物数据之间的 spearman 相关系数结果见表 13-4。由此可知，在春夏两季，叶绿素浓度与浮游植物各指数之间无显著相关性；在秋季，叶绿素浓度与浮游植物种类数（0.497）、物种丰富度指数（0.444）、多样性指数（0.498）以及均匀度指数（0.442）显著正相关；在冬季，叶绿素浓度与浮游植物细胞丰度（0.503）、种类数（0.499）显著正相关。

表 13-4 各季节叶绿素浓度与浮游植物的相关系数

季节	*A*	*S*	*D*	*C*	*H'*	*J*
春季	-0.18	-0.235	-0.24	-0.159	0.218	0.22
夏季	0.155	0.081	-0.086	-0.122	-0.031	-0.126
秋季	0.399	0.497*	0.444*	-0.383	0.498*	0.442*
冬季	0.503*	0.499*	0.392	-0.261	-0.149	-0.3

* 表示在置信度（双测）为 0.05 时，相关性是显著的。

13.3.3 浮游植物多样性与环境因子间关系

RDA 分析结果表明，4 个季节 Monte Carlo 置换检验所有排序轴均达到显著水平（$p<0.01$）。所选择的环境因子共解释春季 85.1%、夏季 98.1%、秋季 97.4%、冬季 85.3%的多样性变化信息，前两轴累计解释了春季 37.7%、夏季 73.4%、秋季 68%、冬季 29.7%的多样性变化信息和春季 100%、夏季 100%、秋季 100%、冬季 100%的多样性-环境关系变化信息（表 13-5）。

表 13-5 浮游植物多样性与环境因子的 RDA 分析

季节	项目	特征值	多样性-环境相关性	累计百分比/%		总典范特征值
				多样性	多样性-环境	
春季	轴 1	0.286	0.762	28.6	76.0	0.851
	轴 2	0.091	0.547	37.7	100.0	
	轴 3	0.242	0.000	61.9	0.0	
	轴 4	0.222	0.000	84.0	0.0	
夏季	轴 1	0.148	0.648	14.8	100.0	0.981
	轴 2	0.586	0.000	73.4	0.0	
	轴 3	0.171	0.000	90.5	0.0	
	轴 4	0.073	0.000	97.8	0.0	
秋季	轴 1	0.188	0.551	18.8	100.0	0.974
	轴 2	0.492	0.000	68.0	0.0	
	轴 3	0.161	0.000	84.1	0.0	
	轴 4	0.130	0.000	97.1	0.0	
冬季	轴 1	0.269	0.795	26.9	90.4	0.853
	轴 2	0.029	0.323	29.7	100.0	
	轴 3	0.387	0.000	68.5	0.0	
	轴 4	0.156	0.000	84.1	0.0	

利用向前引入法（forward selection）对环境因子进行逐步筛选，Monte Carlo 置换检验结果显示，春季，DIN（$F=5.552$，$p=0.003$），COD（$F=4.357$，$p=0.005$）；夏季，COD（$F=3.288$，$p=0.03$），秋季，pH 值（$F=4.401$，$p=0.02$），冬季，盐度（$F=4.144$，$p=0.007$）、油类（$F=3.028$，$p=0.025$）对庙岛群岛南部浮游植物多样性分布的影响较大，而其他环境因子的影响不显著（$p>0.05$），表明 DIN 和 COD 是影响春季庙岛群岛南部海域浮游植物多样性分布的关键环境因子，夏季为 COD，秋季为 pH 值，冬季则为盐度和油类。

庙岛群岛南部海域浮游植物多样性与环境因子之间的关系可以很好地在 RDA 排序图中表现出来（图 13-7）。春季，第 1 轴与 COD（$r=0.642$）和 DIN（$r=0.832$）正相关，第 2 轴与 COD 负相关（$r=-0.767$），与 DIN 正相关（$r=0.555$），代表 DIN 和 COD 的浓度变化特征。夏季，第 1 轴与 COD 负相关（$r=-1$），代表 COD 浓度变化。秋季，第 1 轴与 pH 值（$r=-1$）负相关，代表 pH 值变化。冬季，第 1 轴与盐度（$r=-0.791$）负相关，与油类正相关（$r=0.571$）；第 2 轴与盐度（$r=-0.611$）和油类（$r=-0.821$）负相关。

13.3.4 浮游植物多样性与环境因子聚类结果

庙岛群岛周边海域整体水环境空间分为东部、西北和西南 3 块海域（图 13-8a）；影响浮游植物多样性分布的主要环境因子空间分为东北岛外海域（A）、西南岛外海域（C）和岛间海域（B）（图 13-8b）；浮游植物多样性空间由北向南大致分为北部、中东和西南海域（图 13-8c）。

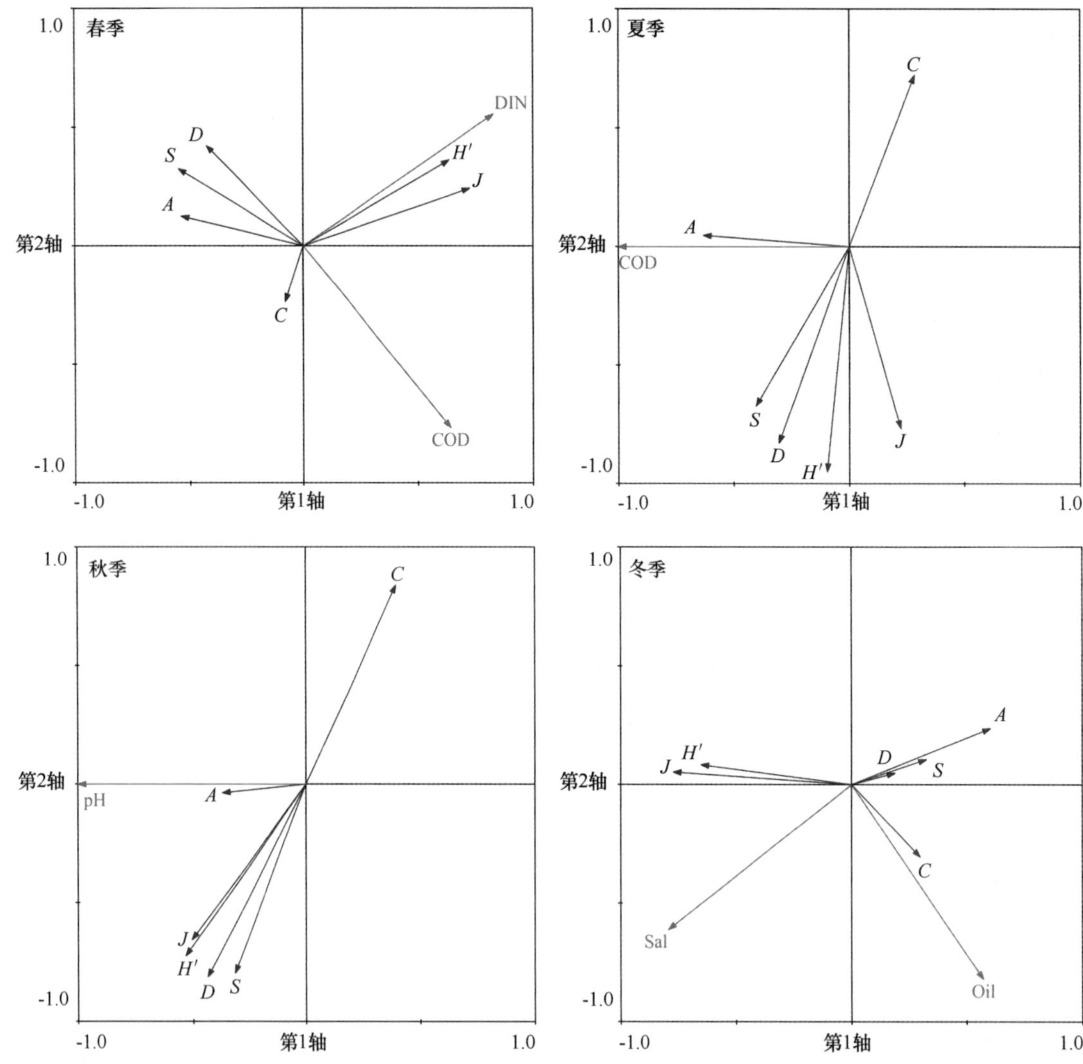

图 13-7 浮游植物多样性与环境因子 RDA 排序图

字母表示多样性指数代码：*J*——Pielou 均匀度指数，*H′*——多样性指数，*D*——物种丰富度指数，*S*——种类数，*A*——细胞丰度，*C*——优势度指数

13.4 叶绿素分布特征与浮游植物多样性探讨

13.4.1 叶绿素分布特征

Chl *a* 作为浮游植物进行光合作用的主要色素，是表征海洋浮游植物生物量的重要指标，可以在一定程度上反映初级生产者的固碳能力，即海洋初级生产力（郑国侠等，2006），其含量与浮游植物生物量密切相关。一般来说，Chl *a* 含量随浮游植物生物量的增加而升高，二者呈正相关（Wang et al.，2012）。

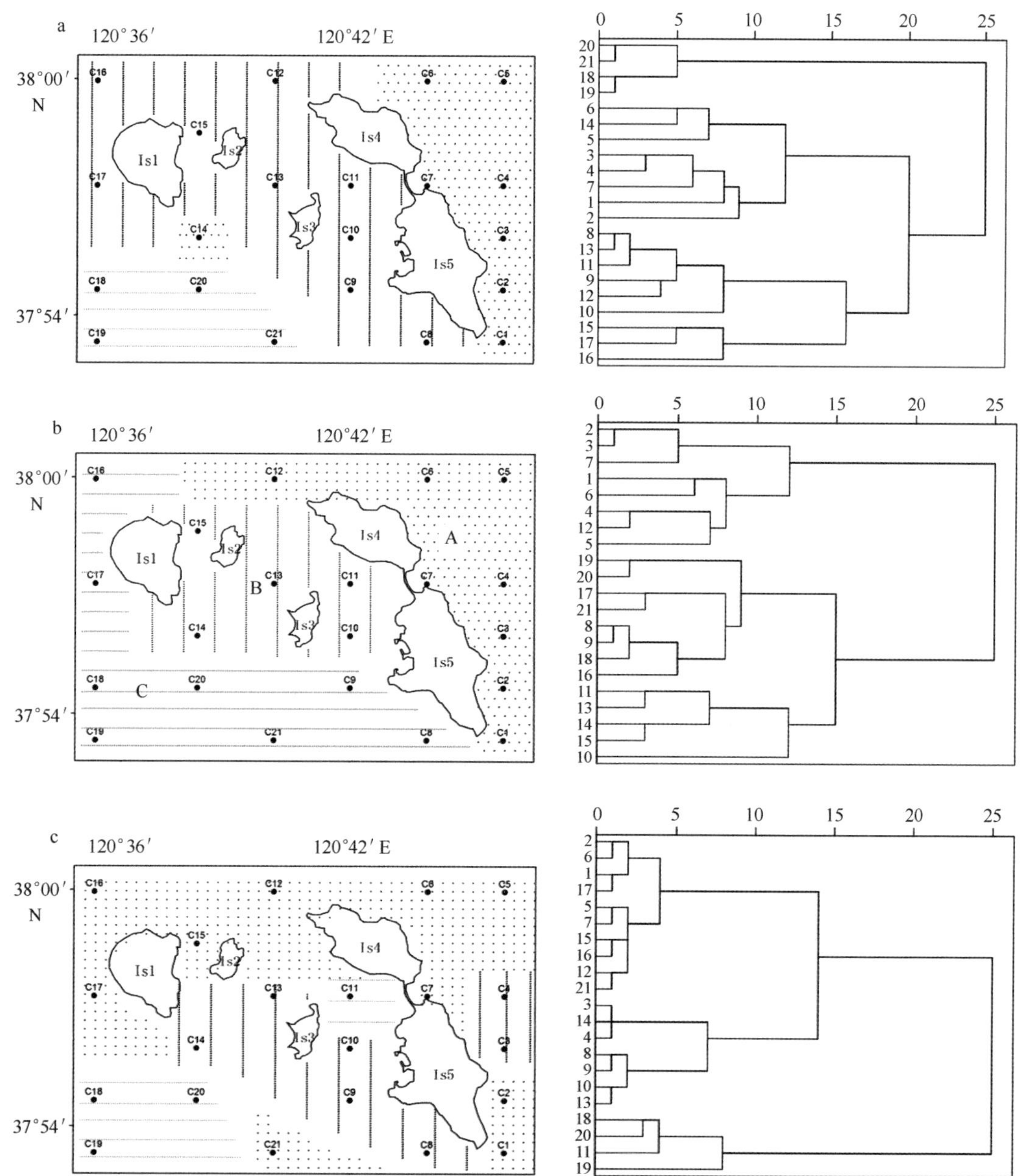

图 13-8　环境因子与浮游植物多样性空间聚类分析

a. 采用 SS、pH、Sal、DO、COD、DIP、DIN、SiO_3、Oil、VP 的四季数据；b. 采用 DIN、COD、pH、Sal、Oil 的四季数据；c. 采用浮游植物多样性指数的四季数据

春、冬两季，庙岛群岛南部海域表层 Chl *a* 浓度的变化较大（分别为 0.05~5.74 μg/L 和 2.3~8.64 μg/L），西部海域 Chl *a* 浓度较高，高值区主要分布于站位 C17 和站位 C14 附近，即大黑山岛周围。夏季，表层 Chl *a* 浓度的变化范围 0~3.25 μg/L，最高值和最低值分别出现在位于长山尾两侧的站位 C1 和站位 C2，最低值出现在站位 C8。秋季，表层Chl *a* 浓度非常低，变化范围 0.01~0.59 μg/L，呈现出岛群外部海域高于岛间海域的空间分布特征。

相关性结果表明，春季，Chl *a* 浓度与 COD 显著正相关；秋季，Chl *a* 浓度与 pH 值显著正相关，与浮游植物种类数、物种丰富度指数、多样性指数以及均匀度指数显著正相关；冬季，Chl *a* 浓度与浮游植物细胞丰度、种类数显著正相关。

13.4.2 浮游植物群落结构特征

调查显示，在庙岛群岛南部海域表层发现的 109 种浮游植物中，有 77 种是硅藻，这表明硅藻是该海域的主要类群。相关研究表明，硅藻喜欢低温，最适合硅藻生长的温度一般低于 18℃（Da Silva et al.，2005；Wasmund et al.，2011）。在本研究中，在 4 个季节中，水温相对较低的是春季和冬季，因此，这两个季节适合硅藻的生长繁殖。尽管浮游植物的生长受到多种环境因子的影响，特别是营养盐和水温的影响。通常认为，在热带地区，营养盐是影响浮游植物季节变化的关键因子，水温的作用不明显，而在温带地区，水温是影响浮游植物季节变化的最重要环境因子（Xiao et al.，2011；黄享辉等，2013）。由此可见，水温是庙岛群岛浮游植物生长变化的关键因子，而春冬两季的低水温适合于硅藻生长，由此导致春冬两季的浮游植物丰度明显高于其他两个季节。这与一些在渤海湾开展的浮游植物的研究得到的结果相似（孙军等，2004；刘素娟等，2007；周然等，2013）。

在本研究中，硅藻无论是种类还是丰度在各季节中均占优势，与渤海历次浮游植物调查研究一致（孙军等，2004；郭术津等，2014），表明近 20 年来，以硅藻为主的渤海的浮游植物结构在类群上没有发生较大的改变。然而，庙岛群岛南部海域表层浮游植物优势种季节变化明显（表 13-2），不同的优势出现在不同的季节，形成浮游植物群落明显的季节演替。在本研究中，具槽帕拉藻在夏、秋、冬 3 个季节均为优势种，但其在冬季的丰度是夏、秋季节近 10 倍以上。这是因为该藻主要分布于海洋表层和底层（McQuoid and Nordberg，2003），由于渤海冬季风大且频繁，导致水垂直混合，从而使其被输送到水体表层，因此表层丰度较高。圆筛藻在夏季和秋季均是优势种，且数量相差不大，可能与夏秋两季硅营养盐较高相关（表 13-1），因为圆筛藻大多分布在硅营养盐较高的水域（Peng et al.，2012）。除这两种藻外，其余 11 种优势种均只在 1 个季节成为优势种。春季，柔弱几内亚藻以 0.993 的优势度形成绝对优势种，该种在 2012 年春季渤海湾中也占突出优势（尹翠玲等，2013）。由于该藻属于赤潮种类，应将其作为重要监测对象。裸甲藻成为夏季优势度最高的浮游植物种类（表 13-2），这与甲藻适应高温环境，大量生长繁殖相关（Adam et al.，2011）。秋季主要优势种除了具槽帕拉藻外，三角角藻是该季节第 2 重要优势种，优势度达到 0.123（表 13-2）。Escaravage 等（1996）、Yung 等（1997）的实验表明较低的氮磷比有助于甲藻在竞争中取得优势。因此这种硅藻到甲藻的变化还可能与夏秋季节的氮磷比较低有关（春、夏、秋、冬氮磷比分别为：72，27，20，120）。太平洋海链藻和加拉星平藻都是冬季主要优势种，它们的优势度都超过了 0.10（表 13-2）。特别是太平洋海链藻，以 0.541 的优势度成为冬季的第 1 优势种，与该藻是硅藻，喜低温相关（Wasmund et al.，2011），同样的结果也出现在对美国 Oregon 海域的浮游植物研究中（Du and Peterson，2014）。

13.4.3 环境因子对浮游植物多样性分布的影响

庙岛群岛南部海域浮游植物多样性空间分布在不同的季节受不同的环境因子影响（图 13-7）。春季，影响浮游植物多样性分布的关键环境因子为 DIN 和 COD，从 RDA 排序图上可以看出多样性与均匀度指数距 DIN 向量非常接近，说明春季 DIN 浓度的增加能够使浮游植物结构更加稳定。这是因为虽然庙岛群岛南部海域没有出现传统意义上的氮限制（N/P 比小于 10，Si/N 比大于 1）（Dubravko et al.，1995），但春季的 DIN 浓度比其他季节低至少 50%（表 13-1）。夏季的关键环境因子为 COD。RDA 排序图显示了平均细胞丰度与 COD 呈明显正相关，这与 Wang 等（2007）的研究相一致。秋季的关键环境因子为 pH 值，浮游植物平均细胞浓度与 pH 值正相关。庙岛群岛南部海域秋季 pH 值在 7.85~8.08，包含于促进浮游植物生长的区间内（McQuoid and Nordberg，2003），浮游植物生物量随 pH 值的降低而降低。冬季，盐度和石油类是控制浮游植物多样性分布的关键因子，细胞丰度、种类数和物种丰富度与盐度呈明显负相关，优势度与石油类呈明显正相关。关于浮游植物生物量与盐度的负相关性已在相关研究中有所体现（乐凤凤和宁修仁，2006），庙岛群岛南部冬季浮游植物以硅藻为主，多系广温低盐种类，高盐度不利于其生长繁殖。因此浮游植物生物量与盐度负相关。石油类中的水溶性成分（WSF）会对海洋生物产生“低促高抑”的毒性效应（Pérez et al.，2010；王君丽等，2011）。庙岛群岛南部海域冬季石油类浓度在 0.008 mg/L 与 0.023 mg/L 之间，低于 0.21 mg/L，可促进浮游植物生长（黄逸君等，2011）。不同的浮游植物对石油类污染有不同的敏感度（王君丽等，2011）。在石油类污染海域，通常机会主义策略种会代替平衡策略种成为当地优势种（Stepanyan and Voskoboinikov，2006）。太平洋海链藻、离心列海链藻、圆海链藻和加拉星平藻成为冬季主要优势种，属于耐污种。因此浮游植物优势度与石油类呈正相关。

13.4.4 海域环境和浮游植物多样性的空间异质性

海岛的自然隔离作用使得周边海域水动力条件存在较大差异，进而导致水环境因子分布的差异。同时，海岛陆地不同位置的人类活动干扰强度不一、周边海域的利用方式也不同，进一步提高了海岛周边海域环境因子的空间异质性。

南长山岛—北长山岛一线的东西两侧海域由于海岛隔离，自然地理特征差异极大，东部海域向外海非常开阔，水深也较深；而西部海域又有较多海岛镶嵌其中，相对封闭、水深较浅。同时，东西两侧海域开发利用方式和强度也不同，西部海域海水养殖、海上交通较东部密集。再有，该岛群主要人口聚集区分布在南长山岛西侧和北长山岛西南、西北侧，人类活动产生的污染物对西部海域的影响较大。基于所有环境因子的聚类结果明显地将东西两侧海域分开（图 13-8a），同时基于主要环境因子的聚类结果也表明该海域具有较明显的水环境空间异质性（图 13-8b）。特别地，南长山岛南部的长山尾位于黄、渤海分界处，而位于该分界线两侧的两个调查站位（C1 和 C8）在环境因子、叶绿素浓度及浮游植物多样性方面均表现出明显的异质性。本研究结果显示春季东部海域（A）浮游植物多样性和均匀度指数显著低于西部海域（B，C）（图 13-9）。

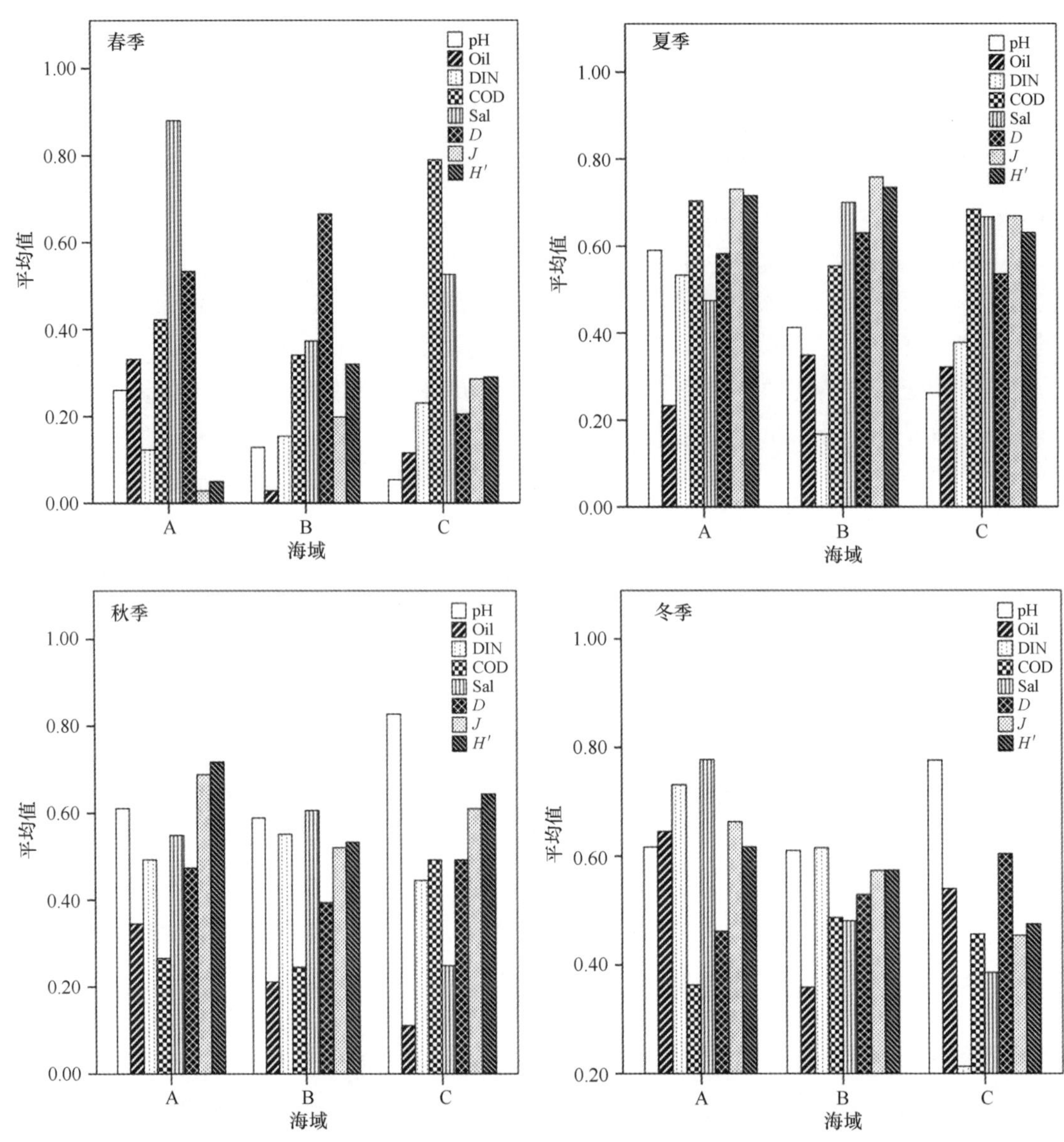

图 13-9　不同海域主要环境因子和浮游植物多样性分布

A、B、C 所代表海域见图 13-8b

岛间连通性不高的海域与外海相比，人为干扰程度不同，基于主要环境因子的聚类结果较为明显地区分了岛间和岛外海域（图 13-8b）。

南部海域靠近山东半岛，受大陆的污染排放影响，另外还有来自南北向的蓬长航线与东西向的登州水道的航道影响，从而人为干扰较为复杂，浮游植物多样性分布特征相对北部来说更为复杂；而北部海域除了受长山水道影响外，整体上受人类活动干扰较为均衡，从而具有相似的浮游植物多样性特征（图 13-8c）。同时，基于主要环境因子的聚类结果划分出东北和西南两块海域，在一定程度上表征了南、北部的不同特征（图 13-8b）。

可见，庙岛群岛南部海域的东部和西部、岛间和岛外、北部和南部均具有较为明显的差异，且主要环境因子的聚类结果清晰地表征了这些差异。

附表 庙岛群岛南部海域表层浮游植物名录

中文	拉丁文	春季	夏季	秋季	冬季
硅藻	**Bacillariophyta**				
洛氏辐环藻	*Actinocyclus roperii*（de Brébisson）Grunow ex Van Heurck				+
六幅辐裥藻	*Actinoptychus senarius*			+	+
辐裥藻	*Actinoptychus* sp.			+	+
双眉藻	*Amphora* sp.			+	
加拉星平藻	*Asteroplanus karianus*	+		+	0.104
钝头盒形藻	*Biddulphia obtusa*				+
标志布莱克里亚藻	*Bleakeleya notata*			+	
海洋角管藻	*Cerataulina pelagica*（Cleve）Hendey				+
旋链角毛藻	*Chaetoceros curvisetus* Cleve			+	
密联角毛藻	*Chaetoceros densus*	+			
爱氏角毛藻	*Chaetoceros eibenii* Grunow				+
角毛藻	*Chaetoceros* sp.			+	
梯楔形藻	*Climacosphenia moniligera*				+
卵形藻	*Cocconeis* sp.			+	+
蛇目圆筛藻	*Coscinodiscus argus*		+		
星脐圆筛藻	*Coscinodiscus asteromphalus*		+	+	+
中心圆筛藻	*Coscinodiscus centralis* Ehrenberg			+	+
弓束圆筛藻	*Coscinodiscus curvatulus* Grunow			+	+
巨圆筛藻	*Coscinodiscus gigas*			+	+
格氏圆筛藻	*Coscinodiscus granii* Gough		+		+
虹彩圆筛藻	*Coscinodiscus oculus-iridis* Ehrenberg				+
辐射圆筛藻	*Coscinodiscus radiatus* Ehrenberg	+		+	+
圆筛藻	*Coscinodiscus* sp.	+	0.025	0.021	+
扭曲小环藻	*Cyclotella comta*（Ehrenberg）Kützing				+
小环藻	*Cyclotella* sp.			+	+
条纹小环藻	*Cyclotella striata*（Kützing）Grunow			+	+
柱状小环藻	*Cyclotella stylorum*（Brightwell）			+	+
新月柱鞘藻	*Cylindrotheca closterium*（Ehrenberg）Reimann & Lewin	+		+	+
脆指管藻	*Dactyliosolen fragilissima*			+	

续附表

中文	拉丁文	春季	夏季	秋季	冬季
矮小短棘藻	*Detonula pumila* (Castracane) Gran			+	+
蜂腰双壁藻	*Diploneis bombus* (Ehrenberg) Cleve		+	+	+
黄蜂双壁藻	*Diploneis crabro* Ehrenberg			+	
华美双壁藻	*Diploneis splendida* (Gregory) Cleve			+	+
布氏双尾藻	*Ditylum brightwellii* (West) Grunow	+			+
太阳双尾藻	*Ditylum sol* (Schmidt) Cleve				+
翼内茧藻	*Entomoneis alata* (Ehrenberg) Ehrenberg			+	+
浮动弯角藻	*Eucampia zodiacus* Ehrenberg			+	
柔弱井字藻	*Eunotogramma frauenfeldii*		+		
拟脆杆藻	*Fragillariopsis* sp.	+			
海生斑条藻	*Grammatophora marina*			+	
波状斑条藻	*Grammatophora undulata* Ehrenberg			+	+
柔弱几内亚藻	*Guinardia delicatula* (Cleve) Hasle	0. 993		+	+
萎软几内亚藻	*Guinardia flaccida* (Castracane) Peragallo			+	
斯氏几内亚藻	*Guinardia striata* (Stolterfoth) Hasle	+		+	+
泰晤士旋鞘藻	*Helicotheca tamesis* (Shrubsole) Ricard				+
细筒藻	*Leptocylindrus minimus* Gran			+	+
短楔形藻	*Licmophora abbreviata* Agardh			+	+
念珠直链藻	*Melosira moniliformis* (Müller) Agardh			+	+
货币直链藻	*Melosira nummuloides* Agardh			+	
膜状缪氏藻	*Meuniera membranacea* (Cleve) Silva	+		+	+
舟形藻	*Navicula* sp.	+	+	+	+
弯菱形藻	*Nitzschia sigma* (Kützing) Smith			+	
菱形藻	*Nitzschia* sp.	+	+		+
中华齿状藻	*Odontella sinensis* (Greville) Grunow			+	+
具槽帕拉藻	*Paralia sulcata* (Ehrenberg) Cleve	+	0. 142	0. 504	0. 230
具翼漂流藻	*Planktoniella blanda* (Schmidt) Syvertsen & Hasle				+
近缘斜纹藻	*Pleurosigma affine*		+		
斜纹藻	*Pleurosigma* sp.	+		+	+
翼鼻状藻	*Proboscia alata* (Brightwell) Sundström	+			+

续附表

中文	拉丁文	春季	夏季	秋季	冬季
翼鼻状藻	*Pseudo-nitzschia delicatissima* (Cleve) Heiden			0.042	+
柔弱伪菱形藻	*Pseudo-nitzschia pungens* (Grunow ex Cleve) Hasle			+	+
尖刺伪菱形藻	*Pseudosolenia calcar-avis* (Schultze) Sundström			+	
距端假管藻	*Rhizosolenia setigera* Brightwell	+		+	+
刚毛根管藻	*Scrippsiella trochoidea*		+		
中肋骨条藻	*Skeletonema costatum* (Greville) Cleve			+	+
骨条藻	*Skeletonema* sp.		+		
双菱藻	*Surirella* sp.			+	
伏氏海线藻	*Thalassionema frauenfeldii* (Grunow) Hallegraeff	+	+	+	+
菱形海线藻	*Thalassionema nitzschioides* (Grunow) Mereschkowsky	+		+	+
并基海链藻	*Thalassiosira decipens* (Grunow) Jørgensen				+
离心列海链藻	*Thalassiosira eccentrica* (Ehrenberg) Cleve	+	+	+	0.040
细海链藻	*Thalassiosira leptopus* (Grunow ex Van Heurck) Hasle & Fryxell				+
诺氏海链藻	*Thalassiosira nordenskiöeldii* Cleve				+
太平洋海链藻	*Thalassiosira pacifica* Gran & Angst				0.541
圆海链藻	*Thalassiosira rotula* Meunier	+			0.028
海链藻	*Thalassiosira* sp.	+		+	+
粗纹藻	*Trachyneis aspera*	+		+	+
甲藻	**Dinophyta**				
血红哈卡藻	*Akashiwo sanguinea*			+	
联营亚历山大藻	*Alexandrium catenella* (Whedon & Kofoid) Balech		+	+	
亚历山大藻	*Alexandrium* sp.	+		+	+
叉状角藻	*Ceratium furca* (Ehrenberg) Claparède et Lachmann			+	
梭角藻	*Ceratium fusus* (Ehrenberg) Dujardin		+	0.030	
三角角藻	*Ceratium tripos* (Müller) Nitzsch		+	0.123	+
渐尖鳍藻	*Dinophysis acuminata* Claparède et Lachmann		+	+	
漏洞状鳍藻	*Dinophysis infundibulus*		+		
卵鳍藻	*Dinophysis ovum*		+		
圆法拉藻	*Dinophysis rotundata*			+	

续附表

中文	拉丁文	春季	夏季	秋季	冬季
具刺膝沟藻	*Gonyaulax spinifera*		+		
裸甲藻	*Gymnodinium* sp.		0. 219	+	+
螺旋环沟藻	*Gyrodinium spirale* (Bergh) Kofoid & Swezy	+	+	+	+
竹叶三角藻	*Heterocapsa triqueta*			+	+
夜光藻	*Noctiluca scintillans*			+	+
具齿原甲藻	*Prorocentrum dentatum*		0. 033		
纤细原甲藻	*Prorocentrum gracile* Schütt		+	+	+
闪光原甲藻	*Prorocentrum micans*		+		
原甲藻	*Prorocentrum* sp.				+
角原多甲藻	*Protoperidinium cerasus*		+		
锥形原多甲藻	*Protoperidinium conicum* (Gran) Balech			+	
扁平原多甲藻	*Protoperidinium depressum* (Bailey) Balech	+		+	
日本原多甲藻	*Protoperidinium nipponicum*				+
卵形原多甲藻	*Protoperidinium ovum* (Schiller) Balech		+	+	+
光甲原多甲藻	*Protoperidinium pallidum* (Ostenfeld) Balech				+
点刺原多甲藻	*Protoperidinium punctulatum* (Paulsen) Balech			+	
原多甲藻	*Protoperidinium* sp.	+	+	+	+
方格原多甲藻	*Protoperidinium thorianum*				+
锥状施克里普藻	*Scrippsiella trochoidea* (Stein) Balech ex Loeblich III		+		+
金藻	**Ochrophyta**				
小等刺硅鞭藻	*Dictyocha fibula* Ehrenberg	+	+	0. 024	+
六异刺硅鞭藻八幅变种	*Distephanus speculum* var. octonarius (Ehrenberg) Jögrensen			+	
未分类	**Myzozoa**				
三裂醉藻	*Ebria tripartita* (Schumann) Lemmermann				+

+ 表示此物种在该季节出现；数字表示该物种为该季节优势种，数字为优势度。

第 14 章 浮游动物多样性及其影响因素

14.1 数据来源与处理

14.1.1 站位布设与样品采集分析

站位布设与水环境样品采集同 13.1.1、13.1.2 节。用浅水 I 型浮游生物网，自底至表垂直拖曳采集浮游动物。浮游动物样品用 5% 的福尔马林溶液固定，常温避光保存，实验室分析鉴定，鉴定出的浮游动物物种名录见本章附表。

14.1.2 数据处理

物种多样性的计算采用 Shannon-Wiener 指数（H'）（1949），其计算公式为：

$$H' = -\sum_{i=1}^{S} P_i \log_2 P_i. \quad (14.1)$$

物种丰富度指数（D）采用 Margalef（1958）的计算公式：

$$D = (S - 1)/\log_2 N. \quad (14.2)$$

物种均匀度指数（J）采用 Pielou（1969）的计算公式：

$$J = H'/log_2 S. \quad (14.3)$$

式（14.1）~（14.3）中，N 为采集样品中所有种类的总个体数；S 为采集样品中的种类总数；P_i 为第 i 种的个体数与样品中的总个体数的比值（N_i/N）。

优势种公式：

$$y = f_i \times p_i, \quad (14.4)$$

式中，f_i 为 i 种在采样点中出现的频率，p_i 为 i 种占总数量的比例，y >0.02 时，定为优势种（Lampitt et al.，1993）。

使用 Surfer 8.0 绘制空间分布图。数据分析在 SPSS 与 PRIMER v6 软件包上进行，通过 BIOENV 分析对浮游动物丰度与环境因子的关系进行分析，找出可最佳解释群落结构的环境变量组合（Clarke and Gorley，2006）。然后，通过 Pearson 相关分析确定影响浮游动物分布的最佳环境因子组合中每一个环境因子的影响大小。

14.2 浮游动物分布特征

14.2.1 海区综合环境特征

对采集的表、中、底3层水样进行分析，分析结果见表14-1。由表可知，四季水环境参数对比，春季，该海域盐度最大，DO、COD最大，对于营养盐来说，春季的含量最低；夏季，pH最大，无机磷、硅酸盐含量最高；秋季，无机氮、总氮和总磷含量最高；冬季，悬浮物浓度最大。总体而言，春季营养盐匮乏，夏季营养盐丰富；秋季氮含量最高，冬季悬浮物最高。

表14-1 庙岛群岛南部海域水环境参数平均值

环境变量	春季	夏季	秋季	冬季
水温/℃	10.83±1.25	26.52±0.66	14.33±0.31	3.01±0.25
水深/m	14.07±6.44	13.52±5.85	13.57±6.36	14.83±6.96
悬浮物SS/（mg·L^{-1}）	16.63±4.89	48.04±4.46	22.00±10.28	51.23±18.01
pH	8.12±0.20	8.49±0.07	8.01±0.06	8.03±0.03
盐度Sal	30.66±0.27	27.41±0.36	29.48±0.23	30.61±0.30
溶解氧DO/（mg·L^{-1}）	10.30±0.43	6.35±0.30	7.95±0.18	8.90±0.16
无机磷DIP/（mg·L^{-1}）	0.001 8±0.000 63	0.009 2±0.006 0	0.005 7±0.001 7	0.005 9±0.001 9
无机氮DIN/（mg·L^{-1}）	0.052±0.020	0.12±0.016	0.17±0.057	0.17±0.040
硅酸盐/（mg·L^{-1}）	0.095±0.038	0.57±0.19	0.15±0.053	0.15±0.044
化学需氧量COD/（mg·L^{-1}）	2.28±0.45	1.97±0.18	1.20±0.28	1.61±0.18
碱度ALK	2.31±0.09	2.29±0.13	2.43±0.04	2.32±0.27
总氮TN/（mg·L^{-1}）	0.28±0.07	0.37±0.06	0.61±0.34	0.59±0.22
总磷TP/（mg·L^{-1}）	0.010±0.009	0.037±0.006	0.12±0.08	0.013±0.002

14.2.2 浮游动物组成

调查期间，四季一共发现25种浮游动物（成体），浮游幼虫13种。浮游动物成体春季出现7种，夏季14种，秋季19种，冬季10种；浮游幼虫春季出现7种，夏季12种，秋季4种，冬季3种。成体中，桡足类10种（40%），水母类5种（20%），端足类3种（12%），糠虾类3种（12%），毛颚动物1种（4%），涟虫类1种（4%），磷虾类1种（4%），多毛类1种（4%）。由图14-1可知，桡足类是该海域的第1大浮游动物群落，其次为水母类。浮游幼虫主要出现在春季和夏季。

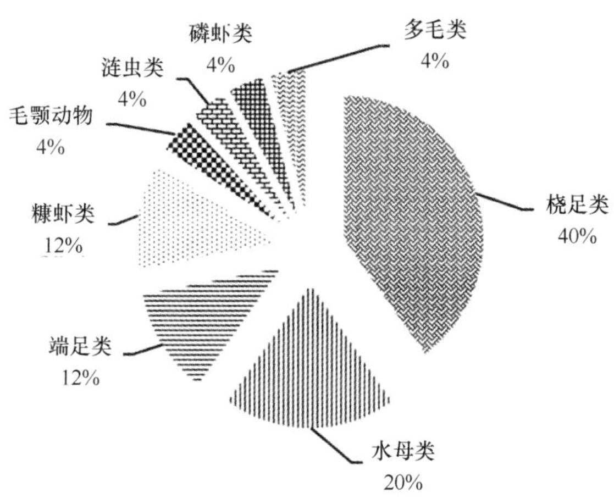

图 14-1　庙岛群岛南部海域浮游动物（成体）群落结构组成分布

14.2.3　优势种

四季共发现 5 种优势种，分别为强壮箭虫 *Sagitta crassa*、墨式胸刺水蚤 *Centropages mcmurrichi*、中华哲水蚤 *Calanus sinicus*、蛇尾长腕幼虫 Ophiopluteus larva 和糠虾幼体 Mysidacea larva，其中春季 2 种，夏季 3 种，秋季 1 种，冬季 3 种（表 14-2）。

表 14-2　庙岛群岛南部海域浮游动物优势种

名称	春季	夏季	秋季	冬季
强壮箭虫		0.38	0.56	0.46
墨式胸刺水蚤	0.55			0.02
中华哲水蚤	0.42			0.28
蛇尾长腕幼虫		0.46		
糠虾幼体		0.03		

14.2.4　丰度

春季，浮游动物丰度范围为 66.33~5 287.50 ind/m^3，平均为 1 952.74 ind/m^3；夏季浮游动物丰度范围为 72.86~2 156.82 ind/m^3，平均为 352.51 ind/m^3；秋季浮游动物丰度范围为 11.88~294.80 ind/m^3，平均为 87.38 ind/m^3；冬季浮游动物丰度范围为 33.25~137.73 ind/m^3，平均为 79.26 ind/m^3。由图 14-2 可知，浮游动物丰度春季最大，冬季最小。春夏季浮游动物和浮游植物的变化一致，浮游动物在秋冬季持续减少，而浮游植物却缓慢回升。由图 14-3 可知，4 个季节浮游动物的分布均呈现南部海域和岛间海域分布较少的趋势。

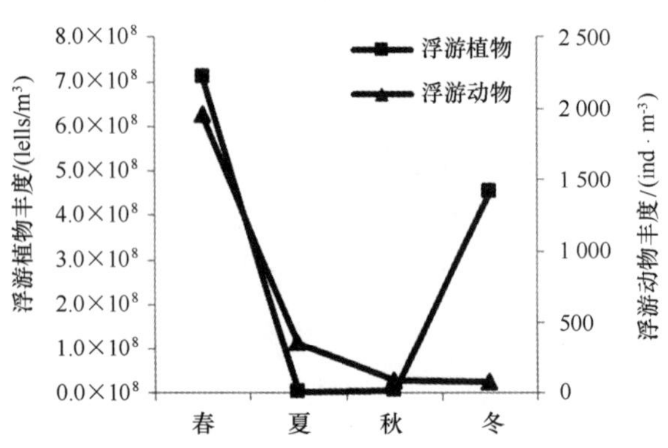

图 14-2　浮游植物和浮游动物丰度季节变化图

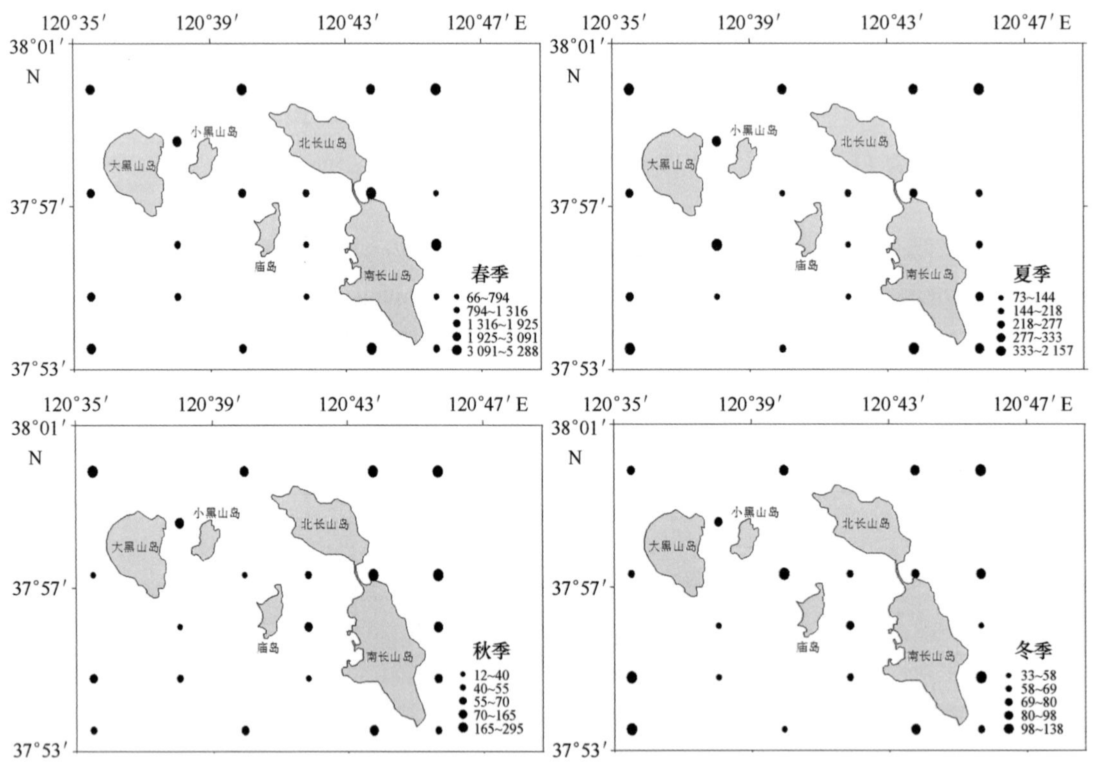

图 14-3　浮游动物丰度（ind/m^3）空间分布图

14.2.5　多样性

由表 14-3 可知，物种数为夏季>春季>冬季>秋季；多样性指数为夏季>冬季>春季>秋季；丰富度指数为夏季>冬季>秋季>春季；均匀度指数为冬季>夏季>春季>秋季。总体来说，夏季浮游动物的多样性较高，秋季的多样性较低。

表 14-3 庙岛群岛南部海域浮游动物多样性

参数	春季	夏季	秋季	冬季
S	6. 38±1. 69	10. 43±2. 86	5. 38±3. 43	6. 00±1. 70
H'	0. 85±0. 23	1. 74±0. 53	0. 54±0. 24	1. 64±0. 23
D	0. 52±0. 17	1. 19±0. 35	0. 68±0. 44	0. 81±0. 27
J	0. 33±0. 08	0. 53±0. 15	0. 27±0. 13	0. 65±0. 12

14. 3 浮游动物多样性影响因素

14. 3. 1 春季

14. 3. 1. 1 丰度影响因素

由 BIOENV 分析（表 14-4）可知，春季浮游动物丰度分布的最佳影响因子组合为水深和浮游植物组合，相关系数为 0. 447（Global Test Rho = 0. 447，p = 0. 03）。对水深和浮游植物丰度与浮游动物丰度作 Pearson 相关分析，可知，浮游动物与浮游植物呈显著正相关（R = 0. 607，p = 0. 004）。此结果表明春季，作为浮游动物食物的浮游植物对浮游动物的直接影响显著，且浮游动物的数量随着浮游植物的增加而增加。

表 14-4 春季浮游动物丰度影响因子分析

变量个数	相关系数	影响因子组合
2	0. 447	depth、phytoplankton
3	0. 412	depth、SS、phytoplankton
4	0. 405	depth、SS、DO、phytoplankton
4	0. 389	WT、depth、SS、phytoplankton
3	0. 389	depth、DO、phytoplankton
5	0. 383	WT、depth、SS、DO、phytoplankton
3	0. 381	WT、depth、phytoplankton
4	0. 363	WT、depth、DO、phytoplankton
4	0. 359	depth、SS、pH、phytoplankton
5	0. 356	depth、SS、pH、DO、phytoplankton

14.3.1.2 多样性指数影响因素

通过 Pearson 相关性分析（表 14-5）可知，春季，物种数与丰富度和溶解氧呈显著正相关（$p<0.01$）；多样性指数与均匀度和水深呈显著正相关（$p<0.01$）；丰富度与水温呈负相关（$p<0.05$），与溶解氧呈正相关（$p<0.05$）；均匀度与水深呈显著正相关（$p<0.01$）。

春季，溶解氧浓度最大，而浮游植物细胞丰度最大，同时浮游动物丰度也达到最大，而浮游动物物种数相对来说较多，且与溶解氧呈显著正相关，因此该海域高浓度的溶解氧有利于浮游动物的生长繁殖。春季水温较低，所以在一定程度上会减少暖水种的生存几率，因此导致丰富度与水温呈显著负相关。

表 14-5　春季浮游动物多样性指数影响因子分析

影响因子	S	H'	D	J
H'	0.393			
D	0.790**	0.205		
J	-0.145	0.844**	-0.215	
WT	-0.429	0.088	-0.444*	0.322
depth	0.158	0.689**	0.039	0.664**
SS	0.338	0.341	0.315	0.167
pH	-0.067	-0.036	-0.060	0.002
Sal	0.285	0.086	0.173	-0.044
DO	0.594**	0.110	0.474*	-0.199
DIP	-0.064	0.243	-0.180	0.313
DIN	-0.026	0.286	-0.059	0.318
SiO_3	0.243	0.070	0.164	-0.009
phytoplankton	0.405	0.092	0.259	-0.075

注：* 表示在 0.05 水平上显著相关；** 表示在 0.01 水平上显著相关。

14.3.2 夏季

14.3.2.1 丰度影响因素

由 BIOENV 分析（表 14-6）可知，夏季浮游动物丰度分布的最佳影响因子组合为水深，相关系数为 0.328（Global Test Rho=0.328，$p=0.05$）。由表 14-6 可知，夏季，浮游植物对浮游动物几乎没有影响，所有的组合中均不包含浮游植物。为进一步探明浮游植物对浮游动物是否不存在直接影响而存在间接影响，对影响因子之间进行了 Pearson 相关分析，结果显示，浮游植物与水深呈显著正相关（$R=0.636$，$p=0.01$），与无机磷呈负相关（$R=-0.452$，$p=0.05$），且水深与无机磷呈显著负相关（$R=-0.558$，$p=0.01$）。因此，夏季浮游植物虽然并未直接影响浮游动物，但其通过水深可间接影响浮游动物。

表 14-6　夏季浮游动物丰度影响因子分析

变量个数	相关系数	影响因子组合
1	0.328	depth
4	0.297	depth、pH、Sal、DIP
3	0.292	depth、Sal、DIP
5	0.287	depth、pH、Sal、DO、DIP
2	0.285	depth、Sal
4	0.283	depth、Sal、DO、DIP
4	0.28	depth、Sal、DIP、DIN
5	0.279	depth、pH、Sal、DIP、DIN
5	0.273	depth、SS、pH、Sal、DIP
5	0.273	depth、SS、Sal、DO、DIP

14.3.2.2　多样性指数影响因素

通过 Pearson 相关分析（表 14-7）可知，夏季，物种数与丰富度呈显著正相关（$p<0.01$）；多样性指数与均匀度呈显著正相关（$p<0.01$），与丰富度呈正相关（$p<0.05$）；均匀度与悬浮物呈正相关（$p<0.05$）。通过表 14-7 可知，温度虽与 4 个多样性指数未呈现显著的相关性，但均与其呈微弱的负相关，这可以在一定程度上反映夏季的高温对于浮游动物还是有微弱的负面影响的。

表 14-7　夏季浮游动物多样性指数影响因子分析

影响因子	*S*	*H′*	*D*	*J*
H′	0.325			
D	0.911**	0.524*		
J	-0.150	0.874**	0.095	
WT	-0.088	-0.093	-0.010	-0.036
depth	0.378	0.110	0.393	-0.101
SS	-0.302	0.293	-0.252	0.478*
pH	-0.071	-0.287	-0.249	-0.278

续表

影响因子	*S*	*H'*	*D*	*J*
Sal	0. 261	-0. 023	0. 202	-0. 138
DO	0. 040	-0. 110	-0. 027	-0. 139
DIP	-0. 419	0. 164	-0. 243	0. 424
DIN	-0. 075	0. 107	-0. 028	0. 150
SiO_3	-0. 142	-0. 234	-0. 181	-0. 134
phytoplankton	0. 393	-0. 004	0. 336	-0. 178

* 表示在 0. 05 水平上显著相关；* * 表示在 0. 01 水平上显著相关。

14. 3. 3 秋季

14. 3. 3. 1 丰度影响因素

由 BIOENV 分析（表 14-8）可知，秋季浮游动物丰度分布的最佳影响因子组合为水深和浮游植物，相关系数为 0. 451（Global Test Rho = 0. 451，p = 0. 03）。且影响因子之间的 Pearson 相关分析结果表明，水深与浮游植物之间呈显著正相关（R=0. 856，p=0. 01）。

表 14-8 秋季浮游动物丰度影响因子分析

变量个数	相关系数	影响因子组合
2	0. 451	depth、phytoplankton
1	0. 446	phytoplankton
3	0. 436	WT、depth、phytoplankton
3	0. 429	depth、SS、phytoplankton
4	0. 421	WT、depth、SS、phytoplankton
5	0. 412	WT、depth、SS、DO、phytoplankton
4	0. 412	WT、depth、DO、phytoplankton
3	0. 41	depth、DO、phytoplankton
2	0. 401	SS、phytoplankton
4	0. 4	depth、SS、DO、phytoplankton

14. 3. 3. 2 多样性指数影响因素

通过 Pearson 相关分析（表 14-9）可知，秋季，物种数与多样性指数、丰富度、水温、水深和浮游植物呈显著正相关（$p<0.01$）；多样性指数与丰富度呈显著正相关（$p<0.01$）；丰富度与水深和浮游植物呈显著正相关（$p<0.01$），与水温呈正相关（$p<0.05$）。因此，水温和水深与秋季浮游动物多样性密切相关。

表 14-9　秋季浮游动物多样性指数影响因子分析

影响因子	*S*	*H'*	*D*	*J*
H'	0.614**			
D	0.970**	0.666**		
J	-0.330	0.372	-0.286	
WT	0.555**	0.201	0.438*	-0.372
depth	0.816**	0.430	0.796**	-0.333
SS	-0.110	-0.159	-0.040	-0.154
pH	-0.157	-0.277	-0.164	-0.021
Sal	0.288	-0.110	0.142	-0.351
DO	-0.017	-0.118	-0.015	-0.182
DIP	-0.027	0.030	0.106	-0.115
DIN	-0.042	0.090	0.030	0.086
SiO_3	-0.243	-0.178	-0.089	-0.042
phytoplankton	0.790**	0.406	0.714**	-0.363

*表示在 0.05 水平上显著相关；**表示在 0.01 水平上显著相关。

14.3.4　冬季

14.3.4.1　丰度影响因素

由 BIOENV 分析（表 14-10）可知，冬季浮游动物丰度分布的最佳影响因子组合为水深和悬浮物，相关系数为 0.326（Global Test Rho = 0.326，$p=0.05$）。同样，对影响因子之间进行了 Pearson 相关分析，结果表明，浮游植物与水深之间呈显著正相关（$R=0.436$，$p=0.05$），因此，冬季浮游植物通过对水深的影响从而对浮游动物可能有一定的间接影响。

表 14-10　冬季浮游动物丰度影响因子分析

变量个数	相关系数	影响因子组合
2	0.326	depth、SS
3	0.301	depth、SS、DO

续表

变量个数	相关系数	影响因子组合
1	0.29	depth
2	0.269	depth、DO
3	0.255	depth、SS、phytoplankton
4	0.254	depth、SS、DO、phytoplankton
4	0.252	depth、SS、DO、DIP
3	0.246	depth、SS、DIP
4	0.239	WT、depth、SS、DO、
4	0.235	depth、SS、DO、DIN

14.3.4.2 多样性指数影响因素

通过 Pearson 相关分析（表 14-11）可知，冬季，物种数与丰富度呈显著正相关（$p<0.01$），与均匀度呈显著负相关（$p<0.01$）；多样性指数与丰富度呈正相关（$p<0.05$），与无机磷呈负相关（$p<0.05$）；均匀度与水深呈负相关（$p<0.05$）。

表 14-11　冬季浮游动物多样性指数影响因子分析

	S	*H'*	*D*	*J*
H'	0.402			
D	0.975**	0.468*		
J	-0.477**	0.097	-0.418	
WT	-0.049	-0.173	-0.079	-0.098
depth	0.337	-0.236	0.375	-0.464*
SS	0.050	-0.117	0.052	-0.147
pH	0.429	0.287	0.406	-0.302
Sal	0.034	-0.413	-0.103	-0.291
DO	-0.059	0.292	0.022	0.100
DIP	-0.044	-0.481*	-0.122	-0.035
DIN	0.045	-0.042	0.051	-0.079
SiO_3	0.106	-0.209	0.050	-0.316
phytoplankton	0.050	-0.007	0.137	0.154

*表示在 0.05 水平上显著相关；**表示在 0.01 水平上显著相关。

14.4 浮游动物分布特征与多样性讨论

浮游动物多样性在大尺度上的变化与气候变化有很大的关系（李君华等, 2008）。气候变化引起的海平面上升、水温、盐度等的变化对浮游动物的组成分布等会产生重大影响（Zhang et al. , 2010）。林秋奇等（2014）对青藏高原（其气候变暖速度是全球平均速度的3倍）36个湖泊的调查结果显示，青藏高原气候变暖通过改变湖泊水温和盐度从而对浮游动物产生了重大影响。毕洪生等（2000；2001）对1995年渤海浮游动物进行了详细的研究，本研究结果与其研究结果在浮游动物种类丰度和季节更替上均有较大差别，很有可能与气候变化有关。

强壮箭虫为广温近岸种（毕洪生等, 2000），在夏、秋、冬3季均为该海域浮游动物优势种，且在秋季优势度最大，为该季唯一优势种。墨氏胸刺水蚤和中华哲水蚤为受黄海海流影响的外海性种类（毕洪生等, 2000），在春、冬两季为优势种。且中华哲水蚤在春季大量繁殖（刘镇盛, 2012）。蛇尾长腕幼虫和糠虾幼体这两种浮游幼虫在夏季为优势种。浮游幼虫在夏季大量出现，这反映了该海域浮游幼虫在夏季为繁殖盛期，尤其是蛇尾长腕幼虫和糠虾幼体。浮游幼虫的出现与温度关系是非常密切的（van der Gaag et al. , 2014）。对于温带海域来说，通常浮游幼虫大量出现在温度较高的夏季（刘镇盛, 2012）。本研究中，浮游动物的季节更替比较明显，墨氏胸刺水蚤和中华哲水蚤在温度较低的春季大量出现，夏季随着水温的升高，强壮箭虫和浮游幼虫大量生长繁殖，而进入秋季，水温降低，浮游幼虫也随之大量减少，到了冬季，仅剩3种，同时，适于在低温下生长的墨氏胸刺水蚤和中华哲水蚤在冬季又大量出现，但其丰度大大小于春季。因此，温度是影响该海域浮游动物季节更替和多样性的一个重要影响因素。这一点在以往的研究中均得到证实（Salman D. Salman et al. , 2014）。

本研究海域位于黄、渤海交汇处，海流活动频繁（张乃星等, 2012），因此，海流对于浮游动物多样性的影响不可忽视，同时，浮游动物的分布也能反映海流的变化（Jagadeesan et al. , 2013）。例如，本研究中墨氏胸刺水蚤和中华哲水蚤为受黄海海流影响的外海性种类，在春、冬季大量出现，说明黄海在春、冬季流入渤海的海流较强，同时带来了大量的墨氏胸刺水蚤和中华哲水蚤，而在夏、秋两季较弱。

浮游植物对于浮游动物的影响机制一直是研究热点与重点（Niall Mcginty et al. , 2014）。本研究分析结果表明，整体上浮游植物对于浮游动物是存在影响的，且在春季和秋季浮游植物对浮游动物有直接影响，在夏季和冬季更多的则是间接影响。对于夏季来说，浮游动物由于其独特的度夏机制，因此浮游植物对于浮游动物的影响不是很明显，更多的是间接影响。

附表　庙岛群岛南部海域浮游动物物种名录

中文	拉丁文	春季	夏季	秋季	冬季
桡足类	**Copepoda**				
1. 中华哲水蚤	*Calanus sinicus*	+	+	+	+
2. 墨氏胸刺水蚤	*Centropages mcmurrichi*	+	+		+
3. 小拟哲水蚤	*Paracalanus parvus*	+	+	+	+
4. 小毛猛水蚤	*Microsetella norvegica*	+	+	+	+
5. 拟长腹剑水蚤	*Oithona similis*		+	+	
6. 尖额谐猛水蚤	*Euterpina acutifrons*		+		
7. 背针胸刺水蚤	*Centropages dorsispinatus*		+		
8. 双刺唇角水蚤	*Labidocera bipinnata*		+	+	
9. 真刺唇角水蚤	*Labidocera euchaeta*		+	+	
10. 挪威小星猛水蚤	*Microsetella norvegica*		+		
浮游幼虫	**Larva**				
1. 蛇尾长腕幼虫	Ophiopluteus larva	+	+		+
2. 糠虾幼体	Mysidacea larva	+	+	+	
3. 磁蟹溞状幼虫	Porcellana zoea	+	+		
4. 桡足类无节幼虫	Nauplius larva	+	+	+	+
5. 疣足幼虫	Nectochaete larva		+	+	
6. 短尾类大眼幼虫	Megalopa larva		+		
7. 阿利玛幼虫	Alima larva		+		
8. 稚鱼	Fish larva		+		
9. 稚蟹	Crab larva		+		
10. 鱼卵	Fish eggs	+	+		
11. 沙蚕类幼虫	Polyehaeta larva	+	+	+	+
12. 长尾类溞状幼虫	Maeruran larva		+		
13. 细长脚虫戎幼体	Gracilipes larva	+			
毛颚动物	**Chaetogantha**				
1. 强壮箭虫	*Sagitta crassa*	+	+	+	+
端足类	**Amphipoda**				
1. 细长脚蛾	*Themisto gracilipes*	+	+		+
2. 蛾亚目一种	Hyperiidea sp.			+	+

续附表

中文	拉丁文	春季	夏季	秋季	冬季
3. 钩虾亚目一种	Gammaridea sp.			+	
水母类	**Medusae**				
1. 拟杯水母	*Phialucium carolinae*			+	
2. 栉水母	Ctenophora			+	
3. 薮枝螅水母	*Obelia* spp.		+	+	
4. 钟泳亚目一种	Calycophorae sp.			+	
5. 印度八拟杯水母	*Octophialucium indicum*			+	
涟虫类	**Cumacea**				
1. 三叶针尾涟虫	*Diastylis tricincta*			+	+
磷虾类	**Euphausiacea**				
1. 中华假磷虾	*Pseudeuphausia sinica*				+
糠虾类	**Mysidacea**				
1. 黄海刺糠虾	*Acanthomysis hwanhaiensis*			+	+
2. 漂浮囊糠虾	*Gastrosaccus pelagicus*			+	
3. 长额刺糠虾	*Acanthomysis longirostris*	+	+	+	
多毛类	**Polychaetes**				
1. 浮蚕	*Tomopteris*			+	

+ 表示该物种在该季节采集到。

第 15 章　大型底栖动物群落特征

15.1　数据来源与处理

15.1.1　站位布设

于 2012 年 11 月和 2013 年 2 月、5 月和 8 月期间（以下简称为秋季、冬季、春季和夏季）对长岛海域潮间带和潮下带进行 4 次大型底栖动物调查。由于长岛潮间带狭窄，一般只有 30 m 左右，因此潮间带取样并没有设置高、中、低潮断面，本研究只在潮间带低潮区设置 6 个典型站位（A1、A2、A3、A4、A5、A6）。6 个站位分别位于北长山岛和南长山岛上。潮下带冬季航次设置 11 个站位，春季航次设置 8 个站位，夏季航次 10 个站位，秋季航次因客观原因只采集到 1 站位的样品。站位如图 15-1 所示，潮下带调查站位取样情况见表 15-1。

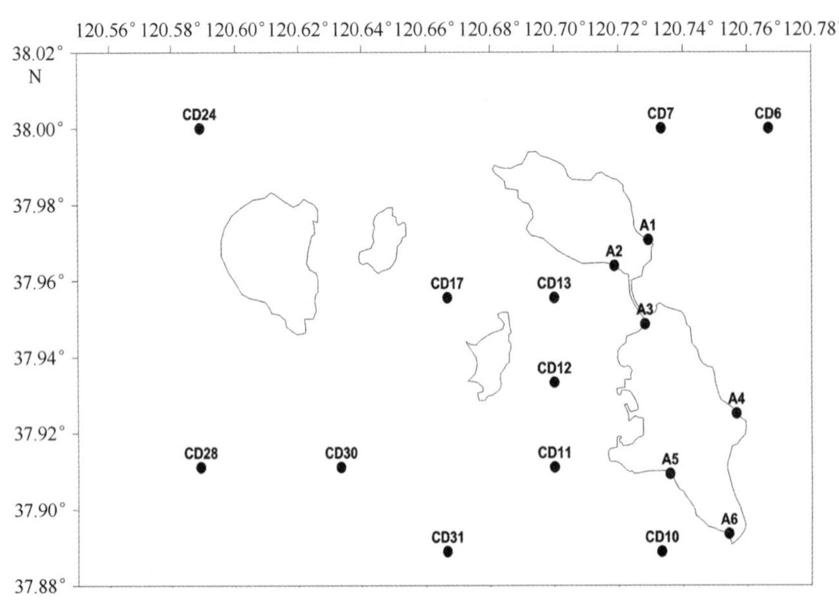

图 15-1　庙岛群岛南部海域取样站位

表 15-1 潮下带采集样品的站位分布

季节	采集生物样品的站位									
冬季	CD6	CD7	CD10	CD11	CD12	CD13	CD17	CD24	CD28	CD30	CD31
春季				CD11	CD12	CD13	CD17	CD24	CD28	CD30	CD31
夏季	CD6		CD10	CD11	CD12	CD13	CD17	CD24	CD28	CD30	CD31
秋季				CD11							

15.1.2 样品采集与处理

根据《海洋调查规范》的要求进行采样。在潮间带调查中，每个站位用 25 cm×25 cm 取样框采集未受扰动的沉积物样品，将框中样品全部铲取，每个站位取 4 个平行样，在取样现场用 GPS 精确定位。同时在取样地点采集沉积物样品，用于环境因子的分析。在潮下带的调查中，用 0.05 m^2的箱式采泥器采集未受扰动的样品，每个站位取样 4 次，同时在取样点取一定表层沉积物，用于环境因子的测定。对于采集的潮间带和潮下带的生物样品，在现场用 0.5 mm 孔径的网筛冲洗，将获取的大型底栖动物样品转移到样品瓶中，并用 5%福尔马林进行固定。

在实验室对采集的生物样品用 1%虎红溶液染色，24 h 后用解剖镜进行分类鉴定及计数。使用精度为 0.000 1 g 的电子天平称取湿质量，计数后样品均保存于 75%酒精当中。用于环境因子测定的样品应放于-20℃冰箱冷冻保存。

15.1.3 数据分析

15.1.3.1 优势种的确定

根据 *IRI*（相对重要性指数）（Pinkas et al，1971）确定优势种，*IRI* 的计算：

$$IRI = (W + N) \times F, \tag{15.1}$$

式中，W 为某一种群的生物量占大型底栖动物总生物量的比例（%）；N 为该种群的丰度占大型底栖动物总丰度的比例（%）；F 为该种群出现的频率。

15.1.3.2 多样性指数的计算

采用 Shannon-Wiener（1949）物种多样性指数（H'）、物种均匀度指数（J）（Pielou，1975）以及物种丰富度指数（D）（Margalef，1968）对大型底栖动物群落多样性进行分析，计算公式如下：

$$D = (S - 1)/\log_2 N, \tag{15.2}$$

$$H' = -\sum \mathrm{P}_i \log_2 P_i, \tag{15.3}$$

$$J = H'/\log_2 S, \tag{15.4}$$

式中，N 为样品中所有种类的总个体数；S 为样品中的种类总数；P_i 为样品中第 i 种的个体数与样品中占总个体数的比值（N_i/N）。

15.1.3.3 次级生产力及 P/B 值计算

次级生产力采用 Brey（1990）经验公式来进行计算，公式如下：

$$\lg P = -0.4 + 1.007\lg B - 0.27\lg W, \tag{15.5}$$

式中，P 为年次级生产力（g（AFDW）/（m^2 · a）），W 为年平均个体质量（g（AFDW）），B 为年平均生物量（去灰干质量）（g（AFDW）/m^2）。

$$W = B/A, \tag{15.6}$$

式中，A 为年平均丰度（ind./m^2）。

将上述公式代入（式 15.5），公式转化为（Waters，1977）：

$$\lg P = 0.27\lg A + 0.737\lg B - 0.4, \tag{15.7}$$

式中，P 为年次级生产力（g（AFDW）/（m^2 · a）），B 为年平均生物量（去灰干质量）（g（AFDW）/m^2），A 为年平均丰度（ind./m^2）。

湿质量与干质量的转化比例为 5∶1，干质量与去灰干质量（AFDW）的转化比例为 10∶9（Lalli and Parsons，1997）。

15.1.3.4 ABC 曲线（丰度-生物量比较曲线）

使用 W 绝对值作为 ABC 曲线法的统计量，表示生物量曲线对丰度曲线的优势程度。生物量优势度曲线在丰度优势度曲线之上时，W 值为正，反之为负。W 值越小，大型底栖动物群落受干扰的程度越大。反之，W 值越大，则说明大型底栖动物群落受干扰程度越小。ABC 曲线绘制和 W 值的计算均使用 PRIMER 6.0 软件完成。相关性分析利用 SPSS19.0 完成。

丰度-生物量比较曲线的 W 统计量采用如下公式（Clarke and Warwick，2001）：

$$W = \sum_{i=1}^{S} \frac{(B_i - A_i)}{50(S-1)}, \tag{15.8}$$

式中，B_i 和 A_i 为 ABC 曲线中种类序号对应的生物量和丰度的累积百分比，S 为出现的物种数。

15.1.3.5 群落结构分析

使用 PRIMER 6.0 软件包中的多元统计程序对群落结构进行分析。群落结构分析基于种丰度矩阵，经 4 次方根转换、Bray-Curtis 相似性计算进行组平均连接的等级聚合聚类，并通过 SIMPROF 检验，以实现对群落的划分。不同群落组的特征种通过 SIMPER（相似性百分比分析）获得；通过 PCA（主成分分析）对环境参数做二次方根转换并正态化处理来进行降维，了解庙岛群岛南部海域环境梯度变化并对研究海域站位环境进行划分（周红等，2010）。

15.1.3.6 群落结构与环境因子的相关分析

将环境因子数据标准化后，采用 PRIMER 软件中的 BIOENV 对群落结构和环境因子之间的关系进行分析，从而找出能与群落结构形成最佳匹配的环境因子及其环境因子组合

(Clarke and Ainsworth, 1993)。

15.2 潮间带海域大型底栖动物结果与讨论

15.2.1 环境因子

15.2.1.1 沉积物粒度分析

沉积环境是底栖动物的栖息地，影响着底栖动物生物量大小和群落的组成与分布。沉积物的粒度组成和分选情况都是影响底栖动物的重要环境因子。潮间带地区各站位不同季节的粒度情况见表 15-2（其中夏季未测定）。从表中可见，调查地区各站位沉积物颗粒直径较大，中值粒径变化范围在 0.29~11.01 mm 之间。整个地区的底质类型一般以砂质砾石和砾石质砂为主。

表 15-2 潮间带沉积物粒度特征和类型

站位	季节	MD/Φ	MD/mm	σ	底质类型	站位	季节	MD/Φ	MD/mm	σ	底质类型
A1	春季	-2.05	4.13	2.29	砂质砾石	A4	春季	-1.85	3.6	1.91	砂质砾石
	秋季	1.08	0.47	1.24	砂		秋季	-0.75	1.68	1.79	砾石质砂
	冬季	-0.97	1.96	1.77	砂质砾石		冬季	-0.5	1.42	1.48	砾石质砂
A2	春季	-2.07	4.2	2.1	砂质砾石	A5	春季	-0.3	1.23	1.48	砾石质砂
	秋季	-0.77	1.71	1.68	砾石质砂		秋季	0.1	0.93	1.22	砂
	冬季	-1.82	3.52	3.99	砂质砾石		冬季	-0.5	1.41	1.43	砾石质砂
A3	春季	-3.46	11.01	2.7	砂质砾石	A6	春季	0.17	0.89	1.5	砾石质砂
	秋季	-0.43	1.35	1.7	砾石质砂		秋季	1.13	0.46	1.4	砂
	冬季	1.8	0.29	1.83	砂		冬季	-1.07	2.1	2.02	砂质砾石

15.2.1.2 有机质含量

潮间带各站位有机质含量见表 15-3 所示（其中夏季未测定）。由表中可以看出，该地区潮间带有机质含量较低，各站位有机质含量平均值大小依次为 A1>A2>A5>A6>A4>A3，有机质含量变化范围为 0.06%~0.34%，总体变化幅度比较稳定。与测定的沉积物底质类型比较发现，各站位底质沉积物颗粒直径较大，因此该地区有机质含量均较低。

表 15-3 潮间带沉积物有机质含量（%）

站位	春季	秋季	冬季	平均值
A1	0.42	0.34	0.26	0.34
A2	0.52	0.02	0.33	0.29

续表

站位	春季	秋季	冬季	平均值
A3	0.06	0.03	0.09	0.06
A4	0.00	0.17	0.14	0.10
A5	0.16	0.50	0.04	0.23
A6	0.32	0.16	0.01	0.16

15.2.1.3 叶绿素 *a* 和脱镁叶绿酸含量

沉积物中叶绿素的含量关系到底栖动物的食物来源和底质环境的质量，脱镁叶绿酸（Pha）的含量预示着底质中死亡植物的量。潮间带地区各站位不同季节叶绿素 *a*（Chl *a*）和脱镁叶绿酸（Pha）的含量见表 15-4（其中夏季未测定）。

各站位沉积物中叶绿素 *a* 含量变化范围为 0.02~1.21 μg/g，脱镁叶绿酸含量变化范围为 0~4.04 μg/g。叶绿素 *a* 含量差异不显著，且各站位叶绿素 *a* 含量整体较低。各站中叶绿素 *a* 含量最高的站位是 A2 站，含量最低的是 A4 站；脱镁叶绿酸含量最高的站位是 A2 站，含量最低的是 A1 站。

表 15-4　潮间带沉积物叶绿素 *a*（Chl *a*）和脱镁叶绿酸（Pha）含量

叶绿素 *a* 含量/（$\mu g \cdot g^{-1}$）					脱镁叶绿酸含量/（$\mu g \cdot g^{-1}$）				
站位	春季	秋季	冬季	平均值	站位	春季	秋季	冬季	平均值
A1	0.17	0.07	0.05	0.10	A1	0.02	0.08	0.02	0.04
A2	1.21	0.12	0.45	0.59	A2	0.05	0.11	4.04	1.40
A3	1.03	0.08	0.28	0.47	A3	0.09	0.10	0.05	0.08
A4	0.09	0.02	0.06	0.06	A4	0.05	0.04	0.12	0.07
A5	0.24	0.02	0.19	0.15	A5	0.15	0.00	0.00	0.05
A6	0.31	0.06	0.30	0.22	A6	0.04	0.10	0.02	0.06

15.2.2 种类分布

15.2.2.1 种类组成

本研究 4 次采样共获得潮间带大型底栖动物 87 种，其中春季大型底栖动物的种类为 36 种，夏季共鉴定出 29 种，秋季为 49 种，冬季为 46 种。包括环节动物（多毛类和寡毛类）、节肢动物（甲壳类、昆虫纲和蛛形纲）、软体动物、扁形动物、纽形动物、棘皮动物和腔肠动物。其中，软体动物 35 种，是种数最多的类群，占总种数的 40.23%；环节多毛类 27 种，占总种数的31.03%；节肢甲壳类18种，占总种数的20.69%；扁形动物、纽形动物、棘皮动物、腔肠动物、环节寡毛类、节肢昆虫纲和节肢蛛形纲各1种，共占总数的8.05%。各门类动物种类组成比例如图15-2所示。

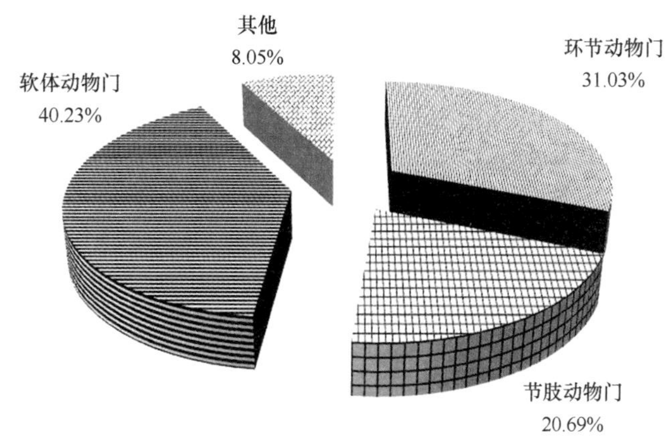

图15-2 潮间带大型底栖动物种数分布

15.2.2.2 优势种

根据*IRI*结果，选取每个航次*IRI*前5的种类作为优势种，结果如表15-5所示。分析表明，研究海域的潮间带优势种包括多毛类（丝异须虫 *H. filiformis*；膜质伪才女虫 *P. paucibranchiata*；日本角吻沙蚕 *G. japonica*）和纽形动物（纽虫1种 *Nemertinea* sp.）。其中多毛类在该海域的IRI值相对最高，说明多毛类在长岛潮间带底栖生物群落中有着极为重要的作用。

表15-5 庙岛群岛南部海域大型底栖动物相对重要性指数

种类	*IRI*			
	春季航次	夏季航次	秋季航次	冬季航次
丝异须虫 *Heteromastus filiformis*	5 320	7 040	4 820	
膜质伪才女虫 *Pseudopolydora paucibranchiata*	2 450		3 910	2 950
日本角吻沙蚕 *Goniada japonica*	2 240	180		
纽虫1种 *Nemertinea* sp.	1 710	610	2 870	2 970
含糊拟刺虫 *Linopherus ambigna*	820			
中华裸沙蚕 *Nicon sinica*		1 990		
平背蜞 *Gaetice depressus*		440		
沙蚕1种 *Nereididea* sp.			530	
微黄镰玉螺 *Lunatia gilva*			290	
小头虫 *Capitella capitata*				1 070
刚鳃虫 *Chaetozone setosa*				390
金刚钠螺 *Cancellaria spengleriana*				360

15.2.3 丰度、生物量分布

15.2.3.1 丰度分布

潮间带地区大型底栖动物总平均丰度为 1 499 ind./m^2。各类群四季总平均丰度的排列顺序为：环节多毛>纽形动物>软体动物>节肢甲壳>扁形动物>其他类（图 15-3）。各站位大型底栖动物不同季节的丰度的变化见表 15-6。丰度最高值出现在春季 A4 站，为 8 056 ind./m^2。平均丰度最高的站位是 A4，其平均丰度为 3 814 ind./m^2。各个站位不同季节比较而言，春、秋季节的平均丰度要明显高于冬、夏季节的平均丰度。四季的丰度变化为：春季>秋季>夏季>冬季。

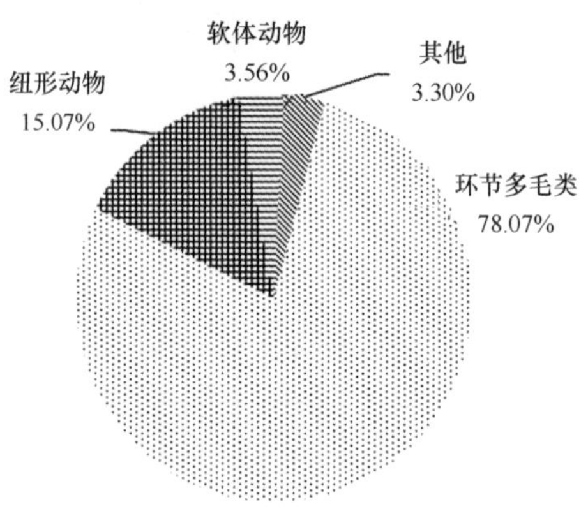

图 15-3 潮间带各类群平均丰度分布情况

表 15-6 潮间带各站位不同季节丰度分布（ind./m^2）

季节	A1	A2	A3	A4	A5	A6	平均
春季	944	1 280	3 676	8 056	1 736	824	2 753
夏季	64	1 880	384	2 196	116	444	847
秋季	472	1 072	656	4 928	3 052	176	1 726
冬季	204	1 524	612	76	1 264	328	668
平均	421	1 439	1 332	3 814	1 542	443	1 499

15.2.3.2 生物量分布

整个潮间带地区大型底栖动物总平均生物量为 1.01 g/m^2。各类群四季总平均生物量大小顺序为：环节多毛>棘皮动物>节肢甲壳>软体动物>纽形动物>其他类（图 15-4）。各站位大型底栖动物不同季节生物量变化见表 15-7。生物量最高值出现在春季 A3 站，为 6.67 g/m^2。平均生物量最高的站是 A2，其平均生物量为 2.14 g/m^2。各个站位不同季节比较而言，春季和冬季平均生物量较高，夏季和秋季平均生物量较低。四季的生物量变化为：春季>冬季>夏季>秋季。

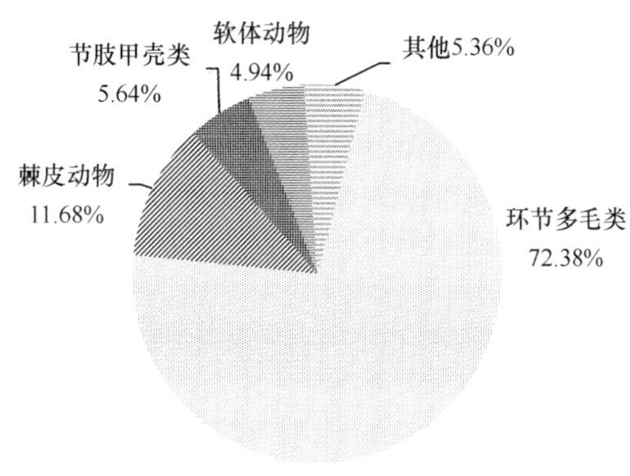

图 15-4 潮间带各类群平均生物量分布情况

表 15-7 潮间带各站位不同季节生物量（g/m²）分布

季节	A1	A2	A3	A4	A5	A6	平均
春季	0.24	3.08	6.67	0.58	0.12	1.88	2.10
夏季	0.004	3.93	0.41	0.07	0.01	0.51	0.82
秋季	0.100	0.16	0.27	0.33	0.37	0.03	0.21
冬季	0.72	1.40	0.14	0.01	3.15	0.02	0.91
平均	0.27	2.14	1.87	0.25	0.91	0.61	1.01

15.2.4 次级生产力

潮间带海域 6 个站位大型底栖动物的年平均丰度、年平均生物量、年次级生产力和 *P/B* 值见表 15-8。整个潮间带地区的年平均丰度为 1 499 ind./m^2，年平均生物量为 1.01 g/m^2，年平均次级生产力为 0.73 g（AFDW）/（m^2·a），平均 P/B 值为 4.76。不同站位之间次级生产力变化范围并不大，其中次级生产力最高的站位是 A2 站，为 1.41 g（AFDW）/（m^2·a）；最低值出现的站位是 A1 站，为 0.22 g（AFDW）/（m^2·a）。

表 15-8 潮间带大型底栖动物年平均丰度、年平均生物量、次级生产力和 *P/B* 值

站位	年平均丰度 /（ind.·m^{-2}）	年平均生物量 /（g·m^{-2}）	次级生产力 /（g（AFDW）/（m^{-2}·a^{-1}））	*P/B* 值
A1	421	0.27	0.22	4.53
A2	1 439	2.14	1.41	3.64
A3	1 332	1.87	1.25	3.70
A4	3 814	0.25	0.37	8.37

续表

站位	年平均丰度 / (ind.·m^{-2})	年平均生物量 / (g·m^{-2})	次级生产力 / (g (AFDW) / (m^{-2}·a^{-1}))	P/B 值
A5	1 542	0.91	0.76	4.65
A6	443	0.61	0.40	3.69
平均	1 499	1.01	0.73	4.76

15.2.5 生物多样性

15.2.5.1 多样性指数水平分布

调查海域各站位大型底栖动物的种数（S）、物种丰富度指数（D）、Shannon-Wiener 多样性指数（H'）和均匀度指数（J）见表 15-9。从总体上来看，整个海域各个站位的丰富度指数、Shannon-Wiener 指数和均匀度指数变化范围不明显。研究海域底栖动物多样性最高的站位是 A3，此处物种相对丰富，种类数相对较高；群落多样性相对较低的站位是 A5。

表 15-9 潮间带大型底栖动物群落多样性

站位	S				D				J				H'			
	春	夏	秋	冬	春	夏	秋	冬	春	夏	秋	冬	春	夏	秋	冬
A1	19	4	11	19	2.63	0.72	1.62	3.39	0.46	0.83	0.71	0.86	1.96	1.67	2.47	3.64
A2	15	21	16	19	1.96	2.65	2.15	2.46	0.47	0.61	0.52	0.54	1.82	2.70	2.08	2.29
A3	24	12	23	15	2.80	1.85	3.39	2.18	0.61	0.69	0.85	0.79	2.78	2.46	3.86	3.10
A4	9	5	21	11	0.89	0.52	2.35	2.31	0.32	0.20	0.30	0.94	1.01	0.45	1.31	3.26
A5	9	7	11	11	1.07	1.26	1.25	1.40	0.76	0.84	0.22	0.13	2.42	2.36	0.75	0.46
A6	7	8	17	6	0.89	1.15	3.09	0.86	0.56	0.41	0.85	0.53	1.56	1.23	3.47	1.38

15.2.5.2 多样性指数季节变化

种数的变化范围在 4 种到 24 种之间。各站位不同季节种数的波动程度是春季=夏季>冬季>秋季。研究海域四季种类数目多少为秋季>春季=冬季>夏季。

丰富度指数的变化范围在 0.52~3.39 之间，平均值为 1.87。各站位不同季节丰富度指数波动程度是冬季>夏季>秋季>春季。丰富度指数不同季节的排列顺序为秋季>冬季>春季>夏季，其中夏季和秋季两季的差异较大，春和冬两季之间的变化较小。

均匀度指数的变化范围在 0.13~0.94 之间，平均值为 0.58。各站位不同季节均匀度指数波动程度是冬季>夏季>秋季>春季。均匀度指数不同季节的排列顺序为冬季>夏季>秋季>春季，四季的均匀性指数差异并不明显。

Shannon-Wiener 指数的变化范围在 0.45～3.86 之间，平均值为 2.10。各站位不同季节 Shannon-Wiener 指数波动程度是冬季>秋季>夏季>春季。Shannon-Wiener 指数不同季节的排列顺序为冬季>秋季>春季>夏季，其中春、夏两季的 Shannon-Wiener 指数差异较小，秋、冬两季的 Shannon-Wiener 指数差异较小。

15.2.6 群落结构

基于丰度数据对潮间带不同季节的不同站位进行 CLUSTER 聚类分析，并用 SIMPROF test 检验群落间是否有显著差异；同时对生物群落进行 MDS 排序分析，CLUSTER 聚类和 MDS 标序图见图 15-5 和图 15-6。对 CLUSTER 划分的群落利用 SIMPER 进行各个群落优势种的分析。根据群落的显著差异情况，将长岛潮间带大型底栖动物划分为 6 个群落。

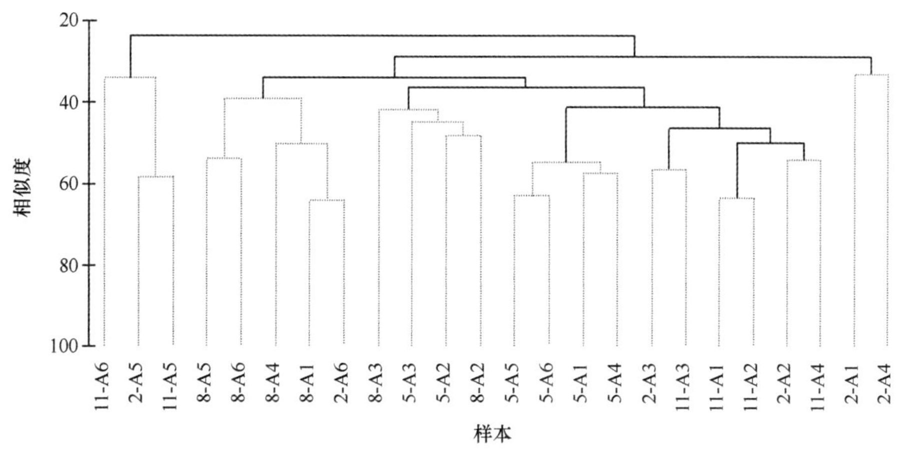

图 15-5 潮间带大型底栖动物群落结构聚类树枝图

群落Ⅰ：包括 11 月 A5、A6 站和 2 月 A5 站，该群落的优势种是膜质伪才女虫 *P. paucibranchiata* 等环节动物和津知圆蛤 *Cycladicama tsuchi*、金刚钠螺 *C. spengleriana* 和微黄镰玉螺 *L. gilva* 等软体动物，组内的平均相似性为 42.24%。群落的水温变化为 3～14.3℃，底质类型为砂和砾石质砂，有机质含量在 0.04%～0.5%之间，叶绿素 *a* 含量在 0.02～0.19 μg/g 之间。群落平均丰度为 1 497 ind./m^2，群落平均生物量为 1.18 g/m^2。群落的均匀度指数和物种多样性指数均较低。

群落Ⅱ：包括 8 月 A1、A4、A5、A6 站及 2 月 A6 站，该群落的优势种是丝异须虫 *H. filiformis* 和纽虫 1 种 Nemertinea sp.，组内的平均相似性为 45.44%。群落的水温变化范围为 3～26.6℃。季节在该群落的划分中起到决定性的作用，可能原因是该地区夏季处于旅游旺季，环境受人为扰动可能性较大，环境状况较恶劣。同时处于黄、渤海交接处的 A6 站海域，其潮水波动较大，海浪冲击明显，生物受扰动也较明显，因此划分到群落Ⅱ中。群落平均丰度为 630 ind./m^2，群落平均生物量为 0.15 g/m^2，在所有群落中最低。

群落Ⅲ：包括 8 月 A2、A3 站和 5 月 A2、A3 站，该群落的优势种是丝异须虫

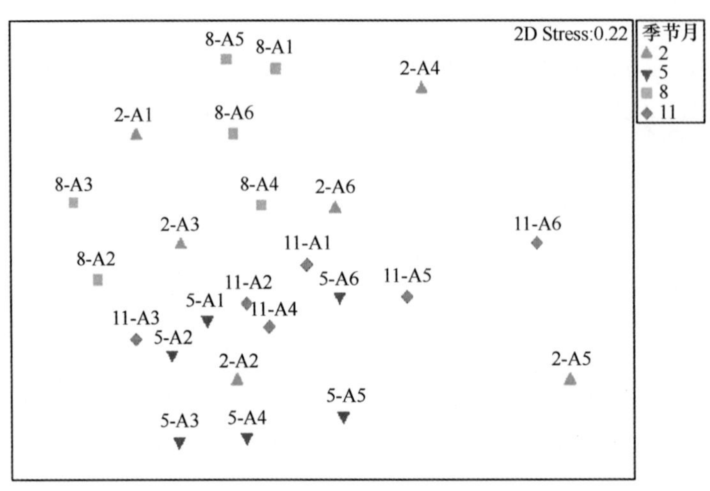

图 15-6　潮间带大型底栖动物群落结构非参数变量标序图

H. filiformis、日本刺沙蚕 *Neanthes japonica*、额刺裂虫 *Ehlersia cornuta* 等环节动物、微黄镰玉螺 *L. gilva* 等软体动物和纽形动物的纽虫 1 种 Nemertinea sp.，组内的平均相似性为 43.85%。群落的水温变化范围是 11.1~26.6℃。群落平均丰度为 1 805 ind./m^2，群落平均生物量为 3.52 g/m^2，是平均生物量最高的群落，其值明显高于其他群落可能的原因是夏季 A2 站出现生物量较大的中华裸沙蚕 *N. sinica*，春季 A3 站出现较大生物量的含糊拟刺虫 *L. ambigna* 和膜质伪才女虫 *P. paucibranchiata*。

群落Ⅳ：包括 5 月 A1、A4、A5 站和 A6 站，该群落的优势种是丝异须虫 *H. filiformis*、叉毛矛毛虫 *P. ornatus* 等环节动物和纽形动物的纽虫 Nemertinea sp.，组内的平均相似性为 56.65%。群落的水温为 11.1℃，底质类型为砂质砾石和砾石质砂，有机质含量为 0~0.42%，叶绿素 *a* 含量在 0.09~0.31 μg/g 之间。季节在该群落的划分中起到决定性的作用，春季该海域的环境状况较稳定，受人为扰动的影响较小。群落平均丰度为 2 890 ind./m^2，该群落平均丰度明显高于其他群落，主要是由于群落中各站位中均出现了较多数目的丝异须虫 *H. filiformis*，其中春季 A4 站丝异须虫 *H. filiformis* 的丰度高达 6 464 ind./m^2。群落平均生物量为 0.71 g/m^2。

群落Ⅴ：包括 11 月 A1、A2、A3、A4 站和 2 月 A2 和 A3 站，该群落的优势种是丝异须虫 *H. filiformis*、叉毛矛毛虫 *P. ornatus* 等环节动物和微黄镰玉螺 *L. gilva*、金刚钠螺 *C. spengleriana* 等软体动物及纽形动物的纽虫 Nemertinea sp.，组内的平均相似性为 49.79%。群落的水温变化范围在 3~14.3℃之间，底质类型为砾石质砂、砂及砂质砾石，有机质含量在 0.02%~0.34%之间，叶绿素 *a* 含量在 0.02~0.45 μg/g 之间。群落平均丰度为 1 544 ind./m^2，群落平均生物量为 0.40 g/m^2。群落的丰富度指数、均匀度指数和物种多样性指数均较高。

群落Ⅵ：包括 2 月 A1 和 A4 站，该群落的优势种是金刚钠螺 *C. spengleriana* 和纽虫 Nemertinea sp.，组内的平均相似性为 32.97%。群落的水温是 3℃，底质类型为砂质砾石和砾石质砂，有机质含量为 0.14%~0.26%，叶绿素 *a* 含量极低为 0.05~0.06 μg/g。群落平均丰度为

140 ind. /m^2，该群落平均丰度明显低于其他群落，可能由于该群落的站位较少。群落平均生物量为 0.37 g/m^2。

图 15-6 显示了将研究海域的群落按照季节不同进行了 MDS 排序分析的结果，从中可以发现相同季节的站位之间具有一定的连续变化趋势，且相同季节的站位群落之间距离相对较近，距离越近则表明同一季节不同站位之间的相似性越高。

各个群落之间的组内平均相似性均较高，均在 40% 相似性上下之间变动，最低的群落相似性大小为 32.97%，最高的群落相似性达到了 56.65%。通过分析可以看出除群落Ⅵ之外，各个群落之间组内贡献率最大的生物类群（即优势种）为环节多毛类。同时软体动物在这 6 大群落中的贡献率相对来说也是较大的。

15.2.7　群落结构与环境因子的关系

由于 2013 年 8 月没有采集到用于环境因子测定的表层沉积物，因此本研究只探讨了其他 3 次大型底栖动物群落与环境因子之间的关系。利用 BIOENV 进行分析，得到群落结构和环境因子组合的相关系数见表 15-10。BIOENV 的结果表明，与潮间带地区群落结构最匹配的环境因子组合是沉积物分选系数 σ 和叶绿素 a 含量（μg/g）两个因素，其相关系数最大为 0.145。可见大型底栖动物群落结构与分选系数 σ 和叶绿素 a 含量（μg/g）有密切的联系。此外，群落结构还受到脱镁叶绿酸含量（μg/g）和有机质含量（%）的综合影响。环境因子中叶绿素 a 含量最高的两个站 A2 和 A3 站，其底栖生物群落的丰度也相对较高，即随着叶绿素 a 含量的增加，底栖生物的丰度也会随之增加，可能原因是叶绿素 a 含量高的地区其底栖动物群落的食物来源较充足。

表 15-10　潮间带大型底栖动物群落结构与环境因子的相关分析结果

环境因子组合	相关系数
分选系数 σ、叶绿素 a 含量（μg/g）	0.145
分选系数 σ	0.144
叶绿素 a 含量（μg/g）、脱镁叶绿酸含量（μg/g）	0.139
分选系数 σ、有机质（%）、叶绿素 a 含量（μg/g）	0.137
叶绿素 a 含量（μg/g）	0.135
分选系数 σ、有机质（%）	0.129
有机质（%）、叶绿素 a 含量（μg/g）、脱镁叶绿酸含量（μg/g）	0.113
分选系数 σ、有机质（%）、叶绿素 a 含量（μg/g）、脱镁叶绿酸含量（μg/g）	0.111
分选系数 σ、叶绿素 a 含量（μg/g）、脱镁叶绿酸含量（μg/g）	0.106
分选系数 σ、有机质（%）、脱镁叶绿酸含量（μg/g）	0.105

15.3 潮下带海域大型底栖动物结果与讨论

15.3.1 环境因子

15.3.1.1 水层环境因子

方差分析表明，各个环境因子季节间差异明显（$p<0.01$，见表 13-1）。水温以夏、秋季较高，而春、冬季较低。悬浮物、pH 值、营养盐和油类等以夏季较高，其他季节较低；而盐度、溶解氧和化学需氧量则以春季较高。春季，站位 C19 的 DIN 浓度达到最高值 0.142 mg/L，站位 C2、C12、C14 的 DIN 浓度均小于 0.05 mg/L，其余站位的 DIN 浓度在 0.05 mg/L 和 0.1 mg/L 之间；COD 浓度在站位 C18 达到最低值 3.07 mg/L，在其他站位小于 3 mg/L。夏季，COD 浓度在站位 C12 和 C16 达到最高值 2.38 mg/L。冬季，油类浓度在站位 C19 达到最大值 0.023 mg/L。盐度在站位 C3 达到最大值 31.10。

15.3.1.2 沉积物粒度分析

潮下带海域各站位不同季节的粒度情况见表 15-11，其中秋季未采集到沉积物环境因子。从表中可以看出，整个潮下带调查海域的底质类型以黏土质粉砂和砂质粉砂为主，个别站位出现了粉砂和砾石。中值粒径的变化范围在 0.014~2.300 mm 之间，其中冬季 CD10 站中值粒径要明显高于其他站位，该站的底质类型为砾石。CD7 和 CD28 站的底质类型为砂质粉砂，其中值粒径值较接近，且略大于底质类型为黏土质粉砂的站位。

表 15-11　潮下带各站位不同季节沉积物粒度特征和类型

站位	季节	分选系数 σ	偏态 *Ski*	中值粒径/mm	底质类型
CD6	冬	2.02	0.35	0.02	黏土质粉砂
	春	*	*	*	*
	夏	1.93	0.23	0.017	黏土质粉砂
CD7	冬	1.78	0.52	0.036	砂质粉砂
	春	*	*	*	*
	夏	*	*	*	*
CD10	冬	8.68	0.26	2.3	砾石
	春	*	*	*	*
	夏	2.66	0.59	0.189	粉砂质砂
CD11	冬	1.92	0.36	0.021	黏土质粉砂
	春	1.96	0.37	0.02	黏土质粉砂
	夏	1.93	0.37	0.02	黏土质粉砂

续表

站位	季节	分选系数 σ	偏态 *Ski*	中值粒径/mm	底质类型
CD12	冬	1.86	0.38	0.019	粉砂
	春	1.9	0.35	0.018	黏土质粉砂
	夏	1.92	0.38	0.019	黏土质粉砂
CD13	冬	1.92	0.3	0.016	黏土质粉砂
	春	1.92	0.29	0.014	黏土质粉砂
	夏	1.95	0.31	0.016	黏土质粉砂
CD17	冬	1.86	0.41	0.022	粉砂
	春	1.88	0.39	0.021	黏土质粉砂
	夏	1.82	0.45	0.026	粉砂
CD24	冬	1.86	0.44	0.028	黏土质粉砂
	春	1.6	0.44	0.032	粉砂
	夏	1.86	0.21	0.016	黏土质粉砂
CD28	冬	1.97	0.32	0.028	砂质粉砂
	春	2.07	0.32	0.03	砂质粉砂
	夏	1.86	0.46	0.031	砂质粉砂
CD30	冬	1.11	0.31	0.779	砾砂
	春	*	*	*	*
	夏	1.4	0.39	0.677	砂
CD31	冬	*	*	*	*
	春	2.48	0.14	0.358	砾砂
	夏	2.24	0.81	0.211	粉砂质砂

* 表示未测。

15.3.1.3 有机质含量

潮下带有机质含量见表 15-12。由于 CD30 站位底质类型为砾砂，所以在该站位并未测到有机质含量。各站位有机质含量的变化范围是 0.16%~1.05%，平均有机质含量为 0.53%，其中有机质含量最高的站位出现在 CD6 站，有机质含量为 1.05%，测得有机质含量最低的站位是 CD31 站，为 0.16%。总体来说，潮下带海域沉积物有机质含量并不高。通过与沉积物底质类型比较发现，有机质含量高的站位如 CD6、CD11 及 CD13 站底质类型都为黏土质粉砂，有机质含量低的站位如 CD31 站底质类型为粉砂质砂，可见底质颗粒越细，有机质含量就越高。

表 15-12 潮下带各站位不同季节沉积物有机质含量（%）

站位	冬季	春季	夏季	平均值
CD6	1.26		0.85	1.05

续表

站位	冬季	春季	夏季	平均值
CD7	0.28			0.28
CD10	0.31		0.14	0.23
CD11	1.05	0.70	0.59	0.78
CD12	0.41	0.71	0.51	0.54
CD13	1.03	1.05	0.86	0.98
CD17	0.91	0.57	0.86	0.78
CD24	0.70	0.14	0.45	0.43
CD28	0.88	0.91	0.16	0.65
CD30	0.00	*	0.00	0.00
CD31	*	0.19	0.12	0.16

* 表示未则。

15.3.1.4 叶绿素 *a* 和脱镁叶绿酸含量

潮下带海域各站位不同季节叶绿素 *a*（Chl *a*）和脱镁叶绿酸（Pha）含量见表 15-13（其中秋季未采集到沉积物样品）。各站位叶绿素 *a* 含量变化范围为 0.09~3.90 μg/g，脱镁叶绿酸（Pha）含量的变化范围为 0.66~4.05 μg/g。各站中叶绿素 *a* 含量差异较显著，脱镁叶绿酸含量波动范围也较大。叶绿素 *a* 含量最高的站位为 CD17 站，含量最低的站位是 CD7 和 CD10 站。脱镁叶绿酸含量最高的站为 CD11 站，含量最低站出现在 CD30 站。

表 15-13 潮下带各站位不同季节沉积物叶绿素 *a*（Chl *a*）和脱镁叶绿酸（Pha）含量

叶绿素 *a* 含量/（$\mu g \cdot g^{-1}$）					脱镁叶绿酸含量/（$\mu g \cdot g^{-1}$）				
站位	冬季	春季	夏季	平均值	站位	冬季	春季	夏季	平均值
CD6	0.19		0.10	0.14	CD6	1.32		1.47	1.40
CD7	0.09			0.09	CD7	1.26			1.26
CD10	*		0.09	0.09	CD10	*		0.72	0.72
CD11	0.32	1.73	0.52	0.86	CD11	3.55	3.54	4.05	3.71
CD12	1.25	1.61	0.53	1.13	CD12	3.95	3.15	2.42	3.17
CD13	0.87	0.92	0.39	0.73	CD13	2.58	1.95	2.75	2.43
CD17	1.03	3.90	1.99	2.31	CD17	3.92	2.80	2.71	3.14
CD24	0.53	1.10	0.30	0.64	CD24	3.34	2.32	2.52	2.73
CD28	0.64	0.63	0.72	0.66	CD28	3.49	2.29	3.18	2.99
CD30	*	*	0.21	0.21	CD30	*	*	0.66	0.66
CD31	*	0.37	0.39	0.38	CD31	*	1.21	2.05	1.63

* 表示未测。

15.3.1.5 PCA 结果

根据各航次相同站位的水深、温度、透明度、*MD*、σ_i、w（T-Y）、w（Chl a）、w（Pha）、含水率和 w（OM）等10个环境因子的平均值进行PCA，结果如图15-7所示。PC1（主成分轴1）可解释环境变异度的49.5%，PC2（主成分轴2）和PC1累积可解释环境变异度的71.8%。由图15-7可见，根据环境因子可将调查站位分为4组（SIMPROF检验，$p<0.05$）：组Ⅰ包括站位C7，组Ⅱ包括站位C30，组Ⅲ包括站位C10、C31，组Ⅳ包括C6、C11、C12、C13、C17、C24和C28。组Ⅰ所含站位平均水深最深，为27.0 m，w（Chl a）最小，仅为0.09 μg/g，含水量最高，为33%，底质类型为砂质粉砂；组Ⅱ所含站位平均 σ_i、w（T-Y）、w（Chl a）、w（Pha）和含水率在这4个站组中都是最小的，w（OM）也很少，几乎为0，底质类型为砂；组Ⅲ所含站位平均温度最高，为16.9℃，透明度最小，为1.33 m，*MD* 最大，为0.77 mm，σ_i 也是最大的，为4.02，底质类型有砂和粉砂质砂；组Ⅳ所含站位平均 *MD* 最小，仅为0.02 mm，w（T-Y）和含水率均为最高，分别是90.21 μg/g和39.26%，底质类型大多为黏土质粉砂和粉砂，站位之间环境因子相似。

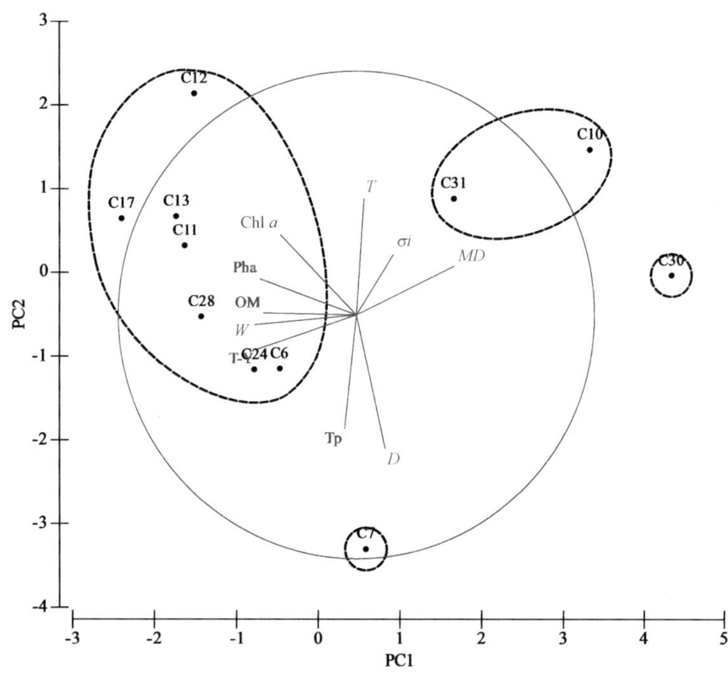

图15-7 庙岛群岛南部海域研究站位环境因子PCA

15.3.2 种类分布

15.3.2.1 种类组成

本次研究4个航次共采集大型底栖动物164种，其中冬季共鉴定大型底栖动物90种，春季共鉴定出67种，夏季种类为95种，秋季为42种。分属于环节动物门、节肢动物门、软体动物门、棘皮动物门、腔肠动物门、星虫动物门、扁形动物门和纽形动物门。其中，环节多毛类 82 种，是种数最多、比例最大的类群，占总种数的 50%；节肢甲壳类 39 种，占总种数的 23.8%；软体动物 29 种，占总种数的 17.7%；棘皮动物 9 种，占总种数的 5.5%；腔肠动物 2 种，占总种数的 1.2%；星虫动物、扁形动物和纽形动物各 1 种，共占总种数的 1.8%。各门类动物种类组成比例如图 15-8 所示。

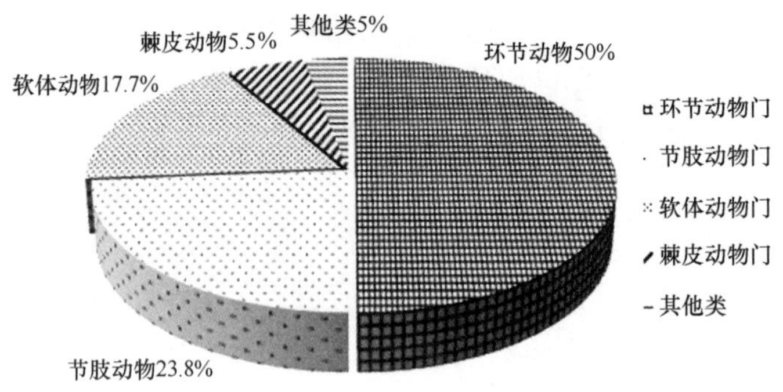

图 15-8　潮下带各门类生物种数分布

15.3.2.2　优势种

根据 IRI 结果，选取每个航次 IRI 前 10 的种类作为优势种，结果如表 15-14 所示。由表 15-14 可见，不同季节的优势种存在差异，但主要优势种多数为环节动物多毛类。其中，秋季航次 *IRI* 最高的大型底栖动物为彩虹明樱蛤 *Moerella iridescens*，冬季航次和春季航次 *IRI* 最高的大型底栖动物均为梳鳃虫 *Terebellides stroemii*，夏季航次 *IRI* 最高的则为刚鳃虫 *Chaetozone setosa*。

表 15-14　庙岛群岛南部海域大型底栖动物相对重要性指数

种类	*IRI*			
	秋季航次	冬季航次	春季航次	夏季航次
彩虹明樱蛤 *Moerella iridescens*	4 280			
孟加拉海扇虫 *Pherusa cf. bengalensis*	2 160	167		
岩虫 *Marphysa sanguinea*	1 283	215		308
短叶索沙蚕 *Lumbrineris latreilli*	468	711	38	260
拟特须虫 *Paralacydonia paradoza*	499	647	28	270
小头虫 *Cepitella capitata*	447		12	
不倒翁虫 *Sternaspis sculata*	643	291	18	
短角双眼钩虾 *Ampelisca brevicornis*	335			
日本拟背尾水虱 *Paranthura japonica*	332	156	30	194
中华异稚虫 *Heterospio sinica*	275			

续表

种类	IRI			
	秋季航次	冬季航次	春季航次	夏季航次
梳鳃虫 *Terebellides stroemii*		1 092	435	215
寡鳃齿吻沙蚕 *Nephtys oligobranchia*		437	53	188
深钩毛虫 *Sigambra bassi*		343	44	
日本角吻沙蚕 *Goniada japonica*		348		
背蚓虫 *Notomastus latericeus*			174	181
纽虫 *Amphiporus* sp.			29	
刚鳃虫 *Chaetozone setosa*				542
星虫 Sipunculidae				251
头吻沙蚕 *Glycera capitata*				320

15.3.3 丰度、生物量分布

15.3.3.1 丰度分布

长岛潮下带海域总平均丰度为 919 ind./m^2。各类群四季总平均丰度的排列顺序为：环节动物>软体动物>节肢动物>其他类（图 15-9）。各站位不同季节底栖动物的丰度变化情况见表 15-15。底栖动物丰度最高的站位是夏季 CD13 站，其丰度为 3 583 ind./m^2，丰度最低的站位是冬季 CD30 站，其丰度为 80 ind./m^2。平均丰度最高的站位出现在 CD17 站，其平均丰度为 2 174 ind./m^2。

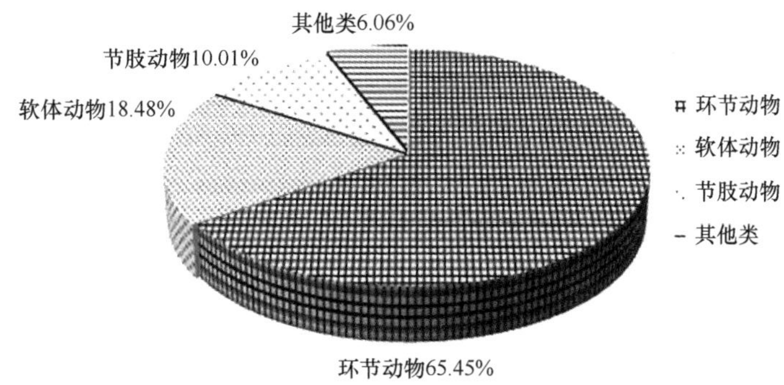

图 15-9 潮下带各类群平均丰度分布情况

表 15-15　潮下带各站位不同季节丰度（ind./m²）分布

季节	CD6	CD7	CD10	CD11	CD12	CD13	CD17	CD24	CD28	CD30	CD31
冬季	710	540	190	1 080	1 090	1 000	2 740	573	930	80	180
春季				970	250	760	2 200	720	970	130	1 650
夏季	533		383	200	633	3 583	1 583	900	667	800	867
秋季				2 633							

15.3.3.2　生物量分布

长岛潮下带海域总平均生物量为 18.01 g/m²。各类群四季总平均生物量的大小顺序为：环节动物>软体动物>其他类>节肢动物（图 15-10）。各站位不同季节底栖动物的生物量变化见表 15-16。研究海域底栖动物生物量最高的站位是冬季 CD31 站，其生物量为 94.88 g/m²，生物量最低值出现在春季 CD30 站，其值为 0.13 g/m²。潮下带海域平均生物量最高的站位是 CD31 站，其值为 74.50 g/m²。

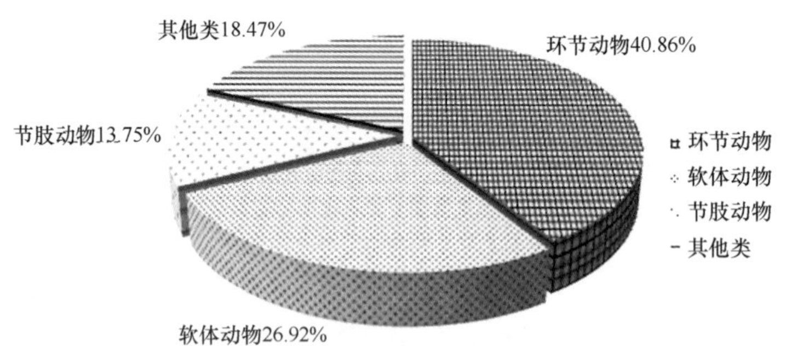

图 15-10　潮下带各类群平均生物量分布情况

表 15-16　潮下带各站位不同季节生物量（ind./m²）分布

季节	CD6	CD7	CD10	CD11	CD12	CD13	CD17	CD24	CD28	CD30	CD31
冬	16.77	5.67	0.89	15.40	2.89	1.47	15.20	10.68	5.06	0.49	94.88
春				24.15	0.87	2.77	29.76	36.75	8.95	0.13	71.08
夏	10.15		2.89	5.97	7.02	15.96	2.44	25.25	8.86	94.05	57.53
秋				6.55							

15.3.4　次级生产力

研究选取潮下带春、夏、秋和冬季采样次数为 3 次及以上的 8 个站位（CD11、CD12、CD13、CD17、CD24、CD28、CD30 和 CD31）进行次级生产力的计算，方法同潮间带次级生产力的计算。

潮下带研究海域选取 8 个站的大型底栖动物的年平均丰度、年平均生物量、年次级生产力和 *P/B* 值见表 15－17。研究各个站位的年平均丰度为 1 082 ind./m^2，年平均生物量为 22.13 g/m^2，年平均次级生产力为 6.37 g（AFDW）/（m^2·a），平均 P/B 值为 2.04，即物种的世代更替速度平均为一年两代。不同站位之间次级生产力的变化范围较大，在 1.66～16.92 g（AFDW）/（m^2·a）之前变动。其中次级生产力最高的站位出现在 CD31 站，其值为 16.92 g（AFDW）/（m^2·a），要远高于其他站位的次级生产力，是由于该站位年平均生物量相对明显较高的原因。次级生产力最低的站位是 CD12 站，其值为 1.66 g（AFDW）/（m^2·a）。与潮间带次级生产力比较，发现潮下带的年次级生产力及 *P/B* 值要明显高于潮间带，表明潮下带底栖生物在单位时间（单位面积）内积累的有机质（或能量）较多。

表 15－17　潮下带大型底栖动物年平均丰度、年平均生物量、次级生产力和 *P/B* 值

站位	年平均丰度/（ind.·m^{-2}）	年平均生物量/（g·m^{-2}）	次级生产力/（g（AFDW）·（m^{-2}·a^{-1}））	*P/B* 值
CD11	1 221	13.02	5.08	2.17
CD12	658	3.59	1.66	2.57
CD13	1 781	6.73	3.46	2.86
CD17	2 174	15.80	6.85	2.41
CD24	731	24.23	6.99	1.60
CD28	856	7.62	3.11	2.27
CD30	337	31.56	6.89	1.21
CD31	899	74.50	16.92	1.26
平均	1 082	22.13	6.37	2.04

15.3.5 生物多样性

因不同季节调查的站位不同，本研究选取春、夏和冬 3 个季节重复的站位，并分别对潮下带种数（*S*）、丰富度指数（*D*）、均匀度指数（*J*）和 Shannon－Wiener 指数（*H'*）这几种评价群落多样性的指数进行分析。

潮下带各站位底栖动物种数（*S*）分布见表 15－18。不同站位之间种数变化不明显，变化范围在 12～26 种之间。研究海域不同季节之间种数变化规律为冬季>夏季>春季。

表 15－18　潮下带海域大型底栖动物的种数分布

季节	CD11	CD12	CD13	CD17	CD24	CD28	CD30	CD31
冬季	23	22	32	19	32	32	7	6

续表

季节	CD11	CD12	CD13	CD17	CD24	CD28	CD30	CD31
春季	26	12	16	21	21	26	7	29
夏季	7	19	25	22	25	19	21	23
平均	19	18	24	21	26	26	12	19

潮下带各站位底栖动物的丰富度指数（*D*）见表 15-19。各站位之间丰富度指数的变化范围是 1.86~3.82。不同季节间指数差异并不大，其中春夏两季的丰富度指数特别接近，为 2.77 和 2.78，表明在春季和夏季是各调查站位物种组成相对不稳定时期（徐炜，2009）。不同季节间变化情况是冬季>夏季>春季。比较各站位不同季节丰富度指数发现，CD31 站在冬季的值要明显低于春季和夏季，是冬季 CD31 站捕获的大型底栖动物种类数（仅 6 种）明显偏少的原因。同样，在 CD11 站夏季丰富度指数要明显小于冬季和春季，主要原因是夏季 CD11 站捕获的底栖动物种数（仅 7 种）较其他季节明显偏少。可见，季节的不同是导致同一站位丰富度指数发生变化的重要因素。

表 15-19　潮下带海域大型底栖动物的丰富度指数

季节	CD11	CD12	CD13	CD17	CD24	CD28	CD30	CD31
冬季	3.15	3.00	4.49	2.27	4.88	4.54	1.37	0.96
春季	3.64	1.99	2.26	2.60	3.04	3.64	1.23	3.78
夏季	1.13	2.79	2.93	2.85	3.53	2.77	2.99	3.25
平均	2.64	2.59	3.23	2.57	3.82	3.65	1.86	2.66

潮下带各站位底栖动物均匀度指数（*J*）见表 15-20。3 个航次的均匀度指数差异非常小，从不同季节看潮下带地区的均匀度指数变化为春季>夏季>冬季，这与丰富度指数的季节变化恰好相反。从表中我们发现，CD17 站位连续两个季节的均匀度指数都是最低的，则是由于在冬季和春季出现丰度很大的梳鳃虫 *T. stroemii*，才导致均匀度指数偏低。在 CD30 站位冬季和春季的均匀度指数都是最高的，主要原因是在 CD30 站冬、春两季物种种数只有 7 种，明显少于夏季的 21 种，且每种生物个体出现的数目又相对较少，因此导致 CD30 站连续两个航次的均匀度指数最高。调查海域均匀度指数最高值出现在 CD30 站，最低值出现在 CD17 站，各站位之间均匀度指数变化并不显著，变化范围在 0.69~0.95 之间。通过对同一站位不同季节间均匀度指数比较发现，相同站位季节间均匀度指数变化并不明显，变化幅度在 0.02~0.2 之间，表明潮下带海域大型底栖动物的均匀度指数不受季节变化的影响。

表 15-20 潮下带海域大型底栖动物的均匀度指数

季节	CD11	CD12	CD13	CD17	CD24	CD28	CD30	CD31
冬季	0.87	0.91	0.89	0.58	0.89	0.82	0.98	0.88
春季	0.89	0.95	0.87	0.71	0.91	0.88	0.95	0.89
夏季	0.88	0.92	0.72	0.78	0.90	0.90	0.92	0.95
平均	0.88	0.93	0.83	0.69	0.90	0.87	0.95	0.91

潮下带各站位底栖动物 Shannon-Wiener 指数（H'）见表 15-21。不同季节间 Shannon-Wiener 指数差异较小，变化范围在 3.56~3.69 之间，不同季节 Shannon-Wiener 指数大小为夏季>春季>冬季，这与丰富度指数和均匀度指数的季节变化均不同。其中调查海域 Shannon-Wiener 指数和均匀度指数在冬季均为最低，可能是由于冬季调查在 2 月末进行，即将进入春季，温度适宜，使得某些物种处于繁殖阶段的原因。从表中发现，CD31 站位连续两个季节的 Shannon-Wiener 指数都是最高的，因为该站位春夏两季的丰富度指数相对较高且采集到的生物种类也较多。而在冬季该站位的 Shannon-Wiener 指数是最低的，且冬季和春夏季数值差距较明显，主要原因是该站位冬季物种数量和物种丰富度都相对较低。调查海域 Shannon-Wiener 指数最高值出现在 CD24 站，最低值出现在 CD17 站，各站位之前 Shannon-Wiener 指数变化范围较小，变化范围在 3.03 ~ 4.21 之间。通过同一站位不同季节间的比较发现，CD12、CD24 和 CD28 站 Shannon-Wiener 指数季节间变化较小，表明这些站位的群落结构相对稳定。

表 15-21 潮下带海域大型底栖动物的 Shannon-Wiener 指数

季节	CD11	CD12	CD13	CD17	CD24	CD28	CD30	CD31
冬季	3.95	4.06	4.44	2.47	4.47	4.11	2.75	2.28
春季	4.17	3.41	3.48	3.14	3.99	4.12	2.66	4.30
夏季	2.46	3.91	3.33	3.49	4.17	3.82	4.04	4.29
平均	3.53	3.79	3.75	3.03	4.21	4.02	3.15	3.62

图 15-11 所示，可以看出不同季节间的 3 种多样性指数的变化呈现出基本相似的规律性，其中均匀性指数（J）和 Shannon-Wiener 指数（H'）表现出一致的规律性，季节间的变化并不显著，而丰富度指数（D）在冬季表现出与其他季节间有一定的差异，且要高于春季和夏季丰富度。

15.3.6 群落结构

本研究对潮下带大型底栖动物群落结构的分析是基于春、夏和冬 3 个季度各个站位的丰度数据进行。根据群落之间的显著差异情况，可将潮下带调查海域各站位的底栖动物划分为

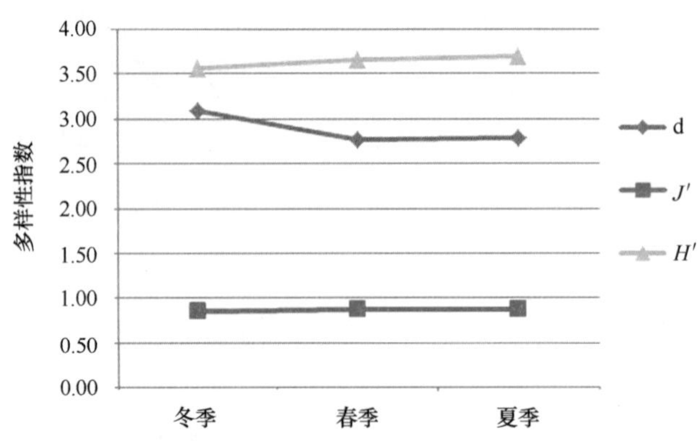

图 15-11　潮下带大型底栖动物生物多样性指数季节变化

7 个群落：

群落Ⅰ：包括 2 月 CD30 和 CD31 站，该群落优势种为环节动物的日本拟背尾水虱 *Paranthura japonica*，组内的平均相似性为 13.5%。该群落生活在水深为 13~22 m 的浅水海域，水温为 3~3.1℃，底质类型为砾砂。这两个站位的丰度值都很低，平均丰度为 130 ind./m^2，是所有群落中丰度最低的，可能原因是该群落 CD30 站位的丰度很小仅为 80 ind./m^2。群落物种种数最低，多样性指数、丰富度指数均较低，均匀度指数较高。从 CLUSTER 的结果可以看出，季节和底质类型在该群落划分中起到了决定性的作用，该群落底质颗粒直径较大，有机质含量很少，且冬季温度较低，底栖生物的生长速率较缓慢，群落丰度较小。

群落Ⅱ：只有 8 月 CD11 站，该群落优势种为苍白亮樱蛤 *N. pallidula*、内肋蛤 *Endopleura lubrica* 等软体动物和寡鳃齿吻沙蚕 *N. oligobranchia*、双唇索沙蚕 *L. cruzensis* 等环节动物和纽形动物的纽虫 Nemertinea sp.。该群落生活在水深为 7 m，水温为 26.6℃，底质类型为黏土质粉砂。该群落丰度、丰富度指数均较低，多样性指数在所有群落中最低。

群落Ⅲ：仅有 8 月 CD30 站，该群落的优势种为梳鳃虫 *T. stroemii*、头吻沙蚕 *G. capitata*、长双须虫 *Eteone longa*、孟加拉海扇虫 *P. cf. bengalensis* 等环节动物和短尾沙钩虾 *Byblis brachyura* 等节肢动物。该群落生活在水深为 13 m，水温为 26.4℃，底质类型为砂质，环境贫瘠，有机质含量最低。

群落Ⅳ：包括 2 月 CD10 和 5 月 CD30 站，该群落的优势种为短叶索沙蚕 *L. latreilli*、寡鳃齿吻沙蚕 *N. oligobranchia* 和无眼独指虫 *Aricidea fragilis* 等环节动物，组内的平均相似性为 46.21%。该群落生活在水深为 12~16 m 浅水海域，水温为 2.9~12.2℃，底质类型为砾石。这两个站的丰度都较低，平均丰度为 160 ind./m^2。群里丰富度指数较低。

群落Ⅴ：包括 5 月 CD11、CD12、CD13、CD17、CD24、CD28 站和 2 月 CD6、CD7、CD11、CD12、CD13、CD17、CD24 、CD28 站和 8 月 CD12、CD13 站，该群落的优势种为寡鳃齿吻沙蚕 *N. oligobranchia*、短叶索沙蚕 *L. latreilli*、拟特须虫 *P. paradoxa*、深钩毛虫 *Sigambra bassi*、不倒翁虫 *S . scutata*、日本拟背尾水虱 *P. japonica* 等环节动物，组内的平均相似性为 38.01%。该群落生活在水深为 5~27 m 的浅水海域，水温为 2.8~27.2℃，底质类型为黏土质粉砂、砂质粉砂和粉砂，营养丰富，有机质含量最高。该群落各个站位间丰度差别较大，丰度变化范围为250~3 584 ind./m²之间，平均丰度为1 173 ind./m²，为所有群落中丰度最高的，要明显高于其他群落，其主要原因可能是该群落的站位数较多，且在2月和5月CD17站出现丰度明显较大的梳鳃虫 *T. stroemii*，在8月CD13站出现丰度较大的星虫 *Sipunculidae* 和刚鳃虫 *C. setosa*。物种种数最高，平均种数为24种，丰富度指数最高，均匀度指数最低，多样性指数居中。从CLUSTER的结果可以看出，站位在该群落划分中起到了决定性的作用，3个季度的CD12和CD13站以及冬、春两季的CD11、CD17、CD24和CD28站都是该群落的重要组成部分，可能原因是这些站位的底质类型以粘土质粉砂为主，沉积物中有机质含量较高，适宜底栖生物的生长繁殖，群落的丰度明显高于其他站位。

群落Ⅵ：包括8月份CD6、CD17、CD24和CD28站，该群落的优势种为短叶索沙蚕 *L. latreilli*、拟特须虫 *P. paradoxa*、头吻沙蚕 *G. capitata*、岩虫 *M. sanguinea* 等环节动物，组内的平均相似性为32.88%。该群落生活在水深为9~24 m的浅水海域，水温为25.6~27.8℃，底质类型为黏土质粉砂、粉砂和砂质粉砂。该群落的平均丰度为923 ind./m²。群落多样性指数居中。CLUSTER的分析结果表明，季节在该群落的划分中起到决定性的作用，夏季群落环境温度较高，较适宜群落生物的生长和代谢。

群落Ⅶ：包括8月CD10和CD31站及5月CD31站，该群落的优势种为拟特须虫 *P. paradoxa*、小头虫 *C. capitata*、锥毛似帚毛虫 *L. giardi*、日本拟背尾水虱 *P. japonica* 等环节动物和东方缝栖蛤 *Hiatella orientalis* 等软体动物，组内的平均相似性为27.89%。该群落水深为13~14 m，水温为11.5~26.6℃，底质类型为粉砂质砂和砂质，有机质含量较低。该群落站位之间丰度差别较显著，变化范围是386~1 650 ind./m²，平均丰度为968 ind./m²。群落多样性指数在所有群落中最高。通过群落Ⅶ与群落Ⅰ及群落Ⅴ与群落Ⅵ比较发现，同一站位因调查季节的不同被归属到不同群落，可能原因是不同季节水温的差异导致底栖动物分布于不同群落中。在诸多对海洋生态的研究中都能发现，随着季节的不同大型底栖动物的群落结构都能发生显著的变化（Beukema，1989；Clarke，1993）。

图15-13显示了长岛地区潮下带海域群落结构的MDS标序分析的结果，除8-CD11、2-CD30和2-CD31之外，其他各个季节的各个站位之间都显示出连续的变化规律性，并且不同季节各站位之间的距离相对较近，表明各站位之间具有一定的相似性，站位之间的距离越近则它们之间的相似性就越高。

各个群落之间的组内平均相似性的变化范围较大，变化范围为13.5%~46.21%。通过分析可以看出，各个群落的优势种均包括环节动物，表明环节动物为各个群落中贡献率最大的类群。

15.3.7 群落结构与环境因子的关系

由于2012年11月并未采集到表层沉积物的环境因子，因此无法对该季节的群落结构和环境因子进行BIOENV分析，因此仅对潮下带冬、春和夏3个季节的群落结构与环境因子之间进行相关性分析。基于生物丰度的BIOENV分析结果（见表15-22）表明，解释研究海域大型底栖动物群落结构差异最好的环境因子组合是 *MD*、透明度、*w*（Pha），相关系数为0.811，其次为 *w*（T-Y）、透明度、*w*（Chl *a*），相关系数为0.810。由表15-22可见，σ_i 和

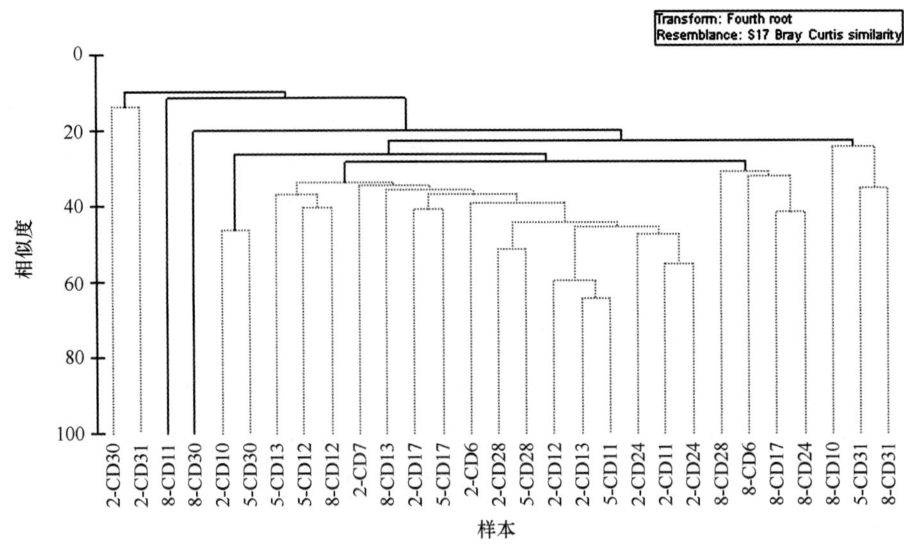

图 15-12 潮下带大型底栖动物群落结构聚类树枝图

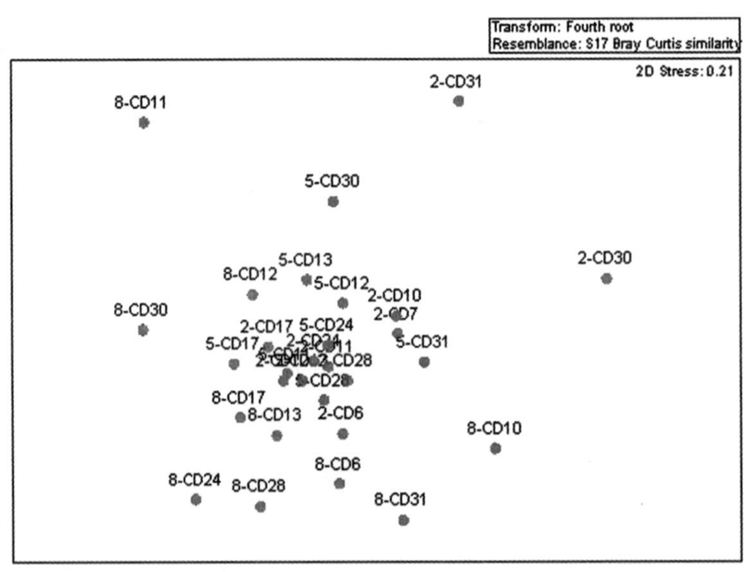

图 15-13 潮下带大型底栖动物群落结构 MDS 标序图

水温没有出现在 *BIOENV* 分析结果中，说明二者对研究海域大型底栖动物群落结构的影响不显著。

表 15-22 庙岛群岛南部海域大型底栖动物群落结构与环境因子的 BIOENV 相关分析结果

环境因子组合	相关系数
透明度、*MD*、*w*（Pha）	0.811
w（T-Y）、透明度、*w*（Chl *a*）	0.810
MD、透明度、*w*（Chl *a*）	0.808

续表

环境因子组合	相关系数
MD、水深、*w*（Pha）	0.805
透明度、*w*（Pha）、含水率	0.804
MD、透明度、*w*（*OM*）	0.802
水深、*w*（Pha）、*w*（*W*）	0.800
w（T-Y）、透明度、*w*（Pha）	0.799
MD、*w*（T-Y）、水深	0.796
w（T-Y）、水深、含水率	0.796

15.3.8 生物多样性与环境因子的关系

Pearson 相关分析结果表明（表 15-23），大型底栖动物群落的均匀度指数与沉积物中有机质、叶绿素含量以及粉砂-黏土含量呈显著负相关关系（$p<0.05$）。丰富度指数与沉积物中有机质含量以及粉砂-黏土含量呈显著正相关关系（$p<0.05$）；物种数与沉积物中有机质含量、粉砂黏土含量和水深呈显著正相关关系（$p<0.05$）。Shannon-Wiener 多样性指数与各环境因子之间的关系均未达到显著水平（$p>0.05$）。

表 15-23 庙岛群岛南部海域大型底栖动物多样性指数与环境因子的相关性

	有机质含量	叶绿素	水深	水温	粉砂-黏土含量
Shannon-Wiener 指数	0.184	-0.052	0.291	-0.094	0.324
物种均匀度	-0.487*	-0.408*	0.110	0.009	-0.397*
物种丰富度	0.410*	0.027	0.354	-0.245	0.412*
物种数	0.389*	0.13	0.373*	-0.107	0.467*

* $P<0.05$。

15.3.9 ABC 曲线

图 15-14 结果表明，夏季 C13（$W=-0.071$）和 C17 站（$W=0.113$）、春季 C28 站（$W=0.113$）以及冬季 C17 站（$W=0.082$）大型底栖动物群落受到中等干扰，其他站位未表现出受到扰动的迹象。

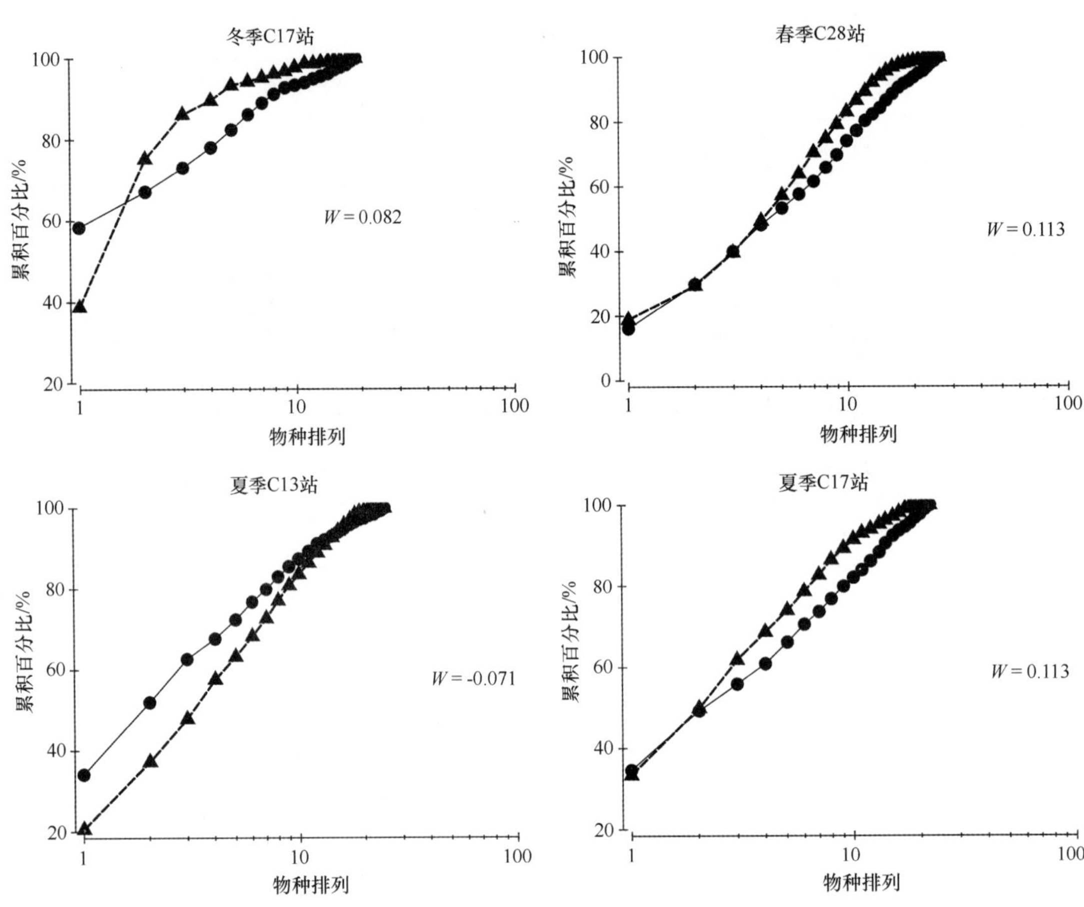

图 15-14 庙岛群岛南部海域受干扰站位大型底栖动物的丰度-生物量比较曲线（ABC 曲线）

●：丰度 k-优势度曲线，▲：生物量 k-优势度曲线

附表 庙岛群岛南部海域大型底栖动物物种名录

物种		春季	夏季	秋季	冬季
中文	拉丁文	2月	5月	8月	11月
多毛类	**Polychaeta**				
巴西沙蠋	*Arenicola brasiliensis*	–	+	+	–
背蚓虫	*Notomastus latericeus*	+	+	+	+
扁蛰虫	*Loimia medusa*	–	+	–	–
渤海格鳞虫	*Gattyana pohaiensis*	+	+	–	+
不倒翁虫	*Sternaspis sculata*	+	+	+	+
持真节虫	*Euclymene annandalei*	–	+	–	–
短鳃伪才女虫	*Pseudopolydora paucibranchiata*	–	–	+	–
短叶索沙蚕	*Lumbrineris latreilli*	+	+	+	+
多美沙蚕	*Lycastopsis fauveli*	–	–	+	–
多鳃齿吻沙蚕	*Nephtys polybranchia*	–	–	–	+
多丝独毛虫	*Tharyx multifilis*	+	+	–	+
额刺裂虫	*Ehlersia cornuta*	+	–	–	–
副栉虫	*Paramphicteis angustifolia*	+	+	–	–
覆瓦哈鳞虫	*Harmothoe imbricata*	+	–	–	–
刚鳃虫	*Chaetozone setosa*	+	+	+	–
寡节甘吻沙蚕	*Glycinde gurjanovae*	–	+	+	+
寡鳃齿吻沙蚕	*Nephtys oligobranchia*	+	+	+	+
红角沙蚕	*Ceratonereis erythraeensis*	+	–	+	–
琥珀刺沙蚕	*Neanthes succinea*	+	–	–	+
滑指矶沙蚕	*Eunice indica*	–	–	+	–
环唇沙蚕	*Cheilonereis cyclurus*	–	–	+	–
胶管虫	*Myzicola infundibulum*	–	+	+	–
结节刺缨虫	*Potamilla torelli*	+	+	–	–
宽叶沙蚕	*Nereis grubei*	–	–	+	–
燐虫	*Chaetopterus varieopedatus*	–	–	+	–
鳞腹沟虫	*Scolelepis squamata*	–	–	+	–
鳞须沙蚕	*Kainonereis alata*	+	–	–	–
孟加拉海扇虫	*Pherusa cf. Bengalensis*	+	+	+	+

续附表

中文	拉丁文	春季	夏季	秋季	冬季
米列虫	*Melinnna oristata*	+	-	+	-
膜质伪才女虫	*Pseudopolydora paucibranchiata*	-	-	+	+
拟节虫	*Praxillella praetermissa*	+	+	+	+
拟特须虫	*Paralacydonia paradoza*	+	+	+	+
欧文虫	*Owenia fusformis*	-	-	-	-
巧言虫	*Eulalia viridis*	-	+	-	-
曲强真节虫	*Buclymene lombricoides*	-	-	+	-
日本臭海蛹	*Travisia japonica*	-	+	-	-
日本刺沙蚕	*Neanthes japonica*	+	-	+	+
日本角吻沙蚕	*Goniada japonica*	+	+	-	+
日本长手沙蚕	*Magelona japonica*	+	-	+	-
乳突半突虫	*Anaitides papillosa*	+	-	+	+
软背鳞虫	*Lepidonotus helotypus*	+	+	+	-
软疣沙蚕	*Tylonereis bogoyawleskyi*	-	-	+	-
色斑角吻沙蚕	*Goniada maculata*	+	+	-	-
扇栉虫	*Amphiceteis gunneri*	+	+	-	+
蛇杂毛虫	*Poecilochetus serpens*	+	+	+	+
深钩毛虫	*Sigambra bassi*	+	+	+	+
肾刺缨虫	*Potamilla reniformis*	+	+	-	-
梳鳃虫	*Terebellides stroemii*	+	+	+	+
树蛰虫	*Pista cristata*	+	+	-	+
双唇索沙蚕	*Lumbrineris cruzensis*	-	+	+	-
双毛鳃虫	*Trichobranchus bibranchiatus*	-	-	+	-
双形拟单指虫	*Cossurella dimorpha*	-	+	-	+
头吻沙蚕	*Glycera capitata*	-	-	+	-
双栉虫	*Ampharete acutifrons*	-	+	+	-
温哥华真旋虫	*Eudistylis vancouveri*	-	+	-	+
吻蛇稚虫	*Boccardia proboscidea*	+	-	+	+
吻蛰虫	*Artacama proboscidea*	+	-	-	-
无眼独指虫	*Aricidea fragilis*	+	+	-	-

续附表

中文	拉丁文	春季	夏季	秋季	冬季
无疣齿蚕	*Inermonephtys cf. inermis*	–	–	+	–
五岛短脊虫	*Asychis gotoi*	–	–	+	–
西方似蛰虫	*Amaeana occidentalis*	+	+	+	+
狭细蛇潜虫	*Ophiodromus angustifrons*	+	+	–	–
小健足虫	*Micropodarke dubia*	–	+	+	–
小头虫	*Cepitella capitata*	+	+	+	+
亚洲帚毛虫	*Sabellaria ishikawai*	–	–	+	–
岩虫	*Marphysa sanguinea*	+	+	+	+
异足索沙蚕	*Lumbrineris heteropoda*	–	+	–	–
原管虫	*Protula tubularia*	–	–	+	–
圆头索沙蚕	*Lumbrineris inflata*	–	–	+	–
长鳃树蛰虫	*Pista brevibranchia*	–	–	–	+
长双须虫	*Eteone longa*	–	–	+	–
长吻沙蚕	*Glycera chirori*	+	+	+	–
长叶索沙蚕	*Lumbrineris longiforlia*	–	+	–	+
长锥虫	*Haploscoloplos elongatus*	–	–	+	–
智利巢沙蚕	*Diopatra chiliensis*	–	+	–	–
中华半突虫	*Anaitides chinensis*	–	+	+	–
中华异稚虫	*Heterospio sinica*	+	–	+	+
锥唇吻沙蚕	*Glycera onomichiensis*	–	–	+	–
锥毛似帚毛虫	*Lygdamis giardi*	–	+	+	–
锥稚虫	*Aonides oxycephala*	–	–	+	–
多毛类种 1	Polychaeta sp. 1	+	–	–	–
多毛类种 2	Polychaeta sp. 2	–	+	–	–
软体动物	**Mollusca**				
扁玉螺	*Neverita didyma*	+	–	–	–
古式滩栖螺	*Batillaria zonalis*	+	–	–	–
肥大细口螺	*Colsyrnola ornata*	+	–	–	–
甲虫螺	*Cantharus cecillei*	+	–	–	–
软嵌线螺	*Cymatium cutaceum*	+	–	–	–

续附表

中文	拉丁文	春季	夏季	秋季	冬季
微角齿口螺	*Odostomia subangulata*	+	-	-	-
无饰红泽螺	*Turbonilla acosmia*	-	-	+	-
褶舍螺	*Rissolina plicata*	+	-	-	-
正衲螺	*Camcellaria spengleriana*	-	-	+	-
橄榄胡桃蛤	*Nucula tenuis*	-	-	-	+
相模湾共生蛤	*Pseudopythina sagamiensis*	-	-	+	-
长圆拟斧蛤	*Nipponomysella oblongata*	+	-	+	-
小结节滨螺	*Nodilittorina exigua*	+	-	-	-
小塔线欧螺	*Rissoina turricula*	-	-	+	-
小梯螺	*Epitonium minor*	+	-	-	-
小球露齿螺	*Ringicula niinoi*	+	-	-	-
布尔小核螺	*Mitrlla burchardi*	+	-	-	-
淡路齿口螺	*Odostomia. omaensis*	-	-	+	-
东方缝栖蛤	*Hiatella orientalis*	+	-	+	-
彩虹明樱蛤	*Moerella iridescens*	+	+	-	+
苍白亮樱蛤	*Nitidotellina pallidula*	+	-	+	+
内壳德文蛤	*Devonia semperi*	-	-	+	-
内肋蛤	*Endopleura lubrica*	-	-	+	-
理蛤	*Theora lata*	-	+	-	-
河口楔樱蛤	*Cadella delta delta*	-	-	+	-
津知圆蛤	*Cycladicama tsuchi*	+	-	+	-
经氏壳蛞蝓	*Philine kinglipini*	+	+	+	-
胶州湾角贝	*Episiphon kiaochowwanensis*	+	-	-	-
尖顶绒蛤	*Pseudopythina tsurumaru*	+	-	-	+
甲壳动物	**Crustacea**				
阿式强蟹	*Eucrate alcocki*	-	+	-	-
颗粒关公蟹	*Dorippe ranulata*	-	+	-	-
口虾蛄	*Oratosquilla oratoria*	-	-	+	-
宽甲古涟虫	*Eocuma lata*	-	-	+	-
平尾拟棒鞭水虱	*Cleantioides planicauda*	+	+	-	-

续附表

中文	拉丁文	春季	夏季	秋季	冬季
强壮藻钩虾	*Ampithoe valida*	+	-	-	-
日本鼓虾	*Alpheus japonicus*	+	-	-	-
日本浪漂水虱	*Cirolana japonensis*	+	-	+	-
日本邻钩虾	*Gitanopsis japonnica*	-	-	+	-
日本拟背尾水虱	*Paranthura japonica*	+	+	+	+
日本拟钩虾	*Gammaropsis japonicus*	+	-	-	-
日本沙钩虾	*Byblis japonicus*	-	-	+	-
梭形驼背涟虫	*Campylaspis fusifrmis*	+	-	-	-
滩拟猛钩虾	*Harpiniopsis vadiculus*	-	+	+	-
日本长尾虫	*Aspeudes nipponicus*	+	+	+	+
博氏双眼钩虾	*Ampelisca bocki*	+	+	+	-
大角玻璃钩虾	*Hyale grandicornis*	+	-	-	-
大蝼蛄虾	*Upgoebia major*	-	-	+	-
地中海巨亮钩虾	*Cheiriphotis megacheles*	-	+	-	-
短角双眼钩虾	*Ampelisca brevicornis*	-	+	+	+
短尾沙钩虾	*Byblis brachyura*	-	-	+	-
短小拟钩虾	*Gammaropsis nitida*	+	-	-	-
塞切尔泥钩虾	*Eriopisella sechellensis*	+	+	-	+
蛇头女针涟虫	*Gynodiastylis anguicephala*	+	-	-	-
微小海螂	*Leptomya minuta Habe*	-	-	+	-
鲜明鼓虾	*Alpheus distingaendus*	+	-	-	-
疣背宽额虾	*Latreutes planirostris*	+	-	-	-
卵圆涟虫	*Bodotria ovalis*	+	+	-	-
轮双眼钩虾	*Ampelisca cyclops*	-	+	-	-
中华蜾蠃蜚	*Corophium sinense*	+	+	+	+
中华拟亮钩虾	*Paraphotis sinensis*	-	+	-	-
长足鹰爪虾	*Trachypenaeus longipes*	+	-	-	-
小头弹钩虾	*Orchomene breviceps*	-	+	-	-
哥伦比亚刀钩虾	*Aoroides columbiae*	+	+	+	-
斜方五角蟹	*Nursia rhomboidalis*	-	-	+	-

续附表

中文	拉丁文	春季	夏季	秋季	冬季
亚洲异针尾涟虫	*Dimorphostylis asiatica*	+	-	+	+
细螯虾	*Leptochela gracilis*	-	-	+	-
细长涟虫	*Iphinoe tenera*	+	+	-	-
十足目一种 1	Decaoda sp.	+	-	-	-
棘皮动物	**Echinodermata**				
光亮倍棘蛇尾	*Amphioplus lucidus*	-	-	+	-
路氏肋海星	*Ctenopleufa ludwigc*	-	-	+	-
紫蛇尾	*Ophiopholis mirabilis*	+	+	+	-
紫纹芋参	*Molpadia roretzi*	+	-	-	-
小双鳞蛇尾	*Amphopholis squamata*	-	-	+	-
日本倍棘蛇尾	*Amphioplus japonicus*	+	+	+	-
金氏真蛇尾	*Ophiura kinbergi*	-	-	+	-
近辐蛇尾	*Ophiactis affinis*	-	-	+	-
柯氏双鳞蛇尾	*Amphopholis kochi*	-	-	+	-
其他					
海笔	*Virgularia japonica*	+	-	-	+
海葵	Actiniaria sp.	-	+	-	-
星虫	Sipuncula sp.	+	+	+	-
涡虫	Turbellaria sp.	+	-	+	-
纽虫	Nemertina sp.	+	+	+	+

+表示此物种在该季节采集到；-表示此物种在该季节未采集到。

第 16 章 有机碳沉积与埋藏分析

同位素^{210}Pb 法是研究陆架浅海沉积速率和沉积通量行之有效的方法之一。鉴于沉积速率和沉积通量是当代海洋地质学前沿学科——沉积动力学研究的重要内容，因此，本项目采用此法开展了对庙岛群岛南部岛群邻近海域沉积速率和沉积通量的探讨。在庙岛群岛南部岛群邻近海域利用重力取样器获取 4 根长约 60 cm 的柱状沉积物，对样品按照 2 cm 间隔分样，对所取岩芯进行了^{210}Pb 的分层测定，基于^{210}Pb 的垂向变化获取沉积物埋藏速率。

16.1 沉积物调查站位与方法

16.1.1 站点布设

2012 年 11 月在庙岛群岛南部岛群邻近海域，使用重力取样器采集了 4 个柱状沉积物岩心；套管截面为椭圆形，最长直径 7.5 cm，短轴直径 6.5 cm；采用塑料管取岩心中央沉积物，保证柱样表层不被扰动，将样品带回实验室分析测试。采样站位如图 16-1 所示。CD11 站位于 37°54′40″N、120°42′00″E，水深 10 m；CD12 站位于 37°56′0″N、120°42′00″E，水深 6 m；CD13 站位于 37°57′20″N、120°42′00″E，水深 5.5 m；CD17 站位于 37°57′20″N、120°40′00″E，水深 10 m。

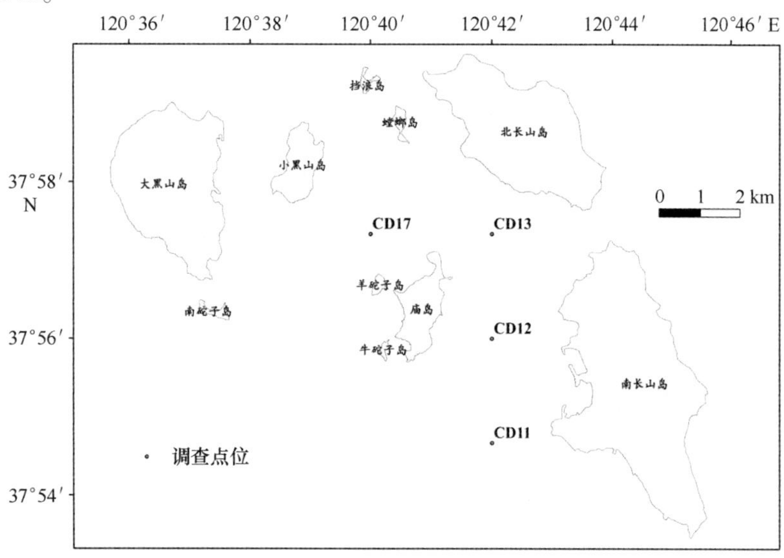

图 16-1 庙岛群岛南部岛群沉积物采样站位

16.1.2 样品处理及分析

将柱样管剖开，观察样品剖面，4 个站位的样品剖面均呈黑灰色。样品从顶部向下，以 2 cm 间隔进行分层取样，对各层样品进行各项指标的测定。

粒度分布测定：取大约 1 g 的沉积物样品进行粒度分析，加入 10 mL 过量的 5%H_2O_2溶液静止 24 h，以去除有机质组分。仪器测试前自带超声波振荡器分散 30 s，采用 Malvern 公司生产的 Mastersizer2000 型激光粒度分布测量仪进行测试，测量范围为 0.02～2 000 μm，分辨率为 0.01Φ，分辨率为±2%。将样品分为小于 4 μm、4～63 μm 和大于 63 μm 等 3 个粒度范围进行统计。

含水率测定：含水率采用 105℃烘干称重法。

TOC、TN 的测定：沉积物有机碳测定采用酸洗去除碳酸盐再上元素分析仪分析的方法。具体步骤如下：称取 2 g 研磨均匀的沉积物样品，加入 4 mL 1 mol 的 HCl，浸泡 3 次，每次约 8 h，直至不再有气泡出现。离心弃去上清液，水洗至中性，然后 60℃下烘干过夜，放入干燥器中平衡至恒重。称取 1～10 mg 样品在元素分析仪上测定有机碳的百分含量（TOC）、总碳含量（TC）、总氮含量（TN）。原始样品中的 TOC 含量为酸洗前与酸洗后的重量之差进行校正后得出。

16.1.3 沉积速率的测定

沉积柱^{210}Pb测年分析在国家海洋局第三海洋研究所海洋监测研究中心室完成。将柱样管剖开，观察样品剖面，4 个站位的样品剖面均呈黑灰色。样品从顶部向下，以 2 cm 间隔进行分层取样，称量其湿重，采用 105℃烘干称重法恒重。

沉积柱^{210}Pb测年分析在国家海洋局第三海洋研究所海洋监测研究中心室完成。称取 4.0 g 已过筛的沉积物样品于烧杯中，加入已知量的 ^{209}Po 示踪剂，20 mL 的浓硝酸，置于电炉上加热至干，再加入 10 mL 的浓盐酸，蒸干后冷却，加入 20 mL 2 mol/L 的盐酸溶液，抽滤，向滤液中加入 1 mL 20%盐酸羟胺和 1 mL 25%柠檬酸钠，加入氨水调节 pH 值至 1.5～2.0，溶液在 85℃和电磁搅拌的条件下自沉积 4 h，用 7200-8 型 α 能谱仪（Canberra，French）测定^{210}Pb，以此确定^{210}Pb的含量。可参考《水中钋-210 的分析方法电镀制样法》GB/T12376—1990。沉积速率利用公式（16.1）进行计算（Xia et al.，2011）：

$$\ln{}^{210}Pb_{ex} = \ln{}^{210}Pb_{ex}^{0} - \lambda_{210} \cdot \frac{x}{S}, \tag{16.1}$$

式中，$\ln{}^{210}Pb_{ex}$对深度 x 作图进行拟合，直线的斜率即为 λ_{210}/S。其中 λ_{210} 为^{210}Pb 的衰变常数，S 为沉积速率，$^{210}Pb_{ex}^{0}$为 0 时刻过剩^{210}Pb 的活度。

16.1.4 沉积物有机碳埋藏通量计算

沉积物 CD11 站、CD12 站和 CD13 站沉积物中 TOC 含量的埋藏通量（Burial Flux，简写为 BF）可以通过式（16.2）进行估算（Thomas J Algeo et al.，2013；Xia et al.，2011）：

$$BF = C(\%) \times S \times \rho, \tag{16.2}$$

式中，BF 为沉积物中 TOC 的埋藏通量，单位：g/（cm^2 · a），C（%）为沉积物中 TOC 含量，ρ 为沉积物干密度。沉积物的干密度可根据式（16.3）进行估算（Xia et al.，2011）：

$$\rho = \frac{PD \times D}{D + PD(1 - D)}, \tag{16.3}$$

式中，PD 为沉积物固体颗粒物干密度，单位取 2.6 g/cm^3，D 为沉积物干湿质量比。

16.2 沉积物有机碳的地球化学特征及其埋藏记录

16.2.1 沉积物粒度特征与^{210}Pb 沉积速率

为了反映沉积物粒度分布的垂向分布特征，将 4 个站位不同层次样品的 3 个粒径区间组分的相对百分含量作图。由图 16-2 中可知，4 个柱状样的粒度分布有一定的差异，不同粒径范围组分的相对含量随深度而变化。4 个柱状沉积物均以粉砂粒占优势，其中 4~64 μm 的组分平均占全部组分的 85%以上，而> 64 μm 的粗粒度组分平均仅占全部组分的 8%左右。

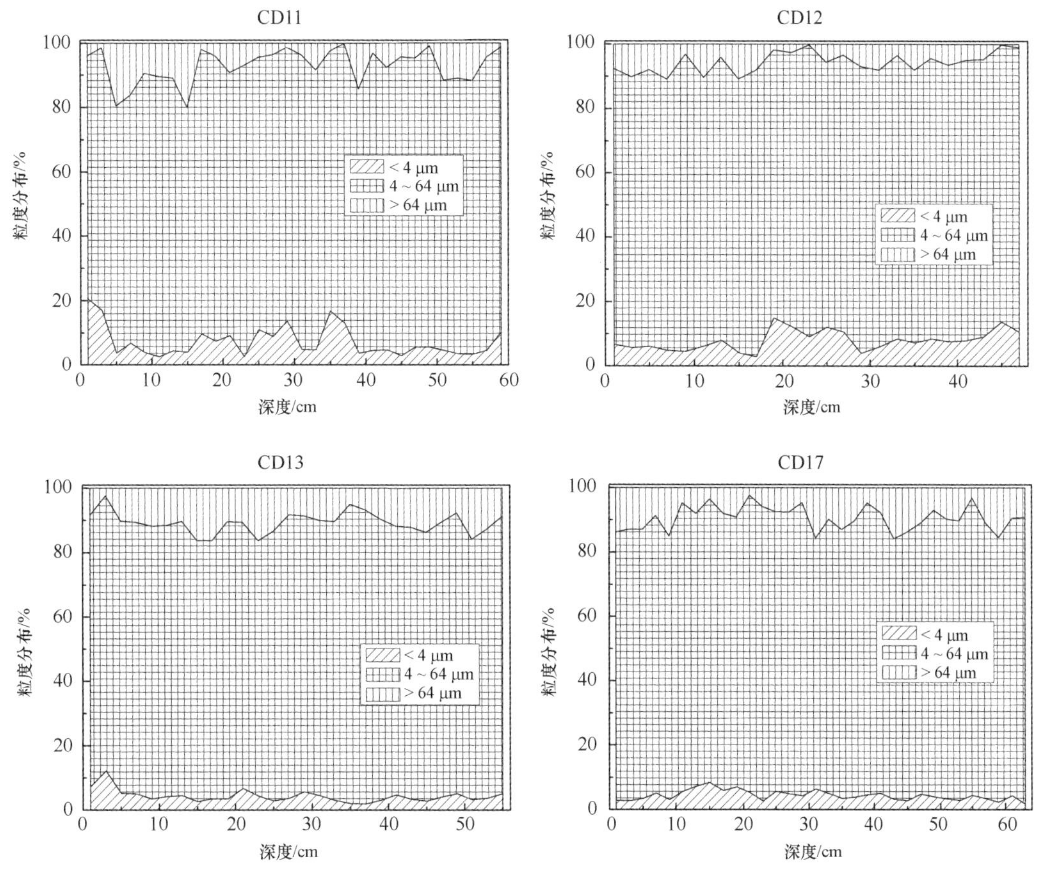

图 16-2 庙岛群岛邻近海域沉积物粒度分布垂向变化趋势

在庙岛群岛南部岛群邻近海域沉积物^{210}Pb 从表层开始，随着地层深度向下，呈明显的指数降低，其分布呈一“斜线”（如图 16-3 所示），沉积柱 CD11、CD12、CD13 的沉积趋势相似，但因为采样地的水深没超过 10 m，没有出现平衡的“垂线”模式；而沉积物 CD17 可能由强烈的水动力条件，扰动影响较大，没有明显的沉降趋势。

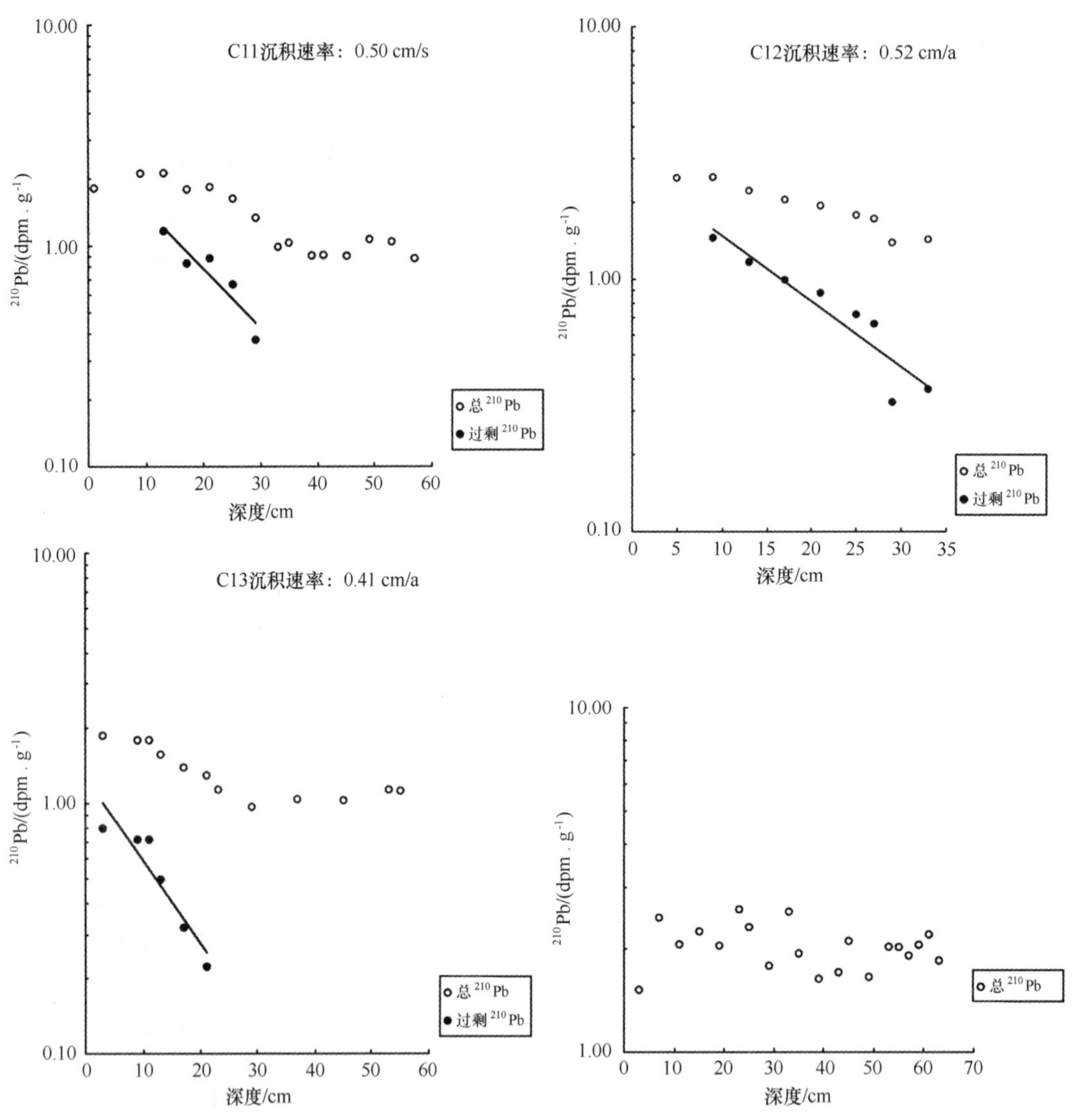

图 16-3　庙岛群岛南部岛群邻近海域沉积物沉积速率

沉积柱粒度组成的差异对沉积速率有一定的影响。庙岛群岛南部岛群邻近海域沉积物的粒度分布如图 16-2 所示。CD11 站沉积柱的黏土颗粒为 7.22%，粉砂粒为 85.75%，砂砾为 7.03；CD12 站沉积柱的黏土颗粒为 7.92%，粉砂粒为 86.49%，砂砾为 5.59%；CD13 站沉积柱的黏土颗粒为 4.33%，粉砂粒为 85.43%，砂砾为 10.67%；CD17 站沉积柱的黏土颗粒为 4.67%，粉砂粒为 86.11%，砂砾为 9.62%。CD11 和 CD12 站沉积柱的黏土颗粒比例相对较高，其沉积速率也相对高，分别为 0.50 cm/a 和 0.52 cm/a，而 CD13 站沉积柱的黏土颗粒比例相对低一些，其沉积速率也相对低，为 0.41 cm/a。CD17 站沉积柱砂砾的比例相对高，黏土颗粒相对较低，可能受到水动力条件影响较为明显，因而没有明显的沉降趋势。

16.2.2 沉积物中有机碳与氮的分布及其影响因素

碳和氮是构成地球上生命的基础，在许多陆地及水生生物地球化学循环中扮演了重要角色。研究海洋沉积物中的碳是碳循环研究的重要一环。氮是限制海洋中浮游植物生长的最基本的生源要素；沉积物中氮作为水体中氮的“源”与“汇”，它的再生、释放与埋藏过程，从一定程度上调节了海洋生态环境的平衡。通过对庙岛群岛南部岛群邻近海域 4 根沉积物柱状样进行分析，测定总有机碳（TOC）、总碳（TC）、总氮（TN）的含量，估算了它们的埋藏通量及陆/海源总有机碳和总氮的相对含量。

沉积物理化性质的垂向变化如图 16-4 所示。CD11 站、CD12 站、CD13 站和 CD17 站柱状沉积物含水率之间的有一定的差异，CD11 站沉积柱平均含水率 47.18%，CD12 站沉积柱平均含水率 45.85%，CD13 站沉积柱平均含水率 45.85%，CD17 站沉积柱平均含水率 51.2%。总体上含水率随深度变化波动较大，这可能是海岛邻近海域水深较浅，沉积物受到该海域水动力的影响明显。

CD11 站、CD12 站、CD13 站和 CD17 站柱状沉积物 TOC 含量差异不大，平均在 0.67%～0.75%。TOC 含量随深度变化明显，一般是随深度而逐渐减小。但 CD17 站柱状沉积物 TOC 随深度变化波动较大，没有明显的趋势。

海洋沉积物中 TN 含量的高低常被用来指示水生藻类对沉积物中氮的相对贡献大小，通常认为 TN 含量高的地方水生藻类的贡献大。和其他几个参数相似，各站柱状沉积物中 TN 的含量变化明显，且各站位沉积物中 TN 的垂向分布有所不同。CD11 站、CD12 站沉积物中 TN 含量的垂向分布逐渐增加趋势，而 CD13 站和 CD17 站沉积物中 TN 含量的垂向分布逐渐减少趋势。4 个站的沉积物中 TN 平均含量分别为 0.11%～0.12%。

在海洋沉积物研究中，TOC/TN（碳氮比）的大小常被作为判断有机碳来源是海生还是陆生的标准。海洋自生有机物的碳氮比通常在 5～8 的范围内，这是因为浮游植物是海洋自生有机物的重要来源；因此，沉积物中陆源有机物所占的比例越高，碳氮比就越大（Meyers，1997；Guillaume St-Onge and Claude Hillaire-Marcel，2001）。CD11 站、CD12 站和 CD13 站柱状沉积物 TOC/TN（碳氮比）差异不大，平均在 6.17～6.63 之间，而 CD17 站柱状沉积物 TOC/TN（碳氮比）平均较高，碳氮比为 13.94。沉积物表层的 TOC/TN（碳氮比）相对较高，随着深度的增加逐渐减低。

16.2.3 沉积物中 TOC 含量的埋藏通量

水体中的颗粒物经过长期的搬运沉降后到达海底，再经过一系列复杂的矿化作用后，在水动力和生物扰动作用下，沉积物中的一部分物质被释放到水体中，补充水体生物的营养需求；另一部分则保留在沉积物中。保留在沉积物中的这部分物质在不断变化的海洋环境中，当条件适宜时也会以不同的形式释放出来，维持水体营养元素的平衡，是水体潜在的“营养

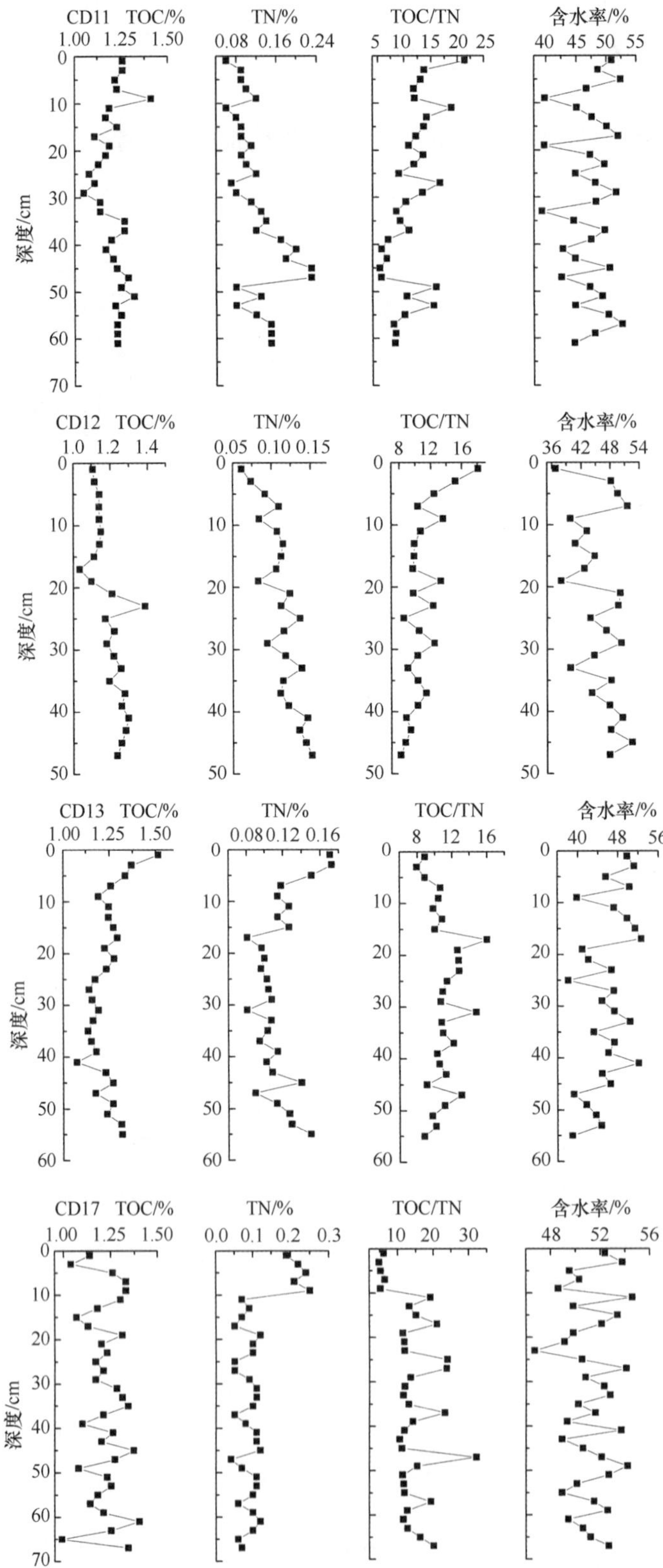

图 16-4 庙岛群岛邻近海域沉积物样品理化性质垂向变化趋势

源”。基于各站位沉积物不同层的含水率和固体颗粒干密度（2.6 g/cm^3），结合沉积柱^{210}Pb沉积速率，根据沉积物中TOC的含量，利用公式（16.2）和（16.3）估算出各站位沉积物的TOC埋藏通量。

CD11站的沉积速率为0.50 cm/a，其沉积物的含水率平均为47.18%，TOC埋藏通量为0.27 g/（cm^2·a）；CD12站的沉积速率为0.52 cm/a，其沉积物的含水率平均为45.85%，TOC埋藏通量为0.28 g/（cm^2·a）；CD13站的沉积速率为0.41 cm/a，其沉积物的含水率平均为45.85%，TOC埋藏通量为0.25 g/（cm^2·a）。具体结果见表16-1。

表16-1 沉积物中TOC含量的埋藏通量

站位	TOC/%			沉积物干密度/（g·cm^{-3}）			TOC埋藏通量/［g·（cm^{-2}·a^{-1}］		
	最大	最小	平均	最大	最小	平均	最大	最小	平均
CD11	0.93	0.47	0.68	0.97	0.67	0.79	0.40	0.17	0.27
CD12	1.08	0.34	0.67	1.03	0.67	0.82	0.44	0.12	0.28
CD13	1.01	0.47	0.74	1.00	0.67	0.82	0.34	0.17	0.25

庙岛群岛南部岛群邻近海域沉积物TOC的埋藏速率为0.42~0.51 cm/a之间，根据沉积物中TOC的含量和沉积物的干密度，计算得到TOC埋藏通量为0.25~0.28 g/(cm^2·a）之间。这一结果要比南黄海TOC埋藏通量低（赵一阳和李凤业，1991），比南沙群岛西部海域TOC埋藏通量高（高学鲁等，2008）。

第 17 章　海水溶解碳分布特征及影响因子

当前，气候变化对全球产生重大而深远的影响。约占全球面积 71%的海洋作为全球主要碳库，通过海气交换过程可直接调节大气中 CO_2的浓度。20 世纪 70 年代后期，全球碳循环受到人类的普遍关注（严国安和刘永定，2001）。国外对海洋碳循环的大规模研究始于 20 世纪 80 年代，国际地圈生物圈计划（IGBP）、全球环境变化的人类因素（IHDP）和世界气候研究计划（WCRP）共同发起了多个针对全球碳循环的研究项目：全球海洋生态系统动力学（GLOBEC）、全球海洋通量联合研究（JGOFS）、海洋生物地球化学和生态系统综合研究（IMBER）、上层海洋与低层大气研究（SOLAS）和海岸带陆海相互作用研究（LOICZ）等，科学家们获得了丰富的资料，对海洋中的生物地球化学过程和海洋碳循环有了突破性的认识（Bolin et al.，1979；殷建平等，2006；李宁，2011）。

国内对海洋碳循环的研究大致也始于 20 世纪 80 年代。1987 年以来，韩舞鹰等（1998）、洪华生等（1991，1997）对台湾海峡的碳循环做了较为系统的研究；1989 年我国制定了以陆架海洋通量为主体的中国 JGOFS 科学计划（戴民汉等，2004）。

国外和国内对于海洋碳循环的研究甚多，且大多集中在动力学（石洪华等，2014a）、碳通量（杨金湘，2008）或碳循环中的某一种形式的碳（Robert et al.，2001；Dick et al.，2015）的研究上，对于作为海洋碳循环子系统之一的海洋溶解碳系统研究较少，而关于海岛周边海域的研究少之又少。因此，本研究对庙岛群岛南部海域的溶解有机碳和无机碳进行了深入调查，探索二者的时空分布及其影响因素，为海洋碳循环的研究提供基础参考。

17.1　材料与方法

站位布设与水环境样品采集同 13.1.1、13.1.2 节，海区综合环境特征同 14.2.1 节。DOC 样品和 DIC 样品采用岛津 TOC-V_{CPH}型总有机碳分析仪进行分析。

17.2　溶解碳分布特征

17.2.1　溶解有机碳

溶解有机碳（DOC）是构成海洋碳循环的重要环节。研究表明，海洋中 DOC 的储量与大

气中 CO_2 的碳储量相当（Hansell and Calson，1998）。图 17-1 为本研究 4 个航次溶解有机碳（DOC）的平面分布图。春季，DOC 含量范围为 1.9～12.5 mg/L，平均为 7.5 mg/L，变化幅度较大，北部海域（外海）DOC 含量较低，呈现近岸高外海低的分布趋势；夏季，DOC 含量范围为 0～11 mg/L，平均为 3.7 mg/L，变化幅度较大，以庙岛所在的经度为分界线，分界线以东的海域溶解碳含量较高，分界线以西的海域溶解碳含量较低；秋季，DOC 含量范围为 0.2～4.1 mg/L，平均为 2.0 mg/L，变化幅度很小，分布较均匀；冬季，DOC 含量范围为 0.5～13 mg/L，平均为 4.9 mg/L，变化幅度较大，西部海域和东部海域溶解碳含量较高，岛群之间海域的溶解碳含量较低。

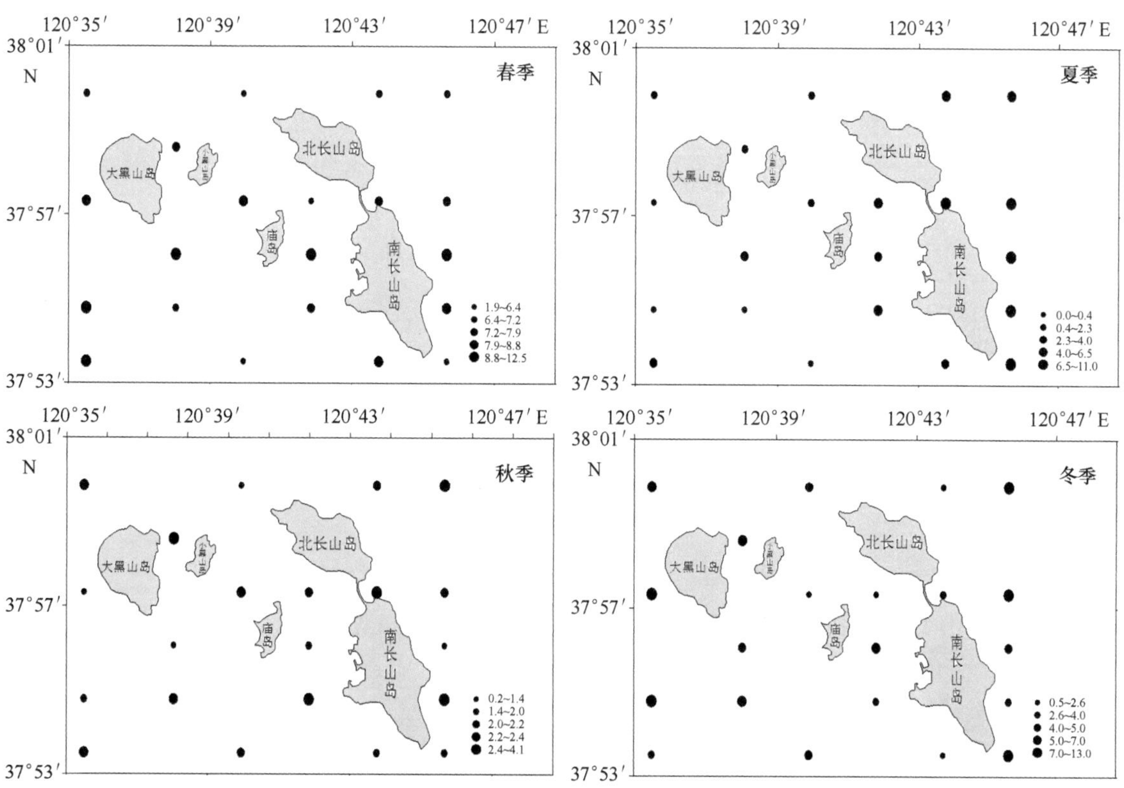

图 17-1 庙岛群岛南部海域 DOC 含量（mg/L）平面分布

综上可知，DOC 含量的季节变化为春季>冬季>夏季>秋季。DOC 的季节变化与浮游植物细胞丰度的季节变化（春季>冬季>夏秋）较相似。秋季与夏季的浮游植物细胞丰度一样，但夏季的 DOC 含量高于秋季，这很有可能与夏季径流增多，带来较多的 DOC 输入有关。

2006 年夏冬和 2007 年春秋，青岛近海区域溶解有机碳春季平均值最高为 1.63 mg/L，夏季平均值最高为 2.15 mg/L，秋季平均值最高为 1.62 mg/L，冬季平均值最高为 1.52 mg/L（梁成菊，2008），其 4 个季节的平均最高值均低于本研究区域的平均值，尤其是春季。长江口邻近海域 2010 年春季 DOC 平均浓度最高为 1.21 mg/L，2010 年秋季 DOC 平均浓度最高为 1.24 mg/L，同样，均低于本研究区域的平均值。2010 年春季东海北部近岸水体中 DOC 的平均浓度最高为 0.96 mg/L（李宁和王江涛，2011），远低于本研究海域的平均值。东海上升流、沿岸水和台湾暖流水的 DOC 浓度最高为 71.3 μmol/L（0.86 mg/L）、119 μmol/L（1.43 mg/L）和 87 μmol/L（1.04 mg/L）（Huang et al.，2000），本研究海域四季的平均 DOC 浓度约为 4.53 mg/L，远高于上述海域 DOC 浓度。因此，与我国近岸海域对比，可推测本研究海域溶解碳浓度较高。

17.2.2 溶解无机碳

溶解无机碳（DIC）主要包括溶解 CO_2、H_2CO_3、HCO_3^-和 CO_3^{2-}。海水中溶解的 CO_2是海洋自养生物的主要碳源，自养生物通过光合作用固定 CO_2从而有效缓解温室效应。溶解无机碳系统与海气界面交换、沉积物海水界面交换等过程密切相关，且 DIC 通过海水中的许多反应从而控制着海水的酸碱平衡（李宁，2011）。图 17-2 为本研究 4 个航次溶解无机碳（DIC）的平面分布图。春季，DIC 含量范围为 22.7~28.8 mg/L，平均为 26.0 mg/L，东北海域 DIC 含量较低；夏季，DIC 含量范围为 22.7~25.1 mg/L，平均为 23.7 mg/L，南部近岸海域 DIC 含量较低，呈现近岸低外海高的趋势；秋季，DIC 含量范围为 36.1~38.6 mg/L，平均为 37.4 mg/L，与夏季相反，呈现近岸高外海低的趋势；冬季，DIC 含量范围为 25.3~30.9 mg/L，平均为 28.4 mg/L，以小黑山岛所在的经度为分界线，分界线以东的海域 DIC 含量较高，以西的海域 DIC 含量较低。

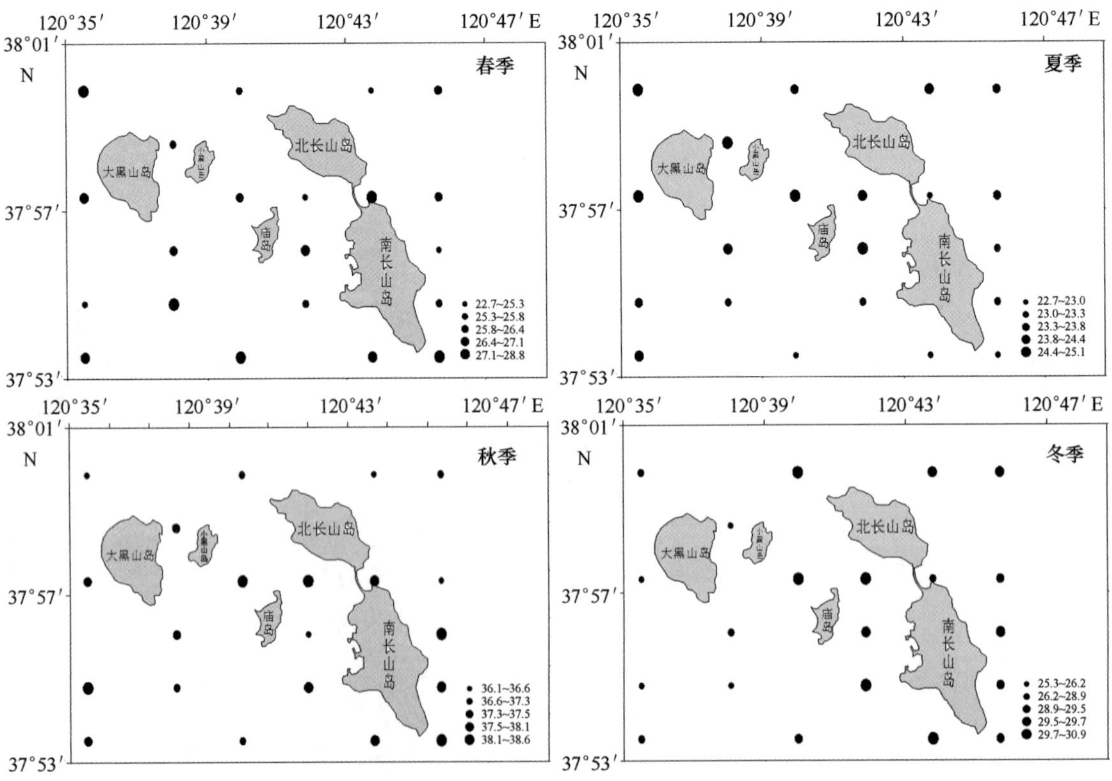

图 17-2 庙岛群岛南部海域 DIC 浓度（mg/L）平面分布

综上可知，DIC 含量的季节变化为秋季>冬季>春季>夏季。浮游生物的呼吸作用消耗 CO_2

会导致 DIC 含量的降低（李学刚，2004）。由图 14-2 可知，春季浮游生物的丰度远高于夏季，然而 DIC 含量春季也高于夏季，很可能是因为夏季温度升高，生物作用强烈，从而消耗大量 CO_2导致 DIC 浓度降低。

2010 年冬季渤海海峡的 DIC 平均浓度为 2 285 μmol/kg（28.11 mg/L）（张乃星等，2012），稍低于本研究海域冬季的平均浓度（28.4 mg/L）。2009 年春季黄、东海 DIC 浓度为 1 918.1 μmol/L（23.03 mg/L）~2 196.1 μmol/L（26.35 mg/L）（赵敏等，2011），本研究春季 DIC 最低浓度（22.7 mg/L）低于黄、东海海域，但最高浓度（28.8 mg/L）高于黄、东海海域。2013 年黄河口春季 DIC 平均浓度为 35.85 mg/L，夏季为 30.20 mg/L，秋季为 32.08 mg/L（郭兴森等，2015），其春夏季均高于本研究海域，仅秋季稍低。由此可知，河口由于其陆源输入较多，DIC 浓度相对较高，与之相比，海岛周边海域的 DIC 浓度相对较低。

17.3 影响溶解碳分布的环境因子

17.3.1 春季

由表 17-1 可知，春季，DOC 与碱度和总氮呈正相关（$p<0.05$）；而 DIC 无显著影响因子。

表 17-1 春季溶解碳与环境因子的相关分析

环境因子	pH	Sal（盐度）	DO（溶解氧）	COD（化学需氧量）	ALK（碱度）	SS（悬浮物）	TN（总氮）	TP（总磷）	Chl *a*（叶绿素 *a*）
DOC	-0.261	-0.096	-0.296	0.224	0.517*	-0.015	0.465*	0.140	0.280
DIC	0.226	0.096	0.045	0.213	0.412	-0.077	0.037	-0.087	0.200

*表示 $p<0.05$，**表示 $p<0.01$。

17.3.2 夏季

由表 17-2 可知，夏季，DOC 与总氮和叶绿素呈正相关（$p<0.05$），与碱度呈显著负相关（$p<0.01$）；DIC 与碱度呈显著正相关（$p<0.01$）。

表 17-2 夏季溶解碳与环境因子的相关分析

环境因子	pH	Sal（盐度）	DO（溶解氧）	COD（化学需氧量）	ALK（碱度）	SS（悬浮物）	TN（总氮）	TP（总磷）	Chl *a*（叶绿素 *a*）
DOC	0.156	0.152	-0.265	-0.090	-0.693**	0.144	0.469*	0.424	0.438*
DIC	-0.225	-0.007	0.157	-0.288	0.676**	0.162	-0.088	0.256	-0.178

*表示 $p<0.05$，**表示 $p<0.01$。

17.3.3 秋季

由表 17-3 可知，秋季，无显著影响 DOC 与 DIC 的环境因子。

表 17-3 秋季溶解碳与环境因子的相关分析

环境因子	pH	Sal（盐度）	DO（溶解氧）	COD（化学需氧量）	ALK（碱度）	SS（悬浮物）	TN（总氮）	TP（总磷）	Chl *a*（叶绿素 *a*）
DOC	0.007	-0.015	-0.024	-0.132	0.237	-0.156	0.073	-0.116	-0.055
DIC	0.078	-0.170	0.337	0.107	-0.083	-0.217	-0.162	-0.367	-0.161

*表示 $p<0.05$，**表示 $p<0.01$。

17.3.4 冬季

由表 17-4 可知，冬季，无显著影响 DOC 的环境因子；DIC 与化学需氧量呈显著正相关（$p<0.01$）。

表 17-4 冬季溶解碳与环境因子的相关分析

环境因子	pH	Sal（盐度）	DO（溶解氧）	COD（化学需氧量）	ALK（碱度）	SS（悬浮物）	TN（总氮）	TP（总磷）	Chl *a*（叶绿素 *a*）
DOC	0.216	-0.050	0.005	-0.107	0.004	0.173	-0.024	-0.070	0.121
DIC	0.014	0.402	-0.236	0.598**	-0.178	0.328	0.190	-0.170	-0.374

*表示 $p<0.05$，**表示 $p<0.01$。

17.3.5 影响溶解碳系统季节分布的环境因子

DOC 含量的季节变化为春季>冬季>夏季>秋季，DIC 含量的季节变化为秋季>冬季>春季>夏季。海水中溶解碳的分布是多种环境因子综合作用的结果，包括水温、盐度、陆源输入、叶绿素（浮游植物）等（李宁，2011）。

DOC 主要来自于浮游植物溶解有机碳释放（内部来源）和河流、大气等外部输入（Hedges，1992）。本研究 DOC 的季节变化与浮游植物细胞丰度的变化一致，这进一步证明 DOC 的季节变化主要与浮游植物相关（吴凯，2013）。温度通过影响浮游植物的生长从而对溶解碳的分布产生影响。浮游植物生长旺盛，强烈的光合作用不断将无机碳转化为有机碳，从而 DOC 增加，DIC 降低。其次，水温可通过影响海气界面 CO_2 通量从而影响 DIC 的分布。CO_2 浓度主要与温度有关，温度控制气体的溶解度。水温越高，海水对 CO_2 的溶解度越低，CO_2 扩散到大气，DIC 浓度越低。一般而言，低温高盐海水对于海水无机碳的保存更有利（黄道建等，2012）。而本研究中，秋季 DIC 浓度大于冬季，这很有可能与微生物的活动有关。微生物的呼吸作用和反硝化作用会增加水体 CO_2 含量，秋季微生物活动较冬季强烈，因此 DIC 浓度较高。

盐度在一定程度上会影响溶解碳系统。黄道建等（2012）的研究结果显示春季大亚湾 DIC 浓度与盐度呈正相关，李宁和王江涛（2011）发现春季东海北部近岸水体 DOC 浓度与盐度呈正相关，但本研究盐度变化较小，对溶解碳系统的影响较小。本研究陆源输入对溶解碳系统的影响主要体现在 DOC 的分布，对 DIC 的影响较小。夏季入海径流增多，陆源输入增加，从而 DOC 含量较高。

综上可知，DOC 含量的季节分布主要受浮游植物和陆源输入的影响，而 DIC 的季节分布主要受温度和微生物活动的影响。

第四篇　海岛及周边海域生态系统承载力和健康评估

第 18 章　海岛生态系统承载力评估

18.1　承载力理论及评估方法研究进展

人类活动已经改变了地球的生命支持系统，并破坏了该系统对人类发展原本有限的维持能力（Halpern et al.，2012；Halpern et al.，2008；Lotze et al.，2006；Ma，2005）。这引起人们对区域可持续发展的极大关注（Graymore et al.，2010；Lane et al.，2014；Moldan et al.，2012；Singh et al.，2012）。相应地，用于表征可持续发展的承载力（Daily and Ehrlich，1992；Daily et al.，1996），被认为是可持续发展的一种测度或指数（Barrett and Odum，2000；Graymore et al.，2010；Moldan et al.，2012；Wang and Xu，2015）。承载力的概念具有广泛的应用，产生了多种定义，然而，在指导基于生态系统管理方面，仍然缺乏对生态系统承载人类发展的能力的综合认知（Shi et al.，2009a；Wang and Zhang，2007）。由此，亟需对承载力的综合定义以及可行的评估模型，用于指导如何协调人类发展和生态系统可持续性。

承载力的概念首先应用于人口统计学领域，被称为人类承载力，该术语起源于 Malthus T. R. 于 1798 年提出的人口增长理论，由 Verhulst P. F. 于 1838 进一步发展（Cohen，1995）。随后，承载力概念由 Hawden S. 和 Palmer L. J. 于 1922 年扩展到种群生态学领域，称之为生态承载力，强调种群动态和环境的交互作用（Byron et al.，2011；Seidl and Tisdell，1999）。从 20 世纪 60 年代晚期和 70 年代早期开始，承载力的概念被广泛用于应用生态学和人类生态学，主要关注最高水平的资源利用或环境同化能力可以维持的最大人口数量或社会经济规模，探索人类活动和环境之间的交互作用（Papageorgiou and Brotherton，1999；Seidl and Tisdell，1999）。根据对承载力不同的着眼点，承载力的概念往往从不同方面定义（Seidl and Tisdell，1999），基本可以分为 3 个维度，即生物物理（或生态）承载力、社会（或文化、人类）承载力和经济承载力（Daily and Ehrlich，1992），这与 Moldan 等（2012）关于可持续性 3 个极的描述基本一致。由此，对承载力单维度的研究（Kuss and Morgan III，1986；Zhang Y et al.，2010）逐渐被多维度综合研究代替（Davis and Tisdell，1995；Papageorgiou and Brotherton，1999；Prato，2009；Wei et al.，2014；Wei et al.，2015）。

随着可持续理念关注系统层面（Holdren et al.，1995；Moldan et al.，2012），承载力研究亦开始转向系统的方法（Daily and Ehrlich，1992），关注人类活动和生态系统的交互作用（Duarte et al.，2003；Liu and Borthwick，2011；Wang and Xu，2015；Zhang et al.，2014）。特别地，Barrett 和 Odum（2000）Barrett 和 Odum（2000）呼吁促进综合的（即跨学科的）和生态的（即基于生态系统的）承载力定义研究。虽然普遍的定义仍然缺乏，研究者已经做了大量努力探索承载力研究的系统方法。从生态经济的角度，早期在系统层面上对承载力的研究主要包括两种方法，即生态足迹和能值法，两者均关注自然系统和经济系统的交流，且至今仍有广泛的应用（Barrett and Odum，2000；Yount，1998）。生态足迹首先由 Rees（1992）提出，后来得到了很多改进，如 Wackernagel 和 Yount（2000）以及 Xie 等（2014）等。生态足迹，也称为占用承载力，被认为是一个基于面积和基于生态系统的可持续性指标（Rees，1992；Singh et al.，2012）。另一种能值法由 Odum（1996）发展起来，自从 Brown 和 Ulgiati（1997）首创性地定义了一个能值指数来评估可持续性之后，该方法被广泛应用承载力研究（Brown and Ulgiati，2001；Nam et al.，2010；Shi et al.，2013）。尽管这两类方法均基于系统的观点，且具有广泛的应用，但两者都采用一个等价项简化复杂的系统过程，使得关于社会和生态耦合系统的复杂性信息不能充分表达，也无法表征特定区域特征（Lane et al.，2014）。

幸运的是，系统动力学的发展提供了包括指标体系在内的可行且有效的方法。虽然数值模拟在研究承载力方面具有较大的潜能（Duarte et al.，2003；Zhang et al.，2014），但是指标体系方法变得尤为重要，这一方面是因为该方法在操作上可行，另一方面是由于指标体系方法已被大量应用于国家和全球层面上的系统评估（Singh et al.，2012）。虽然实际的指标不一定适用于区域水平的承载力研究，但这些指标体系的概念框架提供了有价值的参考（Liu and Borthwick，2011；Wang and Xu，2015），主要包括 PSR 框架和多组分或多维框架。其中，多组分框架的应用包括联合国可持续发展委员会（United Nations Commission on Sustainable Development，UNCSD）设计的 4 组分框架（Labuschagne et al.，2005），以及由中国科学院于 2006 年构建的包括生存、发展、环境、社会和智力 5 个组分在内的用于评估中国可持续发展的指标体系（中国科学院可持续发展战略研究组，2013）。

随着生态系统的持续退化，区域可持续性研究越来越强调基于生态系统的观点（Chen et al.，2010；Moldan et al.，2012；Rombouts et al.，2013）。对于承载力概念，Arrow 等（1995）

将关于经济增长的承载力与生态系统恢复力联系起来，此处的生态系统承载力关注生态系统动力学且同时也是环境可持续性的一个有用指数。高吉喜（2001）则扩展了生态承载力的内涵，除了资源和环境子系统的供容能力及其可维持的社会经济规模和人口数量之外，认为生态承载力还包括生态系统自我维持和自我调节能力。然而，当前普遍采用的生态系统层面的承载力或生态承载力往往指种群生态学领域的定义（Duarte et al.，2003），而非 Barrett 和 Odum（2000）提倡的多维度和跨学科的定义。

本研究所说的海岛综合承载力是一类基于海岛生态系统的综合承载力，定义为海岛生态系统在社会系统的支持下维持人类发展的能力。为了强调社会系统和生态系统之间的相互依赖性，即人文因素与自然因素之间的相互作用，该定义包含了基础承载力（fundamental carrying capacity，FCC）和现实承载力（realized carrying capacity，RCC）两个综合指数（Shi et al.，2016）。海岛生态系统基础承载力指在忽略海岛当前社会经济条件影响下，海岛生态系统可以提供的潜在承载力，它本质上由海岛生态系统结构和功能确定。由于社会系统和生态系统之间的相互作用，海岛基础承载力的实际表现（本研究称之为海岛生态系统现实承载力）受当前社会经济条件（即社会发展能力）影响，其影响机制复杂且尚未探清。这里的社会经济条件主要考虑海岛及其邻近大陆的社会系统支持海岛基础承载力实现的能力，本研究称之为社会支持能力（social supporting capacity of island，SSC）。

18.2 海岛生态系统承载力评估模型

18.2.1 海岛生态系统承载力评估指标体系

根据海岛综合承载力的概念，本研究提出了一个评估海岛承载力的分层指标体系，见表18-1。从海岛生态系统的角度，海岛生态系统基础承载力指数应主要表征 3 个方面，分别为：（1）海岛生态系统提供维持人类发展所需资源的能力；（2）海岛生态系统在自我调节过程中为人类提供服务和效益的能力；（3）海岛生态系统维持自身基本生态系统过程以及支持其他功能的能力。基础承载力这 3 方面的能力与千年生态系统评估（millennium ecosystem assessment，MA）对生态系统服务的分类大体一致（MA，2005），因而将其相应地称为海岛资源供给能力（resource provisioning capacity of island，RPCI）、海岛生态调节能力（ecological regulating capacity of island，ERCI）和海岛生态支持能力（Ecological supporting capacity of island，ESCI）。

海岛生态系统基础承载力应涵盖海岛的 3 个子系统及其交互作用。由于海岛地理隔离且面积相对较小，海岛开发往往根据自身生态系统确定特定的发展重点，这与发展目标多样化且互相竞争的大陆近岸海域生态系统或半岛生态系统有显著差异（Halpern et al.，2012）。从而，关于海岛的指标应同时表征该海岛特定的发展目标。另外，虽然淡水资源匮乏往往是海岛开发的限制因子，但是本研究并未将淡水资源供给作为考察海岛资源供给能力的指标，而是在海岛生态支持能力指标中考虑了海水入侵。这主要是因为，当前大多数海岛采用邻近大陆引水、雨水收集或海水淡化等方式获得淡水资源，从区域可持续发展的角度，海岛本身的淡水供应量不再是已开发海岛资源供给能力的重要指标。除了淡水数量之外，海岛淡水供给还取决于淡水质量。海岛本身的淡水质量问题一方面可能会影响淡水储存，另一方面会影响陆地作物生长。由于海岛一般无河流或湖泊等较大规模的地表水，因而本研究采用地下水氯含量考察海岛海水入侵问题，将其作为海岛生态支持能力的一部分。

此外，根据已有对可持续发展人文因素影响的指标研究（中国科学院可持续发展战略研究组，2013），本研究选取区域水平的技术创新、当地居民文化水平、生活水平以及能耗这4个方面来表征海岛社会系统对基础承载力实现的支持能力。

表 18-1 海岛生态系统承载力评估指标体系

一级指标	二级指标	三级指标	指标描述
海岛生态支持能力	环境质量	土壤环境	包括土壤盐渍化（即含盐量）、土壤碱化（即pH值）、土壤肥力（如有机质含量等）、土壤环境质量（如重金属含量等）
		海水入侵	地下水氯含量
		潮间带环境	潮间带沉积物质量（如有机质含量等）
		周边海域环境	海水质量（如石油类、营养盐浓度等）
	生产力	陆地生产力	陆地净初级生产力
		周边海域生产力	海洋初级生产力
	生物多样性维持	陆地生境保护	具有生物多样性的土地面积比例
		周边海域生境保护	水质达到海洋保护区标准的海域面积或站位比例
		特殊生境保护	特殊生境划入保护区面积比例
海岛资源供给能力	陆地资源	可用生物生产性土地	可用生物生产性土地面积比例
	岸线资源	生态岸线	生态岸线保有率
	海洋渔业资源	海水养殖	海水养殖产量和海产品质量
		近海捕捞	单位捕捞努力量渔获量
海岛生态调节能力	环境同化能力	周边海域纳污能力	水质达到区域发展目标标准的海域面积或站位比例
	气体气候调节能力	气体调节能力	有益气体（如O2）释放
		气候调节能力	温室气体（如CO2）固定
海岛社会支持能力	区域技术创新能力	研发支出	研发支出占GDP比例
		研发人员数	每千人研发人员全时当量
	当地居民文化水平	受教育年限	人均受教育年限
	当地居民生活水平	恩格尔系数	食品支出总额占个人消费支出总额的比重
	能耗	能源消耗与GDP比值	每万元GDP所消耗的能源（折标准煤）

注：（1）土壤环境的具体评价指标根据研究区域的实际发展目标及其主要的土壤环境问题选取。（2）由于缺乏可持续的临界值，生物多样性维持采用生境保护来评价；其中，具有生物多样性的土地面积指森林和草地面积之和，特殊生境指红树林、珊瑚礁、海草床和珍稀濒危物种栖息地等区域。（3）可用生物生产性土地面积指根据生态足迹所采用的均衡因子（Rees，1992）换算得到的森林、草地和农田面积之和，生态岸线指自然岸线和具有生态功能的人工岸线。（4）气体气候调节能力考虑陆地植被、周边海域浮游植物和大型藻类，除此之外，CO_2固定还考虑养殖生物固碳。

18.2.2 海岛生态系统承载力评估方法

18.2.2.1 指标标准化方法

基于指标的具体含义，通过标准化方法计算三级指标以及分指标分值。其中，陆地生境保护、周边海域生境保护、可用生物生产性土地、生态岸线、周边海域纳污能力这 5 个指标根据其具体含义进行标准化。其他的指标根据现状值和参考值采用公式（18.1）进行标准化，将指标分值基本限定在 0 到 1.0 之间，并使得指标分值与评估结果呈正相关。需要注意的是，由于技术在区域水平上可借鉴，因此区域技术创新的相关指标的现状值应考虑研究区邻近大陆的情况，而不是研究区本身。此外，参考值对于评估来说非常重要（Halpern et al., 2012）。环境质量、特殊生境保护和海产品质量相关指标选择已确定的标准作为参考值；海岛社会支持能力相关指标选取国家水平上社会经济条件相对最好的近岸海域或海岛作空间比较；其他指标参考研究区域的历史值。

$$N = \min(1,\ x/x_0), \tag{18.1a}$$

$$N = \min(1,\ x_0/x), \tag{18.1b}$$

$$N = \min(x/x_0,\ x_0/x), \tag{18.1c}$$

$$N = \min[1,\ (x_{0\max} - x_{0\min})/|2x - (x_{0\max} + x_{0\min})|], \tag{18.1d}$$

式中，N 代表指标的标准化值；x 和 x_0 分别指现状值和参考值；$x_{0\max}$ 和 $x_{0\min}$ 分别代表参考范围的上限和下限。式（18.1a）适用于正向指标，即指标取值越大，表明评价结果越好，如初级生产力；式（18.1b）适用于负向指标，即指标取值越大，表明评价结果越差，如海水污染物含量；式（18.1c）适用于变化指标，即一旦指标取值变化，就表明评价结果变差，如氮磷比；式（18.1d）适用于具有参考范围而非单一参考值的指标，如 pH 值。

18.2.2.2 综合性指标计算方法

综合性指标指一级指标、二级指标和与环境质量、海水养殖相关的三级指标，根据其分指标标准化结果的加权平均值确定分值，采用同层等权重法确定权重。为了突出在发展目标下研究区的主要环境问题，与环境质量相关的 4 个指标以及海产品质量指标这 5 个综合指标采用标准化的分指标前两个最小值的平均值。

海岛生态系统基础承载力和现实承载力分别采用式（18.2）和式（18.3）计算。

$$FCCI = [ESCI \times (w_1 \times RPCI + w_2 \times ERCI)]^{1/2}, \tag{18.2}$$

式中，$FCCI$、$ESCI$、$RPCI$、$ERCI$ 分别指海岛生态系统基础承载力、生态支持能力、资源供给能力和生态调节能力；w_1 和 w_2 分别代表代表资源供给能力和生态调节能力的权重，且满足 $w_1+w_2=1$。该公式突出了生态支持能力对资源供给能力和生态调节能力的支持作用。

$$RCCI = SSCI \times FCCI, \tag{18.3}$$

式中，$RCCI$ 和 $SSCI$ 分别指海岛生态系统现实承载力和社会支持能力。该公式根据经典的投入产出模型修改得到，涵盖了社会系统和生态系统的相互作用。

18.3 海岛生态系统承载力评估结果及其不确定性分析

18.3.1 海岛生态系统承载力评估结果

表 18-1 所示的指标体系中关于岛陆土壤环境、初级生产力、土地资源、岸线资源、海洋渔业资源的指标对于不同海岛评估结果不同，具体如图 18-1 所示。各指标的评估结果如图 18-2 所示。结果表明，庙岛南部岛群现实承载力和基础承载力得分分别为 0.712 9 和 0.818 5，社会支持能力得分为 0.870 9。其中，基于海岛生态系统的 3 方面能力表现为：海岛生态调节能力（得分为 0.940 5）优于海岛生态支持能力（得分为 0.790 4）和海岛资源供给能力（得分为 0.754 9）。

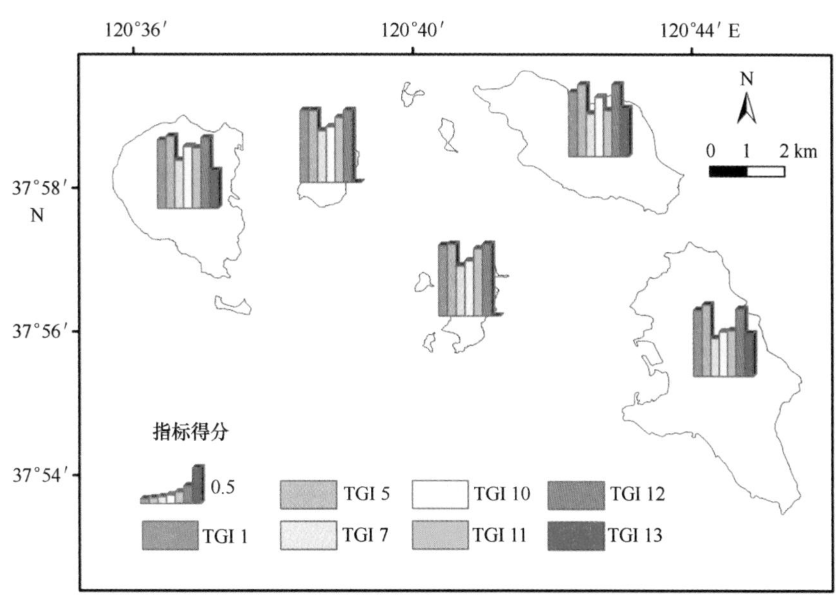

图 18-1 各个海岛若干三级指标得分

指标 TGI 1~TGI1 3 分别指表 18-1 所示的相应三级指标；由于小黑山岛和庙岛无近海捕捞，因而缺乏指标 TGI1 3 得分

18.3.2 不确定性分析

每个三级指标的分值依赖于其计算方法、参考值和数据来源，若干不同的取值如图 18-3 所示，由此导致评估结果的不确定性（Shi et al.，2009b；李芬等，2016）。根据三级指标不同得分计算得到各个综合指标得分取值如图 18-4 所示，可知各个综合指数均在相对较小的范围内变化。虽然生态支持能力得分可能超过 0.8 的边界，现实承载力得分可能小于 0.7 的边界，但这两者的置信度均小于 5%，因而可以认为各个综合指数基本保持所属等级不变。由此，本研究对于庙岛南部岛群生态系统承载力的评估结果不确定性可以接受。

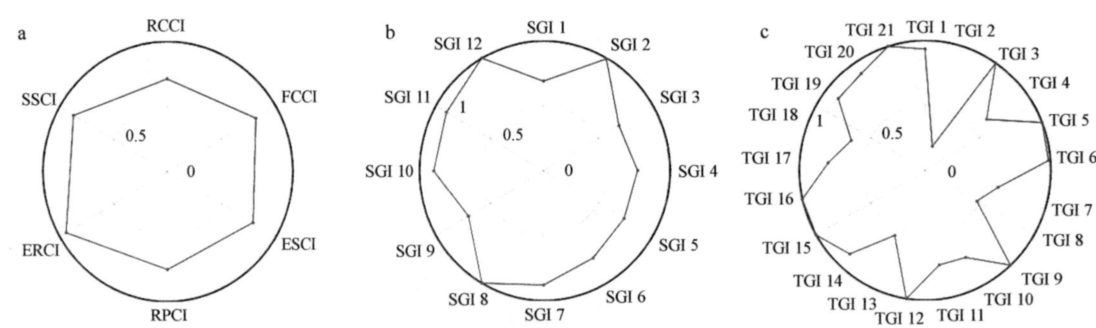

图 18-2　海岛生态系统承载力指数及各类指标得分

图 a 中 RCCI、FCCI、ESCI、RPCI、ERCI、SSCI 分别指海岛现实承载力、基础承载力、生态支持能力、资源供给能力、生态调节能力和社会支持能力；图 b 中指标 SGI 1～SGI12 分别指表 18-1 所示的相应二级指标；图 c 中指标 TGI1～TGI13 分别指表 18-1 所示的相应三级指标

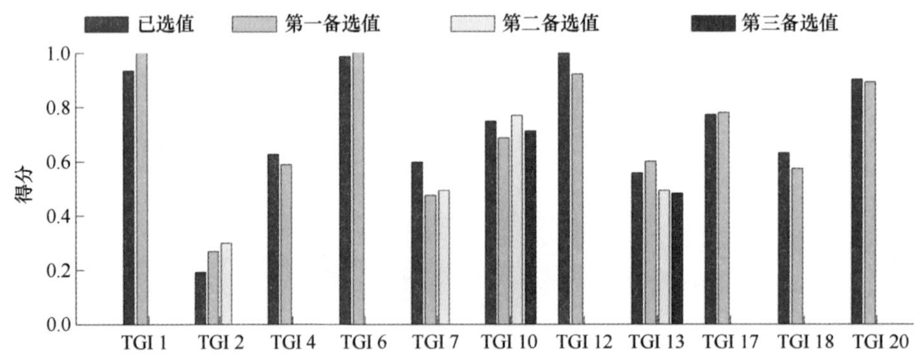

图 18-3　若干三级指标可能的得分

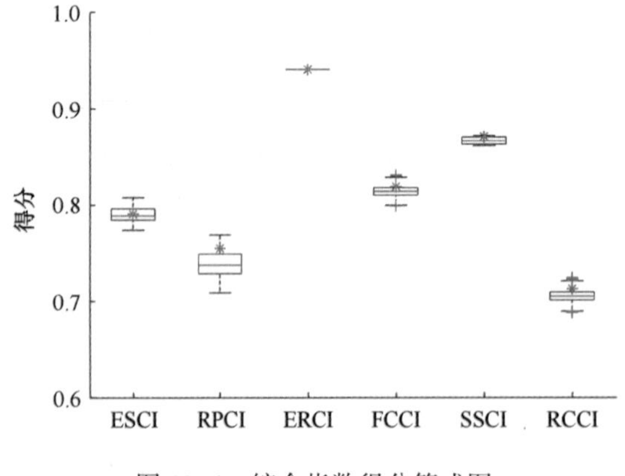

图 18-4　综合指数得分箱式图

18.4　庙岛群岛南部岛群生态系统承载力特征分析

庙岛南部岛群现实承载力评估得分为 0.712 9，表明海岛现实承载力表现较好，这主要归

功于庙岛南部岛群良好的基础承载力和社会支持能力（图 18-2）。

18.4.1 生态支持能力表现一般

庙岛南部岛群生态支持能力整体表现一般且接近较高的水平，而各方面具体表现差异明显。在海岛生态系统初级生产力、土壤和潮间带环境、特殊生境保护方面表现很好。对于土壤环境来说，虽然庙岛南部岛群存在土壤盐渍化问题，但并不严重。这是因为土壤盐渍化在近岸地区较为突出，而庙岛南部岛群农田较少，且山地森林区域基本无土壤盐渍化问题。另外，庙岛南部岛群的特殊生境主要指庙岛的斑海豹 *Phoca largha* 生活区、近岸海域生态系统、南长山岛南部具有特殊地貌的浅海区域，均已被纳入保护区。

岛陆和周边海域生境保护表现差，这表征庙岛南部岛群生物多样性水平较低。庙岛群岛南部岛群位于渤海海峡且毗邻山东半岛，周边海域环境质量相对较低，且随着庙岛群岛及其邻近大陆的快速发展而受到溢油和入海污染排放的威胁（Wang and Zhang，2007），导致海洋生物多样性降低，周边海域纳污能力下降。另外，庙岛群岛南部岛群海水入侵问题严重，且地下水资源短缺，海岛自身难以提供可利用的淡水资源。

18.4.2 资源供给能力一般

长岛岸线长度较为稳定，变化的部分主要由人工改造和自然侵蚀引起，已经开发利用的海岸线主要用于港口、码头和海珍品育苗生产设施建设，部分用于旅游设施建设。其中，南长山岛和北长山岛由于人类活动较多，岸线开发力度较大且逐年增长，自然岸线保有率均约为 64%。

庙岛群岛南部岛群海洋渔业资源供给能力一般，其中，近海捕捞表现较差，而海水养殖表现很好。近年来庙岛群岛海洋捕捞逐渐往北部海域迁移，南部岛群捕捞产量 2006—2010 年约占全县的 5%，且均为近海捕捞，主要品种为大杂、小杂。其中，小黑山和庙岛以养殖为主，基本无捕捞。而对于海水养殖来说，尽管南长山岛和大黑山岛的海水养殖产量略有下降，但整体呈增长趋势。该区域养殖水产品以贝类为主，其次为海参，均符合一类生物体质量。

18.4.3 生态调节能力表现好

气体气候调节能力表现好。庙岛群岛南部岛群近年来 O_2 释放量和 CO_2 固定量分别约为 44.13 万和 61.52 万 t/a，两者均超出历史参考值约 26.6%。其中，由周边海域浮游植物和大型藻类释放的 O_2 或固定的 CO_2 占 90%以上，表明海岛气体气候调节主要依赖于周边海域生态系统的自我调节功能（Nam et al.，2010；Shi et al.，2009a）。由于 2006 年以来庙岛南部岛群的藻类主要用于海参等养殖生物的饵料被利用，几乎没有养殖收获。而随着近年来庙岛南部岛群实施藻类底播和移植，底栖藻类生物量资源明显增加，进一步提高了气体和气候调节能力。另外，周边海域纳污能力表现相对较好，秋季的石油类和无机氮污染物负荷较高。

18.4.4 社会支持能力良好

相较于我国基本完善的社会经济条件，庙岛群岛的社会支持能力表现为区域技术创新能力一般，居民文化水平相对较高，居民生活水平高，万元 GDP 能耗较低。具体地说，庙岛南部岛群的研发支出占 GDP 比例 2013 年为 2.8%且增长缓慢，每千人研发人员全时当量为 42.3，占我国基本完善区域水平的 63.1%且呈增长趋势。庙岛群岛 2010 年人均受教育年限为 9.2，相较于我国基本完善区域水平低 11.8%。农村居民恩格尔系数年均约为 44.8%，略低于我国基本完善区域水平。长岛近年来能耗水平基本保持不变，约为 0.28 吨标准煤/万元 GDP，相较于我国基本完善区域水平低 49%。

对于基础承载力来说，其中，生态调节能力高，生态支持能力和资源供给能力一般（图 18-2）。

第19章 海岛周边海域生态系统健康空间异质性评价

19.1 生态系统健康理论及评估方法研究进展

人为干扰以及气候变化已经对海洋生态系统造成了复杂的影响（Lotze et al.，2006；MA，2005）。Halpern 等（2008）指出，当前已经没有不受人类影响的海域了，其中41%海域同时受多种压力剧烈影响。随后对全球专属经济区的研究表明海洋健康和效益的综合指数得分为60（总分100）（Halpern et al.，2012）。生态系统健康在不同区域的具体表现既随生境的生态条件而变化，也受人为影响强度的影响（Halpern et al.，2008）。综合地定量化生态系统健康的空间分布特征及其受人为干扰的影响程度，有助于指导区域可持续发展。

生态系统健康被认为是可持续发展应所达到的理想状态（Costanza，2012；Moldan et al.，2012），已经被广泛应用于湖泊、森林、草地和海洋等生态系统。生态系统健康起初主要是由 Rapport（1989）和 Costanza（1992）发展起来的，定义为生态系统在面对外部压力时能在一段时间内维持自身结构和功能的能力，这一概念奠定了生态系统健康研究的理论基础。由此，活力、组织力和恢复力被认为是生态系统健康的3个基本属性（Costanza，2012；Costanza and Mageau，1999；Rapport et al.，1998）。生态系统健康及其属性的直接测量存在一定的困难，但是已有很多相关的研究成果。在海洋和近海生态系统领域，随着人们关注的生态问题越来越复杂，生态系统健康的评估指标从表征生态系统的物理化学生物特征逐渐发展到体现生态系统功能和服务，指标的构成从单指标发展到多指标（Chen et al.，2010；Halpern et al.，2012；Peng et al.，2013；Rombouts et al.，2013）。当前的研究主要关注生态系统健康的总体表现，若干关注健康空间分布的研究也往往是在国家或全球层面且空间分辨率较低。

相较于一般大陆的近岸海域来说，岛群将原本连续的海域分隔为彼此相连又相对独立的若干海域，造成岛群海域生境空间特征差异明显。岛群邻近海域生境明显的空间特征差异对海域生态系统产生较大影响，使得在大气环境基本相同且面积相对较小的海域内，其水交换、营养盐浓度、初级生产力以及包括浮游生物、底栖生物和鱼类在内的生物群落均可能存在显著的空间异质性（Blain et al.，2001；Gilmartin and Revelante，1974；Harwell et al.，2011；Medina et al.，2007）。已有研究将该现象被称为岛群效应（effects of island mass）（Blain et al.，2001；Gilmartin and Revelante，1974）。另外，岛群邻近海域遭受多种人为压力，在区域来源上包括海岛自身及其周边海域、邻近大陆及其近岸海域，在人类活动类型上主要包括基础设施建设、海岛旅游、海水养殖、海上交通等（Mueller-Dombois，1981；Potter et al.，1993；Wang and Zhang, 2007)。由此可知，定量化岛群邻近海域生态系统健康空间分布，有助于弄清岛群效应和人为干扰的综合影响机制，促进基于生态系统的管理以及区域可持续发展。然而，当前对岛群邻近海域生态系统健康的研究往往被放在一般大陆近岸海域的大范围中考虑，缺乏对岛群邻近海域的特定研究。

本章构建了评估框架和分析方法，用于定量化岛群效应和人为干扰的综合影响，从而评价了庙岛群岛南部岛群周边海域生态系统健康的空间异质性及其对人为压力的灵敏度，以期为基于生态系统的岛群管理提供科学指导。

19.2 海岛周边海域生态系统健康空间异质性评估模型

19.2.1 海岛周边海域生态系统健康评估指标体系

基于生态系统健康的基本属性（Costanza and Mageau, 1999; Halpern et al., 2012; MA, 2005; Rapport et al., 1998），根据庙岛群岛南部岛群周边海域特征和数据可获取性，我们提出了评价指标体系见表 19-1（Shen et al., 2016）。

表 19-1 海岛周边海域生态系统健康评估指标体系

一级指标	二级指标	三级指标
活力（V）	生产力	海域初级生产力
组织力（O）	群落结构	浮游植物多样性
		浮游动物多样性
恢复力（R）	压力	陆地社会经济活动压力源
		岸线开发压力源
		海上交通压力源
	修正因子	潮流流速
维持力（M）	生境质量	海水质量

除了生态系统健康经典的 3 个属性，即活力、组织力和恢复力之外，本研究提出了维持力用以描述生态系统维持相应服务的能力。反过来说，生态系统健康降低的表现之一就是相应的生态系统服务的衰退（MA, 2005; Rapport et al., 1998）。生境质量是支持服务重要的组成部分，本研究选取其中的海水质量用于测算维持力（Chen et al., 2010; MA, 2005; Rombouts et al., 2013）。

恢复力一般较难定量（Costanza and Mageau, 1999），本研究采用主要的人为压力强度测算并由潮流流速修正。这主要是由于现场调查和已有研究（Wang and Zhang, 2007; 郑伟等, 2014）表明，庙岛群岛南部岛群生态系统服务功能良好，由此可以假设该生态系统承受的压力强度越大则其潜在的恢复力越弱。根据研究区特征，本研究选取了 3 个压力源，代表海水养殖、休闲娱乐等人类生产生活引起的压力。另外，潮流流速用以影响海域物理自净能力，由此考虑了海岛地理隔离以及连岛大坝等人工构筑物对岛群海域水交换能力的影响（姜胜辉，2009；Wu et al.，2003）。

19.2.2 海岛周边海域生态系统健康评估方法

19.2.2.1 指标标准化方法

基于指标的具体含义，通过标准化方法计算三级指标以及分指标分值，一般根据公式（18.1）计算。压力指标的三级指标采用最大值标准化，具体根据公式（19.1）计算。

$$N_i = \frac{x_i}{\max_i(x_i)}, \tag{19.1}$$

式中，N_i代表指标标准化值；x_i代表研究区海域的空间点 i 的现状值。

19.2.2.2 压力指标分值计算方法

各压力源指标以及分指标得分由公式（19.2）计算。

$$P_i = \sum_{j=1}^{N} V_{Pj} \times I_{Dij}, \tag{19.2}$$

式中，P_i指海域空间点 i 的压力源分指标得分；V_{Pj}指某一压力源分指标的构成元素 j 的分值；I_{Dij}指元素 j 对海域空间点 i 的影响程度；N 指空间点个数。陆地社会经济活动压力源由常住人口和经济收入两个分指标评估，岸线开发压力源由人工岸线比例这个指标评估。上述压力源均包括 6 个构成元素，指产生影响的 6 个不同地理单元，即庙岛南部岛群 5 个有居民海岛及其邻近大陆最近的蓬莱市。海上交通压力源由航道实时在航船数评估，包括 4 个构成元素，指产生影响的 4 类水道（航道）（图 13-1），即庙岛群岛南北岛群之间的长山水道，庙岛群岛与邻近大陆之间的登州水道，连接南长山岛和蓬莱市的蓬长水道，以及包括珍珠门水道、西大门水道和宝大门水道在内的连通庙岛南部岛群内部海岛之间的岛群间水道。对于参数 I_{Dij}，陆地社会经济活动和岸线开发这两类压力源考虑其总影响，由式（19.3a）计算；海上交通这类压力源考虑其最大影响，由式（19.3b）计算。

$$I_{Dij} = \sum_{k=1}^{M_j} \frac{1}{1 + D_{ijk}}, \tag{19.3a}$$

$$I_{Dij} = \frac{1}{1 + \min_{k=1,\cdots,M_j}(D_{ijk})}, \tag{19.3b}$$

式中，D_{ijk}指海域空间点 i 到压力源构成元素 j 上的各等距离点 k 的 Euclidean 距离；M_j指压力源构成元素 j 上的各等距离点个数。

19.2.2.3 综合性指标分值计算方法

大部分综合性指标采用其下级指标分值的加权平均得到，这里采用同层等权重方法；海水水质指标分值采用其下级指标标准化的最小值，从而突出水质限制作用；生态系统健康指数由式（19.4）计算。

$$H = (V \times O \times R \times M)^{\frac{1}{4}}, \tag{19.4}$$

式中，H、V、O、R 和 M 分别指健康、活力、组织力、恢复力和维持力指数。其中，恢复力指数由式（19.5）计算，该式假设生态系统潜在的恢复力和所遭受的压力之间存在线性负相关。

$$R = [r \times (1 - P)]^{\frac{1}{2}}, \tag{19.5}$$

式中，P 指压力指数；r 指标准化的修正因子。

19.2.2.4 指标分值分等定级方法

本研究测算的海洋生态系统健康各指标分值取值范围为 0 到 1.0，表征“最不健康”到“最健康”。根据参考值和本研究研究区评价结果，将指标分为 5 个等级，分别为低、较低、中等、较高、高，对应的取值范围为 0~0.2、0.2~0.4、0.4~0.6、0.6~0.8、0.8~1.0。

19.2.3 海岛周边海域生态系统健康空间异质性分析方法

19.2.3.1 健康指数对压力的灵敏度分析

采用健康指数对压力的灵敏度参数来描述压力的改变对生态系统健康的影响程度（石洪华等，2014；Shi et al.，2009b），该参数根据公式（19.6）计算。

$$SH_{ij} = \left| \frac{(H'_i - H_i)/H_i}{(P'_{ij} - P_{ij})/P_{ij}} \right|, \tag{19.6}$$

式中，SH_{ij} 代表空间点 i 健康水平对压力三级指标 j 的灵敏度；P_{ij} 和 H_i 分别表示空间点 i 的压力指标 j 和健康指标的原始分值；P'_{ij} 和 H'_i 分别表示对应的改变后的分值。这里表达式（$P'_{ij} - P_{ij}$）/P_{ij} 表示压力指标 j 的改变率，取值给定为 5%、-5%、10%、-10%、20%或-20%，从而灵敏度系数 SH_{ij} 取为这 6 个结果的平均值。需要注意的是，这里的压力指数应限制在 1.0 之内。

19.2.3.2 空间插值方法

为了表征生态系统健康状况的空间异质性，采用 Surfer 8.0 软件的 Kriging 方法进行空间插值。为了尽可能地保持岛群海域生境特征的空间异质性，根据各海岛的地理分布进行分区插值。首先根据调查站位（图 13-1）选取两个子分区分别进行空间插值，其中一个子分区位于南、北长山岛的东北部（包括站位 C2~C7），另一个子分区位于南北长山岛的西海岸（包括站位 C8~C11）；然后将这两个子分区的插值结果与其他站位的数据一起进行插值。

19.2.3.3 空间异质性程度分析

采用变异系数表征生态系统健康各指标的空间异质性程度，具体根据公式（19.7）计算。

$$VC = \frac{\underset{i}{\text{std.}}(CI_i)}{\underset{i}{\text{mean}}(CI_i)},\qquad(19.7)$$

式中，VC 表征变异系数；CI_i表征某个指标在空间点 i 处的分值。

19.3 庙岛群岛南部岛群海域生态系统健康空间异质性分析

19.3.1 空间异质性评价结果

庙岛群岛南部岛群海域生态系统健康及其组分得分空间分布如图 19-1~19-5 所示，各项取值见表 19-2。庙岛群岛南部岛群海域生态系统健康的空间异质性相对来说不是很明显但是较为规律。一方面，岛间海域生态系统比外围海域不健康，特别是庙岛湾海域较差。秋季，这一特征是由 4 个组分共同决定（图 19-1、19-2）；春、夏两季主要由活力和恢复力决定（图 19-1、19-4、19-5）；冬季活力、组织力和维持力的表现良好且空间上较为均匀（图 19-3），因而这一现象不是很明显且主要是由恢复力决定（图 19-1）。另一方面，春、秋两季，邻近大陆的东南部海域生态系统相对不健康（图 19-2d、19-4d），这与活力的表现一致（图 19-2a、19-3a）。

表 19-2 庙岛群岛南部岛群海域生态系统健康评估结果取值

指标		平均值	最小值	最大值	变异系数
压力	海岛社会经济活动压力	0.52	0.28	1.00	0.16
	海岸线开发压力	0.62	0.37	1.00	0.14
	海上交通压力	0.36	0.25	1.00	0.10
	总压力	0.50	0.32	0.83	0.11
恢复力		0.46	0.03	0.64	0.12
活力	秋	0.81	0.21	1.00	0.24
	冬	1.00	0.96	1.00	0.00
	春	0.78	0.02	1.00	0.26
	夏	0.65	0.37	1.00	0.13
组织力	秋	0.55	0.40	0.73	0.06
	冬	0.99	0.89	1.00	0.02
	春	0.31	0.22	0.54	0.06
	夏	0.95	0.59	1.00	0.08
恢复力	秋	0.91	0.37	1.00	0.15
	冬	0.99	0.76	1.00	0.03
	春	0.87	0.65	1.00	0.10
	夏	0.90	0.56	1.00	0.09

续表

指标		平均值	最小值	最大值	变异系数
健康	秋	0.64	0.27	0.80	0.10
	冬	0.81	0.41	0.90	0.06
	春	0.54	0.18	0.68	0.08
	夏	0.70	0.33	0.84	0.09
健康对压力的灵敏度	海岛社会经济活动压力	0.048	0.018	0.159	0.56
	海岸线开发压力	0.056	0.024	0.150	0.46
	海上交通压力	0.033	0.015	0.137	0.47

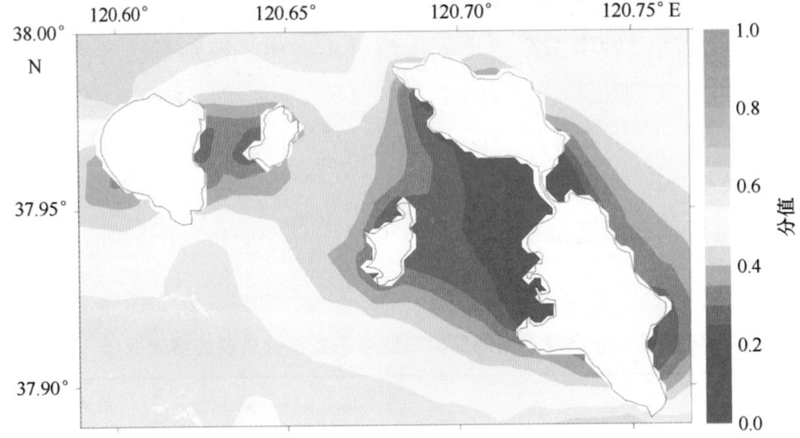

图 19-1　庙岛南部岛群海域生态系统健康的恢复力指标分值的空间分布特征

19.3.2　活力组分的空间异质性

活力空间异质性与健康异质性略相似。春秋两季的活力的空间异质性均较为显著，表现为岛间海域特别是庙岛湾以及邻近大陆海域表现较差，岛群外围西南部和东北部海域表现良好，60%海域分类等级为非常高（图 19-2a、19-4a）。夏季空间异质性不显著但也较为明显，岛间海域特别是庙岛周边海域表现比外围海域相对较差（图 19-5a），38%和 49%的海域等级分别为中等和高。冬季海域初级生产力相对历史状况来说整体提高，因而冬季整个海域活力得分基本为满分（图 19-3a）。

19.3.3　组织力组分的空间异质性

组织力的季节变化比空间异质性更显著。秋季，80%海域等级为中等，其他相对于外围的海域等级为高（图 19-2b）。由于相对于较开阔海域，春季浮游植物多样性急剧降低、浮游动物多样性明显降低，因此 93%海域等级为低，其他为中等（图 19-4b）。冬夏两季分别有 100%和 92%海域等级为非常高（图 19-3b、19-5b）。从生物多样性指数的角度，

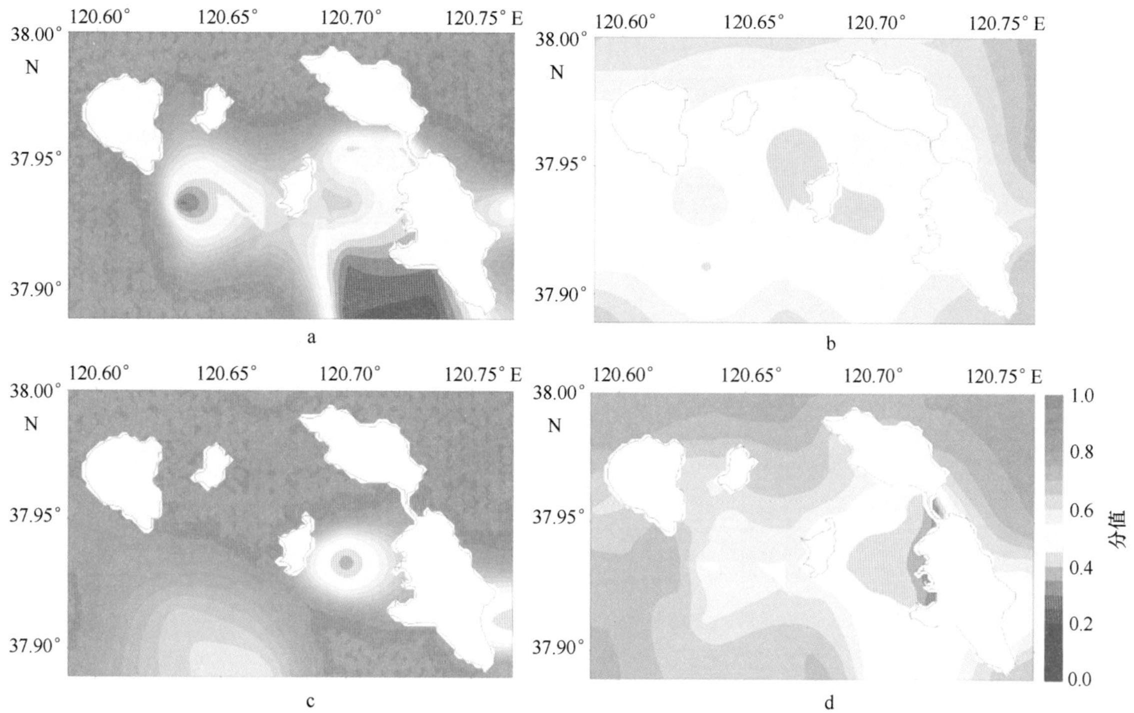

图 19-2 秋季庙岛南部岛群海域生态系统健康的活力（a）、组织力（b）、维持力（c）和健康（d）指标分值的空间分布特征

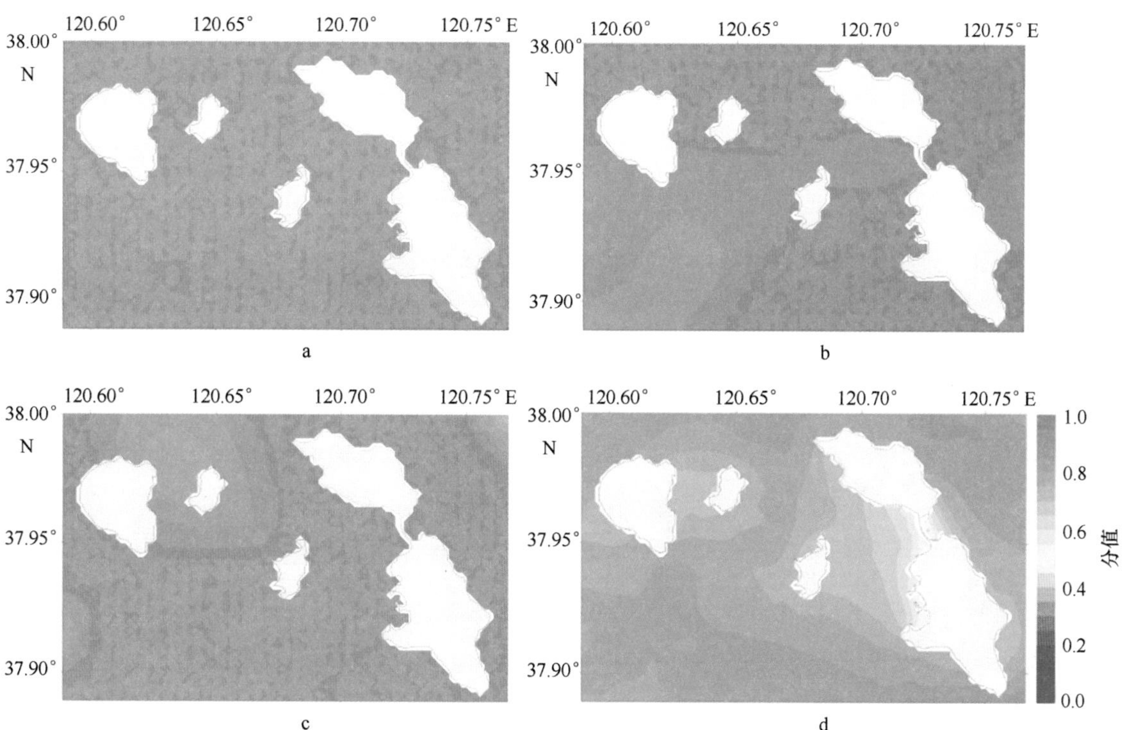

图 19-3 冬季庙岛南部岛群海域生态系统健康的活力（a）、组织力（b）、维持力（c）和健康（d）指标分值的空间分布特征

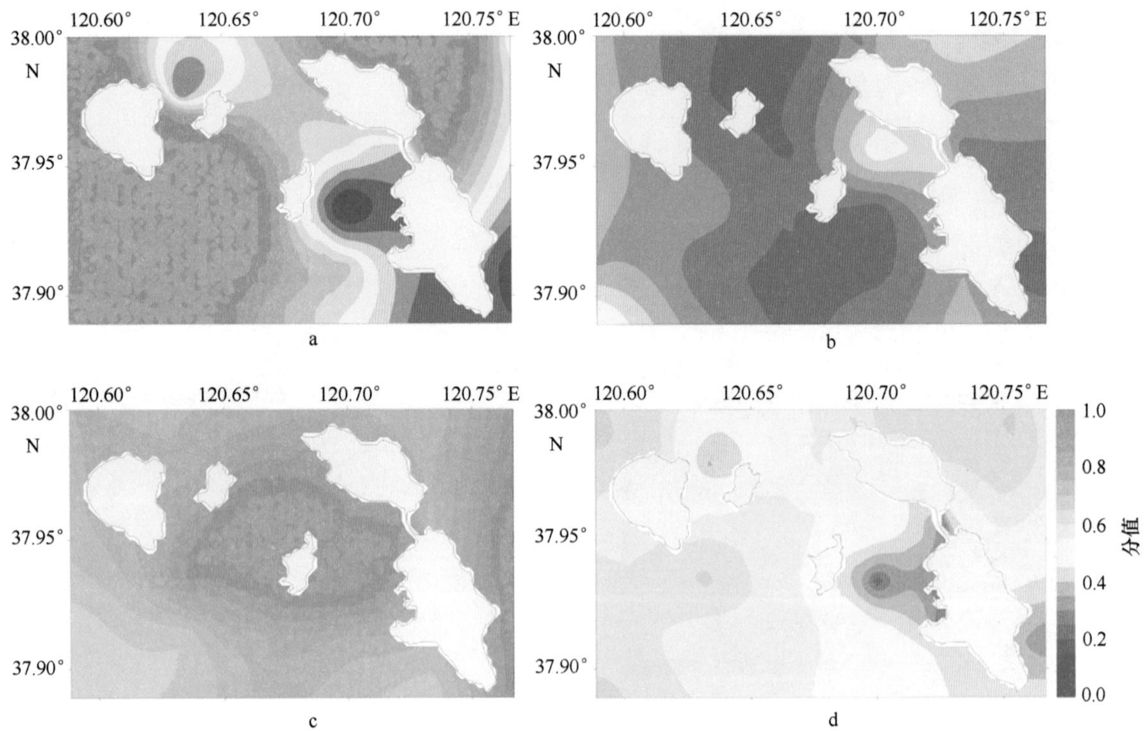

图 19-4 春季庙岛南部岛群海域生态系统健康的活力（a）、组织力（b）、维持力（c）和健康（d）指标分值的空间分布特征

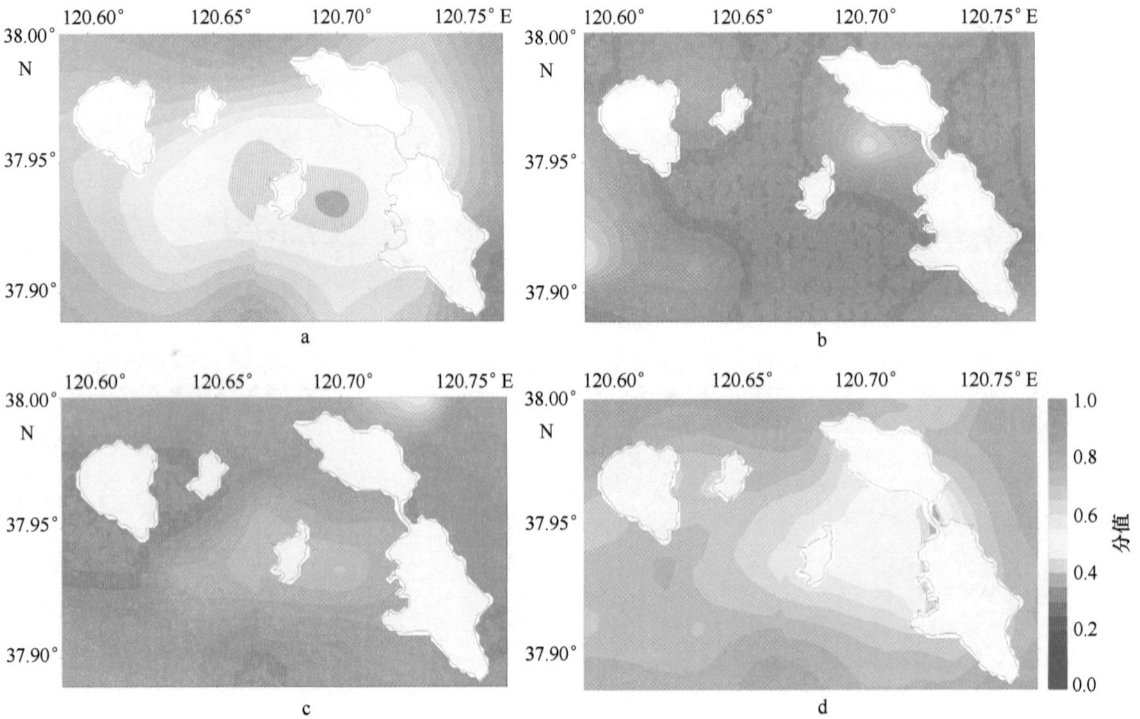

图 19-5 夏季庙岛南部岛群海域生态系统健康的活力（a）、组织力（b）、维持力（c）和健康（d）指标分值的空间分布特征

这一明显的季节变化主要是因为在评价期间（2005—2013 年）浮游生物在不同季节相对于渤海较开阔海域变化相似，即春秋明显降低、冬夏略微增加。已有研究和现场调查表明，渤海的浮游植物具有明显的季节演替（Peng et al.，2012；Sun et al.，2002）。本研究进一步表明，相对于渤海较开阔海域，该季节演替在庙岛南部岛群以及渤海海峡更为显著。具体地说，从春冬两季以小细胞硅藻占优，变化为夏秋两季以大细胞硅藻和甲藻共同占优（Sun et al.，2002）。并且，春季细胞密度最高（为 35.85×10^7 cells/m^3）而多样性指数最低（为 0.08），秋季细胞密度最低（为 0.21×10^7 cells/m^3）而多样性指数最高（为 2.82）。需要注意的是，春季柔弱几内亚藻以 0.99 的优势度占绝对优势，该种属于赤潮种，应注意监测（Yin et al.，2013）。已有研究表明，温带地区浮游植物季节演替最主要的影响因子是海水温度（Xiao et al.，2011）。

19.3.4 恢复力组分的空间异质性

庙岛南部岛群海域 69%海域恢复力等级为中等，空间异质性相对显著（图 19-1）。岛间海域生态系统特别是海岛附近，在面对外部压力时维持生态系统结构和功能的能力低或非常低（图 19-1）这是由于南、北长山岛周边海域遭受主要来自陆地社会经济活动和岸线开发的高或非常高的压力（图 19-6a、19-6b），同时该海域水交换能力较弱。由于人类活动逐渐增多，岛间海域特别是庙岛湾正遭受越来越大的压力。当前移除南、北长山岛之间的大坝由桥梁取代，将有利于庙岛湾以及岛间海域的水交换（Jiang，2009），对恢复力进而对生态系统健康产生正面影响。另外，除了南长山岛及其邻近大陆社会经济活动的影响，蓬长水道岛间海域的恢复力产生了影响（图 13-1、19-6c）。另外，尽管东北部的外围海域物理自净能力很好，但是由长山水道上的航运带来的高压力（图 13-1、19-6c），使得该海域恢复力呈中等水平（图 19-1）。

19.3.5 维持力组分的空间异质性

维持力的季节平均值为 0.9（表 19-2），各个季节均有多于 70%的海域等级为非常高。这说明庙岛南部岛群生态系统维持其生态系统服务的能力高。Shi 等（2009a）研究表明 2003 年庙岛南部岛群生态系统服务的总价值约为 3.08 亿元人民币，与海洋有关的服务价值占 98.3%，其中海产品生产、气候调节和休闲娱乐所占比例均高于 20%。维持力各季节特别是秋季的空间异质性相对显著，但不是很有规律，主要由海水主要污染物的分布决定。秋季，有 5%位于庙岛湾和东南部的海域维持力水平中等（图 19-2c）。这是由于尽管石油类污染物基本达标（小于 0.05 mg/L），但在若干个站位明显超过标准。同时，由于 DIN 在某些站位超标（0.2 mg/L），西南部海域的维持力虽然表现较差但等级仍未高（图 19-2c）。春季维持力空间分布主要由 COD 决定，表现为岛间海域和东部海域优于大部分外围海域特别是西南部海域（图 19-4c），表明 COD 主要来源于渤海周边大陆。夏季有 17%海域维持力水平高（图 19-5c）。夏季的 COD 分布特征与春季相似。夏季 SRP 在庙岛周边海域和北长山岛东北部海域表现较差，这与 SRP 在春季的情况几乎相反。虽然春季有 76.19%站位 DIN 超标，但是维持力整体上表现良好（图 19-3c）。由此可知，除了海上溢油和岛陆上社会经济活动影响，渤海海岸带地区的社会经济活动产生的 COD 和 DIN 对维持力有较大影响。中国海洋环境状况公报显示，2014 年从渤海周边 72 条入海河流排放的 COD 和 DIN 污染物分别约为 1 450 万和 270 万吨，并呈现增长趋势。这表明虽然当前庙岛南部岛群维持力表现高，但存在不容忽视的威胁。

19.4 庙岛群岛南部岛群海域生态系统健康对压力的灵敏度分析

19.4.1 庙岛群岛南部岛群海域压力空间分布

庙岛南部岛群海域所遭受的压力源和压力空间分布如图 19-6 所示，各项取值见表 19-2。对于压力源来说，“陆地社会经济活动”在南长山岛得满分，其人口密度和经济密度分别约为 1 565 人/km^2和 67 亿元人民币/km^2；“岸线开发”在蓬莱市得满分，人工岸线比例约为 42.0%，南、北长山岛得分均约为 0.85；“海上交通”在长山水道得满分，实时在航船数约为 11.36 艘，而蓬长水道约为 1.86 艘。对于主要污染物来说，根据庙岛群岛保护目标的标准，南部岛群用于评估维持力的海水主要污染物秋季为 DIN、石油类和 COD（达标率分别为 66.67%、85.71%和 95.24%），冬季为 DIN（达标率为 76.19%），春季为 COD（达标率为 38.10%），夏季为 COD、SRP 和石油类（达标率分别为 42.86%、57.14%和 95.24%）。

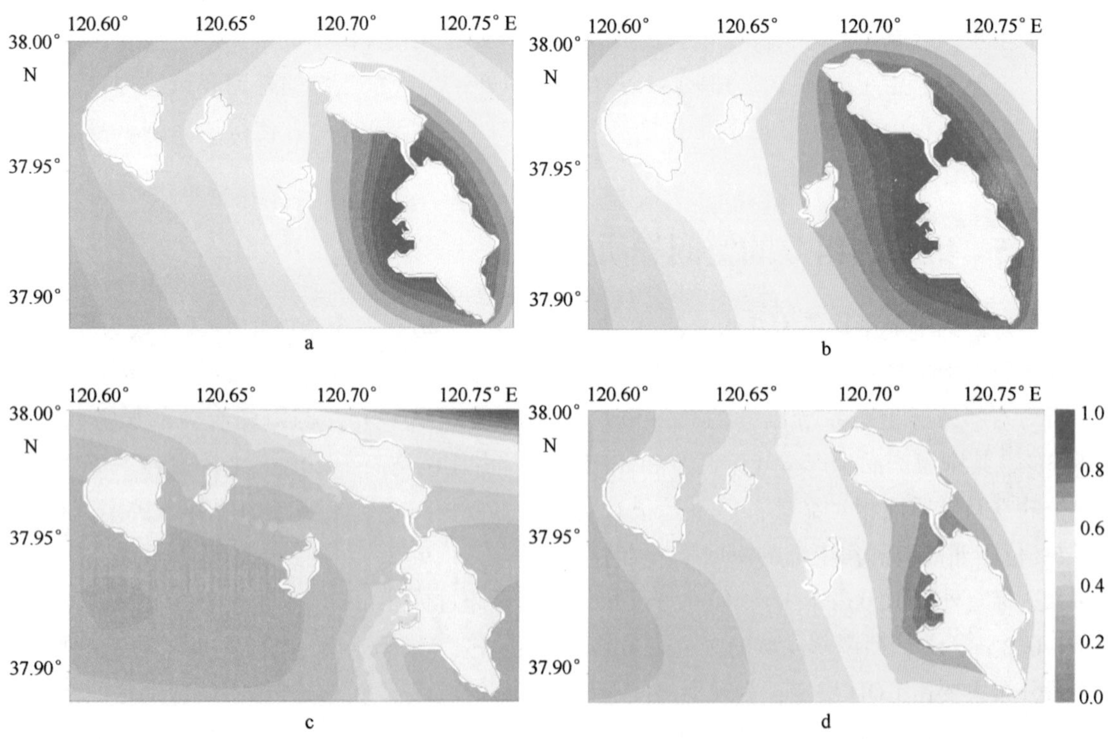

图 19-6　庙岛南部岛群海域压力及其各压力源空间分布示意图

a～d 分别表示庙岛群岛南部岛群海域陆地社会经济压力源、岸线开发压力源、海上交通压力源以及总压力

19.4.2 健康在不同压力情景下的响应

由于本研究假设压力在不同季节一致，有必要探讨健康在不同压力源情景下的响应情况。这里，不同的情景通过式（19.6）中的改变率设定，相应的响应能力由描述不同健康等级的频率分布来评估（图 19-7）。对每个压力源增加和减少 20%后的结果基本代表了健康对不同情景响应的范围（图 19-7）。

结果表明，由于冬季健康主要由恢复力决定，因而健康对不同情景在冬季响应最明显。具体表现为，随着压力的降低，等级为非常高的海域比例从 68%增加到 77%，而当压力增加时该比例减少到 53%（图 19-7b）。由于秋季健康由 4 个组分共同决定，响应并不明显（图 19-7a）。另外，由于夏季维持力空间异质性比春季明显，春季健康对压力的响应比夏季明显（图 19-7c、d）。

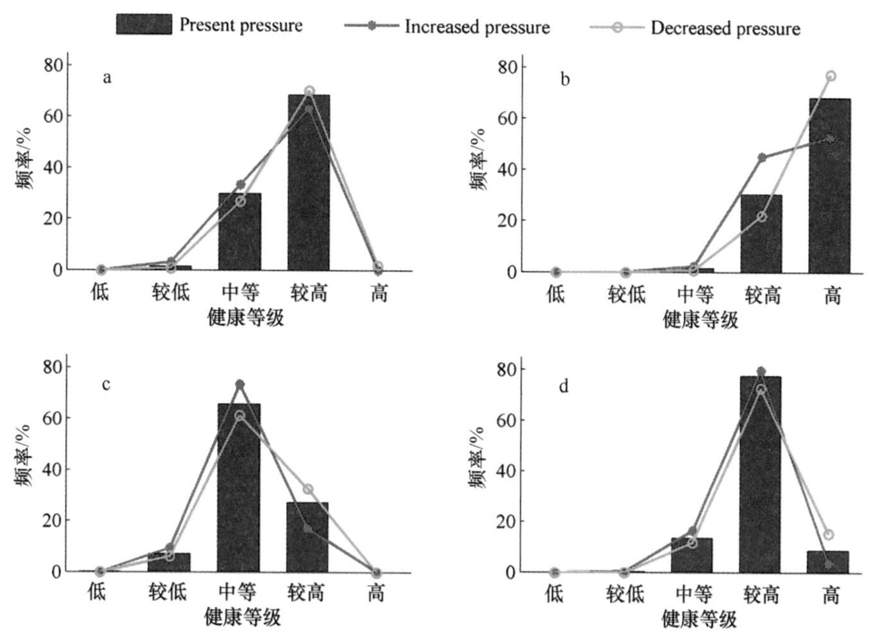

图 19-7　不同压力情景下的健康等级频率分布图
a~d 分别代表秋、冬、春、夏季；当前压力代表评估时采取的压力源强度；增长的压力和降低的压力分别代表每个压力源强度均增加或减少 20%

19.4.3 健康对压力的灵敏度的空间异质性

除了健康对压力的不同季节响应，本研究采用灵敏度分析讨论了健康对不同压力源的响应程度（图 19-8）。结果表明，健康对压力源的灵敏度范围为 0.015 到 0.159，相较于其他相关研究来说并不是很高（Shi et al.，2014；Shi et al.，2009b；Zheng et al.，2012），该灵敏度空间异质性非常显著（表 19-2）。灵敏度与压力取值正相关，同时受其他组分影响。首先，健康对各压力源的灵敏度与相应的压力源分值具有非常显著的正相关（相关系数小于 0.01），两者间的 Person 相关性分别为 0.97、0.97 和 0.84，取值相对大小为岸线开发>陆地社会经济活动>海上交通（表2）。其次，当式（19.6）中的压力源分值改变率的改变方向一致时，改变率绝对值取值越大，灵敏度越大；当改变率绝对值一致时，压力增加时的灵敏度较大。第三，灵敏度取值的空间分布与相关的压力源基本一致。特别地，健康对陆地社会经济活动压力源和岸线开发压力源的灵敏度空间分布与其压力源一致，分别有9%和12%海域灵敏度高于0.1，这些海域基本集中在南长山岛西北部特别是长岛港附近（图19-6a、19-6b、19-8a、19-8b）。而关于海上交通压力源的灵敏度空间分布与其压力源相对不同（图19-6c、19-8c）。有1%位于长岛港附近的海域灵敏度高于0.1。虽然东北部海域由长山水道引起的压力非常高，但是由于其他组分的良好表现，该海域灵敏度较低。

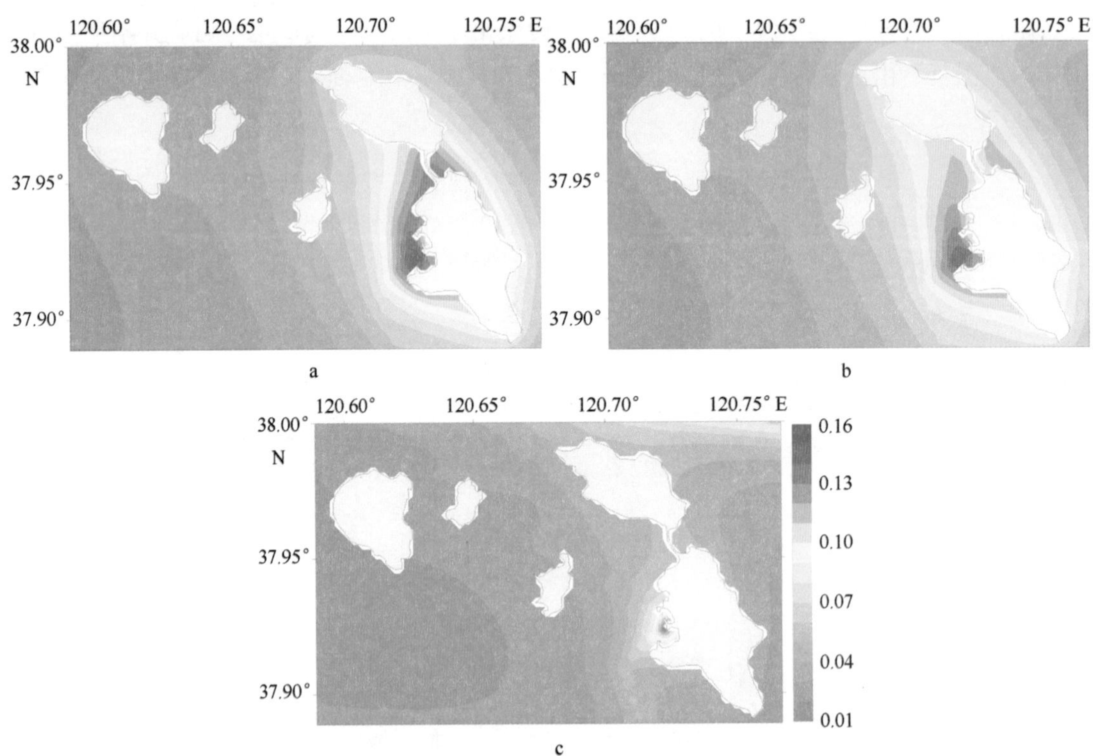

图19-8　庙岛群岛南部岛群生态系统健康对压力的灵敏度空间分布

a~c分别表征海岛社会经济活动（a）、岸线开发（b）和海上交通（c）这3类压力源

第五篇　主要结论与发现

第 20 章　海岛生态系统生物资源调查主要结论与发现

20.1　海岛陆地生物资源调查主要结论与发现

20.1.1　岛陆植物群落基本特征

1）已鉴定定名的维管束植物有 58 科 122 属 147 种。其中裸子植物 2 科 2 属 2 种；被子植物中单子叶植物 6 科 21 属 21 种，双子叶植物 50 科 99 属 127 种。乔木植物 10 种，灌木植物 20 种，草本植物 117 种。其中，草本种类丰富，是海岛森林植物物种的主要组成部分。

2）森林主要为人工林，可划分为 3 群系，分别为黑松林、刺槐林、黑松+刺槐混交林，人工林中夹杂有小叶朴、臭椿、构树等树种；灌木层物种数量较乔木层多，主要有紫穗槐、酸枣、扁担木、荆条和柘树等，其中北长山岛灌木物种数量明显偏多；草本层植物种类最为丰富，隐子草、披针叶苔草、黄花蒿、鹅绒藤、荻、艾蒿、狗尾草等为优势种（齐婷婷等，2015a，2015b；Chi et al.，2016）。

20.1.2　岛陆植物群落数量分类、排序和多样性

1）TWINSPAN 等级分类方法将森林灌木植被划分为 6 个群丛，分别为桑群丛、刺槐-柘树群丛、酸枣群丛、扁担木群丛、荆条群丛和紫穗槐群丛；草本植被划分为 7 个群丛，分别为蓬子菜群丛、狗尾草群丛、艾蒿群丛、荻-披针叶苔草群丛、隐子草群丛、披针叶苔草群

丛和农作物群丛。分类的结果比较全面地概括了海岛森林灌木、草本的植被类型。

2）CCA 排序显示：对于灌木层来说，群丛盖度、土壤酸碱度、土壤水分与土壤速效磷对植物群落的分布产生一定的影响；对于草本层来说，影响群丛分布的环境因子较多，其中土壤酸碱度、坡度、土壤有机质起关键作用。

3）南部岛群森林所有样方内乔木层的物种丰富度都较低，最多不超过 4 个物种；Shannon-Wiener 多样性指数 H' 在 0～0.88 之间，均值为 0.31。灌木层物种丰富度大于乔木层，Shannon-Wiener 多样性指数在 0～1.78 之间，均值为 0.91，大于乔木层的 H' 值。草本层物种最为丰富，Shannon-Wiener 多样性指数在 0.59～2.46 之间，均值为 1.75，但各样地之间的差异较大。森林群落在乔木层和灌木层多样性上差别不大，反映了群落基本框架的稳定性；草本层植物物种数量有明显差异，体现了森林群落物种多样性的差别。

20.1.3 海岛森林乔木层碳储量及影响因素

1）庙岛群岛南部岛群不同树种及同一树种不同器官的含碳率有所差异。不同植被类型同器官含碳率差异较为明显（$p < 0.05$），黑松平均含碳率（50.31%）略高于刺槐（47.44%）。不同树种各器官含碳率排列顺序不同，整体表现为树干和树叶具有较高含碳率。

2）庙岛群岛南部岛群黑松、刺槐两种树种各器官碳储量之间的差异明显（$p<0.05$），不同器官的碳储量均为：树干>树根>树枝>树叶，树干为乔木碳储量累积增加的重要因素。

3）庙岛群岛南部岛群黑松较刺槐的根系更为发达，其碳储量约占到乔木层总碳储量的 1/5，黑松根系具有良好的固碳能力。

4）庙岛群岛南部岛群森林植被乔木层平均碳储量为 72.10 t/hm^2，其中黑松林乔木层的固碳能力不仅高于本地区其他林分类型，也高于其他地方的一些常见树种，加之适宜在海岛地区生长，因此，黑松具有较高碳储量，是适宜海岛地区生长的理想树种。

5）坡度、坡向是影响庙岛群岛南部岛群乔木层碳储量明显的环境因子。乔木层碳储量随着坡度等级的增加而增大，且山坳中乔木生长较为旺盛，具有较高的碳储量。林龄是影响庙岛群岛南部岛群森林乔木层碳储量重要的生物因子，二者呈显著正相关。不同龄级黑松碳储量表现为：近熟林>中龄林>幼龄林。土壤含水量、pH 值、磷素及钾素含量是影响庙岛群岛南部岛群森林乔木层碳储量的重要土壤理化因子。

6）加强海岛枯落物的管理，积极营造混交林，抚育适合海岛地区生长的优良树种并进行适当的间伐，有益于海岛人工林固碳生态服务功能的有效发挥。

20.1.4 海岛森林草本层碳储量

1）庙岛群岛南部岛群草本植被不同组成部分含碳率具有显著差异（$p<0.05$），具体表现为：地上部分大于地下部分。不同林分间草本植被的含碳率也相差较大，从大至小排序为：黑松-刺槐混交林、黑松林、刺槐林，均表现为地上部分高于地下部分。

2）庙岛群岛南部岛群森林林下草本层平均碳储量（0.638 t/hm^2）远远低于乔木层，但普遍高于陆地人工林林下草本植被。海岛人工林林下草本植被碳汇能力对缓解全球气候变化具有重要作用。不同林分间草本植被碳储量具有显著差异（$p<0.05$），具体表现为：刺槐林>

黑松林>黑松-刺槐混交林。

3）森林林下植被光照条件与林分密度密切相关。庙岛群岛南部岛群林下草本植被含碳率随着林分密度的增加而逐渐降低，二者呈显著负相关（$R^2=0.163$，$p=0.022$）。

4）庙岛群岛南部岛群森林草本层碳储量空间分异明显。不同坡度、海拔条件下草本层碳储量呈正态分布规律，人类活动干扰是海岛森林草本植被碳储量空间分异的主要影响因素。

20.1.5 海岛土壤特征和固碳能力

1）庙岛群岛南部岛群森林土壤类型以砂土为主，通透性良好，但土壤流失程度较高。不同森林植被土壤物理特征有所差异，黑松林土壤颗粒级配状况良好，而刺槐林土壤不均匀性较差。土壤分散度较低，偏度较大，颗粒分布不均衡，反映了森林表层土壤流失程度较高。

2）庙岛群岛南部岛群部分黑松林土壤类型为砂质壤土，而刺槐纯林及黑松-刺槐混交林土壤类型均为砂土。在海岛土壤改良方面，黑松更要优于其他树种（王晓丽等，2014）。

3）庙岛群岛南部岛群森林表层土壤各养分指标均存在显著差异（$p<0.001$），黑松-刺槐混交林土壤有机质、全氮、碱解氮平均含量较高，而黑松林土壤全氮及有效磷含量远远低于其他两种林分类型。土壤有效磷含量变异性较大，森林土壤养分有效量及全钾含量低，其余养分含量较为丰富。

4）庙岛群岛南部岛群土壤表层有机碳密度平均值为 4.374 4 kg/m^2，低于全国平均值，但高于其他陆地人工林。有机碳密度的最大值和最小值分别出现在松阔混交林和果园，分别为 9.643 2 kg/m^{2}和 1.749 8 kg/m^2。

5）海岛地区不同土地利用方式土壤有机碳密度差异显著（$p<0.01$），呈现为：森林>农田>水库沿岸草地>果园。森林土壤表层有机碳密度最高，依次为：针阔混交林>黑松>刺槐 >侧柏。针阔混交林群落结构明显，林下植被覆盖度较高，枯枝落叶多，因此具有较高的土壤有机碳密度。

6）立地条件中，坡度与庙岛群岛南部岛群森林表层土壤有机碳密度呈负相关，坡度越大，土壤受到降雨冲刷流失程度越高，土壤有机碳密度也随之减小。森林土壤有机碳密度与海拔、坡向无显著相关性；森林植被多样性与土壤有机碳密度无显著相关性；在土壤的理化性质中，砂粒、粉砂粒、全氮、碱解氮、有机质是影响森林土壤有机碳密度的主控因子。

7）北长山岛森林土壤碳通量在 2013 年的 5 月和 8 月的昼夜变化均为单峰曲线，晚间维持在较低水平，最低在 06：00 左右，08：00—10：00 开始升高，14：30 左右达到最大值，然后 16：00—18：00 逐渐下降。土壤碳通量日均值介于 1.835~14.475 μmol/(m^2 · s)。不同的林地与不同的生长时期对土壤碳通量的变化有显著的影响。

20.1.6 基于遥感的海岛陆地生态系统净初级生产力

1）庙岛群岛南部岛群 NPP 总量（以碳计）为 10 845.13 t/a，平均密度为 331.06 g/（m^2 · a），总体上处于全国的平均水平，高于同纬度的西部地区，但低于东部沿海大陆地区。夏季 NPP 总量占全年的 80%以上，春季、秋季 NPP 总量分别占比 11%和 6%，冬季仅占 1.3%，说明研究区 NPP 具有明显的季节差异。

2）不同地表覆盖类型中，NPP 平均密度由大到小依次为阔叶林，针叶林，农田，草地，建设用地和裸地，林地具有较高的 NPP，说明南部岛群的人工林建设具有重要的生态作用。

3）庙岛群岛南部岛群各岛中，各岛 NPP 总量大小排序基本与面积大小相一致，NPP 平均密度由大到小依次为牛砣子岛，大黑山岛，北长山岛，羊砣子岛，庙岛，南长山岛，小黑山岛，螳螂岛，南砣子岛，挡浪岛。

4）NPP 平均密度在有居民海岛中与建设用地面积比例呈明显的负相关，在无居民海岛中与裸地面积比例呈明显负相关。无居民海岛开发压力相对较小，已经成为海岛 NPP 的重要提供基地，同时，部分无居民海岛尚有较大的 NPP 提升空间，可通过继续开展人工林种植来实现海岛 NPP 的持续提升。

20.1.7 海岛陆地生态系统固碳能力数学模型构建和优化

1）采用稳健回归方法，对 Logistic 方程的黑松固碳方程进行了参数估计，仅采用胸径的数据，估算了北长山岛黑松林碳储量和年均固碳量分别为 56.84 t/hm^{2}和 3.13 t/hm^2，该方法简便，精度较高，适用性强。

2）为进一步提高黑松固碳方程的准确性和适用性，考虑加入土壤环境因子来改进 Logistic 方程的黑松固碳方程。在主成分分析方法基础上建立了土壤环境因子模型，并耦合到 Logistic 方程中，提高了黑松固碳模型的精度和应用可行性。同时据此可进行土壤环境因子对森林固碳速率影响的定量化评价。

3）对海岛土壤碳通量与土壤温度、湿度的关系进行了拟合，并通过高斯-牛顿迭代法对非线性模型进行参数估计。从整体上来看，北长山岛林地 0~10 cm 处土壤温度与湿度是土壤碳通量重要调控因子，且其协同作用能解释土壤碳通量 73.1%~91.5%的变化情况。

20.1.8 海岛森林健康状况及影响因子

1）黑松和刺槐是北长山岛人工林的主要建群种，占调查总数的 97%；调查期间，树木总体死亡率达 31.4%，黑松死亡率为 33.5%，刺槐为 29.8%，天然树种仅为 2.8%；天然树种虽然个体较少且不成规模，但对维护生态系统稳定性具有重要意义。不同群落类型死亡率平均值由大到小依次为黑松林（33.8%）、混交林（32.0%）、刺槐林（25.6%）。北长山岛森林健康状况已经面临严重问题。

2）树木死亡率随着林分密度的增加总体呈上升趋势；随着径级范围的增加，黑松死亡率总体上升，刺槐则逐渐减小。海拔、坡向、坡位对树木死亡率没有显著影响，但坡度与死亡率呈显著正相关。

3）海岛生态脆弱性是人工林健康状况的基本影响因素，病虫害和干旱分别是导致黑松和刺槐死亡的主要原因（池源等，2015c）。

20.2 海岛周边海域生物资源调查主要结论与发现

20.2.1 叶绿素分布特征与浮游植物多样性

1）在庙岛群岛南部海域表层共发现浮游植物3门109种，其中硅藻77种，甲藻29种，其他3种。种类季节上呈现冬季>秋季>夏季>春季的变化特征；硅藻在春、秋、冬三季占优势，夏季则为甲藻。

2）表层叶绿素浓度呈现出冬季（4.01 μg/L）>夏季（2.01 μg/L）>春季（1.59 μg/L）>秋季（0.26 μg/L）的季节分布特征，呈现出春季西高东低、夏季东高西低、秋季岛群外部海域高于岛间海域以及冬季西南海域高于东北海域的空间分布特征。

3）浮游植物丰度季节变化呈现春季>冬季>夏秋的特征，空间变化呈现春季东北高于西南海域，夏秋岛群外部高于岛间海域，冬季中南部高于其他海域的特征。共发现13种优势种，在不同的季节成为优势种，其中柔弱几内亚藻、裸甲藻、具槽帕拉藻和太平洋海链藻分别在春季、夏季、秋季和冬季成为主要优势种。

4）庙岛群岛南部海域浮游植物多样性指数时空差异均非常显著。在季节上，均呈现为夏秋高于冬春。在空间上，物种丰富度春季东北部高于西南部，夏季岛间海域较高，秋季岛群外部高于岛间海域，冬季无明显分布规律；多样性指数春夏秋无明显空间分布规律，冬季呈现西部较低的空间分布。

5）叶绿素浓度在春季与COD，秋季与pH值、浮游植物种类数、物种丰富度指数、多样性指数以及均匀度指数，冬季与浮游植物细胞丰度、种类数显著正相关。

6）庙岛群岛南部海域浮游植物多样性空间分布不同的季节受不同环境因子的影响，DIN和COD是春季影响浮游植物多样性的关键环境因子；夏季是COD；秋季是pH值；冬季是盐度和油类。

7）庙岛群岛南部海域空间异质性明显，基于影响浮游植物多样性分布的主要环境因子将其分为东北岛外海域、西南岛外海域和岛间海域（石洪华等，2015；黄风洪等，2015；Zheng et al.，2016）。

20.2.2 浮游动物多样性

1）调查期间，四季一共发现25种浮游动物（成体），浮游幼虫13种（韦章良等，2015）。桡足类是该海域的第一大浮游动物群落，其次为水母类。浮游幼虫主要出现在春季和夏季。

2）四季共发现5种优势种，分别为强壮箭虫 *Sagitta crassa*、墨式胸刺水蚤 *Centropages mcmurrichi*、中华哲水蚤 *Calanus sinicus*、蛇尾长腕幼虫 Ophiopluteus larva 和糠虾幼体 Mysidacea larva。

3）浮游动物丰度春季最大，冬季最小；4个季节浮游动物的分布均呈现南部海域和岛间海域分布较少的趋势。

4）水深和浮游植物为影响浮游动物多样性的关键环境因子。

20.2.3 大型底栖动物群落特征及影响因子

1）潮间带站位共采集获得大型底栖动物 87 种，其中软体动物是种数最多的类群，为 35 种。秋季采集的底栖动物种数最多，为 49 种。潮下带共采集到大型底栖动物 164 种，软体动物是种数最多的类群。夏季采集到底栖动物种数最多，为 95 种（李乃成等，2015；徐兆东等，2015）。

2）潮间带物种种数、丰富度指数、香农-威纳指数、均匀度指数最高的 A3 站是物种多样性最高的站位。潮下带研究海域不同季节间生物种数最多的站位是 CD24 和 CD28 站；丰富度指数最高的站位是 CD24 站；均匀度指数最高的站为 CD30 站；香农-威纳指数最高的站位为 CD24。

3）潮间带的年次级生产力为 0.73 g（AFDW）/（m^2/a），平均 P/B 值为 4.76。潮下带海域年次级生产力为 6.37 g（AFDW）/（m^2/a），平均 P/B 值为 2.04。

4）调查的潮间带海域可将大型底栖动物划分为 6 个群落站组，季节是影响潮间带底栖动物群落划分的决定性因素。潮下带海域大型底栖动物可以划分为 7 个群落站组，季节和底质类型是影响潮下带群落结构划分的主要因素。

5）研究表明，与潮间带海域底栖动物群落结构最匹配的环境因子组合是沉积物分选系数和叶绿素 a 含量。与潮下带海域大型底栖动物群落结构最匹配的环境因子组合是沉积物中值粒径、透明度和脱镁叶绿酸含量。沉积物中有机质与叶绿素含量是影响潮下带大型底栖动物多样性的主要因素。

6）对潮下带海域大型底栖动物的丰度-生物量比较曲线（ABC 曲线）结果表明，位于庙岛与北长山岛之间的 C13 站、毗邻庙岛的 C17 站和 C28 站的底栖动物群落受到了中等程度的扰动，其余站位未受到明显扰动。

20.2.4 有机碳沉积与埋藏

对庙岛群岛南部岛群邻近海域 4 个柱状沉积物样的研究表明，该海域沉积物主要由粒径 4~64 μm 的粒度组分组成，粒度组成随深度的变化很小。各沉积柱含水率有一定的差异，平均含水率在 45.85%~51.2%之间，含水率随深度变化波动较大。各柱状沉积物 TOC 含量差异不大，平均在 0.67%~0.75%之间。4 个站的沉积物中 TN 平均含量分别为 0.11%~0.12%。CD11 站、CD12 站和 CD13 站柱状沉积物 TOC/TN（碳氮比）差异不大，平均在 6.17~6.63 之间，而 CD17 站柱状沉积物 TOC/TN（碳氮比）平均较高，碳氮比为 13.94。庙岛群岛南部岛群百余年来的沉积速率介于 0.42~0.51 cm/a，TOC 埋藏通量介于 0.25~0.28 g/(cm^2·a) 之间。

20.2.5 海水溶解碳分析

1）DOC 与 DIC 的平面分布随着季节的变化而变化。DOC 含量的季节变化为春季>冬季>

夏季>秋季，其季节变化与浮游植物细胞丰度的季节变化较相似。DIC 含量的季节变化为秋季>冬季>春季>夏季。

2）DOC 的季节分布主要受浮游植物和陆源输入的影响，而 DIC 的季节分布主要受温度和微生物活动的影响。

20.3 海岛及周边海域生态系统承载力和健康评估主要结论与发现

20.3.1 海岛及周边海域生态系统承载力评估主要结论与发现

庙岛南部岛群现实承载力和基础承载力得分分别为 0.712 9 和 0.818 5，表现较好，社会支持能力得分为 0.870 9，整体表现一般且接近较高。其中，基于海岛生态系统的三方面能力表现从高到底依次为：海岛生态调节能力（得分为 0.940 5）、海岛生态支持能力（得分为 0.790 4）和海岛资源供给能力（得分为 0.754 9）。

庙岛南部岛群现实承载力表现较好，这主要归功于庙岛南部岛群良好的基础承载力和社会支持系统。首先庙岛南部岛群生态支持能力整体表现一般且接近较高，而各方面具体表现差异明显。庙岛南部岛群存在土壤盐渍化问题，但并不严重。而且庙岛南部岛群的特殊生境均已被纳入保护区。但是由于庙岛群岛位于渤海海峡且毗邻大陆，受陆地污染严重，导致岛陆和周边海域生境保护表现差，生物多样性水平较低。另外，庙岛南部岛群海水入侵问题严重，且地下水短缺，海岛自身难以提供可利用的淡水资源。其次，庙岛南部岛群海洋渔业资源供给能力一般，虽然海水养殖表现很好，但近海捕捞表现较差。再次，庙岛南部岛群生态调节能力表现好。具体体现在气体气候调节能力和周边海域纳污能力表现相对较好。除此之外社会支持能力良好，虽然庙岛群岛的区域技术创新能力一般，但居民文化水平相对较高，居民生活水平高，能耗表现好。对于基础承载力来说，生态调节能力高，但生态支持能力和资源供给能力一般。

20.3.2 海岛及周边海域生态系统健康评估主要结论与发现

庙岛南部岛群海域生态系统健康的空间异质性相对来说不是很明显但是较为规律。一方面，岛间海域生态系统比外围海域不健康，特别是庙岛湾海域较差。秋季，这一特征是由活力、组织力、维持力和健康 4 个组分共同决定；春夏两季主要由活力和恢复力两个组分决定；冬季活力、组织力和维持力的表现良好且空间上较为均匀，因而这一现象不是很明显且主要是由恢复力决定。另一方面，春秋两季，邻近大陆的东南部海域生态系统相对不健康，这与活力的表现一致。

庙岛群岛的压力源主要有陆地社会经济活动在、岸线开发和海上交通。对于主要污染物来说，根据庙岛保护目标的标准，庙岛南部岛群用于评估维持力的海水主要污染物秋季为 DIN、石油类和 COD（达标率分别为 66.67%、85.71%和 95.24%），冬季为 DIN（达标率为 76.19%），春季为 COD（达标率为 38.10%），夏季为 COD、SRP 和石油类（达标率分别为

42.86%、57.14%和95.24%)。庙岛群岛生态系统的健康对压力的响应在不同季节响应情况不同，冬季健康主要由恢复力决定，因而健康对不同情景在冬季响应最明显。而由于秋季健康由4个组分共同决定，所以响应并不明显。另外，由于夏季维持力空间异质性比春季明显，春季健康对压力的响应比夏季明显。

第21章 海岛生态系统固碳能力和承载力提升对策

当前庙岛群岛南部岛群经济发展方式从以渔业为主向以生态旅游为主转变，应抓住机遇，科学规划海岛休闲旅游业发展，合理发展生态渔业，加强海岛生态环境保护，促进海岛生态系统固碳能力提升。

21.1 陆海统筹，加强生态保护与修复

一方面，加强对具有有代表性的自然生态系统、珍稀濒危野生动植物物种天然集中分布区、高度丰富的海洋生物多样性区域等海岛及其周边海域重要生境的保护。另一方面，加快建立陆海统筹的海岛生态环境修复机制，实施海岛陆地和周边海域环境协同综合整治。

对于海岛陆地，优化人工林种植结构，积极营造混交林，抚育适合海岛地区生长的优良树种，增强海岛人工林生态系统的稳定性。加强松材线虫病的防治，在潜伏树诊断、媒介昆虫捕杀、病原树清理等方面应持续开展工作，维持和恢复海岛人工林的健康。海岛城镇化不可避免地会对森林规模和生长发育带来压力，应严格保证海岛森林核心区域不受侵占，提升森林生长质量以保证固碳能力不下降；此外，加强城镇区域绿化建设，最大限度减缓海岛城镇化的负面影响。开展海岛防治外来物种入侵工程，控制美洲商陆、葛等生物入侵。

庙岛群岛南部岛群浮游植物生长受海水中 COD、DIN、石油类等因素影响显著，应基于影响浮游植物生长的主要因素，维持和改善周边海域海水环境质量。实施陆源污染入海总量控制措施，降低海洋溢油等灾害的影响，加强海水浴场以及庙岛湾等海域的海洋溢油污染修复，提升海洋灾害监测预警和处置能力。发展海洋牧场，加强天然海草场的保护与修复。

21.2 合理规划，促进岛群协同优化

合理规划海岛陆地、潮间带和周边海域基础设施建设以及功能区划，通过优势互补，充分利用各岛屿的社会经济条件和生态环境条件，促进岛群协同优化。

合理规划南、北长山岛城区建设，鼓励农家乐（渔家乐）发展，发挥当地居民居住地用于旅游居住的作用，减少建筑用地对林地的占用，确保海岛植被面积不减少，加强以中心城区为定位的南、北长山岛的绿化建设，保障海岛陆地植被固碳功能的发挥。

合理规划亲水栈道、港口等旅游设施建设，减少对自然岸线和潮间带的占用，加强作为海上旅游集散枢纽设施规范化建设，加强受损海岸带修复，注重人工岸线的生态化建设，开

展潮间带污染治理，充分发挥潮间带生态系统固碳功能。

合理规划海岛周边海域开发，加快落实海洋主体功能区规划，海域开发应严格按照功能区划，合理划分海上运动和休闲渔业海域，保障海洋牧场建设与维护，发挥周边海域浮游植物和大型藻类固碳能力。发展生态渔业，支持休闲渔业，促进海岛经济结构优化和产业转型升级。

21.3　提升海岛资源环境承载力

海岛生态系统的相对独立且较为脆弱，海岛生态系统承载力评估预警有助于认识不同区域海岛的特点和属性，有利于科学诊断海岛资源环境超载问题的根源，有利于形成海岛保护与利用的长效机制，推进海岛生态文明建设，提升海岛生态系统固碳能力。海岛生态系统具有其独特性，因而海岛资源环境承载力监测预警所涉及的监测要素、频率、指标体系和评估方法等相对特殊，应在现有指标体系、评估方法基础上，根据海岛特殊性进一步优化后实施。首先，应科学制定海岛资源环境承载力监测评估指标体系和方法。可借鉴陆域和海域资源环境承载能力研究思路，主要选择表征海岛陆地、潮间带和周边海域资源和生态环境承载状况的指标，从海岛空间资源、海岛生物资源、海岛环境容量、海岛生态系统保育方面监测海岛资源环境承载力主要影响要素。其次，加快完善海岛资源环境承载力评估方法和预警技术。完善单因子指标评价法和综合评估相结合的评估方法。建立并完善包括现状预警、趋势预警及调控对策在内的海岛综合承载力预警技术。

第 22 章　庙岛群岛南部岛群可持续发展形势与对策

22.1　庙岛群岛南部岛群可持续发展形势

22.1.1　庙岛群岛南部岛群 SWOT 分析

采用 SWOT（Strengths-Weaknesses-Opportunities-Threats）框架，根据庙岛群岛南部岛群生态系统特征和承载力评估结果，分析南部岛群可持续发展的内部优劣势和外部的机遇与威胁（见表 22-1）。其中，当前的发展政策由于未完全实施，因而归类为外部机遇。通过 SWOT 分析（表 22-1）可知，根据优势和机遇两方面，说明南部岛群处于可持续发展的良好机遇，经济发展方式从以渔业为主向以休闲旅游为主转变。

表 22-1　南部岛群 SWOT 分析表

	有利	有害
内部	优势（S）： （1）海岛生态系统保护好，初级生产力高，其中，陆地植被覆盖率高，海域水质整体良好，潮间带沉积物好； （2）周边海域渔业资源丰富且水产品质量高； （3）旅游业较为发达，交通等基础设施好。	劣势（W）： （1）海岛生态系统本身脆弱； （2）海岛陆地及其周边海域发展空间相对狭小； （3）产业结构单一，对渔业依赖仍较大。
外部	机遇（O）： （1）长岛地理位置优越，周边的渤海经济圈经济发达，人们休闲娱乐的消费水平较高、消费意识提升； （2）当地政府已将南部岛群定位为生态旅游休闲度假基地，长岛县获批为国家级海洋文明建设示范区，为南部岛群保护与可持续利用提供了政策保障； （3）当地居民保护意识正提升，生态保护与建设的投入在加大。	挑战（T）： （1）环渤海经济快速发展，增加环境威胁； （2）长岛处于渤海海峡，周边航道较多，溢油风险大； （3）旅游人数逐渐增多，导致公众意识多元化。

22.1.2 庙岛群岛南部岛群生态系统压力分析

随着区域产业结构的转型升级，南部岛群面临的压力表现出新的特点，从而改变内部优劣势。由于海岛生态系统承载力是一个动态的量，因此为了使得南部岛群的产业转型得以可持续进行，需要进一步分析当前发展目标所带来新压力及其对承载力的影响（图 22-1）。

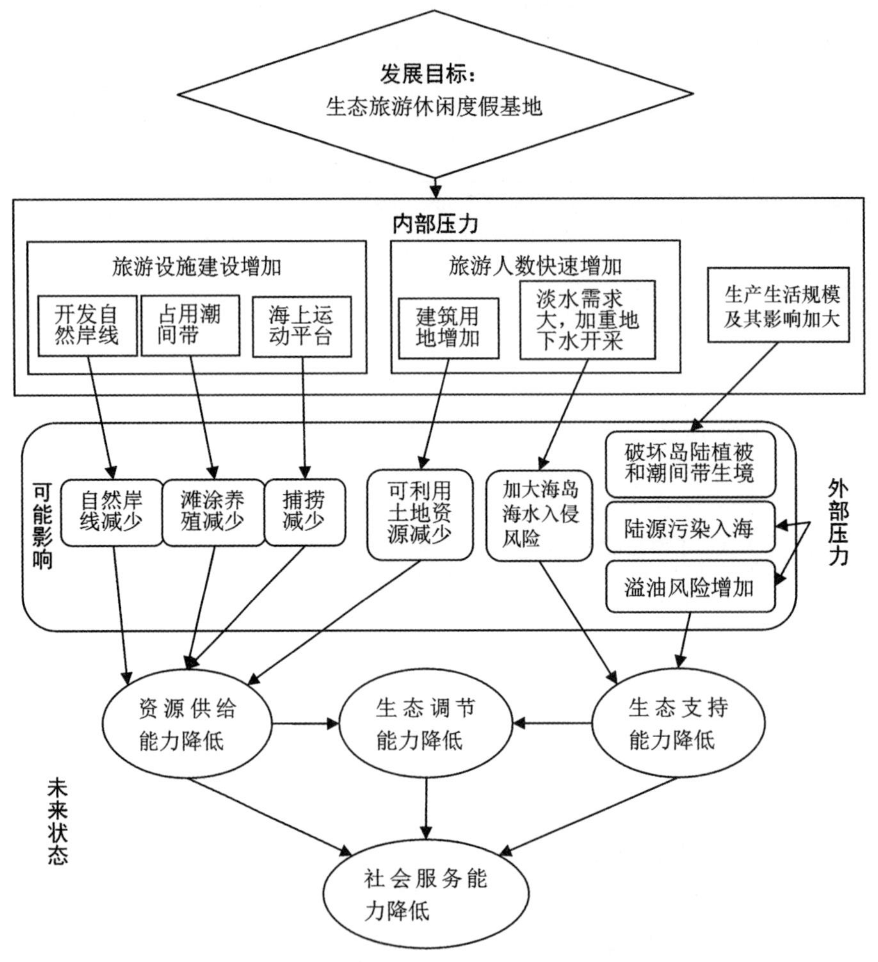

图 22-1　南部岛群资源环境承载力压力及影响示意图

首先，休闲旅游业的发展直接导致庙岛群岛南部岛群资源供给能力进一步降低。一方面，长岛旅游人数的快速增加，势必造成建设用地的扩张，从而减少生物生产功能土地面积比例，降低陆地净初级生产力，特别是对于以中心城区为定位的南、北长山岛。另一方面，亲水栈道、港口等旅游设施的建设，占用潮间带和自然岸线，占用滩涂养殖区，减少滩涂贝类养殖资源供给，产生潮间带污染风险，特别对于作为海上旅游集散枢纽的庙岛。另外，南部岛群养殖和捕捞产业的逐渐退出，使得南部岛群渔业资源急剧下降，影响南部岛群周边海域生物多样性，也可能加剧渤海其他海域渔业资源衰退。

其次，休闲旅游业的发展降低海岛生态支持能力，威胁海岛生态调节能力。大量游客的休闲娱乐活动，不仅产生物理扰动，破坏岛陆植被和潮间带生境，而且影响周边海域环境，降低环境纳污能力，威胁气体和气候调节能力。一方面，更多的生产生活（特别是南、北长山岛）使得海岛陆源污染入海量增加，导致局部海域污染，可能进一步加剧营养盐比例失衡；另一方面，各岛屿之间船只往来以及以庙岛湾为主要区域的海上运动增多，导致溢油风险增加。同时，由于南部岛群独特的地理位置，其周边海域环境面临较大的外部压力。渤海经济圈的高速发展和渤海海峡众多的航道，进一步加剧了庙岛群岛周边海域赤潮和溢油风险。另外，对淡水资源需求的加大，可能会引起人们过多开采地下水，导致陆地海水入侵进一步恶化。

以上诸多方面的压力，在不同程度上降低海岛的资源供给能力、生态支持能力和生态条件能力，进一步降低海岛基础承载力。若是处理不当，必然会影响南部岛群社会服务能力，影响海岛生态系统基础承载力的发挥，继而降低南部岛群发展的可持续性。

22.2　庙岛南部岛群可持续发展对策

由于庙岛群岛南部岛群正处于产业转型阶段，应积极发展休闲渔业，加快转变海洋经济发展方式，优化海洋产业结构。而在此发展策略之下，区域资源环境胁迫和压力可能会导致其承载力下降，因而需要针对南部岛群可持续发展提出相应对策。本研究从压力、影响和目标 3 个方面提出调控对策。

压力调控对策，指减少人类活动对生态系统的干扰。具体措施包括：(1) 应鼓励发展渔家乐，使当地居民居住地同时发挥旅游居住的作用，控制城区建设规模，特别是对于以中心城区为定位的南、北长山岛要做好发展规划；(2) 禁止地下水开采，完善输水、集水、节水和海水淡化设施，特别是对于没有淡水输送管道设施的海岛应加快推进淡水持续保障工程建设；(3) 严格控制海岛陆源污染物入海；(4) 建立生态补偿机制，推进国家公园和保护区建设，提高赤潮和溢油等灾害监测与应急处置能力建设。

影响调控对策，指对生态系统的关键生态过程直接采取有利于生态系统健康的行为。具体措施包括：(1) 加强对海岛自然岸线的保护，注重人工岸线的生态化建设；(2) 开展休闲渔业，推广注重立体化生态养殖模式，建设海洋牧场，降低规模化养殖对海洋环境影响，开展生态修复，提高渔业资源可持续利用水平。

目标调控对策，主要指使得人类在发展社会经济的同时考虑生态环境健康，从而引起行为方式的改变，使得开发利用模式考虑到对生态环境的影响。这也就是说，海岛开发利用和保护应考虑海岛资源环境承载力，使之成为海岛可持续发展规划的重要依据。当前，压力调控和影响调控是应对海岛发展过程中生态环境问题所亟需的调控手段，而目标调控是实现社会经济和生态环境协调可持续发展的根本手段。一方面，需要加强对当地居民和游客的生态环境保护意识层面的公众教育；另一方面，应优化和改革区域社会经济发展方式和产业结构。当前，南部岛群经济发展方式正从以渔业为主向以休闲旅游为主转变，是南部岛群当前的发展机遇。

海岛是海洋生态系统中陆、海兼备的特殊生境。因其远离大陆，人类活动干扰相对较小。因此，海岛生态系统也是许多珍稀、濒危物种的栖息地和避难所。保护海岛生态环境，增强海岛碳汇能力，维持海岛生物多样性是提升海岛资源环境承载力的基础，也是推进海岛生态文明建设，建设美丽海岛的重要任务。

参考文献

安和平，金小麒，杨成华. 1991. 板桥河小流域治理前期主要植被类型生物量生长规律及森林生物量变化研究. 贵州林业科技，19（4）：20–34.

安尼瓦尔·买买提，杨元合，郭兆迪，等. 2006. 新疆草地植被的地上生物量. 北京大学学报：自然科学版，42（4）：521–526.

毕洪生，高尚武，等. 2000. 渤海浮游动物群落生态特点Ⅰ. 种类组成与群落结构. 生态学报，20（5）：715–721.

毕洪生，孙松，高尚武，等. 2001. 渤海浮游动物群落生态特点Ⅱ. 桡足类数量分布及变动. 生态学报，21（2）：177–185.

曹帮华，翟明普，吴丽云. 2005. 低温预处理对刺槐种子抗盐萌发的影响. 东北林业大学学报，27（4）：39–42.

曹伟，李岩，王树良. 2007. 东北阔叶红松林群落类型划分及物种多样性. 应用生态学报，18（11）：2406–2411

长岛县人民政府. 2016. 2015年长岛县国民经济和社会经济发展公报.

陈彬，胡利民，邓声贵，等. 2011. 渤海湾表层沉积物中有机碳的分布与物源贡献估算. 海洋地质与第四纪地质，31（5）：37–42.

陈立奇，杨绪林，张远辉，等. 2008. 海洋–大气二氧化碳通量的观测技术. 海洋技术，27（4）：9–12.

陈妮娜，关德新，金昌杰，等. 2011. 科尔沁草甸草地土壤呼吸特征. 中国草地学报，33（5）：82–87.

陈清，张令峰，傅松玲. 2011. 树木年龄和断面积对加拿大北方林树木死亡率的影响. 应用生态学报，22（9）：2477–2481.

陈全胜，李凌浩，韩兴国，等. 2003. 水分对土壤呼吸的影响及机理. 生态学报，23（5）：972–978.

陈中笑，赵琦. 2011. 全球碳循环研究中的$\delta^{13}C$方法及其进展. 地球科学进展，26（11）：1225–1233.

程积民，程杰，高阳. 2014. 渭北黄土区不同立地条件下刺槐人工林群落生物量结构特征. 北京林业大学学报，36（2）：15–21.

池源，石洪华，丰爱平. 2015a. 典型海岛景观生态网络构建——以崇明岛为例. 海洋环境科学，34（3）：433–440.

池源，石洪华，郭振，等. 2015b. 海岛生态脆弱性的内涵、特征及成因探析. 海洋学报，37（12）：93–105.

池源，石洪华，王晓丽，等. 2015c. 庙岛群岛南五岛生态系统净初级生产力空间分布及其影响因子. 生态学报，35（24）：8094–8106.

池源，石洪华，王晓丽，等. 2015d. 庙岛群岛南五岛地表温度时空特征及影响因子. 生态学杂志，34（8）：2309–2319.

崔毅，陈碧鹃，陈聚法. 2005. 黄渤海海水养殖自身污染的评估. 应用生态学报，16（1）：180–185.

戴民汉，翟惟东，鲁中明，等. 2004. 中国区域碳循环研究进展与展望. 地球科学进展，19（1）：120–130.

丁德文，石洪华，张学雷，等. 2009. 近岸海域水质变化机理及生态环境效应研究. 北京：海洋出版社.

丁佳，吴茜，闫彗，等 . 2011. 地形和土壤特性对亚热带常绿阔叶林内植物功能性状的影响 . 生物多样性，19（2）：158-167.

董云中，王永亮，张建杰，等 . 2014. 晋西北黄土高原丘陵区不同土地利用方式下土壤碳氮储量 . 应用生态学报，25（4）：955-960.

杜军，李培英 . 2010. 海岛地质灾害风险评价指标体系初建 . 海洋开发与管理，27（S）：80-82.

方精云，沈泽昊，唐志尧，等 . 2004. 中国山地植物物种多样性调查计划及若干技术规范 . 生物多样性，12（1）：5-9.

方精云，王襄平，沈泽昊，等 . 2009. 植物群落清查的主要内容、方法和技术规范 . 生物多样性，17（6）：533-548.

方精云，杨元合，马文红，等 . 2010. 中国草地生态系统碳库及其变化 . 中国科学：生命科学，40（7）：566-576.

冯朝阳，吕世海，高吉喜，等 . 2008. 华北山地不同植被类型土壤呼吸特征研究 . 北京林业大学学报，30（2）：20-26.

傅明珠，王宗灵，李艳，等 . 2009. 胶州湾浮游植物初级生产力粒级结构及固碳能力研究 . 海洋科学进展，27（3）：357-366.

高伟，李萍，傅命佐，等 . 2014. 海南省典型海岛地质灾害特征及发展趋势 . 海洋开发与管理，31（2）：59-65.

高贤明，陈灵芝 . 1998. 植物生活型分类系统的修订及中国暖温带森林植物生活型谱分析 . 植物学报，40（6）：553-559.

高贤明，马克平，陈灵芝 . 2001. 暖温带若干落叶阔叶林群落物种多样性及其与群落动态的关系 . 植物生态学报，25（3）：283-290

高学鲁，陈绍勇，马福俊，等 . 2008. 南沙群岛西部海域两柱状沉积物中碳和氮的分布和来源特征及埋藏通量估算 . 热带海洋学报，27（3）：38-44.

高亚平，方建光，唐望，等 . 桑沟湾大叶藻海草床生态系统碳汇扩增力的估算 . 渔业科学进展，2013，34（1）：17-21.

耿绍波，饶良懿，鲁绍伟，等 . 2010. 国内应用 LI-8100 开路式土壤碳通量测量系统测量土壤呼吸研究进展 . 内蒙古农业大学学报：自然科学版，31（3）：310-316.

顾娟，李新，黄春林，等 . 2013. 2002—2010 年中国陆域植被净初级生产力模拟 . 兰州大学学报：自然科学版，49（2）：203-213.

关文斌，曾德慧，姜凤岐 . 2000. 中国东北西部地区沙质荒漠化过程与植被动态关系的生态学研究 . 应用生态学报，11（6）：907-911.

郭峰，陈丽华，汲文宪 . 2013. 北沟林场天然次生林植物群落结构及物种多样性研究 . 水土保持通报，33（2）：124-129.

郭辉，董希斌，姜帆 . 2010. 采伐强度对小兴安岭低质林分土壤碳通量的影响 . 林业科学，46（2）：110-115.

郭然，王效科，逯非，等 . 2008. 中国草地土壤生态系统固碳现状和潜力 . 生态学报，28（2）：862-867.

郭术津，李彦翘，张翠霞，等 . 2014. 渤海浮游植物群落结构及与环境因子的相关性分析 . 海洋通报，33（1）：95-105.

郭兴森，吕迎春，孙志高，等 . 2015. 黄河口溶解无机碳时空分布特征及影响因素研究 . 环境科学，36（2）：457-463.

国家海洋局 . 2012. 全国海岛保护规划 .

韩广轩，王光美，张志东，等 . 2008. 烟台海岸黑松防护林种群结构及其随离岸距离的变化 . 林业科学，44

(10)：8-13.

韩舞鹰，等 . 1998. 南海海洋化学 . 北京：科学出版社 .

郝清玉，刘强，王士泉，等 . 2013. 鹦哥岭山地雨林不同海拔区森林群落的生物量研究 . 热带亚热带植物学报，21（6）：529-537.

何福红，黄明斌，党廷辉 . 2002. 黄土高原沟壑区小流域土壤水分空间分布特征 . 水土保持通报，22（4）：6-9.

何兴东，高玉葆，赵文智，等 . 2004. 科尔沁沙地植物群落圆环状分布成因地统计学分析 . 应用生态学报，15（9）：1512 -1516.

何友均，覃林，李智勇，等 . 2012. 西南桦纯林与西南桦伊红椎混交林碳贮量比较 . 生态学报，32（23）：7586-7594.

洪华生，等 . 1997. 中国海洋学文集 7 台湾海峡初级生产力及其调控机制研究 . 北京：海洋出版社 .

洪华生，丘书院，阮五崎，等 . 1991. 闽南-台湾浅滩渔场上升流区生态系研究 . 北京：科学出版社 .

胡玉斌，刘春颖，杨桂朋，等 . 2010. 秋季东海和南黄海表层海水 CO_2 体系各参数分布及海-气界面通量 . 中国海洋大学学报：自然科学版，40（2）：73-78.

黄道建，綦世斌，于锡军 . 2012. 大亚湾春季溶解无机碳的分布特征 . 生态科学，31（1）：75-79.

黄风洪，石洪华，郑伟，等. 2015. 夏季庙岛群岛南部海域浮游植物多样性分布及其影响因子. 海洋环境科学，34（4）：530-535.

黄享辉，胡韧，雷腊梅，等 . 2013. 南亚热带典型中小型水库浮游植物功能类群季节演替特征 pH 值 . 生态环境学报，22（2）：311-318.

黄艳松，宋金宝，范聪慧 . 2011. 海气通量涡相关法计算中的时间尺度分析 . 海洋科学，35（11）：114-119.

黄耀，刘世梁，沈其荣，等 . 2001. 农田土壤有机碳动态模拟模型的建立 . 中国农业科学，34（5）：465-468.

黄逸君，陈全震，曾江宁，等 . 2011. 石油污染对海洋浮游植物群落生长的影响 . 生态学报，31（2）：513-521.

姜胜辉. 2009. 南、北长山岛海域沉积动力特征研究. 青岛：中国海洋大学.

姜艳，王兵，汪玉如，等 . 2010. 亚热带林分土壤呼吸及其与土壤温湿度关系的模型模拟 . 应用生态学报，21（7）：1641-1648.

康冰，刘世荣，蔡道雄，等 . 2009. 马尾松人工林林分密度对林下植被及土壤性质的影响 . 应用生态学报，20（10）：2323-2331.

乐凤凤，宁修仁 . 2006. 南海北部浮游植物生物量的研究特点及影响因素 . 海洋学研究，24（2）：60-69.

冷悦山，孙书贤，王宗灵，等 . 2008. 海岛生态环境的脆弱性分析与调控对策 . 海岸工程，27（2）：58-64.

李宝华，傅克忖，荒川久辛 . 1998. 南黄海叶绿素 a 与初级生产力之间的相关分析 . 黄渤海海洋，16（2）：48-53.

李芬，沈程程，石洪华，等. 2016. 海岛生态系统承载力不确定性分析——以庙岛群岛南部岛群为例. 海洋环境科学，35（4）：481-488.

李哈滨，王政权，王庆成 . 1998. 空间异质性定量研究理论与方法 . 应用生态学报，9（6）：651 -657.

李海奎，雷渊才，曾伟生 . 2011. 基于森林清查资料的中国森林植被碳储量 . 林业科学，47（7）：7-12.

李海涛，王姗娜，高鲁鹏，等 . 2007. 赣中亚热带森林植被碳储量 . 生态学报，27（2）：693-704.

李加林，杨晓平，童亿勤 . 2007. 潮滩围垦对海岸环境的影响研究进展 . 地理科学进展，26（2）：43 -51.

李军玲，张金屯，邹春辉，等 . 2012. 旅游开发下普陀山植物群落类型及其排序 . 林业科学，48（7）：174-181.

李军玲，张金屯 . 2006. 太行山中段植物群落物种多样性与环境的关系 . 应用与环境生物学报，12（6）：766

-771.

李君华，李少菁，朱小明 . 2008. 海洋浮游动物多样性及其分布对全球变暖的响应 . 海洋湖沼通报，（4）：137-144.

李乃成，刘晓收，徐兆东，等. 2015. 庙岛群岛南部海域大型底栖动物多样性. 生物多样性，23（1）：41-49.

李宁，李学刚，宋金明 . 2005. 海洋碳循环研究的关键生物地球化学过程 . 海洋环境科学，24（2）：75-80.

李宁，王江涛 . 2011. 春季东海北部近岸水体中的溶解无机碳和有机碳的分布特征及其影响因素 . 海洋科学，35（8）：5-10.

李宁 . 2011. 长江口邻近海域的溶解有机碳和溶解无机碳系统 . 青岛：中国海洋大学 .

李世华，牛铮，李壁成 . 2005. 植被净第一性生产力遥感过程模型研究 . 水土保持研，12（3）：126-128.

李拴虎，刘乐军，高伟 . 2013. 福建东山岛地质灾害区划 . 海洋地质前沿，29（8）：45-52.

李学刚 . 2004. 近海环境中无机碳的研究 . 青岛：中国科学院研海洋研究所 .

李艳丽 . 2004. 全球气候变化研究初探 . 灾害学，19（2）：87-91.

李杨帆，朱晓东，邹欣庆，等 . 2005. 江苏盐城海岸湿地景观生态系统研究 . 海洋通报，24（4）：46 -51.

李裕元，邵明安，郑纪用，等 . 2007. 黄土高原北部草地的恢复与重建对土壤有机碳的影响 . 生态学报，27（6）：2279-2287.

李跃林，彭少麟，赵平，等 . 2002. 鹤山几种不同土地利用方式的土壤碳储量研究 . 山地学报，20（5）：548-552.

李志霞，秦嗣军，吕德国，等 . 2011. 植物根系呼吸代谢及影响根系呼吸的环境因子研究进展 . 植物生理学报，47（10）：957-966.

梁倍，邸利，赵传燕，等 . 2014. 祁连山天老池流域灌丛地上生物量空间分布 . 应用生态学报，25（2）：367-373.

梁成菊 . 2008. 青岛近海有机碳的分布特征及影响因素 . 青岛：中国海洋大学 .

林秋奇，侯居峙，韩博平 . 2014. 青藏高原不同盐度和海拔高度湖泊浮游动物群落结构特征：气候变化的影响启示//中国海洋湖沼学会 . “全球变化下的海洋与湖沼生态安全”学术交流会论文摘要集 . 中国海洋湖沼学会：1.

刘春雨，董晓峰，刘英英，等 . 2014. 甘肃省净初级生产力时空变化特征 . 中国人口·资源与环境，24（1）：163-170.

刘杜鹃 . 2004. 中国沿海地区海水入侵现状与分析 . 地质灾害与环境保护，15（1）：31-36.

刘恩，刘世荣 . 2012. 南亚热带米老排人工林碳贮量及其分配特征 . 生态学报，32（16）：5103-5109.

刘国华，傅伯杰，方精云 . 2000. 中国森林碳动态及其对全球碳平衡的贡献 . 生态学报，20（5）：733-740.

刘慧，唐启升 . 2011. 国际海洋生物碳汇研究进展 . 中国水产科学，18（3）：695-702.

刘乐军，高珊，李培英，等 . 2015. 福建东山岛地质灾害特征与成因初探 . 海洋学报，37（1）：137-146.

刘尚华，吕世海，冯朝阳，等 . 2008. 京西百花山区六种植物群落凋落物及土壤呼吸特性研究 . 中国草地学报，30（1）：78-85.

刘素娟，陶建华，赵海萍 . 2007. 渤海湾浮游植物的多样性分析 . 河北工程大学学报：自然科学版，24（1）：74-77.

刘万德，臧润国，丁易，等 . 2010. 海南岛霸王岭热带季雨林树木的死亡率 . 植物生态学报，34（8）：946-956.

刘伟，初凤友，李琦，等 . 2011. 海洋环境中松散沉积物的测年方法 . 东华理工大学学报：自然科学版，34（3）：257-265.

刘蔚秋，余世孝，王永繁，等 . 2002. 黑石顶自然保护区森林生物量测定的比较分析 . 中山大学学报：自然科学版，41（2）：80-84.

刘霞，王丽，张光灿 . 2006. 鲁中石质山地不同林分类型土壤结构特征 . 水土保持学报，19（6）：49-52.

刘颖，韩士杰，胡艳玲，等 . 2005. 土壤温度和湿度对长白松林土壤呼吸速率的影响 . 应用生态学报，2005，16（9）：1581-1585.

刘镇盛 . 2012. 长江口及其邻近海域浮游动物群落结构和多样性研究 . 青岛：中国海洋大学 .

龙慧灵，李晓兵，王宏，等 . 2010. 内蒙古草原区植被净初级生产力及其与气候的关系 . 生态学报，30（5）：1367-1378.

卢炜丽 . 2009. 重庆四面山植物群落结构及物种多样性研究 . 北京：北京林业大学 .

卢占晖，苗振清，林楠 . 2009. 浙江中部近海及其邻近海域春季鱼类群落结构及其多样性 . 浙江海洋学院学报：自然科学版，28（1）：51-56.

罗艳，王春林 . 2009. 基于 MODIS NDVI 的广东省陆地生态系统净初级生产力估算 . 生态环境学报，18（4）：1467-1471.

骆亦其，周旭辉 . 2007. 土壤呼吸与环境 . 姜丽芬，曲来叶，周玉梅，等 译 . 北京：高等教育出版社：40-50.

马成亮，宋桂全 . 2012. 庙岛群岛种子植物区系的研究 . 安徽农业科学，40（18）：9577 -9579.

马克平，刘玉明 . 1994a. 生物群落多样性的测度方法Ⅰ：α-多样性的测度方法（下）. 生物多样性，2（4）：231-239.

马克平，刘玉明 . 1994b. 生物多样性的测度方法Ⅰ：α-多样性的测度方法（上）. 生物多样性，2（3）：162-168.

马克平 . 1995. 生物群落多样性的测度方法Ⅱ. 生物多样性，3（1）：38-43.

马炜，孙玉军，郭孝玉，等 . 2010. 不同林龄长白落叶松人工林碳储量 . 生态学报，30（17）：4659-4667.

马晓勇，上官铁梁 . 2004. 太岳山森林群落物种多样性 . 山地学报，22（5）：606-612

《喷灌工程设计手册》编写组. 喷灌工程设计手册. 北京：水利电力出版社，1989：348-356.

朴世龙，方精云，贺金生，等 . 2004. 中国草地植被生物量及其空间分布格局 . 植物生态学报，28（4）：491-498.

朴世龙，方精云，黄耀 . 2010. 中国陆地生态系统碳收支 . 中国基础科学（2）：20-22.

齐婷婷，王晓丽，冯炘，等. 2015a. 庙岛群岛南五岛灌木群落结构及其对环境因子的响应. 西北植物学报，35（5）：1044-1051.

齐婷婷，王晓丽，冯炘，等. 2015b. 山东南北长山岛草本植物结构及其影响因子. 天津理工大学学报，31（2）：14-19.

乔春连，李婧梅，王基恒，等 . 2012. 青藏高原高寒草甸生态系统 CO_2 通量研究进展 . 山地学报，30（2）：248-255.

乔明阳，沈程程，石洪华，等. 2015. 海岛森林土壤碳通量日动态变化特征——以北长山岛为例. 海洋环境科学，34（3）：377-383.

秦新生，刘苑秋，邢福武 . 2003. 低丘人工林林下植被物种多样性初步研究 . 热带亚热带植物学报，11（3）：223-228.

曲国辉，郭继勋 . 2003. 松嫩平原不同演替阶段植物群落和土壤特性的关系 . 草业学报，12（1）：18-22.

申家朋，张文辉 . 2014. 黄土丘陵区退耕还林地刺槐人工林碳储量及分配规律 . 生态学报，34（10）：2746-2754.

沈泽昊，张新时，金义兴 . 2000. 地形对亚热带山地景观尺度植被格局影响的梯度分析 . 植物生态学报，24（4）：430-435.

石洪华，丁德文，郑伟，等 . 2012. 海岸带复合生态系统评价、模拟与调控关键技术及其应用 . 北京：海洋出版社 .

石洪华，李艳，王媛媛，等. 2015. 2012 年秋季庙岛群岛南部海域浮游植物分布及与水环境的关系. 海洋环境科学，34（5）：692-699.

石洪华，王晓丽，王媛，等 . 2013. 北长山岛森林乔木层碳储量及其影响因子 . 生态学报，33（19）：6363-6372.

石洪华，王晓丽，郑伟，等 . 2014a. 海洋生态系统固碳能力估算方法研究进展 . 生态学报，34（1）：12-22.

石洪华，沈程程，李芬，等 . 2014b. 胶州湾生物-物理耦合模型参数灵敏度分析 . 生态学报，34（1）：41-49.

史山丹，赵鹏武，周梅，等 . 2012. 大兴安岭南部温带山杨天然次生林不同生长阶段生物量及碳储量 . 生态环境学报，21（3）：428-433.

宋丰骥，常庆瑞，钟德燕，等 . 2012. 黄土丘陵沟壑区土壤微量元素空间变异特征及其影响因素 . 干旱地区农业研究，30（1）：36-42.

宋金明，李学刚，袁华茂，等 . 2008. 中国近海生物固碳强度与潜力 . 生态学报，28（2）：551-558.

宋永昌 . 2001. 植被生态学 . 上海：华东师范大学出版社 .

宋玉双，臧秀强 . 1989. 松材线虫在我国的适生性分析及检疫对策初探 . 中国森林病虫（4）：38-41.

苏卡切夫. 1955. 关于物种与物种形成问题的讨论. 北京：科学出版社.

隋玉正，李淑娟，张绪良，等 . 2013. 围填海造陆引起的海岛周围海域海洋生态系统服务价值损失——以浙江省洞头县为例 . 海洋科学，37（9）：90-96.

孙超，陈振楼，毕春娟，等 . 2009. 上海市崇明岛农田土壤重金属的环境质量评价 . 地理学报，64（5）：619-628.

孙军，刘东艳，王威，等 . 2004. 1998 年秋季渤海中部及其邻近海域的网采浮游植物群落 . 生态学报，24（8）：1644-1656.

孙丽，介冬梅，濮励杰 . 2007. ^{210}Pb、^{137}Cs 计年法在现代海岸带沉积速率研究中的应用述评 . 地理科学进展，26（2）：67-76.

孙文娟，黄耀，张稳，等 . 2008. 农田土壤固碳潜力研究的关键科学问题 . 地球科学进展，23（9）：996-1004.

陶波，李克让，邵雪梅，等 . 2003. 中国陆地净初级生产力时空特征模拟 . 地理学报，58（3）：372-380.

万国江 . 1997. 现代沉积的^{210}Pb 计年 . 第四纪研究，3：230-239.

汪殿蓓，暨淑仪，田春元，等 . 2007. 双峰山国家森林公园人工林群落物种多样性特征 . 南京林业大学学报：自然科学版，31（3）：103-106.

王初，陈振楼，王京，等 . 2008. 上海市崇明岛公路两侧土壤重金属污染研究 . 长江流域资源与环境，17（1）：105-108.

王海梅，李政海，宋国宝，等 . 2006. 黄河三角洲植被分布、土地利用类型与土壤理化性状关系的初步研究 . 内蒙古大学：自然科学版，37（1）：69 -75.

王鹤松，张劲松，孟平，等 . 2007. 华北低山丘陵区冬小麦田土壤呼吸变化规律及其影响机制 . 中国农业气象，28（1）：21-24.

王君丽，刘春光，冯剑丰，等 . 2011. 石油烃对海洋浮游植物生长的影响研究进展 . 环境污染与防治，4（4）：81-86.

王磊，高贤明，孙书存. 2004. 岷江上游人工油松林群落空间结构：物种丰富度和盖度. 林业科学，40（6）：8-12.

王莉雯，卫亚星 . 2012. 盘锦湿地净初级生产力时空分布特征 . 生态学报，32（19）：6006-6015.

王梅，张文辉 . 2009. 不同密度油松人工林生长更新状况及群落结构 . 西北农林科技大学学报：自然科学版，37（7）：75-80.

王明哲，刘钊 . 2011. 风力发电场对鸟类的影响 . 西北师范大学学报：自然科学版，47（3）：87-91.

王驷鹞，刘振波 . 2012. 江苏省植被净初级生产力时空分布格局研究 . 南京信息工程大学学报：自然科学版，4（4）：321-325.

王卫霞，史作民，罗达，等 . 2013，我国南亚热带几种人工林生态系统碳氮储量 . 生态学报，33（3）：925-933.

王晓春，韩士杰，邹春静，等 . 2002. 长白山岳桦种群格局的地统计学分析 . 应用生态学报，13（7）：781-784.

王晓丽，王媛，石洪华，等 . 2013. 山东省长岛县南长山岛黑松和刺槐人工林的碳储量 . 应用生态学报，24（5）：1263-1268.

王晓丽，王媛，石洪华，等. 2014a. 海岛陆地生态系统固碳估算方法. 生态学报，34（1）：88-96.

王晓丽，王媛，石洪华，等. 2014b. 南长山岛不同土地利用方式下的土壤有机碳密度. 环境科学学报，34（4）：1009-1015.

王新越 . 2014. 我国旅游化与城镇化互动协调发展研究 . 青岛：中国海洋大学 .

王艳萍，高吉喜，冯朝阳，等 . 2009. 北京京郊果园施用不同农肥的土壤呼吸特征研究 . 浙江大学学报：农业与生命科学版，35（1）：77-83.

王艳霞 . 2010. 福建主要人工林生态系统碳贮量研究 . 福建：福建农林大学 .

卫亚星，王莉雯，石迎春，等 . 2012. 青海省草地资源净初级生产力遥感监测 . 地理科学，32（5）：621-627.

尉海东，马祥庆 . 2006. 中亚热带不同发育阶段杉木人工林生态系统碳贮量研究 . 江西农业大学学报，28（2）：239-243，267.

韦章良，柴召阳，石洪华，等. 2015. 渤海长岛海域浮游动物的种类组成与时空分布. 上海海洋大学学报，24（4）：550-559.

巫涛，彭重华，田大伦，等 . 2012. 长沙市区马尾松人工林生态系统碳储量及其空间分布 . 生态学报，32（13）：4034-4042.

吴凯 . 2013. 海洋溶解有机碳循环简介 . 能源与环境，08：165-178.

吴平生，彭补拙，窦贻俭 . 1992. 初论海岸带的边缘效应 . 海洋与海岸带开发，9（2）：8-11.

吴庆标，王效科，段晓男，等 . 2008. 中国森林生态系统植被固碳现状和潜力 . 生态学报，28（2）：517-524.

吴晓莆，朱彪，赵淑清，等 . 2004. 东北地区阔叶红松林的群落结构及其物种多样性比较 . 生物多样性，12（1）：174-181.

吴征镒 . 1980. 中国植被 . 北京：科学出版社

吴征镒 . 1991. 中国种子植物属的分布区类型 . 云南植物研究（增刊Ⅳ）：1-139.

夏斌，马绍赛，陈聚法，等 . 2010. 2008 年南黄海西部浒苔暴发区有机碳的分布特征及浮游植物的固碳强度 . 环境科学，31（6）：1442-1449.

肖文发，程瑞梅，李建文，等 . 2001. 三峡库区杉木林群落多样性研究 . 生态学杂志，20（1）：1-4.

谢晋阳，陈灵芝 . 1994. 暖温带落叶阔叶林的物种多样性特征 . 生态学报，14（4）：337-344.

谢宗墉，编著 . 1991. 海洋水产品营养与保健 . 青岛：青岛海洋大学出版社 .

徐坤，谢应忠，李世忠 . 2006. 宁南黄土丘陵区退化草地群落主要植物种群空间分布格局对比研究 . 西北农业学报，15（5）：123 -127.

徐炜 . 2009. 北黄海大型底栖动物的拖网调查研究 . 青岛：中国海洋大学 .

徐兆东，石洪华，李乃成，等. 2015. 庙岛群岛南部海域大型底栖动物群落结构及其与环境因子的关系. 环境科学研究，28（5）：705-713.

许景伟，李传荣，王卫东，等 . 2005. 沿海沙质岸黑松防护林的生物量及生产力 . 东北林业大学学报，3（6）：29-32.

严国安，刘永定 . 2001. 水生生态系统的碳循环及对大气 CO_2 的汇 . 生态学报，21（5）：827-833.

阎海平，谭笑，孙向阳，等 . 2001. 北京西山人工林群落物种多样性的研究 . 北京林业大学学报，23（2）：16-19.

羊天柱，应仁方 . 1997. 浙江海岛风暴潮研究 . 海洋预报，14（2）：28-43.

杨凤萍，胡兆永，张硕新 . 2014. 不同海拔油松和华山松林乔木层生物量与蓄积量的动态变化 . 西北农林科技大学学报：自然科学版，42（3）：68-76.

杨洪晓，吴波，张金屯，等 . 2005. 森林生态系统的固碳功能和碳储量研究进展 . 北京师范大学学报：自然科学版，41（2）：172-177.

杨金湘 . 2008. 南海北部海气碳通量的模式研究初探 . 厦门：厦门大学 .

杨金艳，王传宽 . 2006. 土壤水热条件对东北森林土壤表面 CO_2 通量的影响 . 植物生态学报，30（2）：286-294.

移小勇，赵哈林，崔建垣，等 . 2006. 科尔沁沙地不同密度（小面积）樟子松人工林生长状况 . 生态学报，26（4）：1200-1206.

殷建平，王友绍，徐继荣，等 . 2006. 海洋碳循环研究进展 . 生态学报，26（2）：566-575.

尹翠玲，张秋丰，曹春晖，等 . 2012 年春季渤海湾天津近岸海域网采浮游植物群落结构初探 . 海洋学研究，2013，31（4）：80-89.

于东升，史学正，孙维侠 . 2005. 基于 1：100 万土壤数据库的中国土壤有机碳密度及储量研究 . 应用生态学报，16（12）：2279-2283.

余爱华 . 2006. Logistic 模型研究 . 南京：南京林业大学 .

余雯 . 2010. 夏季西北冰洋三界面碳通量的估算与测定 . 北京：清华大学：8-9.

俞凯耀，席东民，胡玲静 . 2014. 舟山群岛风力发电产业发展的现状与问题分析 . 浙江电力（3）：25-27.

曾小平，蔡锡安，赵平，等 . 2008. 南亚热带丘陵 3 种人工林群落的生物量及净初级生产力 . 北京林业大学学报，30（6）：148-152.

翟红娟，崔保山，赵欣胜，等 . 2006. 异龙湖湖滨带不同环境梯度下土壤养分空间变异性 . 生态学报，26（3）：61-69

张保华，张金萍，刘子亭，等 . 2008. 山东省土壤有机碳密度和储量估算 . 土壤通报，39（5）：1030-103.

张昌顺，谢高地，包维楷，等 . 2012. 地形对澜沧江源区高寒草甸植物丰富度及其分布格局的影响 . 生态学杂志，31（11）：2767-2774.

张金屯 . 2004. 数量生态学 . 北京：科学出版社 .

张劲松，孟平，王鹤松，等 . 2008. 华北石质山区刺槐人工林的土壤呼吸 . 林业科学，44（2）：8-14.

张林，王礼茂，王睿博 . 2009. 长江中上游防护林体系森林植被碳贮量及固碳潜力估算 . 长江流域资源与环境，18（2）：111-115.

张乃星，吴凤丛，任荣珠，等 . 2012. 渤海海峡冬季表层海水中溶解无机碳分布特征分析 . 海洋科学，36（2）：56-61.

张勇，庞学勇，包维楷，等 . 2005. 土壤有机质及其研究方法综述 . 世界科技研究与发展，27（5）：72-78.

赵敏，刘春颖，杨桂朋，等 . 2011. 春季黄、东海表层水中的溶解无机碳 . 海洋环境科学，30（5）：626-630.

赵娜，孟平，张劲松，等 . 2014. 华北低丘山地不同退耕年限刺槐人工林土壤质量评价 . 应用态学报，25（2）：351-358.

赵其国 . 2002. 中国东部红壤地区土壤退化的时空变化、机理及调控 . 北京：科学出版社 .

赵一阳，李凤业 . 1991. 南黄海沉积速率和沉积通量的初步研究 . 海洋与湖沼，22（1）：38-42.

郑国侠，宋金明，戴纪翠，等 . 2006. 南黄海秋季叶绿素 a 的分布特征与浮游植物的固碳强度 . 海洋学报，28

（3）：109-118.

郑万钧，傅立国，诚静容 . 1975. 中国裸子植物 . 植物分类学报，13（1）：56-89.

郑伟，沈程程，乔明阳，等 . 2014. 长岛自然保护区生态系统维护的条件价值评估 . 生态学报，34（1）：82-87.

中国科学院可持续发展战略研究组. 2013. 2013 中国可持续发展战略报告. 北京：科学出版社.

中国科学院植物研究所 . 1983. 中国高等植物图鉴（补编第二册）. 北京：科学出版社 .

周国模，姜培坤 . 2004. 不同植被恢复对侵蚀型红壤活性碳库的影响 . 水土保持学报，18（6）：68-70.

周红，华尔，张志南 . 2010. 秋季莱州湾及邻近海域大型底栖动物群落结构的研究 . 中国海洋大学学报，40（8）：80-87.

周然，彭士涛，覃雪波，等 . 2013. 渤海湾浮游植物与环境因子关系的多元分析 . 环境科学，34（3）：864-873.

周择福，王延平，张光灿 . 2005. 五台山林区典型人工林群落物种多样性研究 . 西北植物学报，25（2）：321-327.

朱教君，李凤芹，松崎健，等 . 2002. 间伐对日本黑松海岸林更新的影响 . 应用生态学报，13（11）：1361-1367.

朱文泉，潘耀忠，张锦水 . 2007. 中国陆地植被净初级生产力遥感估算 . 植物生态学报，31（3）：413-424.

《中国海岛志》编纂委员会 . 2013a. 中国海岛志（广东卷第一册）. 北京：海洋出版社 .

《中国海岛志》编纂委员会 . 2013b. 中国海岛志（江苏、上海卷）. 北京：海洋出版社 .

《中国海岛志》编纂委员会 . 2013c. 中国海岛志（辽宁卷第一册）. 北京：海洋出版社 .

《中国海岛志》编纂委员会 . 2013d. 中国海岛志（山东卷第一册）. 北京：海洋出版社 .

《中国海岛志》编纂委员会 . 2014a. 中国海岛志（福建卷第三册）. 北京：海洋出版社 .

《中国海岛志》编纂委员会 . 2014b. 中国海岛志（广西卷）. 北京：海洋出版社 .

《中国海岛志》编纂委员会 . 2014c. 中国海岛志（浙江卷第一册）. 北京：海洋出版社 .

Adam A, Mohammad-Noor N, Anton A, et al. 2011. Temporal and spatial distribution of harmful algal bloom (HAB) species in coastal waters of Kota Kinabalu, Sabah, Malaysia. Harmful Algae, 10: 495-502.

Allison S D, Gartner T B, Mack M C, et al. 2010. Nitrogen alters carbon dynamics during early succession in boreal forest. Soil Biology and Biochemistry, 42 (7): 1157-1164.

Amiel D, Cochran J K. 2008. Terrestrial and marine POC fluxes derived from ^{234}Th distributions and delta ^{13}C measurements on the Mackenzie Shelf. Journal of Geophysical Research-Oceans, 113 (C3): C03S06.

Andrews J A, Matamala R, Westover M, et al. 2000. Temperature effects on The diversity of soil heterotrophs and the δ^{13}C of soil-respired CO_2. Soil Biology and Biochemistry, 32 (5): 699-706.

Antoine D, André J M, Morel A. 1996. Oceanic primary production: 2. Estimation at global scale from satellite (Coastal Zone Color Scanner) chlorophyll. Global Biogeochemical Cycles, 10 (1): 57-69.

Aretano R, Petrosillo I, Zaccarelli N, et al. 2013. People perception of landscape change effects on ecosystem services in small Mediterranean islands: A combination of subjective and objective assessments. Landscape and Urban Planning, 112: 63-73.

Arrow K, Bolin B, Costanza R, et al. 1995. Economic growth, carrying capacity, and the environment. Ecological Economics, 15: 91-95.

Arrthenius S. 1998. The effect of constant influences upon physiological relationships. Scandinavian Archives of Physiology, 8: 367-415.

Baena A M R Y, Boudjenoun R, Fowler S W, et al. 2008. ^{234}Th- based carbon export during an ice-edge bloom: Sea

-ice algae as a likely bias in data interpretation. Earth and Planetary Science Letters, 269 (3/4): 596-604.

Bai Y F, Han X G, Wu J G, et al. 2004. Ecosystem stability and compensatory effects in the Inner Mongolia grassland. Nature, 431 (7005): 181-184.

Baliño B M, Fasham M J R, Bowles M C. 2001. Ocean biogeochemistry and global change. IGBP Science, 2: 1-36.

Barrett, G W, Odum, E R. 2000. The twenty-first century: The world at carrying capacity. BioScience, 50: 363-368.

Batjes N. H. 1996. Total carbon and nitrogen in the soils of the world. European Journal of Soil Science, 47: 151-163.

Behenfeld M J, Falkowski P G. 1997. Photosynthetic rates derived from satellite-based chlorophyll concentration. Limnology and Oceanography, 42 (1): 1-20.

Berger W H, Smetacek V S, Wefer G. 1989. Productivity of the Oceans: Present and Past. Chichester: John Wiley & Sons: 471-471.

Beukema J J. 1989. Long-term changes in macrozoobenthic abundance on the tidal parts of the western part of Dutch Wadden Sea. Helgolander Meeresuntersuchungen, 43: 405-415.

Bishop J K B, Wood T J. 2009. Year-round observations of carbon biomass and flux variability in the Southern Ocean. Global Biogeochemical Cycles, 23 (2): 3206-3216.

Blain S, Tréguer P, Belviso S, et al. 2001. A biogeochemical study of the island mass effect in the context of the iron hypothesis: Kerguelen Islands, Southern Ocean. Deep-Sea Research Part Ⅰ: Oceanographic Research Papers, 48: 163-187.

Bolin B E, Degens T, Duvigneand P, et al. 1979. The global biogeo-chemical carbon cycle//Bolin B, et al, eds. The Global Carbon Cycle, SCOPE 13. Chichester: John Wiley & Sons: 1-56.

Boutin J, Merlivat L, Hénocq C, et al. 2008. Air-sea CO_2 flux variability in frontal regions of the Southern Ocean from carbon Interface Ocean Atmosphere drifters. Limnology and Oceanography, 53 (5): 2062-2079.

Bozec Y, Cariou T, Macé E, et al. 2012. Seasonal dynamics of air-sea CO_2 fluxes in the inner and outer Loire estuary (NW Europe). Estuarine, Coastal and Shelf Science, 100: 58-71.

Brown M T, Ulgiati S, 1997. Emergy-based indices and ratios to evaluate sustainability: Monitoring economies and technology toward environmentally sound innovation. Ecological Engineering, 9: 51-69.

Brown M T, Ulgiati S, 2001. Emergy measures of carrying capacity to evaluate economic investments. Population and Environment, 22: 471-501.

Buesseler K O, Pike S, Maiti K, et al. 2009. Thorium-234 as a tracer of spatial, temporal and vertical variability in particle flux in the North Pacific. Deep-Sea Research Part Ⅰ: Oceanographic Research Papers, 56 (7): 1143-1167.

Buesseler K O. 1991. Do upper-ocean sediment traps provide an accurate record of particle flux? Nature, 353 (6343): 420-423.

Bustamante-Sánchez M A, Armesto J J, Landis D. 2012. Seed limitation during early forest succession in a rural landscape on Chiloé Island, Chile: implications for temperate forest restoration. Journal of Applied Ecology, 49 (5): 1103-1112.

Byron C, Link J, Costa-Pierce B, et al. 2011. Calculating ecological carrying capacity of shellfish aquaculture using mass-balance modeling: Narragansett Bay, Rhode Island. Ecological Modelling, 222: 1743-1755.

Cadée, G C, Hegeman J. 1974. Primary production of phytoplankton in the Dutch Wadden Sea. Netherlands Journal of Sea Research, 8 (2/3): 240-259.

Cai P, Van Der Loeff M R, Stimac I, et al. 2010. Low export flux of particulate organic carbon in the central Arctic Ocean as revealed by ^{234}Th: ^{238}U disequilibrium. Journal of Geophysical Research-Oceans, 115: C10037.

Carroll J, Zaborska A, Papucci C, et al. 2008. Accumulation of organic carbon in western Barents Sea sediments. Deep-Sea Research Part Ⅱ: Topical Studies in Oceanography, 55 (20/21): 2361-2371.

Carvalho S, Pereira P, Pereira F, et al. Factors structuring temporal and spatial dynamics of macrobenthic communities in a eutrophic coastal lagoon (óbidos lagoon, Portugal). Marine Environmental Research, 2011, 71 (2): 97-110.

Chen X, Gao H, Yao X, et al. 2010. Ecosystem-based assessment indices of restoration for Daya Bay near a nuclear power plant in South China. Environmental Science & Technology, 44: 7589-7595.

Chi Y, Shi H H, Wang X L, et al. 2016. Impact factors identification of spatial heterogeneity of herbaceous plant diversity on five southern islands of Miaodao Archipelago in North China. Chinese Journal of Oceanology and Limnology, 34 (5): 937-951.

Clarke G L, Ewing G C, Lorenzen C J. 1970. Spectra of backscattered light from the sea obtained from aircraft as a measure of chlorophyll concentration. Science, 167 (3921): 1119-1121.

Clarke K R, Ainsworth M. 1993. A method of linking multivariate community structure to environmental variables. Marine Ecology Progress Series, 92: 205-219.

Clarke K R, Gorley R N. 2006. PRIMER v6: User Manual/Tutorial. Plymouth: PRIMER-E Ltd.

Clarke K R, Warwick R M. 2001. Change in Marine Communities: An Approach to Statistical Analysis and Interpretation (2nd ed.). Plymouth: PRIMER-E.

Clarke K R. 1993. Non-parametric multivariate annlysis of changes in community. Aust J Ecol, 18: 117-143.

Cochran J K, Miquel J C, Armstrong R, et al. 2009. Time-series measurements of ^{234}Th in water column and sediment trap samples from the northwestern Mediterranean Sea. Deep-Sea Research Part Ⅱ: Topical Studies in Oceanography, 56 (18): 1487-1501.

Cohen J E. 1995. Population growth and Earth′s human carrying capacity. Science, 269: 341-346.

Committee on Global Change. 1988. Toward an Understanding of Global Change. Washington D. C.: National Academy Press, 56-56.

Costanza R, Mageau M. 1999. What is a healthy ecosystem? Aquatic Ecology, 33: 105-115.

Costanza R. 1992. Toward an operational definition of ecosystem health // Costanza R, Norton B G, Haskell B D, eds., Ecosystem Health: New Goals for Environmental Management. Washington D. C, Island Press: 239-256.

Costanza R. 2012. Ecosystem health and ecological engineering. Ecological Engineering, 45: 24-29.

Crutzen P J, Andreae M O. 1990. Biomass burning in the tropics: impact on the atmospheric chemistry and biogeochemical cycles. Science, 250 (4988): 1669-1678.

Currie J D, Paquin V. 1987. Large-scale biogeographical patterns of species richness of trees. Nature, 329: 326-327.

Curtis J T, Mcintosh R P. 1951. An Upland forest continuum in the prairie-forest border region of Wisconsin. Ecology, 32: 476-496.

Da L J, Yang Y C, Song Y C. 2004. Study on the population structure and regeneration types of main species of evergreen broadleaved forest in Tiantong National Forest Park, Zhejiang Province, eastern China. Acta Photoecologica Sinica, 28 (2): 376-3841.

da la Paz M, Huertas E M, Padín X A, et al. 2011. Reconstruction of the seasonal cycle of air-sea CO_2 fluxes in the Strait of Gibraltar. Marine Chemistry, 126 (1-4): 155-162.

Da Silva C A, Train S, Rodrigues L C. 2005. Phytoplankton assemblages in a Brazilian subtropical cascading reservoir system. Hydrobiologia, 537: 99-109.

Daily G C, Ehrlich P R. 1992. Population, sustainability, and Earth's carrying capacity. BioScience, 42: 761-771.

Daily G C, Ehrlich P R. 1996. Socioeconomic equity, sustainability, and earth's carrying capacity. Ecological Applications, 6: 991-1001.

Davis D, Tisdell C, 1995. Recreational scuba-diving and carrying capacity in marine protected areas. Ocean & Coastal Management, 26: 19-40.

De R R C. 2013. Slope control on the frequency distribution of shallow landslides and associated soil properties, North Island, New Zealand. Earth Surface Processes and Landforms, 38 (4): 356-371.

DeFries R S, Field C B, Fung I, et al. 1999. Combining satellite data and biogeochemical models to estimate global effects of human-induced land cover change on carbon emissions and primary productivity. Global Biogeochemical Cycles, 13 (3): 803-815.

Díaz-Hernúndez J L. 2010. Is soil carbon storage underestimated? Chemosphere, 80 (3): 346-349.

Dick J J, Tetzlaff D, Birkel C, et al. 2015. Modelling landscape controls on dissolved organic carbon sources and fluxes to streams. Biogeochemistry, 122: 361-374.

Dijkstra F A, Cheng W X. 2007. Interactions between soil and tree roots accelerate long-term soil carbon decomposition. Ecology Letters, 10 (11): 1046-1053.

Dimassi B, Cohan J P, Labreuche J, et al. 2013. Changes in soil carbon and nitrogen following tillage conversion in a long-term experiment in Northern France. Agriculture, Ecosystems & Environment, 169: 12-20.

Donato D C, Kauffman J B, Mackenzie R A, et al. 2012. Whole-island carbon stocks in the tropical Pacific: Implications for mangrove conservation and upland restoration. Journal of Environmental Management, 97: 89-96.

Donmez C, Berberoglu S, Curran P J. 2011. Modelling the current and future spatial distribution of NPP in a Mediterranean watershed. International Journal of Applied Earth Observation and Geoinformation, 13 (3): 336-345.

D'Ortenzio F, Antoine D, Marullo S. 2008. Satellite-driven modeling of the upper ocean mixed layer and air-sea CO2 flux in the Mediterranean Sea. Deep-Sea Research Part Ⅰ: Oceanographic Research Papers, 55 (4): 405-434.

Du X, Peterson W T. 2014. Seasonal cycle of phytoplankton community composition in the coastal upwelling system off central Oregon in 2009. Estuaries and Coasts, 37: 299-311.

Duarte P, Meneses R, Hawkins A J S, et al. 2003. Mathematical modelling to assess the carrying capacity for multi-species culture within coastal waters. Ecological Modelling, 168: 109-143.

Dubravko J, Nancy N, Rabalais R, et al. 1995. Changes in nutrient structure of river-dominated coastal waters: stoichiometric nutrient balance and its consequences. Estuarine, Coastal and Shelf Science, 40: 339-356.

Ellis R C. 1974. The seasonal pattern of nitrogen and carbon mineralization in forest and pasture soils in southern Ontario. Canadian Journal of Soil Science, 54 (1): 15-28.

Erickson W P, Johnson G D, Srickland M D, et al. 2001. Avian Collisions with Wind Turbines: A Summary of Existing Studies and Comparisons to Other Sources of Avian Collision Mortality in the United States. Osti As De.

Escaravage V, Prins T C, Smaal A C, et al. 1996. The response of phytoplankton communities to phosphorus input reduction in mesocosm experiments. Journal of Experimental Marine Biology and Ecology, 198: 55-79.

Evangeliou N, Florou H, Scoullos M. 2011. POC and particulate 234Th export fluxes estimated using $^{234}Th/^{238}U$ disequilibrium in an enclosed Eastern Mediterranean region (Saronikos Gulf and Elefsis Bay, Greece) in seasonal scale. Geochimica Et Cosmochimica Acta, 75 (19): 5367-5388.

Evans C, Thomson P G, Davidson A T, et al. 2011. Potential climate change impacts on microbial distribution and carbon cycling in the Australian Southern Ocean. Deep-Sea Research Part Ⅱ: Topical Studies in Oceanography, 58

(21/22): 2150-2161.

Evrendilek F, Berberoglu S, Gulbeyaz O, et al. 2007. Modeling potential distribution and carbon dynamics of natural terrestrial ecosystems: A case study of Turkey. Sensors, 7 (10): 2273-2296.

Fan J W, Zhong H P, Harris W, et al. 2008. Carbon storage in the grasslands of China based on field measurements of above- and below-ground biomass. Climatic Change, 86 (3/4): 375-396.

Fasham M J S, Ballifio B M, Bowles M C. 2001. A new vision of ocean biogeochemistry after a decade of the Joint Global Ocean Flux Study (JGOFS) . AMBIO (Special Report), 10: 4-31.

Field C B , Behrenfeld M J , Randerson J T, et al. 1998. Primary production of the biosphere: integrating terrestrial and oceanic components. Science, 281 (5374): 237-240.

Franklin J F, Shugart H H, Harmon M E. 1987. Tree death as an ecological process. BioScience, 37: 550-556.

Friedman G M. 1962. Comparison of moment measures for sieving and thin-section data in sedimentary petrological studies. Journal of Sedimentary Research, 32 (1): 15-25.

Froneman P W. Food web dynamics in a temperate temporarily open/closed estuary (South Africa) . Estuarine, Coastal and Shelf Science, 2004, 59: 87-95.

Gao J. 2001. Theory Explore of Sustainable Development: Ecological Carrying Capacity Theory, Method, and Application. Beijing: China Environment Science Press.

Gilmartin M, Revelante N. 1974. The "island mass" effect on the phytoplankton and primary production of the Hawaiian Islands. Journal of Experimental Marine Biology and Ecology, 16: 181-204.

Gloor M, Gruber N, Sarmiento J, et al. 2003. A first estimate of present and preindustrial air-sea CO_2 flux patterns based on ocean interior carbon measurements and models. Geophysical Research Letters, 30 (1): 11-10-4.

Golderg E D, Koid M. 1963. Rates of sediment accumulation in the Indian Ocean//Geiss J, Golderg E D, eds. Earth Sciences and Meteoritics. Amsterdam: North Company: 90-102.

González J M, Fernández-Gómez B, Fendàndez-Guerra A, et al. 2008. Genome analysis of the proteorhodopsin-containing marine bacterium Polaribacter sp. MED152 (Flavobacteria) .

Grace J, Rayment M. 2000. Respiration in the balance. Nature, 404 (6780): 819-820.

Grant J, Bacher C, Cranford P J, et al. 2008. A spatially explicit ecosystem model of seston depletion in dense mussel culture. Journal of Marine Systems, 73 (1/2): 155-168.

Graymore M L M, Sipe N G, Rickson R E, 2010. Sustaining human carrying capacity: A tool for regional sustainability assessment. Ecological Economics, 69: 459-468.

Guillaume St-Onge, Claude Hillaire-Marcel. 2001. Isotopic constraints of sedimentary inputs and organic carbon burial rates in the Saguenay Fjord, Quebec. Marine Geology, 176 (1/4): 1-22.

Halas D, Zamparo D, Brooks D R. 2005. A historical biogeographical protocol for studying biotic diversification by taxon pulses. Journal of Biogeography, 32 (2): 249-260.

Halpern B S, Longo C, Hardy D, et al. 2012. An index to assess the health and benefits of the global ocean. Nature, 488: 615-620.

Halpern B S, Walbridge S, Selkoe K A, et al. 2008. A global map of human impact on marine ecosystems. Science, 319: 948-952.

Hansell D A, Carlson C A. 1998. Net community production of dissolved organic carbon. Global Biogeochemical Cycles, 12: 443-453.

Härkönen S, Lehtonen A, Eerikäinen K, et al. 2011. Estimating forest carbon fluxes for large regions based on process-based modelling, NFI data and Landsat satellite images. Forest Ecology and Management, 262 (12): 2364-2377.

Harrison W G, Plam T. 1986. Photosynthesis－irradiance relationships in polar and temperate phytoplankton populations. Polar Biology, 5 (3): 153－164.

Harwell H D, Posey M H, Alphin T D, 2011. Landscape aspects of oyster reefs: Effects of fragmentation on habitat utilization. Journal of Experimental Marine Biology and Ecology, 409: 30－41.

He J H, Ma H, Chen L Q, et al. 2008. The investigation on particulate organic carbon fluxes with disequilibria between thorium－234 and uranium－238 in the Prydz Bay, the Southern Ocean. Acta Oceanologica Sinica, 27 (2): 21－29.

Hedges J I. 1992. Global biogeochemcal cycles: process and problems. Marine Chemistry, 39: 67－93.

Holdren J P, Daily G C, Ehrlich P R, 1995. The meaning of sustainability: Biogeophysical aspects // Munasingha M, Shearer W, eds., Defining and Measuring Sustainability: The Biological Foundations. The World Bank, Washington, D. C.: 3－17.

Hopkin M. Emissions trading: the carbon game. Nature, 2004, 432 (7015): 268－270.

Houghton R A. 2007. Balancing the global carbon budget. Annual Review of Earth and Planetary Sciences, 35 (1): 313－347.

Huang C Y, Asner G P, Barger N N. 2012. Modeling regional variation in net primary production of pinyon－juniper ecosystems. Ecological Modelling, 227: 82－92.

Hung J J, Lin P L, Liu K K. 2000. Dissolved and particulate organic carbon in the southern East China Sea. Continental Shelf Research, 20: 545－569.

Inagaki Y, Kuramoto S, Fukata H. 2010. Effects of typhoons on leaf fall in hinoki cypress (Chamaecyparis obtusa Endlicher) plantations in Shikoku Island. Bulletin of the Forestry and Forest Products Research Institute, 9 (3): 103－112.

Jacobson A R, Mikaloff－Fletcher S E, Gruber N, et al. 2007. A joint atmosphere－ocean inversion for surface fluxes of carbon dioxide: 1. Methods and global－scale fluxes. Global Biogeochemical Cycles, 21 (1): GB1020.

Jagadeesan L, Jyothibabu R, Anjusha A, et al. 2013. Ocean currents structuring the mesozooplankton in the Gulf of Mannar and the Palk Bay, southeast coast of India. Progress in Oceanography, 110: 27－48.

Jiang S. 2009. Study of sedimentary dynamic character at the South and the North Changshan Islands Sea. Ocean University of China, Qingdao, China: 61.

Jobbágy E G, Jackson R B. 2000. The vertical distribution of soil organic carbon and its relation to climate and vegetation. Ecological Applications, 10 (2): 423－436

Jouandet M P, Blain S, Metzl N, et al. 2011. Interannual variability of net community production and air－sea CO_2 flux in a naturally iron fertilized region of the Southern Ocean (Kerguelen Plateau). Antarctic Science, 23 (6): 589－596.

Kampel M, Sathyendranath S, Platt T, et al. 2009. Satellite estimates of phytoplankton primary production at santos bight, southwestern－south Atlantic: Comparison of algorithms//Proceedings of the 2009 IEEE International Geoscience and Remote Sensing Symposium. Cape Town: IEEE, 2: 286－289.

Kang L, Han X G, Zhang Z B, et al. 2007. Grassland ecosystems in China: review of current knowledge and research advancement. Philosophy Transaction of Royal Society: Biological Science, 362 (1482): 997－1008.

Karels T J, Dobson F S, Trevino H S, et al. 2008. The biogeography of avian extinctions on oceanic islands. Journal of Biogeography, 35 (6): 1106－1111.

Kataoka R, Siddiqui Z A, Taniguchi T, et al. 2009. Quantification of Wautersia [Ralstonia] basilensis in the my corrhizosphere of Pinus thunbergii Parl. and its effect on mycorrhizal formation. Soil Biology & Biochemistry, 41: 2147－2152.

Katovai E, Burley A L, Mayfield M M. 2012. Understory plant species and functional diversity in the degraded wet tropical forests of Kolombangara Island, Solomon Islands. Biological Conservation, 145 (1): 214-224.

Keith H, Jacobsen K L, Raison R J. 1997. Effects of soil phosphorus availability, temperature and moisture on soil respiration in Eucalyptus pauciflora forest. Plant and Soil, 190 (1): 127-141.

Kuss F R, Morgan III J M, 1986. A first alternative for estimating the physical carrying capacities of natural areas for recreation. Environmental Management, 10: 255-262.

Labuschagne C, Brent A C, van Erck R P G. 2005. Assessing the sustainability performances of industries. Journal of Cleaner Production, 13: 373-385.

Lagerström A, Nilsson M C, Wardle D A. 2013. Decoupled responses of tree and shrub leaf and litter trait values to ecosystem retrogression across an island area gradient. Plant and Soil, 367 (1/2): 183-197.

Lal R. 2004. Offsetting China's CO_2 emissions by soil carbon sequestration. Climate Change, 65 (3): 263-275.

Lal R. 2008. Carbon sequestration. Philosophical Transactions of the Royal Society B Biological Sciences, 363 (1492): 815-830.

Lalli C M, Parsons T R. 1997. Biological Oceanography. An introduction. Second Editon. Butterworth Heinemann: 314.

Lampitt R S, Wishner K F, Turley C M, et al. 1993. Marine snow studies in the northeast Atlantic: distribution, composition and roles as a food source for migrating plankton. Marine Biology 116: 689-702.

Lane M, Dawes L, Grace P. 2014. The essential parameters of a resource-based carrying capacity assessment model: An Australian case study. Ecological Modelling, 272: 220-231.

Laurance S G W, Baider C, Vincent F F B, et al. 2012. Drivers of wetland disturbance and biodiversity impacts on a tropical oceanic island. Biological Conservation, 149 (1): 136-142.

Laurance W F, Useche D C, Shoo L P, et al. 2011. Global warming, elevational ranges and the vulnerability of tropical biota. Biological Conservation, 144 (1): 548-557.

Lep J, Milauer P. 2003. Multivariate analysis of ecological data using CANOCO. Cambridge: Cambridge University Press: 1-269.

Lévy M, Lengaigne M, Bopp L, et al. 2012 . Contribution of tropical cyclones to the air-sea CO2 flux: A global view. Global Biogeochemical Cycles, 26 (2), doi: 10. 1029/2011GB004145.

Lieth H, Whittaker R H. 1975. Primary productivity of the biosphere. New York: Springer Verlag.

Liski J, Perruchoud D, Karjalainen T. 2002. Increasing carbon stocks in the forest soils of western Europe. Forest Ecology and Management, 169 (1/2): 159-175.

Liss P S, Merlivat L. 1986. Air-sea gas exchange rates: Introduction and synthesis//Role of Air-Sea Exchange in Geochemical Cycling. Netherlands: Springer: 113-129.

Liu R Z, Borthwick A G L. 2011. Measurement and assessment of carrying capacity of the environment in Ningbo, China. Journal of Environmental Management, 92: 2047-2053.

Lloyd J, Taylor J A. 1994. On the temperature dependence of soil respiration. Functional Ecology, 8 (3): 315-323.

Lomba A, Vaz A S, Moreira F, et al. 2013. Hierarchic species-area relationships and the management of forest habitat islands in intensive farmland. Forest Ecology and Management, 291: 190-198.

Longhurst A, Sathyendranatll S, Platt T, et al. 1995. An estimate of global primary production in the ocean from satellite radiometer data. Journal of Plankton Research, 17 (6): 1245-1271.

Lorenz K, Lal R. 2010. Carbon Sequestration in Forest Ecosystems. New York: Springer: 1-21.

Lotze H K, Lenihan H S, Bourque B J, et al. 2006. Depletion, degradation, and recovery potential of estuaries and coastal seas. Science, 312: 1806-1809.

Luan J W, Liu S R, Wang J X, et al. 2011. Rhizospheric and heterotrophic respiration of a warm-temperate oak chronosequence in China. Soil Biology and Biochemistry, 43 (3) : 503-512.

Luo Y Q, Wan S Q, Hui D F, et al. 2001. Acclimatization of soil respiration to warming in a tall grass prairie. Nature, 413 (6856): 622-625.

Ma H, Zeng Z, He J H, et al. 2008. Vertical flux of particulate organic carbon in the central South China Sea estimated from $^{234}Th-^{238}U$ disequilibria. Chinese Journal of Oceanology and Limnology, 26 (4): 480-485.

Ma S X, Churkina G, Wieland R, et al. 2011. Optimization and evaluation of the ANTHRO-BGC model for winter crops in Europe. Ecological Modelling, 222 (20-22): 3662-3679.

MacArchur R H, Wilson E O. 1963. An equilibrium theory of insular zoogeography. Evolution, 37: 373-387.

MacArchur R H, Wilson E O. 1967. The Theory of Island Biogeography. Princeton: Princeton University Press.

MacGregor S D, O'Connor T G. 2002. Patch dieback of Colophospermum mopane in a dysfunctional semi-arid African savanna. Austral Ecology, 27: 385-395.

Maestre F T, Quero J L, Gotelli N J, et al. 2012. Plant species richness and ecosystem multifunctionality in global drylands. Science, 335 (6065): 214-217.

Maiti K, Benitez-Nelson C R, Buesseler K O. 2010. Insights into particle formation and remineralization using the short-lived radionuclide, Thoruim-234. Geophysical Research Letters, 37 (15): L15608.

Margalef R. 1958. Information theory in ecology. Gen Syst, 3 (1): 36-71.

Margalef R. 1968. Perspectives in ecological theory. Chicago: University of Chicago Press: 111.

Marini L, Scotton M, Klimek S, et al. 2007. Effects of local factors on plant species richness and composition of Alpine meadows. Agricuture, Ecosystems & Environment, 119: 281-288.

Marschner P, Rengel Z. 2007. Nutrient Cycling in Terrestrial Ecosystems. Berlin: Springer-Verlag: 13-18.

Martin D, Lal T, Sachdev C B, et al. 2010. Soil organic carbon storage changes with climate change, landform and land use conditions in Garhwal hills of the Indian Himalayan mountains. Agric Ecosyst Environ. Agriculture Ecosystems & Environment, 138 (1): 64-73.

Matthews B J H. 1999 . The Rate of Air-Sea CO_2 Exchange: Chemical Enhancement and Catalysis by Marine Microalgae Type. Norwich: University of East Anglia: 68-79.

McCoy M W, Gillooly J F. 2008. Predicting natural mortality rates of plants and animals. Ecology Letters, 11: 710-716.

McDowell N, Pockman W T, Allen C D, et al. 2008. Mechanisms of plant survival and mortality during drought: Why do some plants survive while others succumb to drought? New Phytologist, 178: 719-739.

McKinley G A, Follows M J, Marshall J, et al. 2003. Interannual variability of air-sea O_2 fluxes and the determination of CO_2 sinks using atmospheric O_2/N_2. Geophysical Research Letters, 30 (3): 1101-1104.

McQuoid M R, Nordberg K. 2003. The diatom Paralia sulcata as an environmental indicator species in coastal sediments. Estuarine, Coastal and Shelf Science, 56: 339-354.

Medina A, Brêthes J C, Sévigny J M, et al. 2007. How geographic distance and depth drive ecological variability and isolation of demersal fish communities in an archipelago system (Cape Verde, Eastern Atlantic Ocean) . Marine Ecology, 28: 404-417.

Meyers P A. 1997. Organic geochemical proxies of paleoceanographic, paleolimnlogic, and paleoclimatic processes. Organic Geochemistry, 27: 213-250.

Mielnick P C, Dugas W A. 2000. Soil CO_2 flux in a tallgrass prairie. Soil Biology and Biochemistry, 32 (2): 221-228.

Mikaloff-Fletcher S E, Gruber N, Jacobson A R, et al. 2006. Inverse estimates of anthropogenic CO_2 uptake, transport, and storage by the ocean. Global Biogeochemistry Cycles , 20 (2): GB2002.

Millennium Ecosystem Assessment (MA). 2005. Ecosystems and Human Well-being: Synthesis. Washington, D. C. : Island Press.

Miquel J C, Martín J, Gasser B, et al. 2011. Dynamics of particle flux and carbon export in the northwestern Mediterranean Sea: A two decade time-series study at the DYFAMED site. Progress in Oceanography, 91 (4): 461-481.

Moldan B, Janoušková S, Hák T. 2012. How to understand and measure environmental sustainability: Indicators and targets. Ecological Indicators, 17: 4-13.

Moran S B, Weinstein S E, Edmonds H N, et al. 2003. Does $^{234}Th/^{238}U$ disequilibrium provide an accurate record of the export flux of particulate organic carbon from the upper ocean? Limnology and Oceanography, 48 (3): 1018-1029.

Mueller R C, Scudder C M, Porter M E, et al. 2005. Differential tree mortality in response to severe drought: evidence for long-term vegetation shifts. Journal of Ecology, 93: 1085-1093.

Mueller-Dombois D, Ellenberg H. 1974. Aims and Methods of Vegetation. New York: John Wiley & Sons: 139 -147.

Mueller-Dombois D. 1981. Island ecosystems: What is unique about their ecology, Island Ecosystems: Biological Organization in Selected Hawaiian Communities. Hutchinson Ross Publishing Company, Woods Hole, Massachusetts, USA: 485-501.

Nam J, Chang W, Kang D. 2010. Carrying capacity of an uninhabited island off the southwestern coast of Korea. Ecological Modelling, 221: 2102-2107.

Nanami S, Kawaguchi H, Tateno R, et al. 2004. Sprouting traits and population structure of co-occurring Castanopsis-species in an evergreen broad-leaved forest in southern China. Ecological Research, 19: 341-348.

Neris J, Jiménez C, Fuentes J, et al. 2012. Vegetation and land-use effects on soil properties and water infiltration of Andisols in Tenerife (Canary Islands, Spain) . Catena, 98: 55-62.

Niall M, Mark P J, Anne M P. 2014. Spatial mismatch between phytoplankton and zooplankton biomass at the Celtic Boundary Front. Journal of Plankton Research, 36 (6): 1446-1460.

Nightingale P D, Liss P S, Schlosser P. 2000. Measurements of air-sea gas transfer during an open ocean algal bloom. Geophysical Research Letters, 27 (14): 2117-2120.

Nogué S, Nascimento D L, Fernández-Palacios J M, et al. 2013. The ancient forests of La Gomera, Canary Islands, and their sensitivity to environmental change. Journal of Ecology, 101 (2): 368-377.

Nogueira E M, Fearnside P M, Nelson B W, et al. 2008. Estimates of forest biomass in the Brazilian Amazon: New allometric equations and adjustments to biomass from wood-volume inventories. Forest Ecology and Management, 256 (11): 1853-1867.

Odum H T. 1996. Environmental Accounting: EMERGY and Environmental Decision Making. New York: John Wiley & Sons.

Papageorgiou K, Brotherton I. 1999. A management planning framework based on ecological, perceptual and economic carrying capacity: The case study of Vikos-Aoos National Park, Greece. Journal of Environmental Management, 56: 271-284.

Parton W J, Scurlock J M O, Ojima D S, et al. 1993. Observations and modeling of biomass and soil organic matter dynamics for the grassland biome worldwide. Global Biogeochemical Cycles, 7 (4): 785-809.

Paruelo J M, Epstei H E , Lauenroth W K, et al. 1997. A NPP estimates from NDVI for the central grassland region of the United States. Ecology, 78: 953-958.

Paulay G. 1994. Biodiversity on oceanic islands: its origin and extinction1. American Zoologist, 34 (1): 134-144.

Pelletier M C, Gold A J, Heltshe J F, et al. A method to identify estuarine macroinvertebrate pollution indicator species in the Virginian Biogeographic Province. Ecological Indicators, 2010, 10 (5): 1037-1048.

Peng S S, Piao S L, Wang T, et al. 2009. Temperature Sensitivity of soil respiration in different ecosystems in China. Soil Biology and Biochemistry, 41 (5): 1008-1014.

Peng S, Qin X, Shi H, et al. 2012. Distribution and controlling factors of phytoplankton assemblages in a semi-enclosed bay during spring and summer. Marine Pollution Bulletin 64: 941-948.

Peng S, Zhou R, Qin X, et al. 2013. Application of macrobenthos functional groups to estimate the ecosystem health in a semi-enclosed bay. Marine Pollution Bulletin, 74: 302-310.

Peng Xia, Xianwei Meng, Ping Yin, et al. 2011. Eighty-year sedimentary record of heavy metal inputs in the intertidal sediments from the Nanliu River estuary Beibu Gulf of South China Sea. Environmental Pollution, 159: 92-99.

Pérez P, Fernández E, Beiras R. 2010. Fuel toxicity on Isochrysis galbana and a coastal phytoplankton assemblage growth rate vs. variable fluorescence. Ecotoxicology and Environmental Safety, 73: 254-261.

Piao S L, Fang J Y, Ciais P, et al. 2009. The carbon balance of terrestrial ecosystems in China. Nature, 458 (7241): 1009-1013.

Pielou E C. 1966. Species-diversity and pattern-diversity in the study of ecological succession. Journal of Theoretical Biology, 10 (2): 370-383.

Pielou E C. 1969. An Introduction to Mathmatical Ecology. New York: Wiley-Interscience: 1-286.

Pielou E C. 1975. Ecological Diversity. Wiley-Inters, New York.

Pinkas L, Oliphant M S, Iverson I L K. 1971. Food habits of albacore, bluefin tuna, and bonito in California waters. Fishery bulletin, 152: 1-105.

Platt T, Gallegns C L, Harrison W G. 1982. Photoinhibition of photosynthesis in natural assemblages of marine phytoplankton. Journal of Marine Research, 38: 687-701.

Platt T, Herman A W. 1983. Remote sensing of phytoplankton in the sea: surface-layer chlorophyll as an estimate of water-column chlorophyll and primary production. International Journal of Remote Sensing, 4 (2): 343-351.

Potter C S, Randerson J T, Field C B, et al. 1993. Terrestrial ecosystem production: A process model based on global satellite and surface data. Global Biogeochemical Cycles, 7: 811-841.

Prato T. 2009. Fuzzy adaptive management of social and ecological carrying capacities for protected areas. Journal of Environmental Management, 90: 2551-2557.

Prentice I C, Cramer W, Harrison S P, et al. 1992. A global biome model based on plant physiology and dominance, soil properties and climate I. Colin prentice, wolfgang. Journal of Biogeography, 19 (2): 117-134.

Proceeding National Academy of Science of the United States of America, 105 (25): 8724-8729.

Qian H, Robert E R. 2000. Large-scale processes and the Asian bias in species diversity of temperate plants. Nature, 407: 180-182.

Qie L, Lee T M, Sodhi N S, et al. 2011. Dung beetle assemblages on tropical land-bridge islands: small island effect and vulnerable species. Journal of Biogeography, 38 (4): 792-804.

Quay P D, Sommerup R, Westby T, et al. 2003. Changes in the $^{13}C/^{12}C$ of dissolved inorganic carbon in the ocean as a tracer of anthropogenic CO_2 uptake. Global Biogeochemical Cycles, 17 (1): 4-1-4-20.

Rapport D J, Costanza R, McMichael A J. 1998. Assessing ecosystem health. Trends in Ecology & Evolution, 13: 397-402.

Rapport D J. 1989. What constitutes ecosystem health? Perspectives in Biology and Medicine, 33: 120-132.

Rees W E. 1992. Ecological footprints and appropriated carrying capacity: What urban economics leaves out. Environment and Urbanization, 4: 121-130.

Riebesell U, Zondervan I, Rost B, et al. 2000. Reduced calcification of marine plankton in response to increased atmospheric CO_2. Nature, 407 (6802): 364-367.

Rivkin R B, Legendre L. 2001. Biogenic carbon cycling in the upper ocean: Effects of microbial respiration. Science, 291 (5512): 2398-2400.

Robert A A, Cindy L, John I H, et al. 2001. A new, mechanistic model for organic carbon fluxes in the ocean based on the quantitative association of POC with ballast minerals. Deep-Sea Research Part Ⅱ: Topical Studies in Oceanography, 49 (1/3): 219-236.

Rombouts I, Beaugrand G, Artigas L F, et al. 2013. Evaluating marine ecosystem health: Case studies of indicators using direct observations and modelling methods. Ecological Indicators, 24: 353-365.

Running S W, Thornton P E, Nemani R, et al. 2000. Global terrestrial gross and net primary productivity from the earth observing System//Sala O E, Jackson R B, Mooney H A et al. Methods in Ecosystem Science. New York: Springer Verlag: 44-57.

Ryther J H, Yentsch C S. 1957. The estimation of phytoplankton production in the ocean from chlorophyll and light data. Limnology and Oceanography, 2 (3): 281-286.

Salman D S, Mohammed F A, Abdul-Husein M G, et al. 2014. Seasonal changes in zooplankton communities in the re-flooded Mesopotamian wetlands, Iraq. Journal of Freshwater Ecology, 29 (3): 397-412.

Sampei M, Sasaki H, Forest A, et al. 2012. A substantial export flux of particulate organic carbon linked to sinking dead copepods during winter 2007-2008 in the Amundsen Gulf (southeastern Beaufort Sea, Arctic Ocean). Limnology and Oceanography, 57 (1): 90-96.

Santamarta-Cerezal J C, Guzman J, Neris J, et al. 2012. Forest hydrology, soil conservation and green barriers in Canary Islands. Notulae Botanicae Horti Agrobotanici Cluj-Napoca, 40 (2): 9-13.

Särkinen T, Pennington R T, Lavin M, et al. 2012. Evolutionary islands in the Andes: persistence and isolation explain high endemism in Andean dry tropical forests. Journal of Biogeography, 39 (5): 884-900.

Sarmiento J L, Monfray P, Maier-Reimer E, et al. 2000. Sea-air CO_2 fluxes and carbon transport: a comparison of three ocean general circulation models. Global Biogeochemical Cycles, 14 (4): 1267-1281.

Schlesinger W H, Andrews J A. 2000. Soil respiration and the global carbon cycle. Biogeochemistry, 48 (1): 7-20.

Seidl I, Tisdell C A. 1999. Carrying capacity reconsidered: From Malthus' population theory to cultural carrying capacity. Ecological Economics, 31: 395-408.

Seiter K, Hensen C, Zabel M. 2005. Benthic carbon mineralization on a global scale. Global Biogeochemical Cycles, 19 (1): GB1010.

Sejr M K, Krause-Jensen J, Rysgaard S, et al. 2011. Air-sea flux of CO_2 in arctic coastal waters influenced by glacial melt water and sea ice. Tellus B, 63 (5): 815-822.

Shadwick E H, Thomas H, Comeau A, et al. 2010. Air-sea CO_2 fluxes on the Scotian Shelf: seasonal to multi-annual variability. Biogeosciences, 7 (11): 3851-3867.

Shannon C E, Wiener W. 1949. The Mathematical Theory of Communication. Urbana: University of Illinois Press: 125.

Shen C, Shi H, Zheng W, et al. 2016. Spatial heterogeneity of ecosystem health and its sensitivity to pressure in the waters of nearshore archipelago. Ecological Indicators, 61: 822-832.

Shi H, Shen C, Zheng W, et al. 2016. A model to assess fundamental and realized carrying capacities of island ecosystem: A case study in the southern Miaodao Archipelago of China. Acta Oceanologica Sinica, 35: 56-67.

Shi H, Zheng W, Ding D, et al. 2009a. Valuation and ecosystem services of typical island. Marine Environmental Science, 28: 743-748.

Shi H, Zheng W, Wang Z, et al. 2009b. Sensitivity and uncertainty analysis of regional marine ecosystem services value. J. Ocean Univ. China (Oceanic and Coastal Sea Research), 8: 150-154.

Shi H, Zheng W, Zhang X, et al. 2013. Ecological-economic assessment of monoculture and integrated multi-trophic aquaculture in Sanggou Bay of China. Aquaculture, 410-411: 172-178.

Shimizu Y. 2005. A vegetation change during a 20-year period following two continuous disturbances (mass-dieback of pine trees and typhoon damage) in the Pinus Schima secondary forest on Chichijima in the Ogasawara (Bonin) Islands: which won, advanced saplings or new seedlings? . Ecological Research, 20 (6): 708-725.

Singh R K, Murty H R, Gupta S K, et al. 2012. An overview of sustainability assessment methodologies. Ecological Indicators, 15: 281-299.

Solomon S, Qin D H, Manning M, et al. 2007 . Contribution of Working Group I to the Fourth Assessment Report of the Intergovernmental Panel on Climate Change. Cambridge: Cambridge University Press: 996-996.

Steinbauer M J, Beierkuhnlein C. 2010. Characteristic pattern of species diversity on the Canary Islands. Erdkunde, 64 (1): 57-71.

Steinbauer M J, Irl S D H, Beierkuhnlein C. 2013. Elevation-driven ecological isolation promotes diversification on Mediterranean islands. Acta Oecologica, 47: 52-56.

Stepanyan O V, Voskoboinikov G M. 2006. Effect of oil and oil products on morphofunctional parameters of marine macrophytes. Russian Journal of Marine Biology, 32: 32-39.

Sun J, Liu D, Yang S, et al. 2002. The preliminary study on phytoplankton community structure in the central Bohai Sea and the Bohai Strait and its adjacent area. Oceanologia Et Limnologia Sinica, 33: 461-471.

Suttle C A. 2007. Marine viruses-major players in the global ecosystem. Nature Reviews Microbiology, 5 (10): 801-812.

Szlosek J, Cochran J K, Miquel J C, et al. 2009. Particulate organic carbon-^{234}Th relationships in particles separated by settling velocity in the northwest Mediterranean Sea. Deep-Sea Research Part Ⅱ: Topical Studies in Oceanography, 56 (18): 1519-1532.

Tang T, Cai Q, Liu J. 2006. Using epilithic diatom communities to assess ecological condition of Xiangxi River system. Environmental Monitoring and Assessment, 112: 347-361.

Thomas J A, Charles M H, Tong Jinnan, et al. 2013. Plankton and productivity during the Permian-Triassic boundary crisis: An analysis of organic carbon fluxes. Global and Planetary Change, 105: 52-67.

Tripathy S C, Ishizaka J, Siswanto E, et al. 2012. Modification of the vertically generalized production model for the turbid waters of Ariake Bay, southwestern Japan. Estuarine, Coastal and Shelf Science, 97: 66-77.

Utermöhl H. 1958. Zur Vervollkommnung der quantitativen Phytoplankton-Methodik. Mitteilungen-Internationale Vereiningung fur Limnologie, 9: 1-38.

Valdes J R, Price J F. 2000. A neutrally buoyant, upper ocean sediment trap. Journal of Atmospheric and Oceanographic Technology, 17 (1): 62-28.

van der Gaag M, van der Velde G, Wijnhoven S, et al. 2014. Temperature dependent larval occurrence and spat settlement of the invasive brackish water bivalve Mytilopsis leucophaeata (Conrad, 1831) (Dreissenidae) . Journal of Sea Research, 87: 30-34.

van Mantgem P J, Stephenson N L. 2007. Apparent climatically induced increase of tree mortality rates in a temperate forest. Ecology Letters, 10: 909-916.

van Nieuwstadt M G L, Sheil D. 2005. Drought, fire and tree survival in a Borneo rain forest, East Kalimantan, Indonesia. Journal of Ecology, 93: 191-201.

vander Loeff M R, Cai P H, Stimac I, et al. 2011. ^{234}Th in surface waters: Distribution of particle export flux across the Antarctic Circumpolar Current and in the Weddell Sea during the GEOTRACES expedition ZERO and DRAKE. Deep-Sea Research Part Ⅱ: Topical Studies in Oceanography, 58 (25/26): 2749-2766.

Wackernagel M, Yount J D. 2000. Footprints for sustainability: The next steps. Environment, Development and Sustainability, 2: 21-42.

Wang T, Xu S. 2015. Dynamic successive assessment method of water environment carrying capacity and its application. Ecological Indicators, 52: 134-146.

Wang X, Lu Y, He G, et al. 2007. Exploration of relationships between phytoplankton biomass and related environmental variables using multivariate statistic analysis in a eutrophic shallow lake: A 5-year study. Journal of Environmental Sciences, 19: 920-927.

Wang X, Zhang J. 2007. A nonlinear model for assessing multiple probabilistic risks: A case study in South Five-island of Changdao National Nature Reserve in China. Journal of Environmental Management, 85: 1101-1108.

Wang Y, Wu D, Lin X. 2012. The preliminary study of the high chlorophyll in the central Bohai Sea in summer. Acta Oceanologica Sinica, 31 (1): 66-72.

Wanninkhof R. 1992. Relationship between wind speed and gas exchange over the ocean. Journal of Geophysical Research, 97 (C5): 7373-7382.

Wasmund N, Tuimala J, Suikkanen S, et al. 2011. Long-term trends in phytoplankton composition in the western and central Baltic Sea. Journal of Marine Systems, 87: 145-159.

Waters T F . 1977 . Secondary production in inland waters . Advances in Ecological Research, 10: 91-164.

Wei C L, Tsai J R, Hou Y R, et al. 2010. Scavenging phenomenon elucidated from ^{234}Th/^{238}U disequilibrium in surface water of the Taiwan Strait. Terrestrial, Atmospheric and Oceanic Sciences, 21 (4): 713-726.

Wei C L, Tsai J R, Wen L S, et al. 2009. Nearshore scavenging phenomenon elucidated by ^{234}Th/^{238}U disequilibrium in the coastal waters off Western Taiwan. Journal of Oceanography, 65 (2): 137-150.

Wei C, Guo Z, Wu J, et al. 2014. Constructing an assessment indices system to analyze integrated regional carrying capacity in the coastal zones: A case in Nantong. Ocean & Coastal Management, 93: 51-59.

Wei Y, Huang C, Lam P T I, et al. 2015. Sustainable urban development: A review on urban carrying capacity assessment. Habitat International, 46: 64-71.

Whittaker R H. 1970. Communities and Ecosystems. New York: Macmillan Company: 6-17.

Williams P J L B. 1998. The balance of plankton respiration and photosynthesis in the open ocean. Nature, 394 (6688): 55-57.

Wu J, Huang J, Han X, et al. 2003. Three-Gorges Dam-Experiment in habitat fragmentation? Science, 300: 1239-1240.

Xiao L, Wang T, Hu R, et al. 2011. Succession of phytoplankton functional groups regulated by monsoonal hydrology in a large canyon-shaped reservoir . Water Research, 45: 5099-5109.

Xie G, Chen W, Cao S, et al. 2014. The outward extension of an ecological footprint in city expansion: The case of Beijing. Sustainability, 6: 9371-9386.

Xie Z B, Zhu J G, Liu G, et al. 2007. Soil organic carbon stocks in China and changes from 1980s to 2000s. Global Change Biology, 13 (9): 1989-2007.

Yang B Y, Madden M, Jordan T R, et al. 2012. Geospatial approach for demarcating Jekyll Island State Park: Georgia barrier island. Ocean & Coastal Management, 55: 42-51.

Yentsch C S, Lee R W. 1965. A study photosynthetic light reaction, and a new interpretation of sun and shade phytoplankton. Journal of Marine Research, 24: 319-337.

Yin C, Zhang Q, Cao C, et al. 2013. Net-phytoplankton community in the Tianjin nearshore waters of Bohai Bay in spring of 2012. Journal of Marine Sciences, 31: 80-89.

Yoshikawa T, Furuya K. 2008. Phytoplankton photosynthetic parameters and primary production in Japan Sea and the East China Sea: Toward improving primary production models. Continental Shelf Research, 28 (7): 962-976.

Yount J D. 1998. Human carrying capacity as an indicator of regional sustainability. Environmental Monitoring and Assessment, 51: 507-509.

Yu W, Chen L Q, Cheng J P, et al. 2010. ^{234}Th-derived particulate organic carbon export flux in the western Arctic Ocean. Chinese Journal of Oceanology and Limnology, 28 (6): 1146-1151.

Yung Y K, Wong C K, Broom M J, et al. 1997. Long-term changes in hydrography, nutrients to phosphorus in Tolo-Harbour, Hong Kong. Hydrobiologiam, 123: 107-115.

Zaborska A, Carroll J, Papucci C, et al. 2008. Recent sediment accumulation rates for the Western margin of the Barents Sea. Deep-Sea Research Part Ⅱ: Topical Studies in Oceanography, 55 (20/21): 2352-2360.

Zhang D J, Li S J, Guo D H. 2010. Impacts of global warming on marine zooplankton. Marine Science Bulletin, 12 (2): 15-25.

Zhang Y, Chen M, Zhou W, et al. 2010. Evaluating Beijing's human carrying capacity from the perspective of water resource constraints. Journal of Environmental Sciences, 22: 1297-1304.

Zhang Z, Lu W X, Zhao Y, et al. 2014. Development tendency analysis and evaluation of the water ecological carrying capacity in the Siping area of Jilin Province in China based on system dynamics and analytic hierarchy process. Ecological Modelling, 275: 9-21.

Zheng W, Fen L I, Shi H, et al. 2016. Spatiotemporal heterogeneity of phytoplankton diversity and its relation to water environmental factors in the southern waters of Miaodao Archipelago, China. Acta Oceanologica Sinica, 35 (2): 46-55.

Zheng W, Shi H, Fang G, et al. 2012. Global sensitivity analysis of a marine ecosystem dynamic model of the Sanggou Bay. Ecological Modelling, 247: 83-94.

Zhou K, Nodder S D, Dai M, et al. 2012. Insignificant enhancement of export flux in the highly productive subtropical front, east of New Zealand: a high resolution study of particle export fluxes based on ^{234}Th : ^{238}U disequilibria. Biogeosciences, 9 (3): 973-992.

Zhu M, Mao X, Lu R. 1993. Chlorophyll a and primary productivity in the Yellow Sea. Journal of Oceanography of Huanghai & Bohai Seas, 11: 38-51.